机械设备维修技术

主　编　郭　婧
副主编　车明浪　李建莉
主　审　高　峰

西南交通大学出版社
·成都·

图书在版编目（ＣＩＰ）数据

机械设备维修技术 / 郭婧主编. -- 成都：西南交通大学出版社，2024.7
ISBN 978-7-5643-9820-0

Ⅰ．①机… Ⅱ．①郭… Ⅲ．①机械维修 – 高等职业教育 – 教材 Ⅳ．①TH17

中国国家版本馆 CIP 数据核字（2024）第 093569 号

Jixie Shebei Weixiu Jishu

机械设备维修技术

主　编／郭　婧

责任编辑／李　伟
封面设计／墨创文化

西南交通大学出版社出版发行

（四川省成都市金牛区二环路北一段 111 号西南交通大学创新大厦 21 楼　610031）
营销部电话：028-87600564　　028-87600533
网址：http://www.xnjdcbs.com
印刷：成都中永印务有限责任公司

成品尺寸　185 mm×260 mm
印张　21.25　　字数　532 千
版次　2024 年 7 月第 1 版　　印次　2024 年 7 月第 1 次

书号　ISBN 978-7-5643-9820-0
定价　55.00 元

　　机械设备是现代社会进行生产和服务的重要装备。随着科学技术的进步，机械设备正朝着自控、成套和机电一体化方向发展，维持机械设备正常运转的维修工作也正面临着新的挑战。机械设备维修技术是一门综合性很强的学科，涉及的知识面广，其所维修的机械设备质量很大程度上取决于操作人员的技术水平及当今的科技水平。

　　《机械设备维修技术》是为适应高职高专院校"机械设备维修技术"课程的教学需要而编写的。本书共分7个项目，全面、系统地阐述了机械设备维修的知识与技能。各项目的编排遵循由浅入深的原则，适合模块化教学的开展，同时各项目针对其知识体系确定了项目描述、知识目标、能力目标、思政目标等，便于学生了解该项目的主要内容，有效地提高学习效率；本书还强化了典型现场设备维修实例，增强了现代设备维修的新技术、新工艺。

　　本书编写理念先进，凸显职教特色，体现"立德树人"的理念。本书的特点是：将传统实用的设备维修技术与现代维修新技术、新工艺、新材料相结合，理论与实践相结合，突出了机械设备维修的工艺方法与过程，并列举了大量典型现场维修实例；内容新颖、文字简练、通俗易懂，具有一定的先进性、针对性、实用性；教学内容和考核标准与国家机械维修工职业技能鉴定接轨，符合1+X精神的课证融通式评价体系。同时，本书还配套动画、拓展内容、教学视频、单元测验等教学资源，实现纸质教材+数字资源的完美结合，体现"互联网+"新型一体化的教学理念。学生通过扫描二维码可观看相应资料，随扫随学，激发了学生自主学习的动力，实现了高效课堂。

本书的主要内容有：机械设备维修理论和操作技术基础，机械设备维修管理，机械设备的拆卸、检验与测绘，机械零部件的维修与装配，机械设备的润滑与密封，典型机械设备的维修，机械设备故障诊断技术等。

本书由兰州资源环境职业技术大学郭婧任主编，车明浪、李建莉任副主编，谢金丁、吴敏娇任参编，兰州资源环境职业技术大学高峰教授任主审。其中，郭婧编写绪论、项目一、项目二、项目三，车明浪编写项目六的任务二，李建莉编写项目六的任务一，谢金丁编写项目四的任务一、项目六的任务三和任务四、项目七，吴敏娇编写项目四的任务二和任务三、项目五。

本书在编写及审定过程中得到了兰州资源环境职业技术大学相关部门的大力支持和帮助，在此表示诚挚的谢意！此外，本书在编写过程中参考了大量的教材、专著、文献、网络资料，在此对相关资料的编著者表示深切的谢意！

由于编者水平所限，书中疏漏之处在所难免，敬请使用本书的读者批评、指正。

编　者

2023 年 12 月

目 录
CONTENTS

绪 论

机械设备片花

一、机械设备维修技术在国民经济中的地位

机械设备在使用过程中，零部件的破坏往往自表面开始，表面的局部损坏又往往造成整个零件失效，最终导致机械设备的损坏和停产。机械零部件的失效形式主要为变形、断裂、磨损和腐蚀。

零部件的变形（特别是基础零部件变形），使零部件之间相互位置精度遭到破坏，影响了各组成零部件的相互关系。国内外汽车行业对发动机缸体（包括使用和长期存放的备用缸体）测试的结果表明，几乎全部缸体均有不同程度的变形，80%以上的缸体变形超出其规定的标准。有人估算变形对寿命的影响在30%左右。对于金属切削机床类的设备，由于精度要求较高，变形的影响就更加突出。

绝大多数的机械零件、工程构件产生断裂往往是由疲劳引起的，在某些工业部门，疲劳破坏占断裂事故的80%~90%。通常疲劳破坏起源于表面或内部缺陷处，然后逐渐形成微裂纹，在循环应力作用下裂纹扩展，最后断裂。起源于表面的疲劳破坏比起源于内部缺陷的疲劳破坏更为常见。

机械零部件的磨损全部发生在表面，据我国冶金、矿山、农机、煤炭、电力和建材等部门的统计，每年仅因磨料磨损引起的损失就需补充百万吨以上钢材。目前，我国进口机电设备磨损的零部件，每年需花费数亿美元外汇去购买补充。

机械零部件与腐蚀介质接触和反应会出现表面腐蚀，腐蚀种类很多。据美国、德国等公布的一些腐蚀损失资料，腐蚀造成的直接经济损失占国民经济总产值的1%~4%。因腐蚀造成的停产、效率降低、成本增高、产品污染和人身事故等间接损失更为惊人。

机械设备维修技术在修复关键零部件、替代进口配件、提高设备维修质量、扩大维修范围、节约能源和材料等方面都发挥了重要作用。比如，重载车辆的轴承磨损失效后，其内外圈配合面采用刷镀技术修复，相对耐磨性比原用新件高6.5倍。变速器的输出法兰盘采用火焰喷涂修复后，其使用寿命是原用新件的2.26倍。醋酸泵的密封环和轴套采用等离子喷涂氧化铬涂层技术进行修复，使用寿命可提高10倍以上。

由此可见，维修技术能直接对许多完全失效或局部失效的零部件进行修复强化，以达到重新恢复其使用价值或延长其使用寿命的目的。若再考虑在能源、原材料和停机等方面节约的费用，其经济效益和社会效益是难以估量的。维修技术在国民经济中发挥了重要作用，已成为国民经济中最重要的技术支柱之一。

二、我国维修技术的发展概况

设备维修技术是一门理论与实践紧密结合的应用科学,在我国发展的重要标志是20世纪60年代初,原一机部设备动力司与中国机械工程学会共同组织编写的机械工业第一部修理技术大型工具书《机修手册》的问世。紧接着,1965年在沈阳举行了全国机械设备维修学术会议,现场展览并演示了金属喷涂、振动堆焊、金属扣合、无槽电镀(刷镀)、环氧树脂黏接等修复新工艺,提倡修旧利废,降低修理费用。会上,代表们共同倡议筹组中国机械工程学会设备维修学会。

20世纪70年代末,设备维修学会恢复筹备,并在福建省漳州市召开了学术年会。会上,代表们决定创办会刊《设备维修》杂志;同年,又与日本设备工程师协会开展了国际学术交流活动。

20世纪80年代初,在成都召开的学术年会上,正式成立了中国机械工程学会设备维修学会。会后,设备维修学会开发应用了设备诊断技术,举行各种专题学术讨论会,并加强了《设备维修动态》的编辑发行工作。

20世纪80年代的中后期,设备维修学会组织编写了《设备管理维修术语》《静压技术在机床改造上的应用》《设备管理与维修》等书籍。特别是我国的表面工程技术在这段时期的发展异常迅速,为现代维修技术开辟了广阔的前景。例如:中国机械工程学会于1987年建立了学会性质的表面工程研究所,1988年创办了《表面工程》期刊并连续出版至今。

我国表面工程的研究与应用多从维修入手,并逐步扩展到了新设备与新产品的设计和制造中。通过在设备维修领域和制造领域推广应用表面工程技术,我国已经取得了几百亿元的经济效益。

三、维修技术的发展趋势

随着科学技术的发展,现代维修技术主要依靠计算机技术、状态监测与设备故障诊断技术和表面工程技术这三项通用技术。

1. 计算机技术

计算机技术的发展使在维修技术领域中实现修理工艺设计自动化成为可能。通过向计算机输入被维修零部件的原始数据、修理条件和修理要求,由计算机自动进行编码、编程直至最后输出经过优化的修理工艺规程卡片的全过程,称为计算机辅助修理工艺规程设计。用计算机直接与维修过程连接,对维修过程及其工装设备进行监视和控制,是计算机辅助维修的直接应用。

计算机不与维修过程直接连接,而是用来提供维修计划、进行技术准备与发出各种指令和有关信息,以进一步指导和管理维修过程,这就是计算机辅助维修的间接应用。

随着计算机技术在各部门的广泛应用,人们越来越清楚地认识到,单纯孤立地在各个部门用计算机辅助进行各项工作,远没有充分发挥出计算机控制的潜在能力,只有用更高层的计算机将各个环节集中和控制起来,组成更高水平的维修系统,才能取得更大更全面的经济效益,这就是计算机辅助维修系统。

一个大规模的计算机辅助维修系统包含有二级或三级计算机分级结构,如用一台微机控制某一个单过程，一台小型计算机负责监控一群微机，再用一台中型或大型计算机负责监控几台小型计算机，这样就形成了一个计算机网络。用这个网络对复杂的维修过程进行监督和控制，同时进行如零部件维修程序设计和安排维修作业计划等各种生产准备和管理工作。

2. 状态监测与设备故障诊断技术

设备故障诊断技术，有其发展形成的过程。早期曾有"故障检测技术""自动检查技术""状态监测技术"和"机械健康监测技术"等多种命名，直至后来被统一称为"设备故障诊断技术"。

设备故障诊断技术，初步可定义为：在设备运行过程或基本不拆卸的情况下，了解和掌握设备的运行技术状态，确定其整体或局部正常与否，及时发现故障及其原因，判断故障的部位和程度，预测故障发展趋势和今后的技术状态变化的一门技术。简要地讲，设备故障诊断技术是一种能够定量地监测设备的状态量，并预测其未来趋势的技术。

设备状态监测的含义是人工或用专用仪器、工具，按照规定的监测点进行间断或连续监测，掌握设备异常的征兆和劣化程度。状态监测与故障诊断既有联系，又有区别，有时往往把状态监测称为简易诊断，因为两者的含义和功能是十分相近的。状态监测通常是通过测定设备的一个或几个单一的特征参数，如振动、温度等参数，检查其状态是否正常。当特征参数在允许范围内时，则可认为是正常的；若超过允许范围，则可认为是异常的；若特征参数值将要达到某个设定极限值，就应判定安排停机维修。

设备诊断技术包括检出设备存在的问题的第一次诊断（简易诊断），以及对问题做出判定的第二次诊断（精密诊断）两部分。这两种诊断要求掌握理论和设备结构方面的知识并具有充分的经验，特别是精密诊断，需要更高一级的技术知识。为提高这方面的效率并用于支援专家们的诊断工作，20世纪80年代在人工智能的基础上开发了设备诊断专家系统。

专家系统是用特定领域中的专门知识模拟人类专家解决实际问题的思维模式，是将多义的、不确定的、模糊的知识和专家的经验知识汇存而成的系统。美国 GE（通用电气）公司为排除内燃电力机车故障，1981年开始，借助高级工程师 David Smith 四十年的工作经验，开发了专家系统。到1983年，该系统有530条规则，可处理50%的故障问题；到1984年，该系统拥有1 200条规则，改进到可处理80%的疑难问题，能用图像及视频回答问题，并用菜单形式显示出故障区域图像及维修方案。图0-1所示为该系统的总体结构，它具有一般专家系统结构的代表性特点。

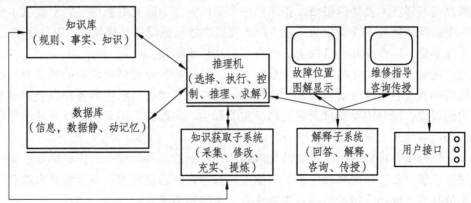

图 0-1   内燃电力机车故障诊断 DELTA/CATS 专家系统总体结构

回转机械的设备诊断专家系统（MDES-1）是日本 1987 年 4 月公布的产品，它的知识结构包括问诊（对话）、简易诊断、精密诊断三部分，可按照专家提出的步骤进行诊断。该系统的构成如图 0-2 所示。

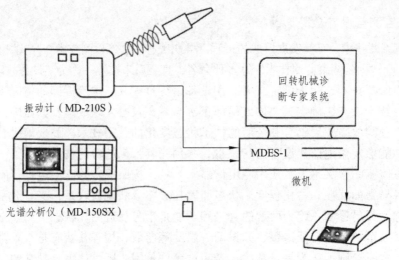

图 0-2　MDES-1 系统构成

3. 表面工程技术

我国的表面工程技术在过去的十几年中，已获得了重大发展，在国民经济中发挥了重要作用。但表面科学与工程在理论研究和工程应用的总体水平上，与工业发达国家相比仍有较大差距，原因是各部门的研究自成体系，力量分散，没有综合、复合，设备落后，攻关力量薄弱，尚难以承担对国民经济建设具有重大影响、关系全局的重点工程和关键技术的攻关任务。

表面工程技术的发展方兴未艾、前景广阔。相信在我国表面工程专家及工程技术人员的共同努力下，随着表面工程学科和技术的发展及其产业化，表面工程技术对加速和推进我国工业现代化进程，推动我国设备修理工程的高新技术的发展，将起到不可估量的促进作用。

四、机械设备维修技术课程的性质和任务

机械设备维修技术就是以机械设备维修中常见的问题为研究对象的一门专业技术课程。生产实践中的维修问题牵涉面极为广泛，因此要解决好机械设备维修问题，应从优质、高产、低消耗（即质量、生产率和经济性）三个方面的指标来衡量。

首先，随着工业现代化的发展，宇航、军工、电子等行业对机械设备的精度要求越来越高。要提高机械设备的维修质量，就必须深入研究在设备维修过程中的各种误差因素对维修质量影响的规律，同时需要通过大量的科学实验和生产实践，采用新工艺以及科学管理等措施来保证和提高修理质量。

其次，机械设备维修另一个重要的发展趋势是不断地提高劳动生产率，即采用高效率的维修方法和工装设备。精密维修工艺、表面工程技术、状态监测与设备诊断技术以及计算机技术等先进技术的应用，使机械设备维修进入一个崭新的阶段。

机械设备维修的经济性是与质量、生产率有密切联系的一个综合性问题。在给定的维修

对象和技术要求的条件下，选择什么样的维修方法和工装设备来维修，就需要通过经济分析或经济论证加以确定。为了提高机械设备的维修质量或者提高劳动生产率而采用某种新的工艺方法和措施时，必须考察其获得的经济效果如何。

质量、生产率和经济性三者具有辩证关系，在解决某一具体的维修技术问题时，需要全面地加以考虑。

"机械设备维修技术"是机电设备维修与管理专业的主要专业课程之一，通过本课程的学习，应使学生达到下列基本要求：

（1）初步掌握机械设备维修的基本理论和基本知识。

（2）熟悉常用机械零部件修复技术的基本内容和维修方法，能正确选用常用的工具、检具、研具、量具。

（3）具有维修典型机械零部件和典型机械设备的基本能力。

（4）掌握机械设备维修中零件测绘设计的基本知识，能正确确定修换件、测绘失效零件及选用测绘工具，具有正确使用技术资料、设计及绘制更换零件工作图的能力。

（5）具有分析和解决维修作业中一般技术问题的能力。

（6）初步掌握机械设备维修后的调试及精度检验方法。

思考练习题

0-1　我国维修技术发展的重要标志是什么？

0-2　现代维修技术主要依靠哪些通用技术？

0-3　本门课程的性质和任务是什么？

机械设备维修理论和操作技术基础

项目描述

　　机械设备维修的理论是进行机械设备维修的指导性文件，操作技术是机械设备维修的基本技能。本项目主要介绍机械设备维修的基础知识，机械设备维修常用的检具、量具和量仪，维修常用的操作技术方法，机械零件的失效形式及维修更换的原则，在确定机械设备维修一般过程和方案的基础上，进行机械设备维修前的技术和物资准备。

知识目标

　　（1）掌握机械设备维修的基础知识；

　　（2）理解尺寸链；

　　（3）认识常用检具、量具和量仪；

　　（4）掌握维修常用的操作技术；

　　（5）理解机械零件的失效及维修更换原则；

　　（6）掌握机械设备维修方案的确定方法；

　　（7）理解机械设备维修前的技术和物资准备。

能力目标

　　（1）会分析尺寸链；

　　（2）会使用常用检具、量具和量仪；

　　（3）会熟练操作维修常用的方法；

　　（4）能准确判断机械零件是否失效；

　　（5）能制定出合理的机械设备维修方案；

　　（6）会准备机械设备维修前的技术和物资。

思政目标

　　（1）理解学习科学知识的重要性，发扬精益求精的工匠精神；

　　（2）培养不畏艰辛的工作态度和刻苦钻研的探索精神。

任务一　机械设备维修基础知识

一、设备维修的定义及其作用

（一）设备维修的定义

设备维修是对装备或设备进行维护和修理的简称。这里所说的维护，是指为保持装备或设备完好工作状态所做的一切工作，包括清洗擦拭、润滑涂油、检查调校，以及补充能源、燃料等消耗品；修理是指恢复装备或设备完好工作状态所做的一切工作，包括检查、判断故障，排除故障，故障排除后的测试，以及全面翻修等。因此，维修是为了保持和恢复装备或设备完好工作状态而进行的一系列活动。

维修是伴随生产工具的使用而出现的；随着生产工具的发展，机器设备大规模的使用，人们对维修的认识也不断深化。维修已由事后排除故障发展为事前预防故障，由保障使用的辅助手段发展成为生产力的重要组成部分；如今维修已发展成为增强企业竞争力的有力手段、改善企业投资的有效方式，是实行全系统、全寿命管理的有机环节，实施绿色再制造工程的重要技术措施。可以说，维修已从一门技艺发展成为一门学科。

（二）设备维修的作用

1. 维修是事后对故障和损坏进行修复的一项重要活动

设备在使用过程中难免会发生故障和损坏，维修人员在工作现场随时应付可能发生的故障和由此引发的生产事故，尽可能不让生产停顿下来，显然这对保持正常生产秩序、保证完成生产任务是不可或缺的。

2. 维修是事前对故障主动预防的积极措施

随着生产流水线的出现，设备自动化水平的提高，生产过程中一旦某一工序出现故障，迫使全线停工，则会给生产带来难以估量的损失；有的故障还会危及设备、环境和人身安全，造成严重的后果。对影响设备正常运转的故障，事先采取一些"防患于未然"的措施，通过事先采取周期性的检查和适当的维修，避免生产中的一些潜在故障以及由此可能引发的事故，则可减少意外停工损失，使生产有条不紊地按计划进行，保证生产的稳定性，同时还可以节约维修费用。

3. 维修是设备使用的前提和安全生产的保障

随着机器设备高技术含量的增加，新技术、新工艺、新材料不断出现，智能系统得到大量应用，使得设备越来越现代化，对设备维修的依赖程度就越高。离开了正确的维修，离开了高级维修技术人员的指导，设备就不能保证正常使用并发挥其生产效能，就难以避免事故的发生，所以维修是设备使用的前提和安全生产的保障。

4. 维修是生产力的重要组成部分

投资购买新设备的目的，是维持或扩大既定的生产力，完成规定的生产任务。然而就设备的新旧而言，新的并不意味着一定具有所要求的生产力，要达到要求往往需要经过一段时间的试运行，经过适当的维修；即使新设备从一开始或短期内就能够投产，也需要进行维护保养，将设备中旋转零部件在磨合后出现的"油泥"进行清洗，对配合间隙进行适当调整，对智能控制系统进行校验等，才能使新设备达到或超越既定的生产力。

使用多年的旧设备的生产力，有的并不一定比新设备的生产力差，只要通过合理的维修或翻修，使它一如既往或者更好地运转，其生产性能甚至会超过新设备，这里起关键作用的是维修。所以，从某种意义上讲，维修是生产力的重要组成部分。

5. 维修是提高企业竞争力的有力手段

激烈的市场竞争迫使企业必须提高产品质量，降低生产成本，以增强竞争力。维修是提高企业竞争力的有力手段，具体体现在如下几个方面：

（1）维修保证设备正常运转，维持稳定生产，从根本上保证了所投入的设备资金能够在生产中体现出效益。

（2）在许多情况下，维修提高了设备的使用强度，甚至提高了设备的使用精度，延长了设备的寿命，从而增强了设备的生产能力，有效地提高了设备的生产力。

（3）维修提供的售后服务，不仅可以保证产品使用质量，维护用户利益，提高企业信誉，扩大销售市场，还能够通过反馈信息来进一步改进产品质量，增强企业竞争力。

6. 维修是企业一种有益的投资方式

企业投资是指固定资产的购买与投产，投资目的是形成一定的生产力；投资条件是所投入的资本能够在一定的周期内收回并增值。

维修投资是使固定资产的生产力得以维持下去的那一部分投资，与投资购买固定资产能够形成生产力相似，维修投资则能维持其生产力。在一定周期内，不仅可以收回维修投资成本，而且还能增值。一台设备，可能因为使用操作不当而很快失去生产能力，使得人们不得不重新购买；如果通过认真和恰当的维修，能够使设备具有相当长的使用寿命，则可以延长设备的更新周期，通过维修替代了设备的投资。也就是说，维修可以替代用于扩大再生产和更新设备这两个方面的投资。传统观念把维修看成是一种资源和资金的消耗，显然是不恰当的。

7. 维修是实行产品全面质量管理的有机环节

产品质量的管理，既要重视设计、制造阶段的"优生"，又要重视使用、维修阶段的"优育"，需要实行全面质量管理。产品投入使用后，通过维修才能发现问题，才能为不断改进产品设计提供有用信息，所以说维修是实行产品全面质量管理的有机环节。

8. 维修是实施绿色再制造工程的重要技术措施

工业的发展和人口的增长，使自然资源的消耗急剧加快，为了缓解资源短缺与资源浪费的矛盾，保护环境，适应可持续发展，通过修复和改造，使废旧产品起死回生的绿色再制造新兴产业迅速发展壮大。

许多旧机器设备因磨损、腐蚀、疲劳、变形等而失去生产能力，通过采用一些新技术、新工艺、新材料等技术措施进行维修，不仅可以有效地修复和消除这些缺陷，恢复其性能，甚至可以改善技术性能，提高其耐高温、耐磨损、耐腐蚀、抗疲劳、防辐射以及导电等性能，延长设备的使用寿命，节省材料、能源和费用。所以，维修是实施绿色再生制造工程的重要技术措施。

9. 维修已从一门技艺发展为一门学科

传统观念认为维修是一种修理工艺，是一种操作技艺，大多凭眼睛看、耳朵听、手摸等直观判断或通过师傅带徒弟传授经验的办法来排除故障，缺乏系统的维修理论指导，这在早先机器设备简单的时期是符合当时客观实际的。随着生产日益机械化、电气化、自动化和智能化，设备故障的查找、定位和排除也复杂化，有时故障可能是多种因素：例如机械的、液压的、气动的、电子的、计算机硬件或软件等综合引起的，仅凭直觉判断或经验难以发现问题。

二、机械设备维修的工作类型及修理过程

机械设备维修的
工作类型及修理过程

（一）设备维修的工作类型

从不同的角度出发，维修工作可以有不同的分类方法，按维修时机的不同，维修工作可分为预防性维修和修复性维修（修理）。其中，预防性维修工作又可以划分为保养、操作人员监控、使用检查、功能检测、定时拆修、定时报废和综合工作 7 种维修工作类型。修理按机械设备技术状态劣化的程度、修理内容、技术要求和工作量大小分为大修、项目修理（项修）、小修和定期精度调整等不同等级。

1. 预防性维修的工作类型

预防性维修工作类型分为 7 种，各种类型的主要工作内容及特点如下：

1）保 养

保养是为保持设备固有设计性能而进行的表面清洗、擦拭、通风、添加油液或润滑剂、充气等工作。它是对技术资源要求最低的维修工作类型。

2）操作人员监控

操作人员监控是操作人员在正常使用设备时对其状态进行监控的工作，其目的是发现潜在故障。这类监控包括对设备所进行的使用前检查，对设备仪表的监控，通过气味、噪声、振动、温度、视觉、操作力的改变等感觉辨认潜在故障。但它对隐蔽故障不适用。

3）使用检查

使用检查是按计划进行的定性检查工作，如采用观察、演示、操作手感等方法检查，以确定设备或机件能否执行其规定的功能。例如对火灾告警装置、应急设备、备用设备的定期检查等，其目的是发现隐蔽的功能故障，减小发生多重故障的可能性。

4）功能检测

功能检测是按计划进行的定量检查工作，以确定设备或机件的功能参数是否在规定的限

度之内，其目的是发现潜在故障，通常需要使用仪表、测试设备。

5）定时拆修

定时拆修是指装备使用到规定的时间予以拆修，使其恢复到规定状态的工作。

6）定时报废

定时报废是指装备使用到规定的时间予以废弃的工作。

7）综合工作

综合工作是指实施上述两种或多种类型的预防性维修工作。

2. 机械设备修理的等级

机械设备修理等级的主要工作内容及特点如下：

1）大　修

在设备修理类别中，设备大修是工作量最大，修理时间较长的一种计划修理。大修时，将设备的全部或大部分解体，修复基础件，更换或修复全部不合格的机械零件、电器元件；修理、调整电气系统；修复设备的附件以及翻新外观；整机装配和调试，从而全面消除大修前存在的缺陷，恢复设备规定的精度与性能。大修主要包括以下内容：

（1）对设备的全部或大部分部件解体检查，并做好记录。

（2）全部拆卸设备的各部件，对所有零件进行清洗并做出技术鉴定。

（3）编制大修理技术文件，并做好修理前各方面准备。

（4）更换或修复失效的全部零部件。

（5）刮研或磨削全部导轨面。

（6）修理电气系统。

（7）配齐安全防护装置和必要的附件。

设备翻新与大修

（8）整机装配，并调试达到大修质量技术要求。

（9）翻新外观（重新喷漆、电镀等）。

（10）整机验收，按设备出厂标准进行检验。

通常，在设备大修时还考虑适当进行相关技术改造，如为了消除设备的先天性缺陷或多发性故障，可对设备的局部结构或零部件进行改进设计，以提高其可靠性。按照产品工艺要求，在不改变整机结构的情况下，局部提高个别主要部件的精度等。

对机械设备大修总的技术要求是：全面清除修理前存在的缺陷，大修后应达到设备出厂或修理技术文件所规定的性能和精度标准。

2）项目修理

项目修理简称项修，是根据机械设备的结构特点和实际技术状态，对设备状态达不到生产工艺要求的某些项目或部件，按实际需要进行的针对性修理。修理时，一般要进行部分解体、检查，修复或更换失效的零件，必要时对基准件进行局部刮研，校正坐标，使设备达到应有的精度和性能。进行项修时，只针对需检修的部分进行拆卸分解、修复；更换主要零件，刮研或磨削部分导轨面，校正坐标，使修理部位及相关部位的精度、性能达到规定标准，以满足生产工艺的要求。

项修时，对设备进行部分解体，修理或更换部分主要零件与基准件的数量为 10% ~ 30%，修理使用期限等于或小于修理间隔期的零件；同时，对床身导轨、刀架、床鞍、工作台、横梁、立柱、滑块等进行必要的刮研，但总刮研面积不超过40%，其他摩擦面不刮研。项修时，对其中个别难以恢复的精度项目，可以延长至下一次大修时恢复；对设备的非工作表面，要打光后涂漆。项修的大部分修理项目由专职维修工人在生产车间现场进行，个别要求高的项目由机修车间承担。设备项修后，质量管理部门和设备管理部门要组织机械员、主修工人和操作者，根据项修技术任务书的规定和要求，共同检查验收。检验合格后，由项修质量检验员在检修技术任务书上签字，主修人员填写设备完工通知单，并由送修与承修单位办理交接手续。项修主要包括以下内容：

（1）全面进行精度检查，确定需要拆卸分解、修理或更换的零部件。

（2）修理基准件，刮研或磨削需要修理的导轨面。

（3）对需要修理的零部件进行清洗、修复或更换。

（4）清洗、疏通各润滑部位，换油，更换油毡、油线。

（5）治理漏油部位。

（6）喷漆或补漆。

（7）按部颁修理精度、出厂精度或项修技术任务书规定的精度检验标准，对修完的设备进行全部检查。但对项修时难以恢复的个别精度项目，可适当放宽。

3）小　修

小修是指工作量最小的局部修理。小修主要是根据设备日常检查或定期检查中所发现的缺陷或劣化征兆进行修复。

小修的工作内容是拆卸有关的设备零部件，更换和修复部分磨损较快和使用期限等于或小于修理间隔期的零件，调整设备的局部机构，以保证设备能正常运转到下一次计划修理时间。小修时，要对拆卸下的零件进行清洗，将设备外部全部擦净。小修一般在生产现场进行，由车间维修工人执行。

4）定期精度调整

定期精度调整是指对精密、大型、稀有设备的几何精度进行有计划的定期检查并调整，使其达到或接近规定的精度标准，保证其精度稳定，以满足生产工艺要求。通常，该项检查周期为1～2年，并应安排在气温变化较小的季节进行。

（二）机械设备修理的过程

不同等级的机械设备修理，其工作量有很大的差别，因此，其工作过程也有所不同。一般来说，设备大修的工作过程包括解体前整机检查、拆卸部件、部件检查、必要的部件分解、零件清洗及检查、部件修理装配、总装配、空运转试车、负荷试车、整机精度检验、竣工验收等内容，如图1-1所示。

图 1-1　机械设备大修的工作过程

在实际工作中，对运行设备进行大修应按大修作业计划进行并同时做好作业调度、作业质量控制以及竣工验收等主要管理工作。

机械设备的大修过程一般可分为修理前准备、修理和修理后验收三个阶段。

1. 修理前准备

为了使修理工作顺利进行，修理人员应对设备技术状态进行调查了解和检测；熟悉设备使用说明书、历次修理记录和有关技术资料、修理检验标准等；确定设备修理工艺方案；准备工具、检测器具和工作场地等；确定修理后的精度检验项目和试车验收要求，这样就为整台设备的大修做好了各项技术准备工作。修理前准备越充分，修理的质量和修理进度越能够得到保证。

2. 修 理

修理过程开始后，首先采用适当的方法对设备进行解体，按照与装配相反的顺序和方向，即"先上后下，先外后里"的方法，正确地解除零件和部件在设备中相互间的约束和固定的形式，把它们有次序地、尽量完好地分解出来，并妥善放置，做好标记。要防止零件和部件的拉伤、损坏、变形和丢失等。

对已经拆卸的零件和部件应及时进行清洗，对其尺寸和形位精度及损坏情况进行检验，然后按照修理的类别、修理工艺进行修复或更换。对修前的调查和预检进行核实，以保证修复和更换的正确性。对于具体零件和部件的修复，应根据其结构特点、精度高低并结合修复能力，拟定合理的修理方案和相应的修复方法，进行修复直至达到要求。

零件和部件修复后即可进行装配。设备整机的装配工作以验收标准为依据进行。装配工作应选择合适的装配基准面，确定误差补偿环节的形式及补偿方法，确保各零件和部件之间的装配精度，如平行度、同轴度、垂直度以及传动的啮合精度要求等。

机械设备大修的修理技术和修理工作量，在大修前难以预测得十分准确。故在施工阶段，应从实际情况出发，及时地采取各种措施来弥补大修前预测的不足，并保证修理工期按计划或提前完成。

3. 修理后验收

凡是经过修理装配调整好的设备，都必须按有关规定的精度标准项目或修前拟定的精度项目，进行各项精度检验和试验，如几何精度检验、空运转试验、载荷试验和工作精度检验等，全面检查衡量所修理设备的质量、精度和工作性能的恢复情况。

设备修理后，应记录对原技术资料的修改情况和修理中的经验教训，做好修理后工作小结，与原始资料一起归档，以备下次修理时参考。

三、尺寸链

（一）尺寸链的基本概念

尺寸链

尺寸链原理在结构设计、加工工艺及装配工艺的分析计算中应用极为广泛，因为设计和制造、修理都需要保证零件的尺寸精度和形状、位置精度，在装配时要保证装配精度，从而达到机械设备的技术性能要求。而众多的尺寸、形位关系关联在一起时，就会相互影响并产生累积误差。一些相互联系的尺寸组合，按一定顺序排列成封闭的尺寸链环，便称为尺寸链。其中各个尺寸的误差相互累积，形成误差相互制约的尺寸链关系。尺寸链中各有关的组成部分，包括尺寸、角度、过盈量、间隙或位移等，叫作尺寸链的"链环"，简称为"环"。在设计机械设备或零部件时，设计图上形成的封闭的尺寸组合叫作设计尺寸链，按尺寸链所在对象的不同还可将尺寸链分为零件尺寸链、部件尺寸链或总体尺寸链。

在加工工艺过程中，各工序的加工尺寸构成封闭的尺寸组合，或在某工序中工件、夹具、刀具、机床的有关尺寸形成了封闭的尺寸组合，这两种尺寸组合统称加工工艺尺寸链。

机械设备或部件在装配的过程中，零件或部件间有关尺寸构成了互相有联系的封闭尺寸组合，称为装配尺寸链。如图1-2所示的减速箱装配图，其中箱体和箱盖形成的内腔尺寸 A_1 和 A_2，轴套凸缘高度尺寸 A_3 和 A_5，以及轴肩长度 A_4，构成一组尺寸链。这个结构装配后形成一组传动件，要求轴肩和轴套凸缘间保留一定的间隙 N。装配尺寸链有时可以和结构设计的尺寸链一致，但也可能因装配工艺方法不同，导致装配工艺尺寸链和总体结构尺寸链不一致。有时由于采用的测量工具的影响，还可能使测量基准不一致，形成测量尺寸链。

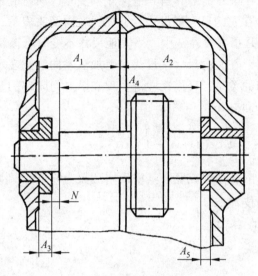

图1-2　装配尺寸链

运用尺寸链原理可以方便可靠地计算各种尺寸链，协调各尺寸的相互影响，并控制许多尺寸的累积误差。

在加工和装配的过程中，为了计算方便，常常将相互联系的尺寸或者注有形位公差的几何要素，按一定顺序排列构成封闭尺寸组合，并从图样上抽出来单独绘成一个封闭尺寸的尺寸链环图形，就形成了尺寸链图。如图1-3所示为六环尺寸链。

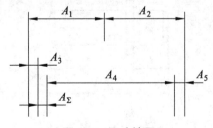

图1-3　尺寸链图

1. 尺寸链的组成

图 1-3 所示为减速箱装配图（见图 1-2）的尺寸链图，尺寸链中的每个尺寸简称环。

封闭环 A_Σ，是零件在加工过程中或机械设备在装配过程中间接得到的尺寸。封闭环可能是一个尺寸或角度，也可能是一个间隙（如图 1-2 中的间隙 N）、过盈量或其他数值的偏差。在装配中，封闭环代表装配技术要求，体现装配质量指标。在加工中，封闭环代表间接获得的尺寸，或者被代换的原设计要求尺寸。封闭环的特性是，其他环的误差综合累积在封闭环上，因此封闭环的误差是所有各组成环误差的总和。

组成环是在尺寸链中影响封闭环误差增大或减小的其他环。组成环本身的误差是由其本身的制造条件独立产生并存在的，不受其他环的影响，因此是由加工设备和加工方法确定的。

增环（A_1、A_2）是指在尺寸链中，当其他尺寸不变时，该组成环增大，封闭环也随之增大。对于组成环的增环，在它的尺寸字母代号上加注右向箭头表示，如 $\vec{A_i}$。

减环（A_3、A_4、A_5）是指在尺寸链中，当其他尺寸不变时，该组成环增大，封闭环反而减小。对于组成环的减环，在它的尺寸字母代号上加注左向箭头表示，如 $\overleftarrow{A_i}$。

尺寸链各组成环之间的关系，可用尺寸链方程表示。封闭环的基本尺寸为所有增环与所有减环的基本尺寸之差，即

$$A_\Sigma = (A_1 + A_2) - (A_3 + A_4 + A_5)$$

在 n 环尺寸链中，有 $n-1$ 个组成环，其中设增环数为 m 个，则减环数为 $n-(m+1)$ 个。

$$A_\Sigma = \sum_{i=1}^{m} A_i - \sum_{i=m+1}^{n-1} A_i \tag{1-1}$$

2. 尺寸链分类

1）按尺寸链应用范围分类

尺寸链可以分为设计尺寸链、工艺尺寸链、装配尺寸链以及检验尺寸链。

2）按尺寸链中组成环的性质分类

尺寸链可以分为线性尺寸链、角度尺寸链、平面尺寸链和空间尺寸链。

（1）线性尺寸链各组成环尺寸在同一平面内，均为直线尺寸且彼此平行，尺寸与尺寸之间相互连接，如图 1-4 所示。

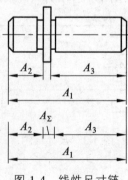

图 1-4　线性尺寸链

（2）角度尺寸链的组成环由各种不同的角度所组成，其中包括由误差形成的角度。角度尺寸链最简单的形式是具有公共角顶的封闭角度图形，如图 1-5 所示。其尺寸链方程为 $\beta_\Sigma = \beta_1 + \beta_2$。

由角度组成的封闭多边形，如图 1-6 所示。其尺寸链方程为 $\alpha_\Sigma = 360 - (\alpha_1 + \alpha_2 + \alpha_3)$。

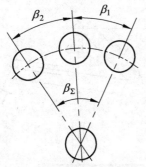
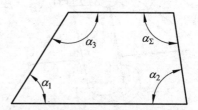

图 1-5　公共角顶的角度尺寸链　　　　图 1-6　由角度组成的封闭多边形

根据有关机床的精度标准规定，若某机床主轴相对工作台面的垂直度公差为 $\alpha_\Sigma = 0.03\,mm / 300\,mm$，那么这个比值可折算成角度误差，按角度尺寸链来分析计算。

（3）平面尺寸链的各组成环尺寸在同一平面内，但不一定都平行。也就是说，平面尺寸链内既有线性尺寸，同时又有相互形成的角度，这样就使尺寸链中某些尺寸互不平行。如图 1-7（a）所示的箱体零件，在坐标镗床上按尺寸 A_1、A_2 镗孔 1、孔 2 和孔 3，则孔 1 和孔 3 的中心距 A_Σ 最后也间接得到。A_1、A_2 和 A_Σ 在同一平面内，但彼此不平行，它们构成平面尺寸链 [见图 1-7（b）]，若经换算也可以化为线性尺寸链 [见图 1-7（c）]。

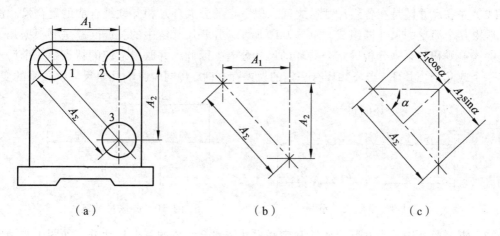

（a）　　　　　　　　　　（b）　　　　　　　　　　（c）

图 1-7　平面尺寸链

（4）空间尺寸链的各组成环尺寸不在同一平面内，且不一定互相平行。空间尺寸链在空间坐标系中各部分构件形成一定的角度和距离，组合成复杂的尺寸链。这种尺寸链多应用在空间机构的运动计算中，如图 1-8 所示的工业机器人，其底部可以回转和升降，中间的大臂可以绕水平轴回转，同时也可以伸缩移动，大臂前端的小臂可以俯仰转动，小臂前端手腕部分可以绕小臂轴回转而使手爪转位。在这一套机构中共有 6 个运动部件，能够实现 6 种不同的运动，6 种运动的组合，使工业机器人手爪实现在空间由一个位置移动到另一个位置。当对工业机器人手臂各部分的制造误差和运动误差进行分析时，就需要应用空间尺寸链的误差综合关系。

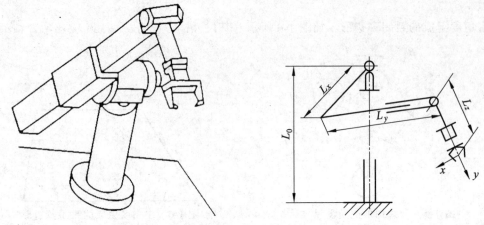

图 1-8　工业机器人

3）按尺寸链相互联系的形态分类

尺寸链可以分为串联尺寸链、并联尺寸链和混联尺寸链。

（1）串联尺寸链是各组尺寸链之间以一定的基准线互相串联结合成为相互有关的尺寸链组合，如图 1-9 所示。在串联尺寸链中，前一组尺寸链中各环的尺寸误差，引起基准线位置的变化，将引起后一组尺寸链的起始位置发生根本的变动。因此，在串联尺寸链中，公共基准线是计算中应当特别注意的关键问题。

（2）并联尺寸链是在各组尺寸链之间，以一定的公共环互相并联结合成的复合尺寸链。它一般由几个简单的尺寸链组成，如图 1-10 所示。并联尺寸链中的关键问题是要根据几个尺寸链的误差累积关系来分析确定公共环的尺寸公差。因此，并联尺寸链的特点是几个尺寸链具有一个或几个公共环，当公共环有一定的误差存在时，将同时影响几组尺寸链关系的变化。

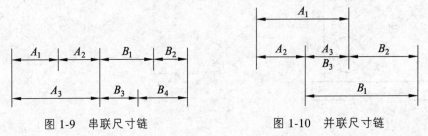

图 1-9　串联尺寸链　　　　　　　图 1-10　并联尺寸链

（3）混联尺寸链是由并联尺寸链和串联尺寸链混合组成的复合尺寸链，如图 1-11 所示。混联尺寸链中，既有公共的基准线，又有公共环，在分析混联尺寸链时应当特别注意。

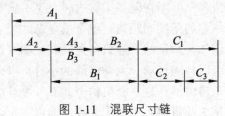

图 1-11　混联尺寸链

3. 尺寸链所表示的基本关系

组成尺寸链的尺寸之间的相互影响关系，也就是"组成环"和"封闭环"之间的影响关系，在任何情况下，组成环误差都将累积在封闭环上，累积后形成封闭环的误差。由于在组成环中有增环和减环的区别，因此它们对封闭环的影响状况也就不一样，其区别如下：

（1）增环对封闭环误差的积累关系为同向影响，增环误差增大（或减小），可使封闭环尺寸增大（或减小），而且使封闭环尺寸向偏大方向偏移。

（2）减环对封闭环误差的积累关系为反向影响，减环误差增大（或减小），可使封闭环尺寸相应减小（或增大），而且使封闭环尺寸向偏小方向偏移。

（3）综合增环尺寸使封闭环向偏大方向偏移、减环尺寸又使封闭环向偏小方向偏移的情况，结果导致封闭环尺寸向两个方向偏移，最后使封闭环尺寸的误差 δ_Σ 增大。由此可以看出，无论尺寸链的组成环有多少，无论它的形式和用途怎样，都反映了封闭环和组成环之间的相互影响关系，而这种相互影响关系也正是尺寸链所代表的基本关系。尺寸链所代表的基本关系是用来说明尺寸链的基本原理和本质问题的。

1）封闭环的极限尺寸

封闭环的最大极限尺寸等于各增环的最大极限尺寸之和减去各减环的最小极限尺寸之和。封闭环的最小极限尺寸等于各增环的最小极限尺寸之和减去各减环的最大极限尺寸之和，即

$$A_{\Sigma\max} = \sum_{i=1}^{m} A_{i\max} - \sum_{i=m+1}^{n-1} A_{i\min} \tag{1-2}$$

$$A_{\Sigma\min} = \sum_{i=1}^{m} A_{i\min} - \sum_{i=m+1}^{n-1} A_{i\max} \tag{1-3}$$

2）封闭环的上、下偏差

封闭环的上偏差应是封闭环最大极限尺寸与基本尺寸之差，也等于各增环上偏差之和减去各减环下偏差之和。封闭环的下偏差应是封闭环的最小极限尺寸与基本尺寸之差，也等于各增环下偏差之和减去各减环上偏差之和，即

$$B_{S}A_{\Sigma} = A_{\Sigma\max} - A_{\Sigma} = \sum_{i=1}^{m} B_{S}A_{i} - \sum_{i=m+1}^{n-1} B_{X}A_{i} \tag{1-4}$$

$$B_{X}A_{\Sigma} = A_{\Sigma\min} - A_{\Sigma} = \sum_{i=1}^{m} B_{X}A_{i} - \sum_{i=m+1}^{n-1} B_{S}A_{i} \tag{1-5}$$

3）封闭环的公差

封闭环的公差等于封闭环的最大极限尺寸减去最小极限尺寸，经化简后即为各组成环公差之和。

$$T_{A\Sigma} = \sum_{i=1}^{n-1} T_{Ai} \tag{1-6}$$

4）各组成环平均尺寸的计算

有时为了计算方便，往往将某些尺寸的非对称公差带变换成对称公差带的形式，这样基本尺寸就要换算成平均尺寸。如某组成环的平均尺寸按下式计算：

$$A_{iM} = \frac{A_{i\max} + A_{i\min}}{2} \tag{1-7}$$

同理，封闭环的平均尺寸等于各增环的平均尺寸之和减去各减环的平均尺寸之和，即

$$A_{\Sigma M} = \sum_{i=1}^{m} A_{iM} - \sum_{i=m+1}^{n-1} A_{iM} \qquad (1\text{-}8)$$

5）各组成环平均偏差的计算

各组成环的平均偏差等于各环的上偏差与下偏差之和的一半。如某组成环的平均偏差按下式计算：

$$B_M A_i = A_{iM} - A_i = \frac{A_{i\max} + A_{i\min}}{2} - A_i = \frac{(A_{i\max} - A_i) + (A_{i\min} - A_i)}{2} = \frac{B_S A_i + B_X A_i}{2} \qquad (1\text{-}9)$$

同理，封闭环的平均偏差等于各增环的平均偏差之和减去各减环的平均偏差之和，即

$$B_M A_{\Sigma} = \sum_{i=1}^{m} B_M A_i - \sum_{i=m+1}^{n-1} B_M A_i \qquad (1\text{-}10)$$

（二）尺寸链的计算

尺寸链计算通常可分为线性尺寸链计算、角度尺寸链计算、平面尺寸链计算和空间尺寸链计算。这四种计算通常是以线性尺寸链为基本形式来建立计算公式的，而且最初是按照极值法来进行推导的。

1. 极值法计算尺寸链

极值法（又称极大极小法）计算尺寸链的基本概念，是当所有增环处于极大（或极小）尺寸，且所有减环处于极小（或极大）尺寸时，求解封闭环的最大极限尺寸（或最小极限尺寸）。

1）正计算

已知各组成环的尺寸和上、下偏差，求封闭环的尺寸及上、下偏差，称为正计算。

【例 1-1】已知一尺寸链如图 1-12 所示，试求封闭环的尺寸及公差。

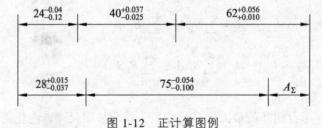

图 1-12　正计算图例

解：（1）确定增环和减环。尺寸 24、40、62 为增环，尺寸 28、75 为减环。

（2）求封闭环的基本尺寸，根据式（1-1）得

$$A_{\Sigma} = 24 + 40 + 62 - 28 - 75 = 23 (\text{mm})$$

（3）求封闭环的极限尺寸，根据式（1-2）和式（1-3）得

$$A_{\Sigma\max} = 23.96 + 40.037 + 62.056 - 27.963 - 74.90 = 23.190 (\text{mm})$$

$$A_{\Sigma\min} = 23.88 + 39.975 + 62.01 - 28.015 - 74.946 = 22.904 (\text{mm})$$

（4）求封闭环的公差，根据式（1-6）得

$$T_{A\Sigma} = 23.190 - 22.904 = 0.286 \text{(mm)}$$

（5）求封闭环的上、下偏差，根据式（1-4）和式（1-5）得

$$B_S A_\Sigma = 23.190 - 23 = +0.190 \text{(mm)}$$

$$B_X A_\Sigma = 22.904 - 23 = -0.096 \text{(mm)}$$

故所求封闭环尺寸为 $A_\Sigma = 23^{+0.190}_{-0.096}$ mm。

如果把式（1-1）、式（1-4）、式（1-5）改写成表 1-1 所示的竖式，在"增环"这一行中抄上尺寸 24、40、62 及其上、下偏差，在"减环"这一行中把尺寸 28、75 的上、下偏差位置对调，并改变其正负号（原来的正号改负号，原来的负号改正号），同时给减环的基本尺寸也冠以负号，然后把三列的数值作代数和运算，即得到封闭环的基本尺寸和上、下偏差。这种竖式中对增、减环的处理可以归纳成一句口诀："增环尺寸和上、下偏差照抄，减环尺寸上、下偏差对调又变号。"这种竖式主要用来验算封闭环，使尺寸链计算更简明。

表 1-1　计算封闭环的竖式　　　　　　　　　　　　　　　单位：mm

基本尺寸		$B_S A_\Sigma$	$B_X A_\Sigma$
	24	-0.04	-0.12
增环	40	+0.037	-0.025
	62	+0.056	+0.01
减环	-28	+0.037	-0.015
	-75	+0.10	+0.054
封闭环	23	+0.190	-0.096

由式 $T_{A\Sigma} = \sum\limits_{i=1}^{n-1} T_{Ai} = A_{\Sigma\max} - A_{\Sigma\min}$ 可知封闭环的公差比任一组成环的公差都大，换言之，封闭环的精度比各个组成环的精度都低。因此在设计结构零件时，应选最不重要的环作为零件尺寸链的封闭环。但在装配尺寸链中，封闭环是装配后形成的，就是机械设备和部件的装配技术要求，它却正好是最重要的尺寸环。为减小封闭环公差，就应使尺寸链组成环数目尽可能少。因此，正计算常常用来校核和检查封闭环的公差是否超过技术要求。在装配尺寸链中，正计算则常常用来检查选用的装配方法是否能够保证装配精度的有关指标。

2）反计算

已知封闭环的极限尺寸（或上、下偏差）及其公差，求解各组成环的上、下偏差及公差，则称为尺寸链的反计算。反计算可以采用等公差、等精度两种计算方法。

（1）等公差法是在环数不多、基本尺寸相近时，将已知的封闭环公差按 $T_M = T_{A\Sigma}/(n-1)$ 平均分配给各组成环，然后根据各环尺寸加工的难易适当调整公差，只要满足下式即可。

$$\sum_{i=1}^{n-1} T_{Ai} \leq T_{A\Sigma}$$

（2）等精度法是在尺寸链环数较多时，先将各组成环公差定为相同的公差等级，求出公差等级系数，再计算各环公差，然后按加工难易进行适当调整，但也需满足下式。

$$\sum_{i=1}^{n-1} T_{Ai} \leq T_{A\Sigma}$$

各种尺寸的标准公差值是用公差单位 I 与公差单位数 a（也称公差等级系数）的乘积来表示，即 $T_i = a_i I_i$。

在不大于 500 mm 的尺寸范围内，$I = 0.45\sqrt[3]{A} + 0.001A$，式中 A 为尺寸分段的几何平均值。

$$T_{A\Sigma} = \sum_{i=1}^{n-1} T_{Ai} = a_M \sum_{i=1}^{n-1} I_i \qquad (a_M = a_1、a_2\dots)$$

则
$$a_M = \frac{T_{A\Sigma}}{\sum\limits_{i=1}^{n-1} I_i} \tag{1-11}$$

式中 a_M ——平均公差单位数。

各组成环可根据其所在的尺寸分段，在有关资料中查出公差单位的数值，并代入式（1-11）中算出平均公差单位数 a_M，然后在有关资料中查出相应的公差等级，并据此查出各组成环尺寸的标准公差值，最后还应对个别组成环的公差值进行适当调整。

在确定了组成环公差后，即可确定其上、下偏差。一般可按"向体原则"进行：当组成环为被包容尺寸（外尺寸，如轴类零件）时，取其上偏差为零；当组成环为包容尺寸（内尺寸，如孔类零件）时，取其下偏差为零。按"向体原则"确定组成环上、下偏差，可使计算简化，且有利于加工，但必须以满足式（1-4）、式（1-5）为前提。为此，应对个别组成环的上、下偏差按公式计算确定。对于孔的中心距，也可按对称偏差确定。

【例1-2】图1-13所示为汽车发动机曲轴，设计要求轴向装配间隙为 0.05～0.25 mm，即 $A_\Sigma = 0^{+0.25}_{+0.05}$ mm，在曲轴主轴颈前后两端套有止推垫片，正齿轮被压紧在主轴颈台肩上，试确定曲轴主轴颈长度 $A_1 = 43.50$ mm，前后止推垫片厚度 $A_2 = A_4 = 2.5$ mm，轴承座宽度 $A_3 = 38.5$ mm 等尺寸的上、下偏差。

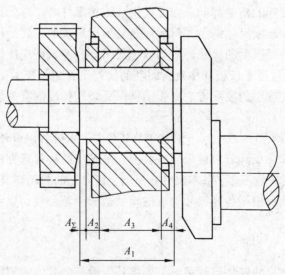

图1-13 曲轴轴颈装配尺寸链

解：（1）绘出尺寸链图，如图 1-14 所示。

（2）确定增环和减环。尺寸 A_1 为增环，尺寸 A_2、A_4、A_3 为减环，尺寸 A_Σ 为封闭环。

（3）按等公差法计算时，则

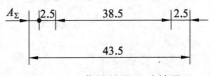

图 1-14　曲轴轴颈尺寸链图

$$T_M = \frac{T_{A\Sigma}}{n-1} = \frac{0.25 - 0.05}{5-1} = 0.05(\text{mm})$$

根据各环加工难易调整各环公差，并按"向体原则"安排偏差位置，于是得

$$A_2 = A_4 = 2.5^{\ 0}_{-0.04}\,\text{mm} \qquad A_3 = 38.5^{\ 0}_{-0.07}\,\text{mm}$$

计算 A_1 环的上、下偏差，由式（1-4）得

$$B_S A_\Sigma = B_S A_1 - (B_X A_2 + B_X A_3 + B_X A_4)$$

$$B_S A_1 = B_S A_\Sigma + (B_X A_2 + B_X A_3 + B_X A_4)$$

$$= [(+0.25) + (-0.04) + (-0.04) + (-0.07)] = +0.10 \ (\text{mm})$$

$$B_X A_\Sigma = B_X A_1 - (B_S A_2 + B_S A_3 + B_S A_4)$$

$$B_X A_1 = B_X A_\Sigma + (B_S A_2 + B_S A_3 + B_S A_4)$$

$$= [(+0.05) + (0 + 0 + 0)] = +0.05 \ (\text{mm})$$

用竖式验算封闭环，如表 1-2 所示。

表 1-2　验算封闭环的竖式　　　　　　　　　　　　　　　　单位：mm

基本尺寸		$B_S A_\Sigma$	$B_X A_\Sigma$
增环	43.50	+0.10	+0.05
减环	-2.50	+0.04	0
	-2.50	+0.04	0
	-38.50	+0.07	0
封闭环	0	+0.25	+0.05

经竖式验算认定符合间隙的设计要求，所以：

$$A_1 = 43.5^{+0.10}_{+0.05}\,\text{mm}$$

按等精度法计算时，由式（1-11）算出平均公差单位数 a_M。查有关资料得 $I_{A1} = I_{A3} = 1.56$，$I_{A2} = I_{A4} = 0.54$。

故

$$a_M = \frac{T_{A\Sigma}}{\sum\limits_{i=1}^{n-1} I_i} = \frac{0.25 - 0.05}{2 \times 1.56 + 2 \times 0.54} = 47.60(\mu\text{m})$$

查有关资料可知 47.6 与 40 接近，故各环精度均按 IT9 级定公差值，并按"向体原则"分布极限偏差。

$$T_{A2} = T_{A4} = 0.025 \text{ mm} \qquad\qquad A_2 = A_4 = 2.5_{-0.025}^{\ 0} \text{ mm}$$

$$T_{A3} = 0.062 \text{ mm} \qquad\qquad A_3 = 38.5_{-0.062}^{\ 0} \text{ mm}$$

以 A_1 为协调环计算上、下偏差，满足公式 $T_{A\Sigma} = \sum\limits_{i=1}^{n-1} T_{Ai}$ 的要求。

$$B_S A_1 = [(+0.25) + (-0.025) + (-0.062) + (-0.025)] = +0.138(\text{mm})$$

$$B_X A_1 = [(+0.05) + (0 + 0 + 0)] = +0.05(\text{mm})$$

用竖式验算封闭环，如表 1-3 所示。

表 1-3　验算封闭环的竖式　　　　　　　　　　　　　单位：mm

基本尺寸		$B_S A_\Sigma$	$B_X A_\Sigma$
增环	43.50	+0.138	+0.05
减环	-2.50	+0.025	0
	-2.50	+0.025	0
	-38.50	+0.062	0
封闭环	0	+0.25	+0.05

经竖式验算，也符合间隙的设计要求，所以：

$$A_1 = 43.5_{+0.05}^{+0.138} \text{ mm}$$

3）中间计算

已知封闭环及部分组成环，求解尺寸链中某些组成环的计算称为中间计算。

【例 1-3】图 1-15 所示为活塞，其使用性能要求保证销孔轴心线至顶部的尺寸 99 mm 及其公差。为使机床尺寸调整简便，在工序图上应注明以安装基准 A 标注尺寸 B，试确定该工序尺寸 B 及其公差。

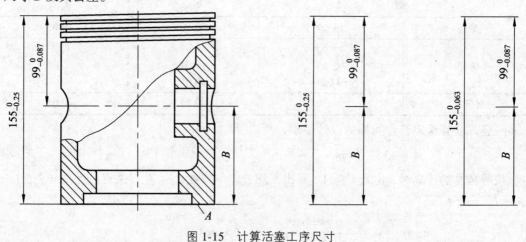

图 1-15　计算活塞工序尺寸

解：按加工工序最后得到的封闭环 $B_\Sigma = 99_{-0.087}^{\ 0} \text{ mm}$ 为已知，求组成环 B。由图可知，显然组成环 155 mm 的公差不合理，此时的工艺不能保证封闭环尺寸的精度，因此必须减小尺寸 155 mm 的公差值，现将尺寸 $155_{-0.25}^{\ 0} \text{ mm}$ 改为 $155_{-0.063}^{\ 0} \text{ mm}$。

$$B=155-99=56（mm）$$

由 $0 = 0 - B_X B$ 得

$$B_X B = 0$$

由 $-0.087\,mm = -0.063\,mm - B_S B$ 得

$$B_S B = [(-0.063)-(-0.087)] = +0.024(mm)$$

于是得 $B = 56^{+0.024}_{0}\,mm$。

2. 概率法计算尺寸链

极值法计算尺寸链的特点是简便、可靠，但在封闭环公差较小，组成环数目较多时，根据 $T_{A\Sigma} = \sum_{i=1}^{n-1} T_{Ai}$ 的关系式，则分摊到各组成环的公差将过于严格，使加工困难，制造成本增加。而且实际生产中，尤其在大批量生产条件下，实际尺寸处于极限值的可能性很小，而尺寸链的各环尺寸同时等于各自的极限值的可能性就更小。如果用概率法来计算就可以克服这一缺点，并能扩大各组成环的公差值，使之更合理、更经济。

当某种零件的生产批量足够大时，其加工误差一般是符合随机误差分布规律的。就多环尺寸链来说，各环尺寸的实际值也是一个随机变量。此计算方法读者可查阅相关资料。

思考练习题

1-1 什么是设备维修？设备维修有哪些作用？

1-2 设备维修的工作类型有哪些？

1-3 简述机械设备的修理过程。

1-4 什么叫尺寸链？尺寸链如何组成？

1-5 计算尺寸链时，什么是正计算、反计算及中间计算？

1-6 如图 1-16 所示为一阶梯轴，按加工顺序先后得到尺寸 $A_1 = 20^{0}_{-0.30}\,mm$，$A_2 = 20^{0}_{-0.30}\,mm$，$A_3 = 20^{0}_{-0.30}\,mm$，试绘出该轴的尺寸链图，并确定其封闭环的基本尺寸及偏差。

单元测验 1

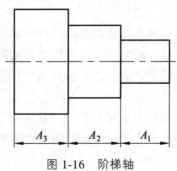

图 1-16　阶梯轴

1-7 加工一轴套，如图 1-17 所示，按 $A_1 = \phi60_{-0.04}^{-0.02}$ mm 车外圆，按 $A_2 = \phi50_0^{+0.04}$ mm 镗孔，内孔对外圆同轴度公差为（0 ± 0.02）mm，求壁厚 N。

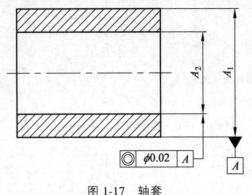

图 1-17 轴套

任务二 维修操作技术基础

一、维修常用的检具、量具和量仪

（一）常用检具

1. 平 尺

平尺主要作为测量基准，用于检验工件的直线度和平面度误差，也可作为刮研基准，有时还用来检验零部件的相互位置精度。平尺可分为 0 级、1 级、2 级三个等级，检验机床几何精度常用 0 级或 1 级精度平尺。平尺有桥形平尺、平行平尺和角形平尺三种，如图1-18 所示。

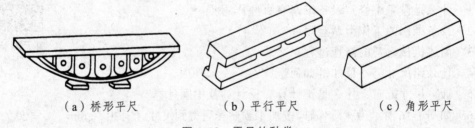

（a）桥形平尺   （b）平行平尺   （c）角形平尺

图 1-18 平尺的种类

1）桥形平尺

桥形平尺是刮研和测量机床导轨直线度的基准工具，只有一个工作面，即上平面。用优质铸铁经时效处理后制成，刚性好，但使用时受温度变化的影响较大。用其工作面和机床导轨对研显点，达到相应级别要求的显点数时，表明导轨达到了相应精度等级。

2）平行平尺

平行平尺的两个工作面都经过精刮且相互平行，常与仪表座配合使用来检验导轨间的平行度、平板的平面度和直线度等。因为平行平尺受温度变化的影响较小，使用轻便，所以应用比桥形平尺广泛。

3）角形平尺

角形平尺可用来检验工件两个加工面的角度组合平面，如燕尾导轨的燕尾面。角度和尺寸的大小视具体导轨而定。

使用平尺时可根据工件情况来选用其规格。平尺工作面的精度较高，用完后应清洗、涂油并妥善放置，以防变形。

2. 平 板

平板用于涂色法检验工件的直线度、平行度，也可作为测量基准，检查零件的尺寸精度、平行度或形位误差，精度等级可分为 000 级、00 级、0 级、1 级、2 级、3 级六个等级，检验机床几何精度常用 00 级、0 级或 1 级检验平板，2 级、3 级为划线平板。检验平板常用作测量工件的基准件，它的结构和形状如图 1-19 所示。

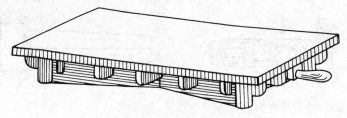

图 1-19　标准平板

与被检验的平面对研时，其研点数达到相应级别的显点数时，就可认为被检验的平面达到了相应精度等级。

铸铁平板用优质铸铁经时效处理并按较严格的技术要求制成，工作面一般经过刮研。目前，用大理石、花岗岩制造的平板应用日益广泛，其优点是不生锈、不变形、不起毛刺、易于维护，缺点是受温度影响，不能用涂色法检验工件，不易修理。

3. 方尺和直角尺

方尺和直角尺是用来检查机床部件之间垂直度的工具，常用的有方尺、平角尺、宽底座角尺和直角平尺，一般采用合金工具钢或碳素工具钢并经淬火和稳定性处理制成，如图 1-20 所示。

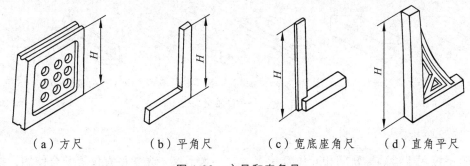

（a）方尺　　　　（b）平角尺　　　　（c）宽底座角尺　　　　（d）直角平尺

图 1-20　方尺和直角尺

4. 检验棒

检验棒是检测机床精度的常备工具，主要用来检查主轴、套筒类零件的径向跳动、轴向窜动、相互间同轴度和平行度及轴与导轨的平行度等。

检验棒一般用工具钢经热处理及精密加工而成，有锥柄检验棒和圆柱检验棒两种。机床主轴孔都是按标准锥度制造的。莫氏锥度多用于中小型机床，其锥柄大端直径从0号至6号逐渐增大。铣床主轴锥孔常用7∶24锥度，锥柄大端直径从1号至4号逐渐增大。重型机床用1∶20公制锥度，常用的有80（80指锥柄大端直径为80 mm）、100、110三种。检验棒的锥柄必须与机床主轴锥孔配合紧密，接触良好。为便于拆装及保管，可在棒的尾端制出拆卸螺纹及吊挂孔。用完后要清洗、涂油，以防生锈，并妥善保管。

按结构形式及测量项目分类，常用的检验棒有如图1-21所示的几种。图1-21（a）所示的长检验棒用于检验径向跳动、平行度、同轴度；图1-21（b）所示的短检验棒用于检验轴向窜动；图1-21（c）所示的圆柱检验棒用于检验机床主轴和尾座中心线连线对机床导轨的平行度及床身导轨在水平面内的直线度。

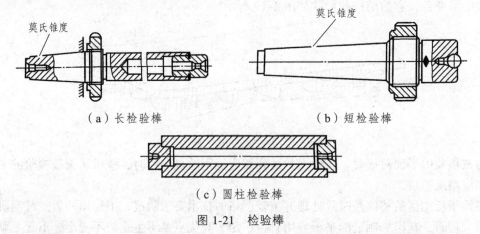

（a）长检验棒　　　　　　　　　　（b）短检验棒

（c）圆柱检验棒

图1-21　检验棒

5. 仪表座

在机床制造修理中，仪表座是一种测量导轨精度的通用工具，主要用作水平仪及百分表架等测量工具的机座。仪表座的平面及角度面都应精加工或刮研，使其与导轨面接触良好，否则会影响测量精度。材料多为铸铁，根据导轨的形状不同而做成多种形状，如图1-22所示。

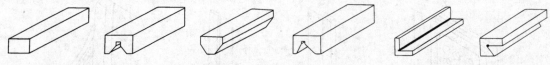

（a）平面表座　（b）V形表座　（c）凸V形表座　（d）V形不等边表座　（c）直角表座　（f）55°角表座

图1-22　仪表座的种类

6. 检验桥板

检验桥板用于检验导轨间相互位置精度，常与水平仪、光学平直仪等配合使用，按不同形状的机床导轨制成不同的结构形式，主要有V-平面形、山-平面形、V-V形，山-山形等，如图1-23所示。

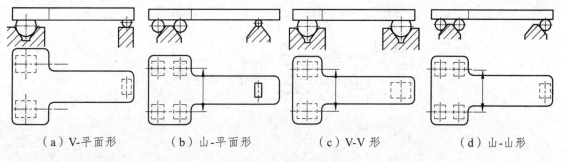

（a）V-平面形　　　　（b）山-平面形　　　　（c）V-V形　　　　（d）山-山形

图 1-23　专用检验桥板

为适应多种机床导轨组合的测量，也制成可更换桥板与导轨接触部分及跨度可调整的可调式检验桥板，如图 1-24 所示。检验桥板的材料一般采用铸铁经时效处理精制而成，圆柱的材料采用 45 号钢经调质处理。

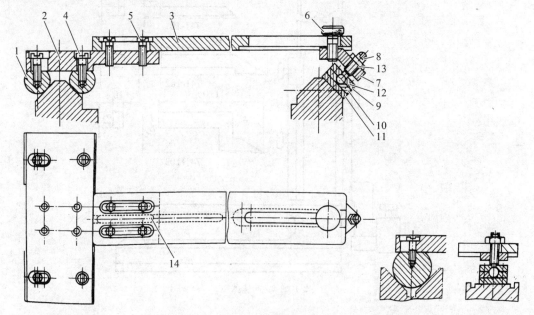

1—圆柱；2—T字板；3—桥板；4，5—圆柱头螺钉；6—滚花螺钉；7—支承板；8—调整螺钉；

9—盖板；10—垫板；11—接触板；12—沉头螺钉；13—螺母；14—平键。

图 1-24　可调式检验桥板

（二）常用量具

1. 游标量具

游标量具分为游标卡尺、游标深度尺和游标高度尺，如图 1-25 所示。各类游标量具的分度值有 0.1 mm、0.05 mm、0.02 mm 等几种，游标量具是利用游标原理进行读数的量具。

（1）游标卡尺：用于测量内外直径和长度。根据需要，其结构有单量爪、双量爪、带深度尺的三用卡尺等；在大测量范围的游标卡尺中有可转动量爪式；为提高测量精度及读数方便，还有装测微表头或数字显示装置的游标卡尺。

（2）游标高度尺：主要在平板上对工件进行高度的测量或划线。

（3）游标深度尺：用于测量孔、槽的深度。

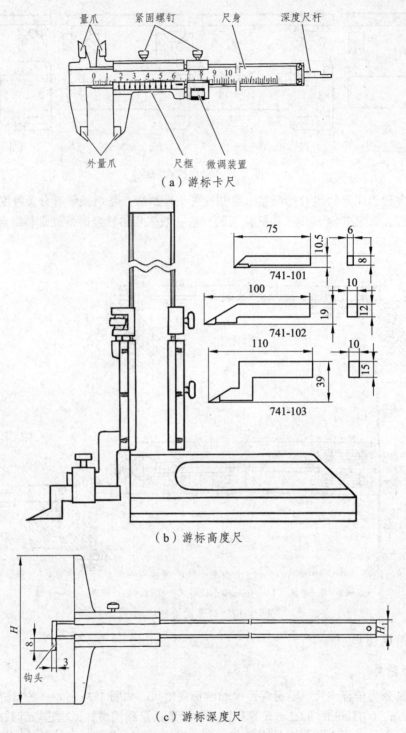

（a）游标卡尺

（b）游标高度尺

（c）游标深度尺

图 1-25　游标卡尺的种类

2. 千分尺

千分尺是利用精密螺旋副原理制作的测量工具，通常其刻度为 0.01 mm。千分尺按其用途分为外径千分尺、内径千分尺和深度千分尺，其外形如图 1-26 所示。

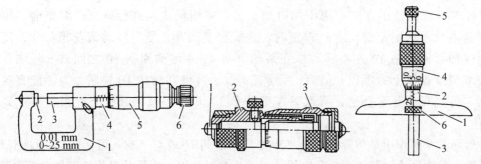

1—弧形尺架；2—固定测砧；
3—测量杆；4—固定套筒；
5—微分筒；6—棘轮式测量力恒定机构。

（a）外径千分尺

1—测量头；2—套筒；3—微分筒。

（b）内径千分尺

1—横尺；2—固定套筒；
3—测量杆；4—微分筒；
5—棘轮式测量力恒定机构；6—锁紧螺母。

（c）深度千分尺

图 1-26　千分尺的外形

（1）外径千分尺：一般用于外尺寸的测量。

（2）内径千分尺：用于测量 50 mm 以上孔径和其他内径尺寸，测量不同范围时需附加不同长度的接长杆。

（3）深度千分尺：主要测量不通孔、槽或台阶的深度。

3. 杠杆式卡规和杠杆式千分尺

1）杠杆式卡规

杠杆式卡规主要用于相对测量，又称比较测量。在有些场合，也能够直接测量工件的形状误差和位置误差，如圆度、圆柱度、平行度等。

杠杆式卡规的外形及工作原理如图 1-27 所示。它是利用杠杆和齿轮传动将被测量值的误差加以放大并在刻度盘上示值来进行测量的，常用规格的刻度值有 0.002 mm 和 0.005 mm 两种。

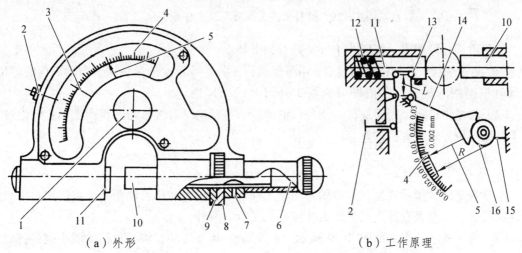

（a）外形　　　　　　　　　（b）工作原理

1—盖子；2—退让按钮；3—公差指示器；4—刻度盘；5—指针；6—套筒；
7—螺钉；8—滚花螺母；9—碟形弹簧；10—可调测砧；11—活动测砧；
12—压缩弹簧；13—杠杆；14—扇形齿轮器；15—游丝；16—齿轮。

图 1-27　杠杆式卡规外形及工作原理

杠杆式卡规的使用方法：用于相对测量时，需用量块先进行调整；调整前，按被测工件的基本尺寸选定量规尺寸；调整时，先旋松套筒 6，然后转动滚花螺母 8，使带有梯形螺纹的可调测砧 10 左右移动，在活动测砧 11 和可调测砧 10 之间放入量块，使指针 5 对准刻度盘 4 上的零位；最后，旋紧套筒 6，将可调测砧 10 锁紧；为了能直观地反映被测工件的尺寸是否合格，可取下圆形盖子 1，用专用扳手调整公差指示器 3 到所需的位置。

碟形弹簧 9 的作用是消除螺母与梯形螺纹间的间隙；螺钉 7 旋入可调测砧 10 的长槽中，是为了防止调整尺寸时可调测砧发生转动；退让按钮 2 用于测量前后装卸工件时消除测砧对工件的测量力，使测量方便，并减小杠杆式卡规测量面的磨损。

2）杠杆式千分尺

杠杆式千分尺是由普通千分尺的微分筒和杠杆式卡规的指示机构两部分组成的精密量具，如图 1-28 所示。常用规格的刻度值为 0.001 mm 和 0.002 mm 两种，指示机构示值范围为 ±0.06 mm。它既能用于相对测量，也能用于绝对测量。

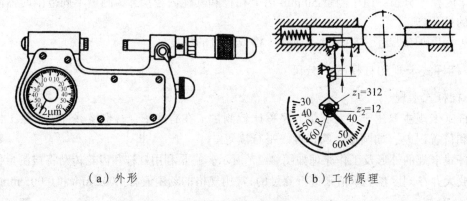

（a）外形　　　　　　　　　　　（b）工作原理

图 1-28　杠杆式千分尺外形及工作原理

与普通千分尺相比，杠杆式千分尺具有如下特点：

（1）测量快捷，进行相对测量前，用等于被测工件基本尺寸的量块调整指示机构的零位，测量时根据指示机构的示值即可判断工件尺寸的合理性。

（2）测量力稳定，因为杠杆式千分尺的测量力由活动砧后端压缩弹簧产生，稳定性较普通千分尺的棘轮式恒力机构好。

4. 千分表

千分表是一种指示式量具，可用来测量工件的形状误差和位置误差，也可用相对法测量工件的尺寸。千分表有钟表式千分表和杠杆式千分表两种。

（1）钟表式千分表：如图 1-29 所示，利用齿轮-齿条传动，将测量杆的微小位移转变为指针的角位移，刻度值有 0.001 mm 和 0.002 mm 两种。

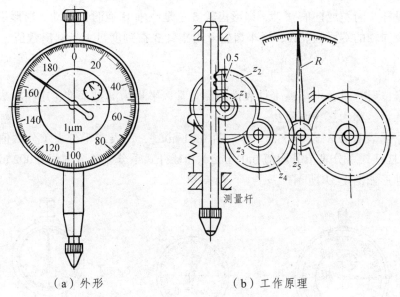

（a）外形　　　　　　（b）工作原理

图 1-29　钟表式千分表外形及工作原理

（2）杠杆式千分表：刻度值为 0.002 mm 的杠杆式千分表，如图 1-30 所示。

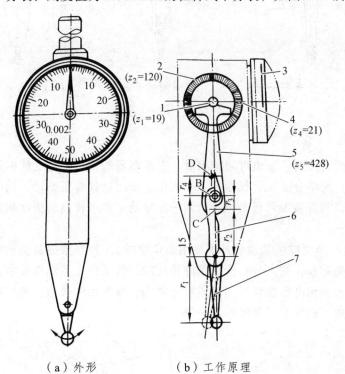

（a）外形　　　　　　（b）工作原理

1，4—小齿轮；2—端面齿轮；3—指针；5—扇形齿轮；6—拨杆；7—球面测量杆。

图 1-30　杠杆式千分表外形及工作原理

当球面测量杆 7 向左摆动时，拨杆 6 推动扇形齿轮 5 上的圆柱销 C 使扇形齿轮 5 绕轴 B 逆时针转动，此时圆柱销 D 与拨杆 6 脱开；当球面测量杆 7 向右摆动时，拨杆 6 推动扇形齿轮 5 上的圆柱销 D 使扇形齿轮 5 绕轴 B 逆时针转动，此时圆柱销 C 与拨杆 6 脱开；这样，无论球面测量杆 7 向左或向右摆动，扇形齿轮 5 总是绕轴 B 逆时针转动；扇形齿轮 5 再带动小齿轮 1 以及同轴的端面齿轮 2，经小齿轮 4 由指针 3 在刻度盘上指示出数值。

5. 指示表

在测量形位误差时，中小型工件表面的测量常以平板为测量基准，用指示表在被测面各位置上进行测量，称为打表测量法。

常用的指示表有钟表式百分表（分度值 0.01 mm）、钟表式千分表（分度值 0.001 mm、0.005 mm）、杠杆式百分表（分度值 0.01 mm）和杠杆式千分表（分度值 0.002 mm）等类型，各种指示表外形如图 1-31 所示。

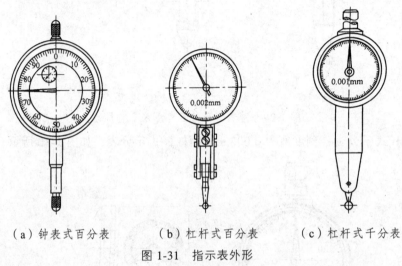

（a）钟表式百分表　　　（b）杠杆式百分表　　　（c）杠杆式千分表

图 1-31　指示表外形

6. 角度量具

角度和锥度可直接测量，也可间接测量。直接测量的量具有角度样板和锥度量规、万能量角器、测角仪、光学分度头、投影仪等。间接测量的量具有正弦尺、钢球、圆柱、平板以及千分尺、指示表和万能工具显微镜，可用于测量精度要求较高的角度和锥度。

1）角度样板

图 1-32 所示的角度样板是检验外锥体用的角度样板，它是根据被测角度的两个极限尺寸制成的，因此有通端和止端之分。检验工件角度时，若工件在通端样板中，光隙从角顶到角底逐渐减小，则表明角度在规定的两极限尺寸之内，被测角度合格。角度样板常用于检验零件上的斜面或倒角、螺纹车刀及成形刀具等。

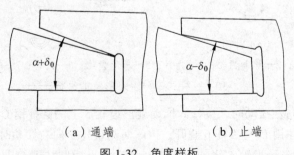

（a）通端　　　　　　（b）止端

图 1-32　角度样板

2）锥度量规

图 1-33 所示为锥度量规结构，在量规的基面端间距为 m 的两刻线或小台阶代表工件圆锥基面距公差。锥度量规一般用于批量零件或综合精度要求较高零件的检验。

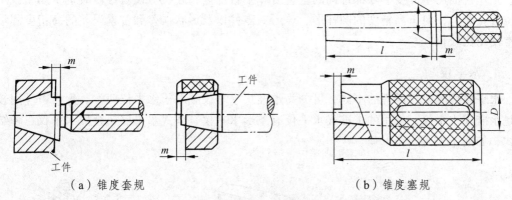

（a）锥度套规　　　　　　　　　　（b）锥度塞规

图 1-33　锥度量规结构

使用锥度量规检验工件时，按量规相对于被检零件端面的轴向移动量判断，如果零件圆锥端面介于量规两刻线之间则为合格。对于锥体的直径、锥角和形状（如素线直线度和截面圆度）、精度有更高要求的零件检验时，除了要求用量规检验其基面距外，还要观察量规与零件锥体的接触斑点，即测量前在量规表面三个位置上沿素线方向均匀涂上一薄层如红丹粉之类的显示剂，然后与被测工件一起轻研，旋转 1/3 ~ 1/2 转，观察量规被擦涂色或零件锥体的着色情况，判断零件合格与否。

3）正弦尺

正弦尺是锥度测量常用量具，分宽型和窄型两种。图 1-34 主要由安置零件的工作台 1、两个圆柱 3 和支承板 2、4 组成。两圆柱中心距 L 有 100 mm 和 200 mm 两种。

常用量具的使用方法

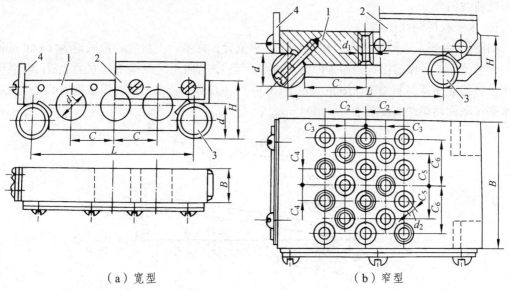

（a）宽型　　　　　　　　　　（b）窄型

1—工作台；2，4—支承板；3—圆柱。

图 1-34　正弦尺

（三）常用精密量仪

水平仪、光学平直仪等量仪常用于测量机械设备长而精度高的表面（如导轨面）的直线度、工作台面的平面度、零部件间的垂直度和平行度等，在机械设备维修时也常用于找正安装位置。此外，对于高精度的圆柱形、球形等零件以及形状误差和位置误差的高精度测量，也常使用比较仪。

1. 水平仪

水平仪按其工作原理的不同，可分为水准式水平仪和电子水平仪两类。生产中应用较多的是水准式水平仪。常用的水准式水平仪有条形水平仪、框式水平仪、合像水平仪三种结构形式，如图 1-35 所示。

（a）条形水平仪　　　　　　　（b）框式水平仪　　　　　　　（c）合像水平仪

图 1-35　水平仪的种类

水平仪是一种以重力方向为基准的精密测角仪器。其主要工作部分是管状水准器，它是一个密封的玻璃管，管内装有精馏乙醚或精馏乙醇，但未注满，形成一个气泡。当水准器处于水平位置时，气泡位于中央；水准器相对于水平面倾斜时，气泡就偏向高的一侧，倾斜程度可以从玻璃管外表面上的刻度读出，经过简单的换算，就可以得到被测表面相对水平面的倾斜度和倾斜角。

1）水平仪的刻线原理

如图 1-36 所示。假定平台工作面处于水平位置，在平台上放置一根长度为 1 000 mm 的平尺，平尺上水平仪的读数为零（即处于水平状态），若将平尺一端垫高 0.02 mm，则平尺相对于平台的夹角即倾斜角 $\theta=\arcsin（0.02/1\,000）=4.125''$，若水平仪底面长度 l 为 200 mm，则水平仪底面两端的高度差 H 为 0.004 mm。

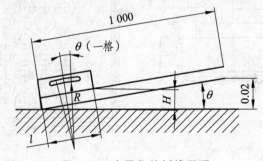

图 1-36　水平仪的刻线原理

读数值为 0.02 mm/1 000 mm 的水平仪，当其倾斜 4″时，气泡移动一格，弧形玻璃管的弯曲半径 R 约为 103 m，则弧形玻璃管上的每格刻度距离 λ 为

$$\lambda = \frac{2\pi R\theta}{360} = \frac{2\pi \times 103 \times 10^3 \times 4}{360 \times 60 \times 60} \approx 2 \, (\text{mm})$$

即 0.02 mm/1 000 mm（4″）的水平仪的水准器刻线间距为 2 mm。

2）水平仪的读数方法

通常有绝对读数法和相对读数法两种。采用绝对读数法时，气泡在中间位置，读作"0"，偏离起始端为"+"，偏向起始端为"–"，或用箭头表示气泡的偏移方向。采用相对读数法时，将水平仪在起始端测量位置的读数总是读作"0"，不管气泡是否在中间位置，然后依次移动水平仪垫铁，记下每一次相对于零位的气泡移动方向和格数，其正负值读法也是偏离起始端为"+"，偏向起始端为"–"，或用箭头表示气泡的偏移方向。机床精度检验中，通常采用相对读数法。

为避免环境温度影响，不论采用绝对读数法还是相对读数法，都可以采用平均值的读数方法，即从气泡两端边缘分别读数，然后取其平均值，这样读数精度高。

3）水平仪的应用

三种水平仪中，条形水平仪主要用来检验平面对水平位置的偏差，使用方便，但因受测量范围的限制，不如框式水平仪使用广泛；框式水平仪主要用来检验工件表面在垂直平面内的直线度、工作台面的平面度、零部件间的垂直度和平行度等，在安装和检修设备时也常用于找正安装位置；合像水平仪则是用来检验水平位置或垂直位置微小角度偏差的角值量仪。合像水平仪是一种高精度的测角仪器，一般分度值为 2″，这一角度相当于在 1 m 长度上其对边高为 0.01 mm，此时，在相应的水准管的刻线上气泡移动一格，其精度记为 0.01 mm/1 000 mm 或 0.01 mm/m，装配机床设备的水平仪分度值一般为 4″。

4）水平仪检定与调整

水平仪的下工作面称为基面，当基面处于水平状态时，气泡应在居中位置，此时气泡的实际位置对居中位置的偏移量称为零位误差。由于水准管的任何微小变形，或安装上的任何松动，都会使示值精度产生变化，因而不仅新制的水平仪需要检定示值精度，使用中的水平仪也需定期进行检定。

2. 光学平直仪

光学平直仪又称自准直仪、自准直平行光管，其应用与水平仪基本相同，但测量精度较高，外形结构如图 1-37（a）所示。

图 1-37（b）给出了其工作原理。从光源 5 发出的光线，经聚光镜 4 照明分划板 6 上的十字线，由半透明棱镜 10 折向测量光轴，经物镜 7、8 成平行光束射出，再经目标反射镜 9 反射回来，把十字线成像于分划板上。由鼓轮通过测微螺杆移动，照准刻在可动分划板 2 上的双刻划线，由目镜 1 观察，使双刻划线与十字线像重合，然后在鼓轮上读数。测微鼓轮的示值读数每格为 1″，测量范围为 0′~10′，测量工作距离为 0~9 m。

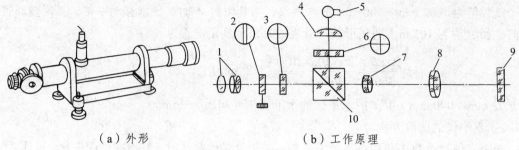

（a）外形　　　　　　　（b）工作原理

1—目镜；2，3，6—分划板；4—聚光镜；5—光源；7，8—物镜；9—目标反射镜；10—棱镜。

图 1-37　光学平直仪

3. 比较仪

比较仪又称测微仪，以量块作为长度基准，按相对比较测量法来测量各种工件的外部尺寸。根据比较仪上测微表原理与结构的不同，比较仪可分为机械式、光学杠杆式、电动比较仪等。刻度值一般为 0.001 ~ 0.002 mm，使用方法与普通千分表相似，但比较仪量程小、测量精度高，适用于精密测量。比较仪主要用于高精度的圆柱形、球形等零件的测量，也可测量形状误差和位置误差。

光学杠杆式比较仪也称光学比较仪，有立式和卧式两种。图 1-38 为立式光学比较仪，主要由底座、立柱、支臂、目镜及镜管体、光管、圆形工作台、测量头和测量头抬升杠杆组成。

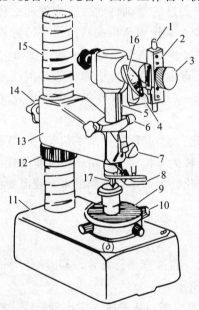

1—公差极限样指示调节手柄；2—标尺外壳；3—目镜；4—微动螺钉；5—光管；

6—光管上下微动凸轮；7—光管紧固螺钉；8—测量头提升杠杆；9—工作台；

10—工作台调节螺钉；11—底座；12—支臂上下移动调节螺母；13—支臂；

14—支臂紧固螺钉；15—立柱；16—反射镜；17—测量头。

图 1-38　立式光学比较仪

二、维修常用的操作技术方法

（一）划　线

在毛坯或半成品工件表面上，划出加工图形或加工界线的操作为划线。划线不但是零件加工的基本操作技能，也是设备维修的基本操作技能，主要有以下方面的内容。

维修常用的操作技术
方法（1）划线、锯割

1. 划线工具

1）划线平板

划线平板又称划线平台，它是一块经过精刨和刮削等精加工的铸铁平板，是划线工作的基准工具，如图 1-39 所示。

平板表面的平整性直接影响划线的质量，因此，要求平板水平放置，平稳牢靠。平板各部位要均匀使用，以免局部地方磨凹；不得碰撞和在平板上锤击工件。平板要经常保持清洁，用毕擦净涂油防锈，并加盖保护。

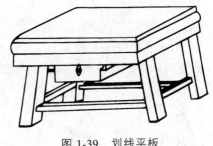

图 1-39　划线平板

2）划针与划盘

划针的形式如图 1-40（a）所示。它由直径 3 ~ 5 mm 的弹簧钢丝或碳素工具钢刃磨后经淬火制成，也可用碳钢丝端部焊上硬质合金磨成。划针长 200 ~ 300 mm，尖端磨成 15°~ 20°。

用划针划线尺寸时，针尖要紧靠钢尺，并向钢尺外侧倾斜 20°~ 25°［见图 1-40（b）］。划线要尽量做到一次划成，若重复划同一条线，则线条变粗或不重合模糊不清，会影响划线质量。

划针盘是用来进行立体划线和找工件位置的工具。它分为普通式和可调式两种，其结构如图 1-40（c）和图 1-40（d）所示。

使用划针盘时，划针的直头端用来划线，弯头端用来找正工件的划线位置。划线伸出部分应尽量短；再拖动底座划线时，应使它与平板平面贴紧。划线时，划针盘朝划线移动方向倾斜 30°~ 60°，如图 1-40（e）所示。

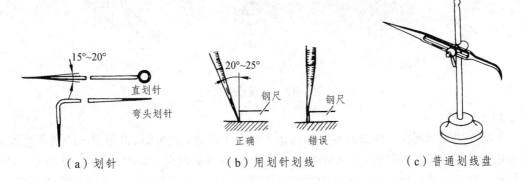

（a）划针　　　　　　（b）用划针划线　　　　　（c）普通划线盘

 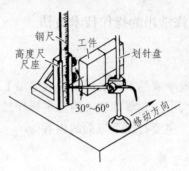

（d）可微调划线盘　　　　　　　（e）划针和划线盘的使用

图 1-40　划针及划线方法

3）圆规和单脚规（划卡）

圆规用来做划圆、划圆弧、划角度、量取尺寸和等分线段等工作，如图 1-41 所示。

（a）普通圆规　　（b）扇形圆规　　（c）弹簧圆规　　　　（d）大尺寸圆规

图 1-41　圆规

单脚规用来确定轴及孔的中心位置，图 1-42 为单脚规的使用方法。圆规和单脚规都是用工具钢锻造加工制成的，脚尖经淬火硬化。

（a）定轴心　　　　（b）定孔中心　　　　（c）划直线

图 1-42　单脚规的应用

4）样　冲

样冲主要是用来在工件表面划好的线条上冲出小而均匀的冲眼，以免划出的线条被擦掉。样冲用工具钢或弹簧钢制成，尖端磨成 45°～60°，经淬火硬化，如图 1-43（a）所示。样冲冲眼时，开始样冲向外倾斜，使冲尖对正划线的中心或所划孔的中心，然后把样冲立直，用锤击打样冲顶端，如图 1-43（b）所示。

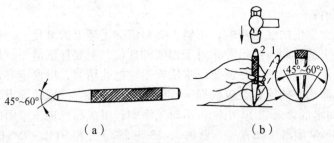

（a） （b）

1—向外倾斜对准位置；2—冲子垂直打。

图 1-43　样冲及使用

5）V 形铁和千斤顶

V 形铁和千斤顶都是用来支承工件，供校验、找正及划线时使用的。它们都是用铸铁或碳钢加工制成，如图 1-44 所示。

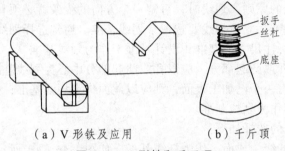

（a）V 形铁及应用 （b）千斤顶

图 1-44　V 形铁和千斤顶

6）方箱和角铁

方箱是一个由铸铁制成的空心立方体，每个面均经过精加工，相邻平面互相垂直，相对平面互相平行。用夹紧装置把小型工件固定在方箱上，划线时只要把方箱翻 90°，就可把工件上互相垂直的线在一次安装中划出。

角铁由铸铁制成，它的两个互相垂直的平面经刨削和研磨加工。角铁通常与压板配合使用，将工件紧压在角铁的垂直面上划线，可使所划线条与原来找正的直线平面保持垂直。方箱与角铁及其应用如图 1-45 所示。

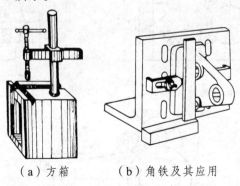

（a）方箱 （b）角铁及其应用

图 1-45　方箱与角铁及其应用

2. 划线方法

划线有平面划线和立体划线两种。平面划线一般要划两个方向的线条，而立体划线一般要划三个方向的线条。划线的方法及要点主要有以下几方面。

1）划线前的准备

为了使工件表面划出的线条清晰、正确，必须清除毛坯上的氧化皮、残留型砂、毛边和灰尘，以及半成品上的毛刺、油污等。对于划线的部位，更要仔细清扫，以增强涂料的附着力，保证划线的质量。有孔的工件还要用木块或铅块把孔堵塞，以便定心划圆。然后，在划线表面涂上一层薄而均匀的涂料，应根据工件的情况来选料。一般情况下，锻铸件涂石灰水（由熟石灰和水胶加水混合而成）；小件可用粉笔涂刷；半成品已加工表面涂品紫或硫酸铜溶液。品紫由 2%~4% 紫颜料（如青莲、蓝油）、3%~5% 漆片和 91%~95% 的酒精混合而成。

2）划线基准的选择

划线时需要选择工件上某个点、线或面作为依据，用来确定工件上其他各部分尺寸、几何形状和相对位置，所选的点、线或面称为划线基准。划线基准一般应与设计基准一致，选择划线基准时，需将工件、设计要求、加工工艺及划线工具等综合起来分析，找出划线时的尺寸基准和放置基准。

（1）选择划线基准的原则：划线时，每划一个方向的线条就必须有一个划线基准，故平面划线要选两个划线基准，立体划线要选三个划线基准。通常选择划线基准的原则主要有：

① 根据零件图上标注尺寸的基准（设计基准）作为划线基准。

② 如果毛坯上有孔或凸起部分，应以孔或凸起部分中心为划线基准。

③ 如果工件上已有一个已加工表面，则应以此面作为划线基准；如果都是未加工表面，则应以较平整的大平面作为划线基准。

（2）常用划线基准的选择如下：

① 以两互相垂直的线（或面）作为划线基准，如图 1-46（a）所示。

② 以一平面和一中心线作为划线基准，如图 1-46（b）所示。

③ 以两互相垂直的中心线作为划线基准，如图 1-46（c）所示。

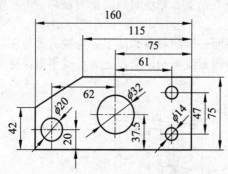

（a）以两相互垂直的边为基准

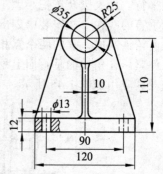

（b）以一平面和一中心线为基准

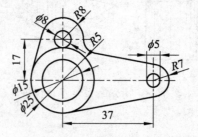

（c）以两相互垂直的中心线为基准

图 1-46　选择平面划线基准实例

3. 划线实例

平面划线与作机械投影图样相似，所不同的是，它是用划针、圆规等划线工具在金属材料的平面上作图。在批量生产中，为了提高效率，也常用划线样板来划线。图 1-47 所示为轴承座的立体划线过程。

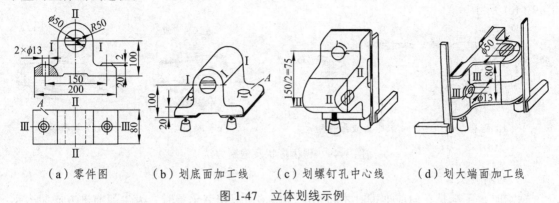

（a）零件图　　（b）划底面加工线　　（c）划螺钉孔中心线　　（d）划大端面加工线

图 1-47　立体划线示例

除上述介绍的划线方法以外，还有直接按照原件实物面进行的模仿划线和在装配工作中采用的配合划线（有用工件直接配合后划线，也有用硬纸板拓印及其他印迹配合划线）等方法。通过配合划线加工后的工件，一般都能达到装配要求。

（二）锯割、錾削及锉削

1. 锯 割

用手锯把金属材料（或工件）分割开来或锯出沟槽的操作称为锯割。

维修常用的操作技术方法（2）錾削和锉削

1）锯割工具

锯割加工是由手锯完成的，手锯由锯弓和锯条两部分组成（见图 1-48）。锯弓用来张紧锯条，锯条一般用渗碳钢冷轧而成，也有用碳素工具钢或合金钢制成，经热处理硬化。常用的锯条长 300 mm（两安装孔间的长度）、宽 12 mm、厚 0.8 mm。

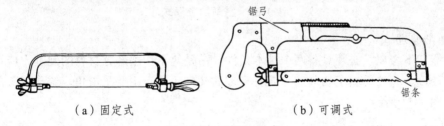

（a）固定式　　　　　　　　（b）可调式

图 1-48　手锯的形式

通常使用的锯条锯齿形状如图 1-49（a）所示。锯齿的角度是：后角 $a=40°$，前角 $\gamma=0°$，楔角 $\beta=50°$。锯齿按齿距 t 的大小可分为粗齿（$t=1.6$ mm）、中齿（$t=1.2$ mm）和细齿（$t=0.8$ mm）；也可按锯条每 25 mm 长度内齿数来表示，粗齿为 14～18 个齿，中齿为 22～24 个齿，细齿为 32 个齿。

锯割

锯条的选用应根据加工材料的软硬和厚度大小来确定，一般锯条上同时工作的齿数为 2～4 个齿。粗齿用于锯切低碳钢、铜、铝、塑料等软材料以及截面厚实的材料；细齿用于锯切硬材料、板料和薄壁管子等；加工普通钢材、铸铁及中等厚度的材料，多用中齿锯条。

为减小锯口两侧与锯条间的摩擦，锯齿不排列在一个平面内，而是略带波浪起伏，如图 1-49（b）所示。

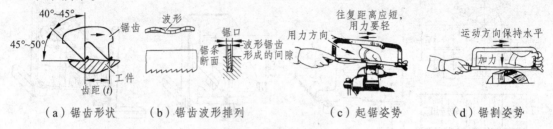

（a）锯齿形状　　（b）锯齿波形排列　　　　（c）起锯姿势　　　　（d）锯割姿势

图 1-49　锯齿形状及锯割方法

2）锯割方法

锯割时，手锯是在向前推进时才起切削作用，所以安装锯条时，齿尖朝前进方向装入锯弓的销钉上并拧紧。起锯开始时，往复距离应短，用力要轻［见图 1-49（c）］，锯割时，运动方向保持水平，并向下加力［见图 1-49（d）］。

2. 錾　削

錾削又称凿削，是用手锤锤击錾子，以对金属进行切削加工的操作，主要用于加工平面、沟槽、切断板料及清理铸、锻件上的毛刺等，如图 1-50 所示。

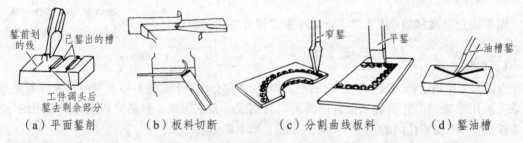

（a）平面錾削　　（b）板料切断　　（c）分割曲线板料　　（d）錾油槽

图 1-50　錾削加工形式

1）錾削原理

錾子能切下金属，必须具备两个基本条件：一是錾子切削部分材料的硬度，应该比被加工材料的硬度大；二是錾子切削部分要有合理的几何角度，主要是楔角。錾子在錾削时的几何角度如图 1-51 所示。

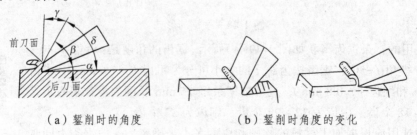

（a）錾削时的角度　　　　　　（b）錾削时角度的变化

图 1-51　錾削时的角度

（1）楔角 β：为前刀面和后刀面之间的夹角。楔角越小，切削阻力越小、越省力，但切削部分强度减弱，錾刃容易折断，楔角过大，切削部分强度大，但切削阻力大，所以錾削时在保证足够强度下，应尽量选取小的 β 角。錾削一般钢材取 $\beta=50°\sim60°$，硬钢取 $\beta=60°\sim70°$，錾削铜、铝等有色金属取 $\beta=30°\sim50°$。

（2）后角 α：为后刀面与切削平面之间的夹角。后角是保证錾削质量的关键。后角的大小由錾子被掌握的位置来决定。它的作用是减小后刀面与切削表面之间的摩擦，并使錾子容易切入被加工材料。一般錾削时，后角 α 掌握在 $5°\sim8°$ 为宜。后角太大，錾子切入过深；后角太小，錾子易在工件表面打滑，不能顺利切入。

2）錾子的种类和用途

錾子通常用碳素工具钢 T7 或 T8 锻制而成，刃部经淬火和回火处理。其形状是根据工作需要而做成的，一般全长为 $170\sim200$ mm。钳工常用的錾子有以下三种，如图 1-52 所示。

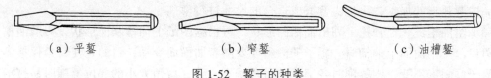

（a）平錾 　　　（b）窄錾 　　　（c）油槽錾

图 1-52　錾子的种类

（1）扁錾（平錾）：钳工最常用的錾子，其刃口扁平，刃宽一般为 $10\sim20$ mm，主要用于去掉平面上的凸缘和毛刺、錾削平面、切断板料等。

（2）尖錾（窄錾）：刃口较窄，约为 5 mm，刃口两侧有倒锥，防止在开深槽时錾子被卡住，主要用于錾槽和分割曲线板料。

（3）油槽錾：切削刃很短并呈圆弧形，专门用于錾削滑动轴承轴瓦上和机床滑行轨道平面上的润滑油槽。

3）錾子的刃磨

新的錾子和用钝了的錾子，要在砂轮上磨锐。首先要按正确的形状刃磨，并使刃口锋利。为此，要求錾子两刃面对中心平面的夹角相等；两刃面的宽窄相等且平整光滑；刃口要平直。

刃磨錾子时，双手握持錾子，一手在上，一手在下，使刃口向上倾斜放在旋转的砂轮缘上，并沿砂轮轴心线方向来回平稳地移动，刃磨时压在錾子上的力不能过大，要控制握錾方向、位置，以保证磨出所要的楔角。为了保持刃口硬度，刃磨时要经常沾水冷却，以防止刃口高温退火。

4）錾削方法

（1）錾削平面：一般用扁錾进行，每次錾削余量为 $0.5\sim2$ mm。錾削平面时，掌握好起錾、錾削和錾出三个阶段，如图 1-53 所示。

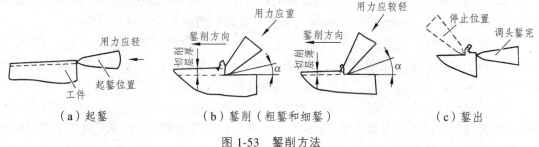

（a）起錾 　　　　（b）錾削（粗錾和细錾） 　　　　（c）錾出

图 1-53　錾削方法

① 起錾时，应从工件边缘尖角处着手（錾槽除外），切削刃靠紧錾削部位后，錾子握平基本与工件端垂直，轻击錾子，以便切入。

② 錾削时，要保持錾子的正确位置和前进方向，并控制好后角的大小和保持锤击力均匀。锤击数次后，将錾子退出一下，观察加工情况，同时也给錾子刃口散热。

③ 錾出即錾削快到尽头（约离尽头 10 mm）时，应调头錾去余下部分，以免工件边缘崩裂，尤其是錾削铸铁、青铜等脆性材料时更要注意。

錾削窄平面（工件的宽度小于扁錾刃口宽度）时，錾子的切削刃口最好与錾削前进方向倾斜一定角度，以增大接触面和使錾子掌握平稳。

錾削大平面，先用尖錾开槽，再用扁錾把槽间两边凸起部分錾去，其开槽的数量，以能使各剩余部分的宽度略小于扁錾的宽度为宜。

（2）錾键槽：先在应加工键槽部位划出加工线，再按键槽的形状，在一端（或两端）钻孔，完成圆弧形的加工，再把尖錾磨成适合的尺寸进行錾削。

（3）錾油槽：先在轴瓦上划出油槽的形状，再根据图纸上油槽断面形状，刃磨油槽錾的切削刃口。錾削曲面上油槽时，錾子的倾斜度要随着曲面而变动，目的是使后角保持不变。如果錾子倾斜度不变，则錾削时各部位的后角就不一致，后角太小的部位錾削时易打滑。

錾油槽要掌握好尺寸，一般油槽的宽度应和油槽深度一致，同时也要注意油槽的表面粗糙度，因油槽錾好后不再进行精加工，仅进行一些修整。

（4）錾断板料：錾断厚度不超过 2 mm 的薄板料时，夹在台虎钳上錾断[见图 1-50（b）]，用扁錾沿钳口并斜对板面（约 45°）自右向左錾切，并使錾切线与钳口平行。錾断厚板料时，可在铁砧（或平板）上錾削。在板料下面要垫上软铁材料，以防损伤錾子切削刃。先按划线錾出凹痕，再利用锤击使它折断。对于尺寸较大或形状较复杂的板料，一般先在工件轮廓线周围钻出一排密集的小孔，再用錾子进行錾断[参见图 1-50（c）]。

3. 锉　削

锉削是用锉刀对工件进行切削加工，使其达到所要求的尺寸、形状和表面粗糙度的操作。锉削是一种比较精细的手工操作，其加工精度可达 0.01 mm 左右，表面粗糙度可达 $Ra1.6$ μm。锉削可加工工件的内外平面、内外曲面、沟槽和各种形状复杂的表面，尤其是加工那些用机械加工不易甚至不可能加工的部位，在机械设备的维修过程中常用于对个别零件进行修整等操作。

1）锉刀的齿纹和种类

锉刀是锉削加工的主要工具，它是用碳素工具钢 T12 或 T13 制作，经热处理后，硬度可达 72 HRC 的一种手工切削工具；锉刀的规格是以锉刀顶端到根部有齿部分的长度（圆锉以直径）来表示的，有 100 mm 至 350 mm 许多种。锉刀的结构如图 1-54（a）所示。

（1）锉刀的齿纹：锉刀的宽面是锉削的主要工作面，前端略带圆弧形，宽面上有齿纹，锉刀的齿纹有单齿纹和双齿纹两种，一般都由剁齿机剁制而成。剁出的刀齿其前角都大于90°[见图 1-54（b）]，故锉削工作过程属于刮削类型。

锉刀上齿纹只有一个方向的称为单齿纹锉刀。齿纹一般与锉刀中心线成直角或 70° 左右。用这种锉刀锉削时由于锉刀全齿宽都同时参加工作，故切削较费力，因而只适用于锉削软材料。锉刀上齿纹两方向交叉排列的称为双齿锉刀，如图 1-54（c）所示。其中，浅的齿纹是底齿纹，它与锉刀中心线之间的夹角称为底齿角，通常为 45°；深的齿纹是面齿纹，它与锉刀中心线夹角称为面齿角，通常为 65°。由于面齿角与底齿角的角度不同，构成无数小齿前后交错排列，并向一边倾斜，故工件被锉出的锉痕交错而不重叠，锉出的表面比较光洁。若面齿角与底齿角的角度相同，则构成的许多锉齿将平行于锉刀中心线依次排列，锉出的工件表面就会出现一条条沟纹而影响表面质量[见图 1-54（d）]。

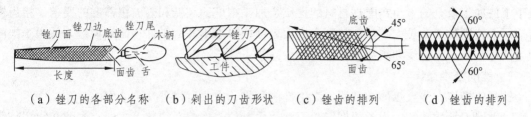

（a）锉刀的各部分名称　（b）剁出的刀齿形状　（c）锉齿的排列　（d）锉齿的排列

图 1-54　锉刀的结构

（2）锉刀的种类：按锉刀齿纹的齿距大小，可将锉刀分为粗齿锉刀，齿距为 0.83～2.3 mm（1 号纹）；中齿锉刀，齿距为 0.42～0.77 mm（2 号纹）；细齿锉刀，齿距为 0.25～0.33 mm（3 号纹）；油光锉刀，齿距为 0.20～0.25 mm（4 号纹）；细油光锉刀，齿距为 0.16～0.20 mm（5 号纹）。

按锉刀使用情况，可将常用的锉刀分为普通锉刀、特种锉刀和什锦锉刀（整形锉刀或粗锉）三类。按锉刀断面形状的不同，又可分为多种，各类锉刀的断面形状如图 1-55 所示。

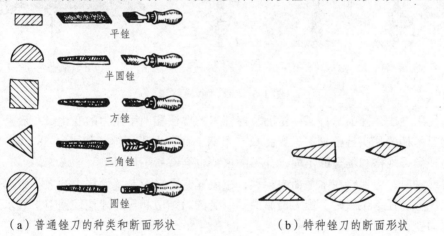

（a）普通锉刀的种类和断面形状　　　　　　（b）特种锉刀的断面形状

图 1-55　锉刀的断面形状

普通锉刀又以其断面形状分为平锉（又称板锉）、方锉、三角锉、半圆锉和圆锉 5 种，分别应用在不同场合，如图 1-56 所示。

（a）锉平面　（b）锉平面　（c）锉燕尾面　（d）锉三角孔　（e）锉交角　（d）锉内弧面　（g）锉小圆弧

图 1-56　普通锉刀的应用

特种锉刀用于加工特殊表面。

什锦锉刀很小，形状也很多，用于修整工件精密细小的部位，通常是 8 把、10 把或 12 把组成一组，成组供货。

（3）锉刀的选择：每种锉刀都有它适当的用途，锉削时要合理选择锉刀，才能充分发挥其效能和延长其使用寿命。

锉刀断面形状和长度的选择取决于工件的大小和表面形状。锉刀齿纹粗细等级的选择取决于工件加工余量的大小、工件材料的性质、加工精度的高低和表面粗糙度的要求。粗齿锉刀适用于锉削加工余量大、加工精度和表面粗糙度要求不高的工件；而细齿锉刀适用于锉削加工余量小、加工精度和表面粗糙度要求较高的工件。

2）锉削基本操作

锉削的操作方法直接影响到所加工工件的质量，主要有以下几个方面。

（1）锉刀柄的装卸：为了能握持锉刀和使用方便，锉刀必须装上木柄。木柄必须用较坚韧的木材制作，要插孔的外部套有一个铁圈，以防装锉时将木柄胀裂。锉刀柄安装孔的深度约等于锉舌的长度，其孔径以锉舌能自由插入 1/2 为宜。装柄与卸柄方法如图 1-57 所示。

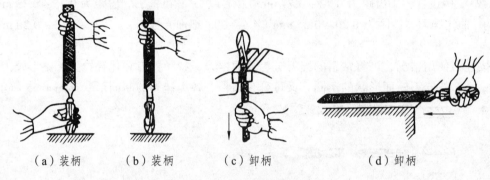

（a）装柄　　（b）装柄　　（c）卸柄　　　　（d）卸柄

图 1-57　锉刀柄的装卸

（2）使用方法：锉削时，必须正确掌握锉刀的握法和两手用力的变化。一般是右手以手心抵着锉刀木柄的端头握锉柄，大拇指放在木柄上面，左手压锉，如图 1-58（a）所示。根据锉刀的种类、规格和场合的不同，锉刀的握持也会有所不同。

锉刀推进时，应保持在水平面内运动，主要靠右手来控制，而压力的大小由两手控制，锉刀在工件上的任一位置时，锉刀前后两端所受的力矩应相等，才能使锉刀平直水平运动。两手用力的变化如图 1-58（b）所示。

（a）锉刀握法　　　　　　　（b）锉削时的施力变化

图 1-58　锉刀握法及锉削时的施力变化

锉削开始时，左手压力大，右手压力小，随着锉刀向前推进，左手压力要逐渐减小，右手压力逐渐增大，到中间时两手压力应相等；再向前推进时，左手压力又逐渐减小，右手压力逐渐增大；锉刀返回时，两手都不加压力，以减小齿面磨损。如两手用力不变，则开始时刀柄会下偏，而锉削终了时，前端下垂，结果会锉成两端低、中间凸的鼓形表面。

（3）工件夹持要求：工件夹持的正确与否，将直接影响锉削的质量与效率。因此，夹持工件应符合下列要求。

① 工件应尽量夹在虎钳钳口中间，伸出钳口不要太高，夹持力均匀，夹持牢固，但不能使工件变形。

② 夹持已加工面、精密工件和形状不规则工件时，应在钳口加适宜的衬垫，以免将工件表面夹坏。

（4）平面锉削：这是最基本的锉削方法，常用的有顺向锉、交叉锉和推锉三种，如图 1-59 所示。顺向锉是锉刀始终沿其长度方向锉削，一般用于锉平或锉光，它可得到正直的锉痕。

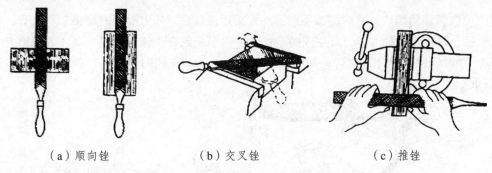

（a）顺向锉　　　　　（b）交叉锉　　　　　（c）推锉

图 1-59　平面锉削方法

交叉锉是先沿一个方向锉一层，然后再转 90°锉第二遍，如此交叉进行。这样可以从锉痕上发现锉削表面的高低不平情况，容易把平面锉平。此法锉刀与工件接触面较大，锉刀容易掌握平稳，适用于加工余量较大和找平的场合。

推锉是锉刀的运动与其长度方向相垂直，一般用于锉削窄长表面或是工件表面已锉平、加工余量很小时，为使其表面光洁或修正尺寸用。

工件锉平后需要检验尺寸和形状精度。一般用钢尺或刀口直尺，以透光法来检验平面度；用直角尺检验垂直度；用外卡钳来检验平行度和尺寸，如图 1-60 所示。

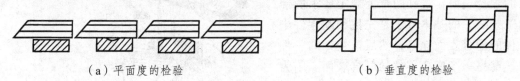

（a）平面度的检验　　　　　　　　（b）垂直度的检验

图 1-60　平面锉削的检验

（5）曲面锉削：曲面有外圆弧面、内圆弧面、球弧面三种。一般锉外圆弧面用平锉，锉内圆弧面用圆锉或半圆锉。

① 外圆弧面的锉法：一般顺着圆弧面锉削，如图 1-61（a）所示。锉削时，在锉刀做前进动作的同时绕工件圆弧中心摆动，在摆动时右手下压，而左手把锉刀前端往上提，这样，能使锉出的圆弧表面圆滑无棱边。此法因力量不易发挥，故效率不高，锉削位置不易掌握，因而只适用于余量较小或精锉外圆弧面。

当余量较大时，采用横着圆弧面锉削，如图 1-61（b）所示。此法力量易于发挥，效率较高，常用于圆弧面粗加工。

（a）顺着圆弧面锉　　　　　　　　（b）横着圆弧面锉

图 1-61　外圆弧面的锉削

② 内圆弧面的锉法：锉内圆弧面时，一般采用滚锉法。锉刀要同时完成三个动作，如图 1-62 所示，即前进回缩动作、向左或向右移动（约半个或一个锉刀直径）动作、绕锉刀中心线转动（顺时针或逆时针方向转动 90°左右），只有三个动作同时协调进行，才能锉出良好的内圆弧面。

（a）锉内圆弧面的三种运动　　　　（b）内圆弧面的不同锉法

图 1-62　内圆弧面的锉削

③ 球面的锉法：锉圆柱工件端部球面，锉刀做外圆弧面锉法动作的同时，还要绕球面中心向周边摆动，如图 1-63 所示。

（6）锉配：通过锉削，使两个相配零件的配合表面，达到图纸上规定要求的锉削工艺。它的基本方法是先把相配零件中一件的配合表面锉好，然后按锉好的一件来锉配另一个配合零件的配合表面。因为外表面一般比内表面容易加工，所以最好先锉外表面的一件，后锉内表面的一件。

图 1-63　球面的锉削方法

3）锉削缺陷分析

（1）工件损伤：工件已加工过的表面夹出钳口伤痕或空心件被夹扁变形，其原因是台虎钳口未加保护衬垫，或夹持方法不正确，如夹在工件薄弱处，或夹紧力太大等。

（2）工件尺寸和形状不准确：主要是由于划线不准确，或在锉削时锉削量过大，又没有及时检查而锉过了划线界限所引起；或是因选用锉刀不准确与操作技术不高而造成锉削的平面形状不平。

（3）表面不光滑：主要由于选用锉刀不合适。在精锉时仍用粗齿锉刀；或在粗锉时因锉痕太深，精锉时无法去掉锉痕；或锉削时，未及时清除嵌在锉齿中的铁屑，而把工件表面拉毛。

4）锉削注意事项

（1）新锉刀应先用一面，用钝后再使用另一面。在使用中先用于锉削软金属，使用一段时间后，再锉削硬金属，以延长锉刀的使用寿命。

（2）锉刀上不可沾油或沾水，以防锉削时打滑或锉齿锈蚀。

（3）不可用锉刀来锉带有型砂的铸件或带有硬皮表面的锻件，以及经过淬硬的表面，也不可用细锉锉软金属。

（4）不可用锉刀当作装拆、锤击或撬动的工具。

（5）不可使用无柄锉刀（什锦组除外），以防刺伤手掌。

（6）锉刀放置时，不应露至台外，以防落下摔断锉刀或伤人。

（7）锉刀上的铁屑应用毛刷顺齿纹刷掉，不允许用嘴吹，也不允许用手去清除，以防铁屑飞进眼里或伤手。

（三）钻孔、扩孔、锪孔及铰孔

1. 钻 孔

用钻头在材料上加工出孔的操作称为钻孔。钻孔主要用于装配、修理及攻螺纹前的钻底孔。

1）钻孔机具

钻孔一般在台式钻床或立式钻床上进行，若工件笨重或钻孔部位受到限制时，也常使用手电钻钻孔、钻孔的精度一般为 IT10 ~ IT11，表面粗糙度为 $Ra50 ~ 12.5 \mu m$，故只能作粗加工，加工精度要求不高的孔。钻头是钻孔的主要工具，它的种类很多，常用的有麻花钻头、扁钻、中心钻等。

（1）麻花钻：由于钻头的工作部分形状似麻花状故而得名，通常 $\phi 0.1 ~ \phi 80 \ mm$ 的孔都可用麻花钻加工出来。

（2）扁钻：一种特制的钻头，其结构简单，制造容易；缺点是导向性差，不易排屑，适用于钻浅孔。

（3）中心钻：专用于在工件端面上钻出中心孔。其形状有两种：一种是普通中心钻；另一种是带有 120°保护锥的双锥面中心钻，如图 1-64 所示。

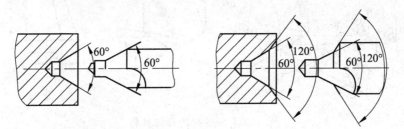

（a）加工普通中心孔的中心钻　　（b）加工双锥面中心孔的中心钻

图 1-64　中心孔和中心钻

2）麻花钻

麻花钻是生产中使用最多、最广的钻孔工具。

（1）麻花钻的结构。标准麻花钻由柄部、颈部和工作部分组成，如图1-65所示。

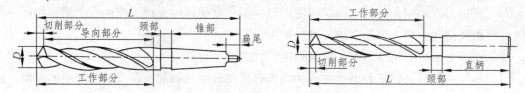

图1-65 麻花钻的结构

① 柄部是钻头的夹持部分，用来传递钻孔时所需的扭矩。它的形状有直柄和锥柄两种。直柄传递的扭矩较小，一般用于$\phi13$ mm以下的钻头，借助钻夹头夹紧在钻床主轴上；锥柄可传递较大的扭矩，一般用于大于$\phi13$ mm的钻头。锥柄采用莫氏1~6号锥度，可直接插入钻床主轴孔内；锥柄端部的扁尾可增大传递扭矩和方便拆卸钻头。

② 颈部位于工作部分与柄部之间，它是为磨削钻柄外圆时而设的砂轮越程槽，也用来刻印规格和商标。

③ 工作部分是钻头的主体，它由切削部分和导向部分组成。切削部分担负主要的切削工作，包括两个主刀刃、两个副刀刃和横刃等；导向部分由螺旋槽、刃带、刃背组成，起着引导钻头切削方向的作用。

钻头材料多用高速钢（高合金工具钢）制成。直径大于8 mm的长钻头也有制成焊接式的，其工作部分用高速钢、柄部用45号钢制成。

（2）麻花钻的几何参数。麻花钻头切削部分的几何角度，主要有螺旋角ω、前角γ、后角α、顶角2φ和横刃斜角ψ等，如图1-66所示。

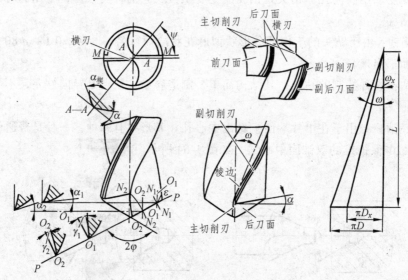

图1-66 麻花钻的几何参数

① 螺旋角ω：钻头的轴心线与螺旋槽上最外缘处螺旋线切线之间的夹角，它的大小影响主切削刃的前角、钻头刃瓣强度和排屑情况。螺旋角越大，切削越容易，但钻头强度越低；螺旋角小则相反。标准麻花钻的螺旋角直径在10 mm以上为30°，直径在10 mm以下为18°~30°。

② 前角γ：前刀面与基面之间的夹角，主切削刃上任一点的前角是在主截面中测量的。

由于麻花钻的前刀面是螺旋面，因此沿主切削刃上各点的前角是变化的；螺旋角越大，前角也越大，前角在外缘处最大，约为30°；自外圆向中心逐渐减小，在离中心$D/3$（D为钻头直径）处变为负值，靠近横刃处γ为-30°左右，在横刃上的前角达-50°~-60°。

③ 后角α：由于钻头的主切削刃是绕钻头中心轴旋转的，其上各点的运动方向是圆周的切线方向，所以主切削刃上，后角是在轴向剖面中测量的；后角是过切削刃上选定点后刀面的切线与切削平面之间的夹角。钻头主切刃上的后角，随刀刃上各点直径的不同而不同。刀刃最外缘处后角最小，为8°~14°；在靠近横刃处后角最大，为20°~25°。一般把钻头中心处后角磨得较大，外缘处后角磨得较小，这样有利于使横刃得到较大的前、后角，既可增加横刃的锋利性，又可使钻头切削刃中心处的工作后角与外缘处的后角相差不多。

④ 顶角2φ：又称锋角，是两条主切削刃之间的夹角；分为设计制造时的顶角和使用刃磨时的顶角。钻头顶角可根据不同钻削材料按表1-4来选择。

⑤ 横刃斜角ψ：横刃与主切削刃之间的夹角，是在刃磨后面时形成的。标准麻花钻的横刃斜角为50°~55°。

表1-4　钻头顶角选择

加工材料	顶角（2φ）	加工材料	顶角（2φ）
钢和生铁（中硬）	116°~118°	钢锻件	125°
锰钢	136°~150°	黄铜和青铜	130°~140°
硬铝合金	90°~100°	塑料制品	80°~90°

（3）麻花钻的刃磨。钻头刃磨的目的，是将已钝化或损坏的切削部分重磨，或为适应不同材料需要而重磨成符合所需要的几何参数，以使钻头具有良好的钻削性能。钻头刃磨的正确与否，对钻孔质量、效率和钻头使用寿命等都有直接影响。

手工刃磨钻头是在砂轮机上进行的，一般使用的砂轮粒度为46~80。砂轮旋转时，必须严格控制跳动量。

① 刃磨主切削刃。刃磨时，用右手（也可用左手）握住钻头的头部作为定位支点（或靠在砂轮机托架上），左（或右）手握住钻柄，使钻头的轴线和砂轮圆柱面倾斜成$2\varphi/2$的角度，同时向下倾斜8°~15°，其主切削刃呈水平位置，与砂轮中心线以上的圆周面轻轻接触。用握钻头头部的手向砂轮施加压力和定好钻头绕自身轴线转动的位置，握钻柄的手使钻头绕轴线按顺时针方向转动并上下摆动。钻头绕自身轴线转动是为使整个后刀面都能磨到，而上下摆动是为了磨出一定的后角。两手动作必须协调配合好，摆动角度的大小要随后角的大小而变化，因为后角在钻头的不同半径处是不相等的。照此反复磨几次，一个主切削刃好后，转180°刃磨另一个主切削刃。这样便可磨出顶角、后角和横刃斜角，如图1-67所示。主切削刃刃磨好后，应检查顶角2φ是否被钻头轴线平分。两主切削刃是否对称等长，且各为

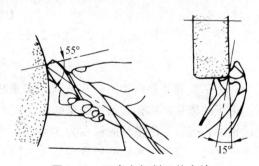

图1-67　刃磨主切削刃的方法

一条直线；检查主切削刃上外缘处的后角是否符合要求数值和横刃斜角是否准确。

② 修磨横刃。修磨时，钻头与砂轮的相对位置如图1-68所示。先使刃背与砂轮接触，然后转动钻头使磨削点逐渐向钻心移动，从而把横刃磨短。修磨横刃的砂轮边缘圆角要小，砂轮直径最好也小些。

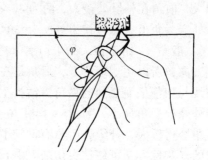

图1-68　修磨横刃的方法

（4）麻花钻的缺点。麻花钻因本身结构的关系存在以下缺点。

① 前角分布不合理，外缘大，中心小。由计算可知，离钻心约1/3直径范围内前角都是负值。横刃的前角是负值，且绝对值较大，导致切削负荷大。不经修磨的钻头轴向力较大，在很大程度上影响钻孔精度与使用寿命。

② 横刃长度占比较大，钻孔时定心条件差，钻头易摆动，易造成刃带磨损和使钻孔质量恶化。

③ 主切削刃较长，全部参加工作，切削刃上各点的切削速度不一致。切钢料时，切屑卷成较宽的螺旋形，占空间大，不利于排屑和散热。

3）钻孔常用辅助工具

（1）钻夹头是用来装夹直径不大于13 mm的直柄钻头，其结构如图1-69所示。钻夹头体1的上端有一个莫氏锥形盲孔，用以与钻头柄紧配。钻头柄莫氏锥体的一端与钻夹头上的莫氏锥孔配合，另一端与钻床主轴锥孔或钻头套筒内锥孔配合，装入钻床主轴孔内；钻夹头上的三个夹爪4用来夹紧钻头的直柄。用带有小圆锥齿轮的钥匙3，插入钻夹头体1的孔内，与夹头套筒2下端面上的锥齿轮啮合，用手转动钥匙，通过一系列传动，使三个夹爪同时上下移动和张开合拢，将钻头直柄松开或夹紧。

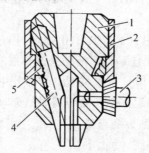

1—夹头体；2—夹头套筒；3—钥匙；4—夹爪；5—内螺纹。

图1-69　钻夹头

（2）钻头套筒和楔铁。钻头套筒是用来装夹锥柄钻头的工具，其形状如图1-70（a）所示。由于钻床主轴锥孔和钻头的锥柄规格大小不同，一般立式钻床主轴的锥孔为3号或4号莫氏锥度，摇臂钻床主轴的锥孔为5号或6号莫氏锥度，而钻头锥柄锥度是随钻头直径的不同而变化的。当钻头锥柄的号数与钻床主轴上锥孔的号数相同时，可直接装入，而两者不相同时，需用钻头套筒配接起来才能使用。钻头套筒的内外表面都是锥形的，其外圆锥度比锥孔锥度大1～2个莫氏锥度号。

楔铁是用来把钻头从钻头套筒中卸下的必备工具，如图 1-70（b）所示。

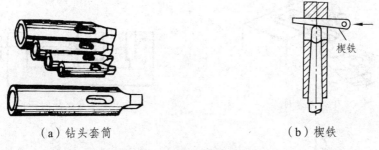

（a）钻头套筒　　　　　　　（b）楔铁

图 1-70　钻头套筒和楔铁

（3）钻模。对于成批生产的工件，在加工孔的过程中，通常采用钻模以提高生产率和保证加工精度。钻模是按不同的工件专门设计的，它的作用是以工件上已形成的表面为基准来限定钻头钻入的位置，并引导钻头的钻进方向，或同时完成对工件的装夹。钻模的结构是多种多样的，图 1-71 为其中一种。工件上装有钻模，钻模上的钻套用来引导钻头。

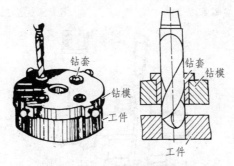

图 1-71　钻模与钻模钻孔

4）钻孔方法

钻孔大多用于加工工件上的孔、装配检修以及攻螺纹前钻螺纹底孔等场合。钻孔前，工件先要划线和定中心；在工件上面孔的位置划出孔径圆，检查无误后，在孔径圆周上用样冲打出样冲眼，在孔中心的样冲眼冲大一些，这样在钻孔时钻头不易偏离中心，如图 1-72 所示。具体的操作要点如下。

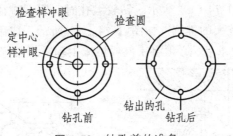

图 1-72　钻孔前的准备

（1）工件的装夹。钻孔时，牢固地固定工件是非常重要的。否则，工件会被钻头带着转动，有可能损坏工件和钻床，也会威胁人身安全。在没有充分把握时，禁止用手把持工件。根据工件大小不同，可采用不同的装夹方法，如图 1-73 所示。

（a）手虎钳夹持

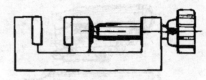
（b）小型机虎钳夹持

（c）长工件用螺钉靠住

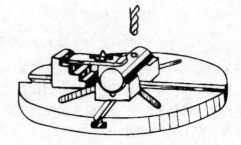
（d）圆柱形工件的夹持方法

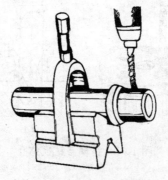
（e）圆柱形工件的夹持方法

图 1-73　钻孔时工件的装夹

（2）一般工件的钻孔方法。钻孔时先对准样冲眼钻一浅锥坑。如钻出的锥坑与钻孔划线圆不同心，可移动工件或钻出主轴来纠偏。当偏离较大时，可用样冲重新冲孔纠正或用錾子錾出几条槽来纠正，如图 1-74（a）所示。钻较大孔时，因大直径钻头的横刃较长，定心困难，最好用中心钻先钻出较大的锥坑，如图 1-74（b）所示，或用小顶角短麻花钻先钻出一个锥坑。经试钻达到同心要求后，必须将工件或钻床主轴重新紧固，才能重新开钻进行钻孔。

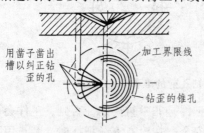
用錾子錾出槽以纠正钻歪的孔　　加工界限线　　钻歪的锥孔
（a）通过錾槽纠正孔的定心

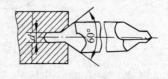
（b）用中心钻钻引导孔为大孔定心

图 1-74　钻孔定心

钻通孔在即将钻透时，应用手动进给，轻轻进刀直到钻透，对薄工件应特别注意。

钻不通孔时，可通过钻头长度和实际测量尺寸来检查所钻的深度是否准确。

钻孔径大于 30 mm 的孔，要分两次钻成。先用 0.5～0.7 倍孔径的钻头钻孔，再用所需孔径钻头扩孔。

钻直径小于 4 mm 的小孔时，只能用手动进给，开始时应注意防止钻头打滑，压力不能太大，以防钻头弯曲和折断，并要及时提起钻头进行排屑。

钻深孔（孔深与孔径之比大于 3）时，进给量必须小，钻头要定时提起排屑，以防止排屑不畅引起切屑阻塞扭断钻头或损伤内孔表面。

（3）几种孔的钻孔方法。钻孔操作过程中，为保证钻孔的质量，在不同形状的构件上钻削不同直径孔时，应针对性地采用不同的钻削操作方法。常见孔的钻孔操作方法主要有以下几种。

① 钻圆柱形工件的孔。即在轴类或套类等零件外圆上，钻出与轴线垂直并通过圆柱中心的孔。钻孔前，先将定心工具（一般用 V 形铁）夹持在钻床主轴上，找正钻床主轴中心与安装工件的 V 形铁的中心位置，并用压块将 V 形铁位置固定，再把要钻孔的圆柱形工件卧放在 V 形铁中，调节使之位于水平位置。移动大钻头对准钻孔中心后，把工件夹紧，进行试钻和钻孔。如果找正工作认真细心，钻孔中心与工件中心线的对称度可控制在 0.1 mm 以内。

② 钻斜孔。斜孔有三种情况，即在斜面上钻孔、在平面上钻斜孔和在曲面上钻孔。它们有一个共同的特点，即孔的中心与钻孔端面不垂直。在钻孔时，可将入钻的部位錾出平台或锉出平台，或用立铣刀铣出平台［见图 1-75（a）］，然后先用小直径钻头或中心钻钻出一个浅坑或浅孔，合适后再钻孔；也可用三个尖等高的群钻来钻斜孔［见图 1-75（b）］。

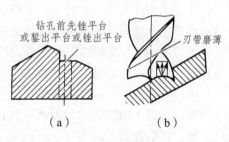

图 1-75　钻斜孔

③ 钻半圆孔。在钻半圆孔时，由于钻头的一边受径向力，被迫向另一边偏斜，会使钻头弯曲或折断；钻出的孔也不垂直。为防止出现上述情况，当半圆孔在工件边缘时，可把两个相同的工件合起来钻；外部为半圆孔时，可用相同的材料充实再钻孔，如图 1-76 所示。

钻骑缝螺钉孔且缝两边的两种材料硬度不同时，应使用刚度大的钻头（尽量短），样冲眼要稍偏向较硬材料的一侧。待钻头钻入一定深度，并已处于两种材料的中部时，再将钻头对正接触面钻进。

采用图 1-77 所示的半孔钻，钻半圆孔效果较好。半孔钻是把标准麻花钻的钻心修磨成凹、凸形，以凹为主，凸出两个外刀尖，钻孔时切削表面形成凸形，限制了钻头的偏斜。半孔钻也可以进行单边切削。

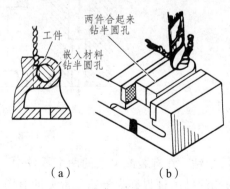

图 1-76　钻半圆孔

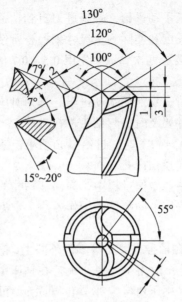

图 1-77　用半孔钻钻半圆孔

④ 钻二联孔。常见的二联孔有如图 1-78 所示的三种情况。由于两孔比较深或距离比较远，钻孔时钻头伸出很长，容易产生摆动，且不易定心，也容易弯曲使钻出的孔倾斜，同轴度达不到要求。此时可采用以下方法钻孔。

钻图 1-78（a）所示的二联孔时，可先用较短的钻头钻小孔至大孔深度，再改用长的小钻头将小孔钻完，然后钻大孔，再锪平大孔底平面。

钻图 1-78（b）所示的二联孔时，先钻出上面的孔，再用一个外径与上面孔配合较严密的大样冲，插进上面的孔中，冲出下面孔的冲眼，然后用钻头对正冲眼慢速钻出一个浅坑，确认正确，再高速钻孔。

钻图 1-78（c）所示的二联孔时，对于成批生产，可制一根接长钻杆，其外径与上面孔为动配合。先钻完上面大孔后，再换上装有小钻头的接长钻杆，以上面孔为引导，钻出下面的小孔，也可采用钻图 1-78（b）所示二联孔的方法钻孔。

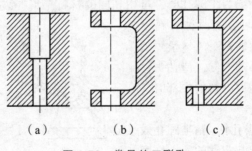

（a）　　　　（b）　　　　（c）

图 1-78　常见的二联孔

⑤ 配钻。在有装配关系的两个零件中，一个孔已加工好，按此孔需要，在另一件上钻出相应孔的钻削过程称为配钻。常见的有图 1-79 所示的配钻情况，主要是要求两相应孔的同轴度。

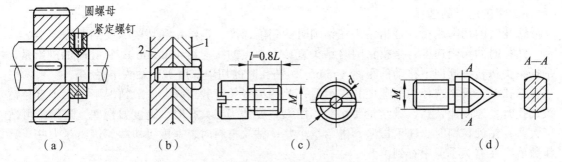

图 1-79　常见的配钻情况

配钻图 1-79（a）所示的轴上紧定螺钉锥孔（或圆柱孔）时，先把圆螺母拧紧到所要求的位置，用外径略小于紧定螺钉孔内径的样冲插入螺孔内在轴上冲出样冲眼，卸下螺母后钻出锥坑或圆柱孔。也可以把圆螺母拧紧后配钻底孔，卸下后再在螺母上攻螺纹。

配钻图 1-79（b）所示工件 1 上的光孔时（工件 2 上的螺纹孔已加工好），可先做一个与工件螺纹相配合的专用钻套［见图 1-79（c）］，从左面拧在工件 2 上，把 1、2 两个工件相互位置对正并夹紧在一起，用一个与钻套孔径 d 相配合的钻头通过钻套在工件 1 上钻一个小孔，再把两个工件分开，按小孔定心钻出光孔。若工件上的螺纹孔为盲孔时，则可加工一个与工件 1 螺纹孔相配合的专用样冲［见图 1-79（d）］，螺纹部分的长度约为直径的 1.5 倍，锥尖处硬度为 56～60 HRC。使用时，将专用样冲拧进工件 2 的螺纹孔内，再把露在外面的样冲顶尖的高度调整好，然后将工件 1、2 的相互位置对准并放在一起，用木锤击打工件 1 或 2，样冲便会在工件 1 上打出样冲眼，随后按样冲眼钻出光孔。

5）冷却润滑液的选择

钻头在钻孔过程中，由于钻头和工件的摩擦与切屑的变形会产生高热，容易引起钻头主切削刃退火，失去切削能力并很快使钻头磨钝。为了降低钻头工作时的温度、延长钻头的使用寿命、提高钻削的生产率、保证钻孔质量，在钻孔时，必须注入充足的冷却润滑液。

钻孔一般属于粗加工工序，采用冷却润滑液的目的主要是以冷却为主。钻孔常用冷却润滑液如表 1-5 所示。

表 1-5　钻孔常用冷却润滑液

工件材料	冷却润滑油
结构钢	乳化液、机油
工具钢	乳化液、机油
不锈钢、耐热钢	亚麻油水溶液、硫化切削液
纯铜	乳化液、柴油
铝合金	乳化液、煤油
冷硬铸铁	煤油
铸铁、黄铜、青铜、镁合金	不用
硬橡胶、胶木	不用
有机玻璃	乳化液、机油

6）切削用量的选择

钻孔时的切削用量，是指钻头在钻削时的切削速度、进给量和切削深度的总称。

钻孔时的切削速度，是指钻削时钻头直径上一点的线速度（m/min）；钻孔时的进给量，是指钻头每转一周向下移动的距离（mm/r）；钻孔时的切削深度等于钻头半径。

钻孔时，只需选择切削速度和进给量，此两项多凭经验选择。一般情况下，用小直径钻头钻孔时，速度应快些，进给量要小些；用大直径钻头钻大孔时，速度要慢些，进给量可适当大些；钻硬材料时，速度慢些，进给量小些；钻软材料时，速度可快些，进给量大些。具体数值可在有关手册中查到。

7）钻孔常见缺陷分析

① 钻出孔径大于规定尺寸。由钻头两主切削刃长短不等、顶角与钻头轴线不对称、钻头摆动（钻床主轴本身摆动、钻头夹装不正确、钻头弯曲）等因素所引起。

② 钻孔偏移。由划线或样冲冲眼不准确、钻孔时开始未对正、工件装夹不稳固、钻头横刃太长等因素所引起。

③ 钻孔歪斜。由钻头与工件表面不垂直、工件表面不平或有硬物、进给量太大使钻头弯曲、横刃太长、定心不良等因素所引起。

④ 孔壁粗糙。由钻头切削刃不锋利、进给量太大、后角太小、冷却润滑不充分等因素所引起。

8）钻孔安全技术要求

钻孔操作时，应注意以下安全规程。

① 钻孔时操作者身体不要贴近钻床主轴，袖口要扎紧，衣扣要完整扣严，头发必须纳入工作帽内，严禁戴手套和拿棉纱操作。

② 一定要把工件夹紧稳固，不允许用手拿工件钻孔，不允许在钻削过程中紧固工件。

③ 注意保持良好的冷却和排屑，不允许用棉纱、碎布滴注冷却液，不允许用手抹或嘴吹来清除切屑。

④ 钻削进给过程中，发现异常情况要立即抬起钻头，停钻检查。如工件随钻头一起转动，应立即停电，严禁用手制动工件。

⑤ 钻孔时，进给的压力不可过猛过大。钻通孔时，工件下面应放垫块，以免损伤工作台。

2. 扩　孔

扩孔是用扩孔钻或钻头来扩大工件上已冲压或钻出孔的操作方法，如图1-80所示。

标准扩孔钻的形状似麻花钻，扩孔钻钻心粗、刚度好、切削刃多（3～4个），且不延伸到中心处而没有横刃，导向性好，切削平稳。所以，扩孔常用作铰孔或磨孔前的预加工工序。它属于孔的半精加工，其加工精度可达IT11～IT10。

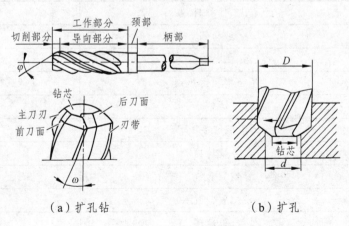

图1-80　扩孔钻和扩孔
（a）扩孔钻　　　　（b）扩孔

实际生产中，多用麻花钻改磨成扩孔钻。

3. 锪 孔

锪孔是用锪孔钻在已有的孔口表面，加工出所需形状的沉坑或表面的操作方法，如图 1-81 所示。图 1-81（a）为锥面锪钻，顶角 60°的用于清除毛刺；75°的用于锪沉头铆钉沉坑；90° 的用于锪沉头螺钉沉坑。图 1-81（b）为圆柱形锪钻，用于锪圆柱形沉坑，锪钻上有定位圆柱，使沉坑圆柱面与孔同轴，底面与孔垂直。图 1-81（c）为端面锪钻，用于锪平面孔口凸台。

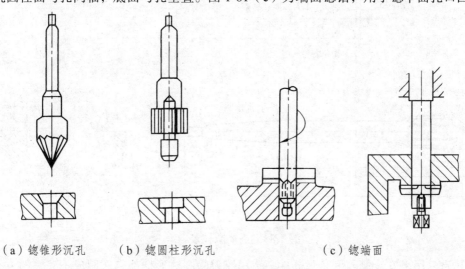

（a）锪锥形沉孔　　　（b）锪圆柱形沉孔　　　　　（c）锪端面

图 1-81　锪钻的应用

锪孔已有国家标准，可以根据锪孔的种类加以选用。锪钻并不像其他刀具使用广泛，故在实际生产中多用麻花钻改制成锪钻。

一般用短钻头改制，以减小振动；切削刃要对称，以保持切削平稳；后角及外缘前角应较小，以防扎刀。锪孔时主要防止振动。因此，工作时刀具、工件的装夹要牢固可靠；切削速度要小（只为钻孔速度的 1/3 ~ 1/2）；手动进给，进给量要小而用力均匀。

4. 铰 孔

铰孔是用铰刀对不淬火工件上已粗加工的孔进行精加工的一种加工方法。铰孔的精度可达 IT8 ~ IT7（手铰可达 IT6），表面粗糙度可达 $Ra3.2 ~ 0.8$ μm。铰孔的精度高，主要是由刀具的结构和精度来保证的，铰孔过程如图 1-82 所示。

1）铰 刀

铰刀类型很多，按使用方式可分为手用和机用；按加工孔的形状，可分为圆柱形和圆锥形；按结构可分为整体式、套式和可调式三种；按容屑槽形式，可分为直槽和螺旋槽；按材质可分为碳素工具钢、高速钢和镶硬质合金片三种。

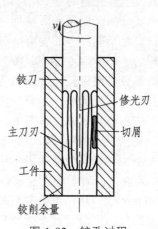

图 1-82　铰孔过程

（1）铰刀的结构。

一般常用的为手用铰刀和机用铰刀两种，手用铰刀[见图 1-83（a）]用于手工铰孔，其工作部分较长，导向作用较好，可防止铰孔时产生歪斜。机用铰刀[见图 1-83（b）]多为锥柄，它可安装在钻床或车床上进行铰孔。铰刀的结构由柄部、颈部和工作部分组成。

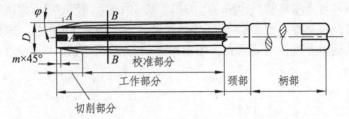

（a）手用铰刀

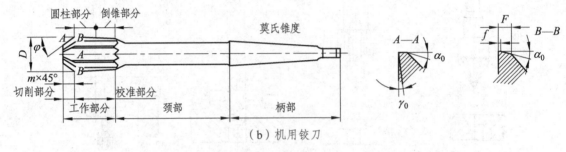

（b）机用铰刀

图 1-83　整体圆柱铰刀

① 柄部：用来安装铰刀和传递转矩。手用铰刀的圆柱形柄部末端制成不完整的方头，工作时用扳手或铰杠套于其上，通过它来转动铰刀；机用铰刀的锥形柄部直接装在机床上。

② 颈部：用于连接工作部分和柄部，它也是磨削工作部分外圆时的砂轮越程槽，还用来刻印和打标记。

③ 工作部分：包括切削部分和校准部分。

切削部分为锥形，最前端有 45°倒角，其后是切削锥角。铰刀的工作部分长度较长，切削锥角 2φ 较小，手用铰刀一般取 $\varphi=30'\sim1°$，机用铰刀锥角较大，加工钢及韧性材料时 $\varphi=15°$，加工铸铁及脆性材料时 $\varphi=3°\sim5°$，机铰盲孔时 $\varphi=45°$，其作用是为了能切下全部余量。

校准部分的前段制成圆柱形，后段制成倒锥形。校准部分起导向、校准孔径和修光孔壁的作用，也是切削部分的备磨部分。手用铰刀靠校准部分导向，所以校准部分较长，倒锥较小，一般为（0.005～0.008）/100；机用铰刀主要由机床导向，所以其校准部分较短，其中后段倒锥部分的倒锥较大，一般为（0.04～0.06）/100。

铰孔时铰削余量小，切屑与前刀面接触长度短，故前角对切屑变形影响不大。为了便于制造，并防止前角 γ 过大时产生"啃刀"现象，前角一般取 $\gamma=0°\sim4°$，常用 $\gamma=0°$，故铰削近于刮削，铰削表面粗糙度较大。但对加工韧性较大的金属时，宜选较大前角（$\gamma=5°\sim10°$）。后角的大小主要影响加工表面的粗糙度和刀齿强度，因此，在满足表面粗糙度条件下，尽量取较小的后角。但对于小直径铰刀，为防止其前刀面与加工表面产生摩擦，后角应取大一些。$\phi10\sim\phi50$ mm 铰刀切削部分和校准部分的后角一般取 8°～12°。

校准部分的后面有宽度为 0.1～0.3 mm 的刃带，其作用主要是引导铰削方向和修整孔壁，也是为了便于测量铰刀的直径。刃带与后续的斜面总称为齿背，齿背宽度为 2～5 mm。

校准部分做成倒锥是为了减小与孔壁的摩擦和防止铰刀在孔中可能产生的倾斜而导致校

准部分的刀刃将孔径扩大。铰刀的齿数通常随直径的增大而增多，铰刀直径在 $\phi 10 \sim \phi 80$ mm 时，齿数为 $6 \sim 16$ 的偶数。为了获得较高的铰孔精度，手用铰刀相邻两个齿间的距离在圆周上不是均匀分布的。铰刀直径是铰刀最基本的结构参数，它是根据加工孔的基本尺寸（D）和公差、铰孔的扩张或收缩量、铰刀的磨损和制造公差等因素决定的。按其铰出孔的公差不同分为 H7、H9、H10 三级，每级铰刀的实际尺寸都比基本尺寸大几微米到几十微米。等级的数字越小，铰出的孔径越接近基本尺寸。铰成孔的直径一般都比铰刀校准部分直径大（扩张）或小（缩小）。孔的扩张和缩小量受多种因素影响，很难预计，一般通过试铰来选定铰刀等级。若铰出的孔径大于要求尺寸时，可用公差等级高的铰刀或对校准部分进行研磨。铰孔时，应根据不同的加工对象来选用铰刀。

（2）铰刀的选择。

① 铰孔的工件批量较大，应选用机铰刀。

② 铰锥孔应根据孔的锥度要求和直径选择相应的锥铰刀。

③ 铰带键槽的孔，应选择螺旋槽铰刀。

④ 铰非标准孔，应选用可调节铰刀。

2）手工铰孔的铰削余量

手工铰孔选择铰削余量时，应考虑铰孔的精度和表面粗糙度的要求，以及孔径的大小、材料的软硬和铰刀类型等。铰削余量在孔预加工之前就应该确定，而且应留得合适。余量留得太小，铰削时不易校正上道工序残留的变形和去掉表面最大不平度，降低了铰刀的耐用度；余量太大时，将加大每一刀齿的切削负荷，影响切削过程的稳定性，又增加切削热，使孔随铰刀的直径胀大也随之扩张，同时切屑呈撕裂状态，从而使表面粗糙化。

（1）圆柱孔的铰削。圆柱孔的铰削余量如表 1-6 所示。

表 1-6　铰削余量　　　　　　　　　　　　单位：mm

铰孔直径	<5	5 ~ 0.2	20 ~ 50	>50
铰削余量	0.1 ~ 0.2	0.2 ~ 0.3	0.3 ~ 0.4	0.4 ~ 0.5

（2）铰锥孔的铰削。铰锥孔的底孔应钻成台阶形，各段间的直径差越小，铰削余量也越小。最小直径 d 可等于铰刀直径。

铰削余量应比台阶孔两端差值略大些（见图 1-84）。

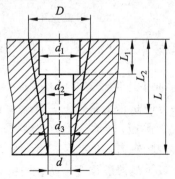

图 1-84　铰锥孔时的阶梯形底孔

3）手工铰孔的冷却润滑液

铰削的铁屑都很细碎，容易黏附在刀刃上，或夹在孔壁和铰刀校准部分的棱边间，刮毛已加工表面。切削过程中热量积累过多，容易引起工件和铰刀变形，从而降低铰刀的耐用度和铰孔质量。因此，在铰削中必须采用冷却润滑液，其用量只要能把切屑及时冲掉和散热即可。

4）手工铰孔方法

（1）手工铰孔工具主要由以下部分组成。

① 铰手（俗称铰杠）：装夹铰刀和丝锥并扳动铰刀和丝锥的专用工具，如图1-85所示。铰手常用的有固定式、可调节式、固定丁字式、活把丁字式四种。

② 活扳手：在一般铰手的转动受到阻碍而又没有活把丁字铰手时，才用活扳手。

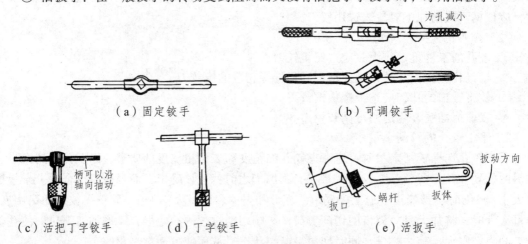

（a）固定铰手　　　　　　　　　（b）可调铰手

（c）活把丁字铰手　　（d）丁字铰手　　　　（e）活扳手

图1-85　手工铰孔的工具

（2）手动铰孔要点。手动铰孔操作要点参见图1-86。

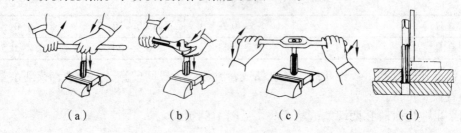

（a）　　　　　（b）　　　　　（c）　　　　　（d）

图1-86　手工铰孔

① 工件要夹正，将铰刀放入底孔，从两个垂直方向用角尺校正，方向正确后用拇指向下把铰刀压紧在孔口上。

② 试铰时，套上铰手用左手向下压住铰刀并控制方向，右手平稳扳转铰手，切削刃在孔口切出一小段锥面后，检查铰刀方向是否正确，歪斜时应及时进行纠正。

③ 在铰削过程中，两手用力要平衡，转动铰手的速度要均匀，铰刀要保持垂直方向进给，不得左右摆动，以避免在孔口出现喇叭口或将孔径扩大。要在转动中轻轻加力，不能过猛，掌握用力均匀，并注意变换每次铰手的停歇位置，防止因铰刀常在同一处停歇而造成刀痕重叠，以保证表面光洁。

④ 铰刀不允许反转，退刀时也要顺转，避免切屑挤入刃带后擦伤孔壁，损坏铰刀，退刀时要边转边退。

⑤ 铰削锥孔时，要常用锥销检查铰孔深度。

⑥ 铰刀被卡住时不要硬转，应将铰刀退出，清除切屑，检查孔和刀具；再继续进行铰削时，要缓慢进给，以防在原处再被卡住。

⑦ 铰定位销孔，必须将两个装配工件相互位置对准固定在一起，用合钻方法钻出底孔后，不改变原状态一起铰孔，这样才能保证定位精度和顺利装配。当锥销孔与锥销的配合要求比较高时，先用普通锥铰刀铰削，留有一定余量，再用校正锥铰刀进行精铰。

⑧ 铰刀是精加工工具，使用后擦拭干净，涂上机油保管。

5）机动铰孔的操作方法

（1）选用的钻床，其主轴锥孔中心线的径向圆跳动，主轴中心线对工作台平面的垂直度均不得超差。

（2）装夹工件时，应保证欲铰孔的中心线垂直于钻床工作台平面，其误差在 100 mm 长度内不大于 0.002 mm。铰刀中心与工件预钻孔中心需重合，误差不大于 0.02 mm。

（3）开始铰削时，为了引导铰刀进给，可采用手动进给。当铰进 2～3 mm 时，可使用机动进给，以获得均匀的进给量。

（4）采用浮动夹头夹持铰刀时，在未吃刀前，最好用手扶正铰刀慢慢引导铰刀接近孔边缘，以防止铰刀与工件发生撞击。

（5）在铰削过程中，特别是铰不通孔时，可分几次不停车退出铰刀，以清除铰刀上的粘屑和孔内切屑，防止切屑刮伤孔壁，同时也便于输入切削液。

（6）在铰削过程中，输入的切削液要充分，其成分根据工件的材料进行选择。

（7）铰刀在使用中，要保护两端的中心孔，以备刃磨时使用。

（8）铰孔完毕，应不停车退出铰刀，否则会在孔壁上留下刀痕。

（9）铰孔时铰刀不能反转。因为铰刀有后角，反转会使切屑塞在铰刀刀齿后面与孔壁之间，将孔壁划伤，破坏已加工表面。同时铰刀也容易磨损，严重的会使刀刃断裂。

6）铰孔时产生废品的原因

（1）孔的表面粗糙度达不到要求。铰孔时，孔的表面粗糙度达不到要求的主要原因有以下几个方面。

① 铰刀工作部分不光洁，刀口不锋利或有裂口、毛刺，或是其磨损已超过允许值等。

② 铰削余量太大或太小。

③ 铰刀切削刃上有积屑或容屑槽内切屑没有清除干净。

④ 铰削时转动不平稳，铰刀退出时反转。

⑤ 冷却润滑液不充足或选择不当。

（2）孔径扩大。铰孔时，孔径扩大的主要原因有以下几个方面。

① 铰刀与孔的中心不重合，铰刀偏摆过大，进给量和铰削余量太大。

② 两手用力不均匀，使铰刀晃动。

③ 铰锥孔时，没有及时用锥销检验，将锥孔铰得过深。

（3）孔径缩小。铰孔时，孔径缩小的主要原因有以下几个方面。

① 铰刀工作部分超过磨损标准，尺寸变小仍使用，铰出的孔自然变小。

② 用磨钝的铰刀铰孔，铰刀对金属产生挤压作用，而引起过大的孔径收缩。

③ 铰铸铁时加了煤油。

（4）孔中心不直。铰孔时，孔中心不直的主要原因有以下几个方面。

① 铰孔前的钻孔不直，铰小孔时铰刀刚度差。

② 铰刀的切削锥角太大，导向不良，铰削时方向发生偏斜。

③ 手铰时，两手用力不均匀。

（5）孔不圆呈多棱形。铰孔时，孔不圆呈多棱形的主要原因有以下几个方面。

① 铰削余量太大，铰刀刃口又不锋利，铰削过程中铰刀发生"啃切"现象，产生振动，从而使孔壁呈现多棱形。

② 铰孔前钻孔不圆，铰削时铰刀产生弹跳。

③ 钻床主轴振摆太大。

（四）攻螺纹与套螺纹

用丝锥在工件孔中切削出内螺纹称为攻螺纹；用板牙在圆柱杆上切削出外螺纹称为套螺纹。螺纹的种类很多，按螺纹牙型、外径、螺距是否符合国家标准可分为标准螺纹（螺纹牙型、外径、螺距均符合国家标准）、特殊螺纹（牙型符合国家标准，而外径或螺距不符合国家标准）、非标准螺纹（牙型不符合国家标准，如方牙螺纹、平面螺纹等）；标准螺纹又分为三角形、梯形和锯齿形三种。三角形螺纹又有普通螺纹（粗牙、细牙两种）、管螺纹及英制螺纹等。

1. 攻螺纹

攻螺纹是机械设备维修中常用的操作基本技能。攻螺纹的工具主要包括丝锥、铰手（丝锥扳手）和机用攻螺纹安全夹头等。

攻螺纹

1）丝 锥

丝锥是加工内螺纹的刀具，有手用丝锥、机用丝锥和管螺纹丝锥三种。丝锥用碳素工具钢或高速钢制造，其构造如图 1-87 所示。

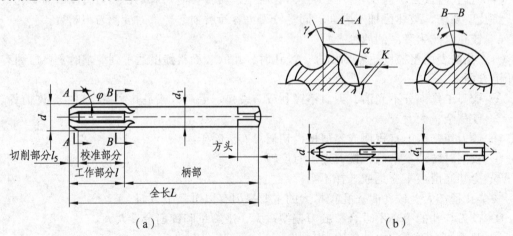

图 1-87 丝锥构造

丝锥由工作部分（包括切削部分和校准部分）和柄部组成。切削部分磨成圆锥形，切削负荷被分配在几个刀齿上，逐渐切出内螺纹的沟槽；导向部分的切削刃前角等于零；柄部的方头装在机床上或铰手内，用于传递力矩。

（1）手用和机用丝锥：通常由 2~3 支组成一套。手用丝锥中，M6~M24 的丝锥由 2 支组成一套，M6 以下 M24 以上的丝锥由 3 支组成一套，细牙丝锥不论大小均为 2 支一套；机用丝锥为 2 支一套。每套丝锥的大径、中径、小径都相等（故又称等径丝锥），只是切削部分的长短和锥角不同。切削部分从长到短，锥角从小到大依次称为头锥（初锥）、二锥（中锥）、三锥（底锥）。头锥切削部分长为 5 ~ 7 个螺距；二锥切削部分长为 2.5 ~ 4 个螺距；三锥切削部分长为 1.5 ~ 2 个螺距。攻螺纹时，所切制的金属头锥占 60%，二锥占 30%，三锥起定径和修光作用，切削较少，约占 10%。

（2）管螺纹丝锥：分为圆柱式和圆锥式两种。圆柱管螺纹丝锥与手用丝锥相似，但它的工作部分较短，一般以 2 支为一套，可攻各种圆柱管螺纹。圆锥管螺纹丝锥的直径从头到尾逐渐加大，而螺纹齿形仍然与丝锥中心线垂直，保持内外锥螺纹齿形有良好接触，但管螺纹丝锥工作时的切削量较大，故机用为多，也有手用的。

2）铰 手

铰手又称丝锥扳手。手用丝锥攻螺纹时，一定要用铰手。铰手的结构形式参见图 1-85。一般攻 M5 以下的螺纹孔，宜用固定式铰手。可调铰手有 150 ~ 600 mm 六种规格，可攻 M5 ~ M24 的螺纹孔。当需要攻工件台阶旁边的螺纹孔或箱体内部的螺纹孔时，需用丁字铰手。

3）攻螺纹安全夹头

在机床上攻螺纹时，采用安全夹头来装夹丝锥，可以对丝锥起到安全保护、防止折断、更换方便的作用；同时在不改变机床转向的情况下，可以自动退丝锥。但这些作用不一定集中在一个夹头上，主要根据攻螺纹需要，加以选择，其结构力求简便、使用方便可靠。常用的安全夹头有以下两种。

（1）弹性摩擦攻螺纹安全夹头。这种安全夹头通过旋转调整螺母来调节力矩大小。在攻螺纹过程中，当切削力矩突然超过所调整的力矩时，外套就不再随夹头体转动，从而起到安全作用。夹头体下端的顶尖直径顶住丝锥柄部中心孔，使两者之间有较好的同轴度。当使用不同直径的丝锥时，只要更换相应的夹头和橡胶圈即可。

（2）快换丝锥安全夹头。这种安全夹头是通过拧紧调节螺母，在夹头体、中心轴、摩擦片之间产生摩擦力来带动丝锥攻螺纹的。夹头左端有一套快换装置，可快换各种不同规格的丝锥。事先将丝锥与可换套组装好，拧动左旋螺纹锥套，即可进行更换。根据不同的螺纹直径，调整调节螺母的松紧，使其超过一定力矩时打滑，便可起到安全保护的作用。

4）攻螺纹前底孔直径的确定

攻螺纹时，丝锥对金属有切削和挤压作用，使金属扩张，如果螺丝底孔与螺纹内径一致，会产生金属咬住丝锥现象，造成丝锥折断与损坏。所以攻螺纹前的底孔直径（钻孔直径）必须大于螺纹标准中规定的螺纹内径。

底孔直径的大小，要根据工件材料的塑性大小和钻孔的扩张量来考虑，使攻螺纹时有足够的空隙来容纳被挤出的金属，又能保证加工出的螺纹得到完整的牙型。按照普通螺纹标准，内螺纹的最小直径 $d_1 = d - 1.08t$，内螺纹的允差是正向分布的。这样攻出的内螺纹的内径在上述范围内，才合乎理想要求。

根据以上原则，确定钻普通螺纹底孔所用的钻头直径大小的方法，有计算或查表两种。

（1）计算法。攻普通螺纹的底孔直径根据所加工的材料类型由下式决定。

对于钢料及韧性材料，底孔直径为

$$D = d - t \tag{1-12}$$

对于铸铁及塑性较小的材料，底孔直径为

$$D=d-1.1t \tag{1-13}$$

式中　D——钻头直径（底孔直径），mm；

　　　d——螺纹外径（公称直径），mm；

　　　t——螺距，mm。

（2）查表法。攻螺纹前钻底孔的钻头直径也可以从有关表中查得（相关表可参考有关手册）。

5）攻不通螺纹孔深度的确定

攻不通孔螺纹时，由于丝锥切削部分不能切出完整的螺纹牙型，所以钻孔深度要大于所需的螺孔深度（图纸标注深度尺寸除外）。一般取：

　　　钻孔深度 H=所需钻深度 h+0.7d（d 为螺纹外径）

6）手工攻螺纹方法和注意事项

（1）螺纹底孔的孔口要倒角，通孔螺纹的两端都要倒角，以便于丝锥切入和防止切出时孔口螺纹崩裂。

（2）工件装夹要平正牢靠。攻螺纹时丝锥在孔口应放正，然后用一只手压丝锥，另一只手转动铰手，并随时观察和校正丝锥位置，使丝锥的位置正确无误。当攻下 3～4 个螺纹牙后，就不必再加压力，只需两手均匀用力转动铰手即可。

（3）丝锥进入孔内时，每转动 0.5～1 圈要倒转 0.5 圈，以使切屑割断，从而易于从孔中排出。在攻 M5 以下螺纹、较深螺孔，尤其是攻高塑性材料螺纹时，更应及时倒转。攻不通孔螺纹时，要经常退出丝锥，及时排除孔中切屑。当攻到底孔时，更要及时清除积屑，以免丝锥被卡住。

（4）先用头锥攻，再用二锥攻。在更换丝锥的过程中，要用手将丝锥先旋入到不能再转时，然后用铰手转动。攻塑性材料螺孔时，要加润滑油。

（5）丝锥退出时，先用铰手将丝锥倒转松动，然后取下铰手用手旋出，以防破坏螺孔表面的光洁度。

7）丝锥的刃磨

当丝锥切削部分崩牙或折断时，先把损坏部分磨掉，再刃磨其后刀面，如图 1-88 所示。

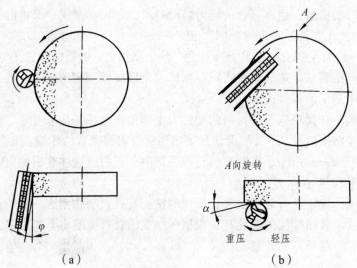

（a）　　　　　　　　　　（b）

图 1-88　刃磨丝锥后刀面

刃磨时，要注意保持切削锥角及切削部分长度的准确和一致性，同时，要小心地控制丝锥转动角度和压力大小来保证不损伤另一刃边，且保证原来的合理后角。

2. 套螺纹

套螺纹

与攻螺纹一样，套螺纹也是机械设备维修中常用的操作基本技能。

1）套螺纹工具

套螺纹工具有圆板牙和板牙架两类。

（1）圆板牙是切削外螺纹的工具，其形状和螺母相似，在靠近螺纹外径处钻了几个排屑孔，并形成切削刃，其结构如图 1-89 所示。它由切削部分和校准部分组成，圆板牙孔两端的锥角（$2\varphi=40°\sim50°$）是切削部分；切削部分不是圆锥面，而是经过铲磨而成的阿基米德螺旋面，形成的后角 $\alpha=7°\sim9°$。它的前角 γ 大小沿切削刃而变化，因为前刀面是曲线形，前角在曲率最小处为最大，曲率最大处为最小，一般粗牙 $\gamma=30°\sim35°$，细牙 $\gamma=25°\sim30°$。板牙中间一段是定径部分，也是导向部分。

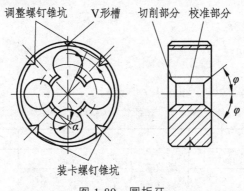

图 1-89　圆板牙

（2）圆锥管螺纹板牙。这种板牙专门用来套小直径管子端的锥形螺纹，其结构如图 1-90 所示。圆锥管螺纹板牙只是在单面制成切削锥，只能单独使用，其他部分的结构与圆板牙相似。

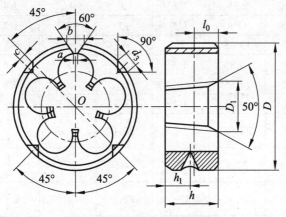

图 1-90　圆锥管螺纹板牙

（3）圆板牙架：用于安装板牙，常见结构如图 1-91 所示。使用时，调整调节螺钉和拧紧紧定螺钉，将板牙紧固在板牙架中。

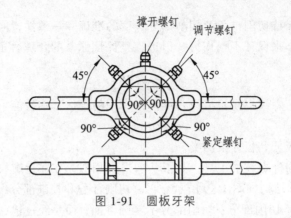

图 1-91　圆板牙架

2）套螺纹方法

（1）套螺纹圆杆直径的确定。与攻螺纹一样，用板牙在钢料上套螺纹时，其牙尖也要被挤高一些，所以圆杆直径应比螺纹的外径（公称直径）小一些。圆杆直径可采用下列公式计算：

$$D=d-0.13t \hspace{4cm} (1\text{-}14)$$

式中　d——螺纹外径，mm；

　　　　t——螺距，mm。

圆杆直径可用查表方法查出，如表 1-7 所示。

表 1-7　套螺纹时圆杆的直径

粗牙普通螺纹				英制螺纹				圆柱管螺纹		
螺纹直径 d/mm	螺距 t/mm	圆杆直径 d_0/mm		螺纹直径/in	圆杆直径 d_0/mm		螺纹直径/in	管子外径 d_0/mm		
		最小直径	最大直径		最小直径	最大直径		最小直径	最大直径	
M6	1	5.8	5.9	1/4	5.9	6	1/8	9.4	9.5	
M8	1.25	7.8	7.9	5/16	7.4	7.6	1/4	12.7	13	
M10	1.5	9.75	9.85	3/8	9	9.2	3/8	16.2	16.5	
M12	1.75	11.75	11.9	1/2	12	12.2	1/2	20.5	20.8	
M14	2	13.7	13.85	—	—	—	5/8	25.5	25.8	
M16	2	15.7	15.85	5/8	15.2	15.4	3/4	26	26.3	
M18	2.5	17.7	17.85	—	—	—	7/8	29.8	30.1	
M20	2.5	19.7	19.85	3/4	18.3	18.5	1	32.8	33.1	
M22	2.5	21.7	21.85	7/8	21.4	21.6	$1\frac{1}{8}$	37.4	37.7	
M24	3	23.65	23.8	1	24.5	24.8	$1\frac{1}{4}$	41.4	41.7	
M27	3	26.65	26.8	$1\frac{1}{4}$	30.7	31	$1\frac{3}{8}$	43.8	44.7	
M30	3.5	29.6	29.8	—	—	—	$1\frac{1}{2}$	47.3	47.6	
M36	4	35.6	35.8	$1\frac{1}{2}$	37	37.3				
M42	4.5	41.55	41.75							

（2）手工套螺纹方法和注意事项

① 套螺纹前，圆杆端头要倒成 15°~20°斜角，顶端最小直径要小于螺纹小径，以易于板牙对正切入。

② 套螺纹时，切削力矩很大，圆杆套螺纹部分离钳口要近。夹紧时，要用硬木或厚铜板作钳口衬垫来夹圆杆，要求既能夹紧，又不夹坏圆杆表面。

③ 套螺纹时，板牙端面与圆杆轴线应垂直，用左手掌端按压板牙，右手转动板牙架。当板牙已旋入圆杆套出螺纹后，不再用力，只要均匀旋转。为了断屑，需时常倒转。套钢杆螺纹时，要加切削润滑液，以提高螺纹表面光洁度和延长板牙寿命。

④ 套螺纹过程与攻螺纹一样，每转 1/2~1 周时倒转 1/4 周。

⑤ 为了保持板牙的切削性能，保证螺纹表面光洁度，要在套螺纹时，根据工件材料性质的不同，适当选择冷却润滑液。与攻螺纹一样，套螺纹时，适当加注切削液，也可以降低切削阻力，提高螺纹质量和延长板牙寿命。切削液可参见表 1-8 选用。

表 1-8　套螺纹切削液的选择

被加工材料	切削液
碳钢	硫化切削油
合金钢	硫化切削油
灰铸铁	乳化液
铝合金	50%煤油+50%全系统消耗用油
可锻铸铁	乳化液
铜合金	硫化切削油，全系统消耗用油

3. 攻螺纹和套螺纹时产生废品的原因

攻螺纹和套螺纹时，由于种种原因，主要会产生螺纹烂牙或歪斜、螺纹牙深不够等螺纹缺陷，造成废品。

1）螺纹烂牙或歪斜

其产生的原因主要有以下几个方面。

（1）螺纹底孔直径太小或圆杆直径过大，使丝锥或板牙不易切入，造成孔口或杆端处烂牙或螺纹歪斜。

（2）切削时，丝锥或板牙一直不倒转，切屑堵塞，把螺纹啃坏。

（3）丝锥或板牙与底孔或圆杆轴线不同心，操作时用力不均匀，造成螺纹歪斜。

2）螺纹牙深不够

其产生的原因主要有以下几个方面。

（1）螺纹底孔直径太大或圆杆直径过小，使切出的螺纹高度不够。

（2）使用磨损严重的丝锥或板牙切削螺纹。

4. 丝锥和板牙损坏的原因

在攻、套螺纹操作中，常发生丝锥折断或板牙切削刃崩裂现象，其主要原因如下：

（1）在攻螺纹或套螺纹时，没有及时倒转而继续转动，使切屑堵塞，造成崩刃或折断。

（2）操作时位置不正，单边用力过大或过猛，使丝锥或板牙歪斜造成崩刃或折断。

（3）底孔直径过小或圆杆直径过大，切削负荷过大。

（4）攻不通孔时，丝锥已到底仍继续转动。

（五）刮　削

刮削是用刮刀从工件表面上刮去很薄一层金属的手工操作，如图 1-92 所示。刮削属精加工，经刮削的表面精度和表面粗糙度都较高，还可以增大零件相配合表面的接触面积，减小摩擦和磨损，提高零件的使用寿命及使零件表面美观。

图 1-92　平面刮削操作示意

1. 刮刀的种类

刮刀是刮削工件表面的主要工具，要求刀头部分具有较高的硬度和锋利的刃口。刮刀一般用碳素工具钢 T8、T10、T12A 和滚动轴承钢 GCr15 锻制而成，经热处理，硬度可达 60 HRC 左右。当刮削硬度很高的工件表面时，也有用镶硬质合金刀头的刮刀。根据不同的刮削表面，刮刀分为平面刮刀和曲面刮刀。

1）平面刮刀

这类刮刀主要用来刮削平面和外曲面，按使用方法和所刮表面要求可分为手刮刀、挺刮刀、精刮刀、压花刮刀和钩头刮刀 5 种，如图 1-93 所示。

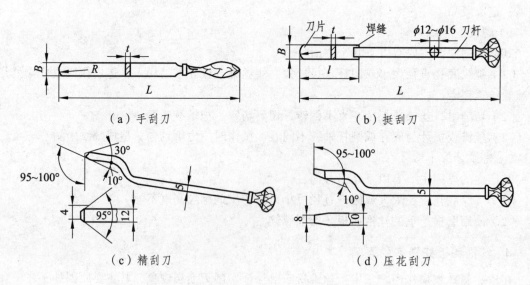

（a）手刮刀　　　　　　　　　（b）挺刮刀

（c）精刮刀　　　　　　　　　（d）压花刮刀

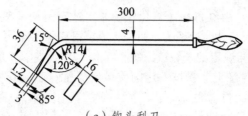

（e）钩头刮刀

图 1-93　平面刮刀

2）曲面刮刀

这类刮刀主要用来刮削内曲面，按其形状可分为三角刮刀、半圆头刮刀和柳叶刮刀三种，如图 1-94 所示。

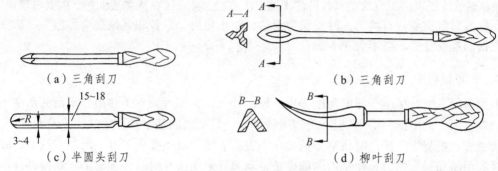

（a）三角刮刀

（b）三角刮刀

（c）半圆头刮刀

（d）柳叶刮刀

图 1-94　曲面刮刀

刮刀的长短宽窄并无严格规定，按人体手臂长短的不同，以使用适当为宜。

2. 刮刀的刃磨

刮削不同精度要求的表面，其所使用的刮刀也不同，为适应在粗、细、精刮及修整等不同刮削阶段的加工要求，均需对刮刀进行刃磨，刮刀的刃磨操作主要有以下几方面的要点。

1）粗　磨

先将刮刀端头在砂轮上按刮刀使用要求磨出各种形式的刃口。粗磨后，应将刮刀进行淬火。

2）刃　磨

经淬火后，或将钝的刮刀在油石上磨光刀面，形成锐利的切削刃，使表面光洁、无毛刺、无缺口。刃磨质量的好坏与合理选用和使用的油石有关。磨刃时，常用 50 mm × 25 mm × 20 mm 的长方形油石，粒度不宜小于 150 目。新油石在使用前要在机油中浸透，刃磨时，油石上要滴上适量的干净机油，并保持不干涸。这样，可使油石表面磨料间的空隙不堵塞，又可使表面更为光洁。如油石表面因缺油而形成光亮的垢层，要用毛刷和煤油洗掉。刃磨时，要经常改变刮刀在油石上的位置。

3. 显示剂

显示剂是显示待刮面与研具（或基准工作面）接触情况的着色剂，是刮削工作中判断误差的基本手段之一。

1）常用显示剂的种类

刮削时要采用显示剂，对显示剂有一定的要求，显示剂的显示效果要色泽鲜明，对工件没有磨损腐蚀作用。一般常用显示剂有以下几种。

（1）红丹油或黄丹油：由红丹粉（氧化铁粉末）或黄丹粉（氧化铅粉末）、20 号机械油和煤油混合调成膏状。其质量比，一般为红丹粉（或黄丹粉）：20 号机械油：煤油=100：7：3。红丹粉质量应符合国家标准规定的一级或二级。

（2）普鲁士蓝油：由普鲁士蓝粉按一定的质量比与蓖麻油、20 号机械油配合调制成膏状，色泽鲜明，适用于铜合金工件着色。

（3）油墨：适用于刮精密轴承时，着色对研。

2）显示剂的使用

根据粗刮和精刮的不同要求，显示剂可分别涂在工件待刮表面或研具（基准平板工作面）上。

粗刮时，待刮表面是经磨削的，表面很光亮，为了不反光和保持显点清晰，可在待刮表面上涂红丹油，研具上涂蓝油。

精刮时，待刮表面不宜涂色，而只在研具上涂色，也有只涂在待刮表面的，根据习惯而定。

涂抹的显示剂要分布均匀，并要保持清洁，防止切屑、砂粒和其他杂物等掺入，涂抹厚度，根据标准规定，一般不大于 5 μm。

4. 平面刮削的方法及步骤

平面刮削中，有单个平面的刮削（如平板、直尺、工作台面等）和组合平面的刮削（如机体的结合面、燕尾槽面等）。但不论哪一种平面，其刮削的基本操作手法主要有两种。

第一种：挺刮法。操作时将刮刀柄顶在小腹右下侧，双手握住刀身（距刀头约 80 mm）。刮削时利用腿和臀部的力量使刮刀向前推挤，刮刀开始向前推时双手加压力，在推动后的瞬间，右手引导刮削方向，左手立即将刮刀提起，这样就完成了刮削动作。

第二种：手刮法。操作时右手握住刀柄，左手握住刀杆（距刀头约 50 mm）。刮削时，右臂利用上身摆动向前推，左手向下压，并引导刮刀的方向；左足前跨，上身随着向前倾斜，这样可以增大左手压力，也容易看清刮刀前面点的情况；刮刀前进，左手向下压，并随即将刮刀提起。手刮法的推长和提起动作，都是依靠手臂的力量完成的。

通常，平面刮削可按以下步骤进行。

1）粗 刮

工件经过加工后，当表面加工刀痕显著、工件表面生锈或刮削余量较大时，一般都要经过粗刮。粗刮刮刀的刀迹要宽些、长些，刀的行程也要长些，刮刀的刀迹要连成一片，避免重复，接触点在 25 mm×25 mm 范围内达到了 4~6 点时，粗刮就算完成。

2）细 刮

细刮是刮去粗刮后的高点，进一步改善粗刮后的不平现象，得到更多的接触点。使用的刮刀端都略有弧形，刀刃两侧不允许有尖角，刀迹一般宽度在 6 mm 左右，刮刀行程要短，每按一定方向刮削一遍后再交叉刮削一遍，以消除原方向刀迹，否则不能迅速达到精度要求。高点子仅代表高出部分的最高点，刮削时，高点子周围也应刮去。在刮削过程中，要防止刀倾斜，刮伤刮削面；在 25 mm×25 mm 范围内达到 8~16 个点时细刮结束。一般的工件表面或机床导轨面都采用细刮。

3）精 刮

在细刮的基础上进一步提高加工面的精度，需要进行精刮，一般用于加工标准工具类工件，如校检平尺、平板等。精刮的刮刀必须保持锋利和光滑，防止刮削时工件表面出现撕痕。刮削时压力不宜过大，多采用点刮法，落刀要轻，起刀更应迅速挑起；刀迹宽度应在 4 mm

左右，行程在 5 mm 左右。精刮时可将接触点子分为三种类型刮削；最大最亮的点子全部刮去，中等点子在中间刮去一片，小的点子留下不刮。经反复多次刮削，点子就会越来越多，逐渐达到所要求的精度。在刮到最后几遍时应注意，交叉刀迹大小一致，排列尽量整齐，以增加刮削面的美观。精刮的要求是每 25 mm × 25 mm 范围内应有 20 ~ 25 个或更多的点子。

4）刮　花

刮花是在已刮削好的平面上，经过有规律地刮削形成各种花纹，一是单纯地为了刮削面的美观，二是为了能在滑动表面存油，造成良好的润滑条件，并且还可以根据花纹的消失多少来判断平面的磨损程度。但在接触精度要求高、研点要求多的工件中，不应刮成大块花纹，否则将降低刮削精度。常见的花纹有以下几种。

第一种：斜纹花纹。即每一刀下去刮成一个小方块，间断一个小方块的距离再刮下一个，一个方向刮完后，交叉 45°在另一个方向再进行刮花。要有规律性，必要时可用铅笔画格子进行，这样才能更好地达到排列整齐和大小一致的目的。刮花的花纹如图 1-95（a）所示。

第二种：鱼鳞花纹。刮削方法见图 1-95（d），先用刮刀的一边与工件接触，再把刮刀压平推进，在手下压的同时使刮刀有规律地扭动下，扭动结束即推动结束，立即起刀，这样就完成了一个花纹。如此有规律地刮削一遍，就能刮出如图 1-95（b）所示的鱼鳞花纹。一般情况下应交叉 45°从两个方向起刮。

第三种：半月花纹。刮这种花纹时，刮刀起刮方向与工件成 45°角，刮刀除了推挤外，还要靠手腕的力量扭动。以图 1-95（c）中一段半月花纹 edc 为例，刮前半段 ed 时，刮刀从左向右推挤，而后半段 dc 靠手腕的扭动来完成。连续刮下去就能刮出 f 到 a 一行整齐的花纹。刮 j 到 k 一行则相反，前半段从右向左推挤，后半段靠手腕从左向右扭动。这种刮花的操作方法，要掌握熟练的技巧才能进行。

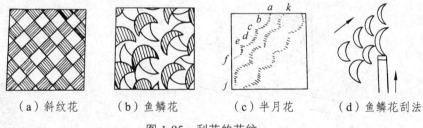

（a）斜纹花　　　（b）鱼鳞花　　　（c）半月花　　　（d）鱼鳞花刮法

图 1-95　刮花的花纹

除了上述三种花纹外，还有其他多种花纹，如燕翅花纹、扇形花纹、双月花纹等。刮有些花纹，还需用特制的刮花刮刀，如刮扇形花纹，需制作专用刮花刀。其方法为：按一定宽度先成形平面刮刀形状，再将端部 50 mm 左右长度弯成 90°，将刮刀刃磨锋利；刮花时用铅笔在工件上打成与刮刀相等宽度的方格，以交叉线中心为中心，以方格一边为起点做圆弧运动，到方格的另一边为终点；一手持刀柄，一手持距刀刃 50 mm 部位向下加压力并做圆弧运动，就可刮出扇形花纹来。

5. 刮削精度的校验

由于工件的工作要求不同，因此对刮削工作的校验方法也要求不一。经过刮削的工件表面应有细致而均匀的网纹，不能有刮伤和刮刀的深印。常用的校验方法有以下几种。

1）刮削平面接触斑点的校验

刮研精度一般以工件表面上的研点数来表示。无论是平面刮研还是内孔刮研，工件经过刮研后，表面上研点的多少和均匀与否直接反映了平面的直线度和平面度，以及内孔面的形状精度。一般规定用 25 mm×25 mm 的正方形方框罩在被检面上，依据方框内研点数的多少来确定精度。在整个平面内任何位置上进行抽检，都应达到规定的点数。各种平面接触的研点数如表 1-9 所示。

表 1-9　各种平面接触的研点数

平面种类	每 25 mm×25 mm 内的研点数	应用举例
一般平面	2～5	较粗糙机构的固定结合面
	5～8	一般结合面
	8～12	机器台面、一般基准面、机床导向面、密封结合面
	12～16	机床导轨及导向面、工具基准面、量具接触面
精密平面	16～20	精密机床导轨、直尺
	20～25	1 级平板、精密量具
超精密平面	>25	0 级平板、高精度机床导轨、精密量具

2）刮削面误差的校验

主要是校验刮削后平面的直线度与平面度误差是否在允许的范围内。一般用合像水平仪、精度比较高的框式水平仪进行校验，如图 1-96 所示。

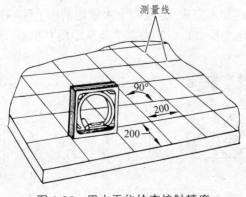

图 1-96　用水平仪检查接触精度

研磨

（六）研　磨

研磨是将磨料（即研磨剂）放在工件和研具之间，在压力作用下，使研具与工件做相对运动，对工件进行微量切削。这种微量切削，是以物理和化学的综合作用，除去工件表面微量金属的加工方法；研磨有手工操作和机械操作两种。在机械设备的维修工作中，常常也要运用手工研磨操作。

研磨后，可使工件公差达到最高的 01 级，表面粗糙度可达到 $Ra0.8～0.05\ \mu m$，最小可达到 $Ra0.012\ \mu m$，磨出的表面光鉴如镜。

1. 研具和研磨剂

研磨操作，通常需要研具、研磨剂等相互配合才能完成。

1）研　具

研具是在研磨中直接保证被研磨工件表面几何精度的重要工具。因此，对研具工作面的精度、表面粗糙度都有较高的要求。研具材料要有良好的耐磨性，组织结构致密均匀，并具有很好的嵌存磨料的性能，工作面的硬度均匀，但应比工件表面硬度稍低。

常用的研具材料是铸铁。此外，也可用低碳钢、黄铜、紫铜和硬木等。研具的形状和结构按加工对象和要求来确定。最常用的有研磨平板和圆柱形研具、圆锥形研具及异形研具，如图 1-97 所示。

图 1-97（a）~（d）分别为平板研具中的沟槽平板、光面平板以及条形平板研具中的光面条形平板、沟槽条形平板。其尺寸均已标准化，主要用来研磨保证平面的平直度和平行度，抛光外圆柱、圆锥表面。其中，研磨较大平面工件通常采用标准平板，粗研时采用沟槽平板，用沟槽平板可避免过多的研磨剂浮在平板上，易使工件研平，精研时采用光面平板；而条形平板研具主要用来研磨平面几何形状较窄的工件平面。

图 1-97（e）、（f）分别为 V 形平面研具中的凸 V 形平面研具和凹 V 形平面研具，分别用来研磨凸、凹 V 形平面的工件。

图 1-97（g）~（j）分别为整体式圆柱形和圆锥形研具中的光面外圆锥、沟槽外圆锥、内圆柱及内圆锥形研具。

图 1-95（k）~（n）分别为可调式圆柱形和圆锥形研具中的外圆柱、外圆锥、内圆柱、内圆锥形研具，可用来研磨内圆柱、圆锥及外圆柱、圆锥。

图 1-97（o）为各类异形研具，异形研具是根据工件被研磨面的几何形状而专门设计制造的一类特殊研具。为了降低加工成本，对小型工件的被研磨面可采用各种形状的油石作为研具。

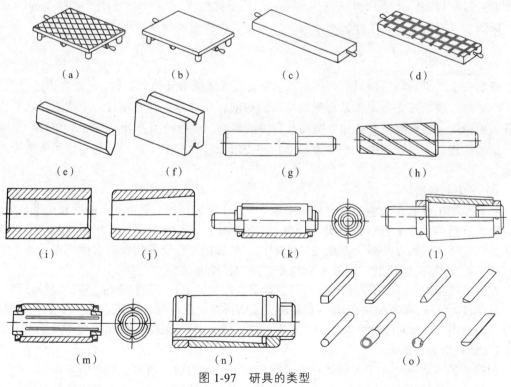

图 1-97　研具的类型

为保证工件的研磨质量，研具材料的组织应细密均匀，研磨剂中的微小磨粒应容易嵌入研具表面，而不嵌入工件表面，以保证工件的表面质量。因此，研具材料的硬度应适当低于被研工件的硬度，但也不能过软，否则磨粒全部嵌入研具表面，而失去研磨作用；研具材料还要有良好的耐磨性，以保证被研工件获得一定的尺寸、形位精度和表面粗糙度。

为此，必须合理选用研具材料，根据试验和实际加工经验，常用研具材料的种类、特性及用途如表 1-10 所示。

表 1-10　常用研具材料的种类、特性及用途

材料种类	特　　　性	用　　途
灰铸铁	耐磨性较好，硬度适中，研磨剂易于涂布均匀	通用
球墨铸铁	耐磨性更好，易嵌入磨料，精度保持性能好	通用
低碳钢	韧性好，不易折断	小型研具，适宜于粗研
铜合金	质软，易嵌入磨料	适宜于粗研和低碳钢件研磨
皮革、毛毡	柔软，对研磨剂有较好的保持性能	抛光工件表面
玻璃	脆性大，厚度一般要求为 10 mm 左右	精研或抛光

2）研磨剂

研磨剂是由磨料、研磨液和辅助材料调和而成的混合物。其形态可分为液态、固态和研磨膏三种。手工研磨最适合的是研磨膏。

研磨膏一般可用现成的商品研磨膏，磨粒粒度有 60～280 多种。质量要求很高的可按相关配方进行配制，配制时，可将油酸、混合脂、凡士林加热 90～100℃后搅匀，冷至 60～80℃时，渐渐加入磨料并不断搅拌，到凝固时，再加入少许煤油搅成膏状。

2. 研磨方法

研磨有手工研磨和机械研磨两种方法。对表面要求极为光洁的工件，研磨后再进行抛光。手工研磨时，要使工件表面各处都受到均匀的切削，应选择合理的相对运动轨迹，这对提高工件表面精度、研具使用寿命和效率都有直接的影响。一般采用直线、螺旋线和"8"字形等几种运动轨迹。不论采用哪一种轨迹研磨，均要求工件的被加工面与研具工作面做密合的相对运动。

1）平面的研磨

一般是把工件放在表面非常平整的平板（研具）上进行的。平板分有槽的和光滑的两种。粗研磨在有槽的平板上进行，精研磨则在光滑的平板上进行。研磨前，先用煤油把平板的工作表面清洗擦干，再在平板上涂适量的研磨剂，然后把工件所需研磨的表面压在平板上，沿平板以"8"字形轨迹研磨，同时不断改变工件的运动方向。

在研磨过程中，研磨压力和速度对研磨效果有很大影响。一般粗研时，或研磨较小硬工件时，可用较大的压力和较低的速度；精研时，或研磨较大工件时，则宜用较小的压力和较快的速度。研磨中，应防止工件发热。一旦稍有发热，应立即暂停研磨。否则，会使工件变形。

2）圆柱面的研磨

圆柱面的研磨方法有手工研磨和机床配合手工研磨两种，通常以后者居多。

（1）外圆柱面研磨。研磨外圆柱面一般在车床上或钻床上进行。先把工件装夹在车床或

钻床上，工件外圆柱表面涂一层薄而均匀的研磨剂，装上研套（即研具），调整好研磨间隙，开动机床，手握住研套，通过工件旋转运动和研套在工件上沿轴线方向做往复运动进行研磨。工件旋转的速度，一般为 50~100 r/min，直径大，取低转速；直径小，取高转速。研套往复运动的速度，以在工件表面研磨出来的网纹成45°为宜。

（2）内圆柱面研磨。它与外圆柱面的研磨相反，是将研磨棒（研具）装夹在机床上，并涂上一层薄而均匀的研磨剂，把工件套上，开动车床，手握工件在研磨棒全长上做往复移动。研磨棒工作部分的长度，一般以工件研磨长度的 1.5~2 倍为宜，研磨棒与工件内孔的配合，一般以用手推动时不十分费力为宜。研磨时如工件两端有过多的研磨剂挤出，应及时擦去，否则会使孔口扩大。

3）圆锥面的研磨

圆锥面的研磨包括圆锥孔和外圆锥面的研磨。其方法与圆柱面的研磨相同，但其所用的研磨棒或研套必须与工件锥度相同。若一对工件是彼此直接接触配合的，可不必用研具，只需在工件上涂上研磨剂，直接进行研磨。如配阀时，阀芯与阀体的研磨，就是以彼此接触表面直接进行研磨的。

3. 研磨时常见缺陷的形式和原因

研磨时产生废品的形式、原因及防治方法如表 1-11 所示。

表 1-11　研磨时产生废品的形式、原因及防治方法

废品形式	废品产生的原因	防治方法
表面不光滑	①磨料过粗 ②研磨液不当 ③研磨剂涂得太薄	①正确选用磨料 ②正确选用研磨液 ③研磨剂涂布应适当
表面拉毛	研磨剂中混入杂质	重视并做好清洁工作
平面成凸形或孔口扩大	①研磨剂涂得太厚 ②孔口或工件边缘被挤出的研磨剂未擦去就继续研磨 ③研磨棒伸出孔口太长	①研磨剂应涂得适当 ②被挤出的研磨剂应擦去后再研磨 ③研磨棒伸出长度应适当
孔成椭圆形或有锥度	①研磨时没有更换方向 ②研磨时没有调头研	①研磨时应变换方向 ②研磨时应调头研
薄形工件拱曲变形	①工件发热后仍继续研 ②装夹不正确引起变形	①不能使工件温度超过50℃，发热后应暂停研磨 ②装夹要稳固，不能夹得太紧

（七）铆接、黏接与焊接

将两个或两个以上的零件或部件以一定方式连接成新的构件或成品的加工方法称为连接。铆接、黏接与焊接是常见的构件连接方式，同时，也是机械设备维修常用来对损伤零件进行修复的方法之一。其操作技术同样也是设备维修的基本技能。

1. 铆　接

铆接是用铆钉把两个或更多零件连接成不可拆卸整体的操作方法。铆接过程如图 1-98 所示。

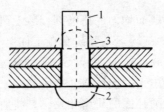

1—铆钉杆；2—铆钉原头；3—铆成的铆钉头。

图 1-98　铆接过程

1）铆接件的连接形式

铆接件连接的基本形式是由零件相互结合的位置所决定的，如图 1-99 所示，有搭接连接、对接连接和角接连接三种。

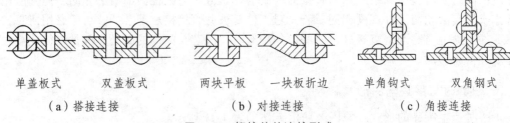

| 单盖板式 | 双盖板式 | 两块平板 | 一块板折边 | 单角钩式 | 双角钢式 |

（a）搭接连接　　　　　　　（b）对接连接　　　　　　　（c）角接连接

图 1-99　铆接件的连接形式

铆钉的排列形式有单排、双排和多排等，如图 1-100 所示。铆钉的排列形式也称铆道。

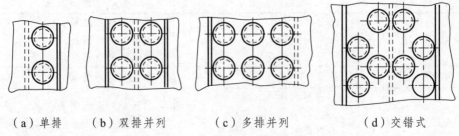

（a）单排　　（b）双排并列　　（c）多排并列　　　　（d）交错式

图 1-100　铆钉的排列形式

2）铆接的分类

铆接时，铆钉孔使连接件截面强度降低 15%～20%，且工人劳动强度大、铆接噪声大、生产率较低，经济性与紧密性均低于焊接和高强度螺栓连接。当前，许多铆接工作已被焊接方法代替，但铆接工作以其工作方便、工艺简单和连接可靠的特点，仍在桥梁建设、机车和船舶制造等方面有很多的应用。

铆接

（1）按使用要求的不同分类。

① 活动铆接（铰链铆接）：其结合部分可以相对转动，如活动工具（剪刀、划规等）轴的铆接。

② 固定铆接：其结合部分是固定不动的。这种铆接按用途和要求不同，还可分为以下三种。

a. 强固铆接（坚固铆接）：应用于结构需要有足够的强度，承受强大作用力的地方，如桥梁、车辆和起重机等。

b. 紧密铆接：应用于低压容器装置。这种铆接只能承受很小的均匀压力，但要求接缝严密，以防止渗漏，如气筒、水箱、油罐等，这种铆接的铆钉小而排列紧密，铆缝中常夹有橡胶或其他填料。

c. 强密铆接（坚固紧密铆接）：这种铆接不但能承受很大的压力，而且接缝非常紧密，即使在较大压力下液体或气体也保持不渗漏。强密铆接应用于蒸汽锅炉、压缩空气罐及其他高压容器的铆接。

（2）按铆接温度的不同分类。

① 冷铆：铆接时，铆钉不允许加热，直接镦出铆合头，铆钉的材料必须具有较高的塑性。直径在 8 mm 以下的钢制铆钉都可以用冷铆方法铆接。

② 热铆：把整个铆钉加热到一定温度，然后再铆接。因铆钉受热后塑性好，容易成形，并且冷却后铆钉杆收缩，更加大了结合强度。热铆时要把铆钉孔直径放大 0.5～1 mm，使铆钉在热态时容易插入。直径大于 8 mm 的钢铆钉多采用热铆。

③ 混合铆：在铆接时，只把铆钉的铆合头端部加热；对于细长的铆钉，采用这种方法可以避免铆接时铆钉杆弯曲。

3）铆接的设备及工具

铆接常用的设备有铆钉枪和铆接机。

（1）铆钉枪又称风枪，主要由罩模、枪体、扳机、管接头和冲头等组成，如图1-101 所示。枪体顶端孔内可安装各种罩模或冲头等，以便进行铆接或冲钉操作；管接头连接胶管，通入压缩空气作为铆钉枪的工作动力。

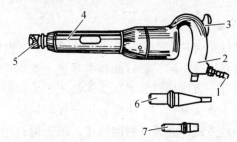

1—风管接头；2—平把；3—扳机；4—枪体；
5—罩模；6—冲钉头；7—铆平头。

图 1-101　铆钉枪

铆钉枪操作容易，轻便灵活，安全性好，因而应用较广泛。使用前应在进气管接头处滴入少量机油，以保证工作时不至于因干摩擦而损坏；接管时，应先用压缩空气把胶管内的脏物吹净，以免进入铆钉枪体内影响其工作和使用寿命。

（2）铆接机是利用液压或气压产生的压力使钉杆变形并形成铆合头的铆接设备，铆接机有固定式和移动式两种。固定式铆接机的生产效率很高，但由于设备投资费用较高，故只适用于专业生产；移动式铆接机工作灵活性好，因而应用广泛。

图 1-102 所示为移动式液压铆接机，由机架、油缸、活塞、罩模和顶模等组成。工作时高压油进入油缸，推动活塞，带动罩模向下运动，与顶模配合完成铆接工作。

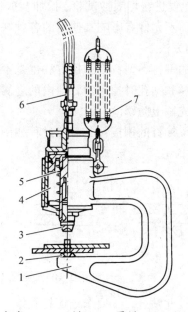

1—机架；2—顶模；3—罩模；4—油缸；
5—活塞；6—管接头；7—弹簧连接器。

图 1-102　移动式液压铆接机

（3）铆接工具。铆接时所用的主要工具有手锤、压紧冲头、罩模和顶模。手锤多数用圆头手锤；压紧冲头[见图 1-103（a）]用于当铆钉插入孔后压紧被铆工件；罩模[见图 1-103（b）]和顶模[见图 1-103（c）]都是半圆形的凹球面，经淬火后抛光，按照铆钉半圆头尺寸制成。罩模是罩制半圆头的，顶模夹在台虎钳内，做铆钉头的支承。

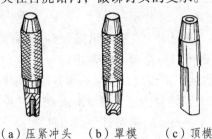

（a）压紧冲头　　（b）罩模　　（c）顶模

图 1-103　铆接工具

4）铆　钉

铆钉是铆接结构中最基本的连接件，它由圆柱铆杆、铆钉头和镦头组成。根据结构形式、要求及其用途不同，铆钉的种类很多。在钢结构连接中，常见的铆钉形式有半圆头铆钉、平锥头铆钉、沉头铆钉、半沉头铆钉、平头铆钉、扁圆头铆钉和扁平头铆钉等。其中，半圆头铆钉、平锥头铆钉和平头铆钉用于强固铆接；扁圆头铆钉用于铆接处表面有微小凸起，防止滑脱的地方或非金属材料的连接；沉头铆钉用于工件表面要求平滑的铆接。相对而言，空心铆钉质量轻，铆接方便，但其钉头强度小，故适用于受力较小的结构。

铆接过程中，铆钉要承受较大的塑性变形，这就需铆钉材料具有良好的塑性。一般情况下，铆钉头多用锻模镦制而成，为了保证铆钉良好的塑性，铆钉必须经退火处理。根据使用要求，对铆钉也要进行可锻性试验、拉伸及剪切强度试验，以确定其性能是否满足使用要求。成品铆钉的表面不允许有影响其使用的各种缺陷，如裂纹、浮锈及损伤等。

5）铆接的方法

采用不同的铆钉类型，其铆接方法也是不同的。但不论何种铆接，铆接前都必须清除工件的毛刺、铁锈和钻孔时掉入铆钉孔内的金属屑等杂物。铆接部位应有足够的螺栓锁紧，并在铆接缝上预先刷上防锈漆。

（1）半圆头铆钉的铆接：其铆接过程如图 1-104 所示。

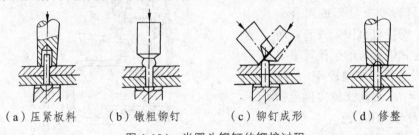

（a）压紧板料　　（b）镦粗铆钉　　（c）铆钉成形　　（d）修整

图 1-104　半圆头铆钉的铆接过程

先将工件彼此贴合，按要求划铆钉孔线→按划线钻孔→孔口倒角→将铆钉插入孔内，用压紧冲头压紧板料→镦粗铆钉伸出部分→初步铆打成形→最后用罩模修整。

（2）沉头铆钉的铆接：一种是用现成的沉头铆钉铆接；另一种是用圆钢截断后代用。用圆钢截断后作铆钉的铆接过程如图 1-105 所示。

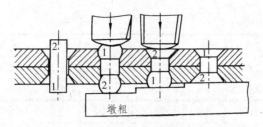

图 1-105 沉头铆钉的铆接过程

（3）空心铆钉的铆接：其铆接过程如图 1-106 所示。铆接前应将工件清理干净后，将铆钉插入工件孔，下面压实钉头。先用锥形冲子冲压一下，使铆钉孔口张开与工件贴紧，再用边缘为平面的特制冲头边转边打，使铆钉孔口贴平工件孔口。

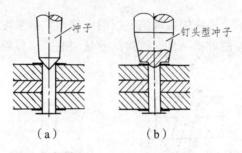

图 1-106 空心铆钉的铆接

（4）紧密和密固铆接：尽管铆钉也能装以密封膏，但接头对水和气体都不密封。对于有紧密和密固要求的构件铆接，除按上述要求进行铆接操作外，还应对铆钉或铆接端面接缝处进行加强密固处理。

6）铆接工艺要点

铆接的工艺要点是保证铆接质量的前提条件，以下各项中的任何一项出现问题，都将影响铆接质量。

（1）铆钉直径 d 的确定。铆接时，若铆钉直径过大，则铆钉头成形困难，容易使板料变形；铆钉直径过小，则造成铆钉数目增多，给施工带来不便。铆钉直径 d 的选择主要是根据铆接件的厚度 t 确定。而铆接件的厚度 t 依照以下三条处理原则确定：板搭接时，如厚度相近，按较厚板计算；厚度相差大时，按薄板计算；板料与型材铆接时，按两者平均厚度计算。通常，被铆件总厚度不应超过铆钉直径的 4 倍。

（2）铆钉长度 L 的确定。铆接质量与铆钉长度有直接关系。若铆钉长度过长，铆钉的镦头就会过大或过高，且钉杆易弯曲；若铆钉长度过短，则镦粗量不足，铆钉头成形不足，将影响铆接的强度和紧密性。

铆钉的长度应根据被连接件的总厚度、钉孔与钉杆直径及铆接工艺方法等因素确定。

（3）铆钉孔直径 d_0 的确定。铆钉孔直径 d_0 与铆钉直径 d 的配合必须适当，如孔径过大，铆接时铆钉杆容易弯曲，影响铆接质量；如孔径与铆钉直径相等或过小，铆接时就难以插入孔内或引起板料凸起、凹陷，造成表面不平整，甚至由于铆钉膨胀挤坏板料。

钉孔直径可参考表 1-12 选择。

表 1-12　铆钉孔直径 d_0　　　　　　　　　　　　　单位：mm

铆钉直径 d		2	2.5	3	3.5	4	5	6	8	10	12
d_0	精装	2.1	2.6	3.1	3.6	4.1	5.2	6.2	8.2	10.3	12.4
	粗装	2.2	2.7	3.4	3.9	4.5	5.6	6.5	8.6	11	13
铆钉直径 d		14	16	18	20	22	24	27	30	36	
d_0	精装	14.5	16.5								
	粗装	15	17	19	21.5	23.5	25.5	28.5	32	38	

进行多层板料的密固铆接时，钻孔直径应比标准孔径减小 1～2 mm，对于筒形构件，必须在弯曲前钻孔，孔径应比标准孔径减小 1～2 mm，以便成形后再铰孔。

7）铆接的质量检验

由于种种原因，铆接后会造成铆接缺陷，削弱铆接构件的强度。因此，避免产生各种缺陷是保证铆接构件使用性能的前提条件。铆接的质量问题，多以铆钉的缺陷为主。铆钉的主要缺陷如图 1-107 所示。

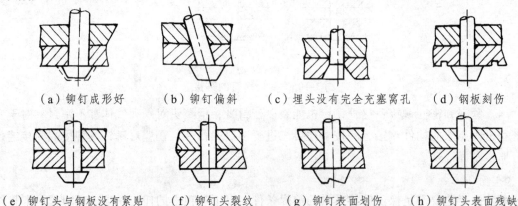

（a）铆钉成形好　　（b）铆钉偏斜　　（c）埋头没有完全充塞窝孔　　（d）钢板刻伤

（e）铆钉头与钢板没有紧贴　　（f）铆钉头裂纹　　（g）铆钉表面划伤　　（h）铆钉头表面残缺

图 1-107　铆钉的缺陷

上述缺陷产生的主要原因是：当铆钉过长时，容易造成钉头成形不符合要求和偏斜；当铆钉长度不足，或孔径和罩模孔过大时，则会出现钉头太小、埋头不足等现象；在铆打时，温度太低或者压力不够，钉头与钢板则啮合不严；铆钉材质低劣或者加热时过烧，都会造成钉头裂纹。

检查铆接质量可分别用目测、小锤敲打、样板和粉线等几种方法。对于容器类铆缝，还需用压力试验方法检查其有无渗漏情况。用目测法主要检查铆钉表面的质量和缺陷，如铆钉镦头过大或过小、裂纹、歪头和板面划伤等；用小锤轻轻敲打铆钉头，以确定铆钉紧密程度是否合格；用样板、粉线进行外观尺寸的检查。如果发现铆钉松动或其他缺陷，应该铲掉重铆；拆除时，禁止损伤板料；拆除半圆头铆钉时，先用气割等方法切掉钉头，再用冲子将钉杆冲出。

此外，还应注意铆接结构方面的一些问题。

（1）铆钉孔尽量采用钻孔加工方式。

（2）铆钉材料一般应与铆件材料相同，以免因线胀系数不同而影响铆接强度，或产生电化学腐蚀。

（3）位于力作用线上的铆钉数量不得超过6个；同一结构上的铆钉直径尽量统一，最多两种。

（4）铆钉排列尽量采用交错式，并使铆钉组形心与铆接结合面形心重合。

（5）铆接钢结构时，一般用角钢和钢板拼接成各种构件，尽量不用轧制的工字钢、槽钢。

2. 黏 接

黏接

黏接是利用黏接剂将一个构件和另一个构件连接起来的方法。黏接具有工艺简单，操作方便，所黏接的零件不需要经过高精度的机械加工，也不需要特殊的设备和贵重的原材料等诸多优点。由于黏接处应力分布均匀，不存在由于铆焊而引起的应力集中现象，所以，黏接更适用于不易铆焊的金属材料和非金属材料。对硬质合金、陶瓷等采用黏接技术，可以防止产生裂纹、变形等缺陷，具有密封、绝缘、耐水、耐油等优点。此外，黏接不但可用于构件间的连接，还可用于构件间的防漏及裂纹的修补等，因此黏接技术应用广泛。

黏接根据其所使用的黏接剂成分的不同，可分为有机黏接（使用有机黏接剂）和无机黏接（使用无机黏接剂）。在机械设备的维修中，通常需要根据设备零件的损伤情况及工作状况，有针对性地选用。

黏接剂按基体成分的不同，可分为有机黏接剂和无机黏接剂两大类，各类黏接剂的组成如图 1-108 所示。

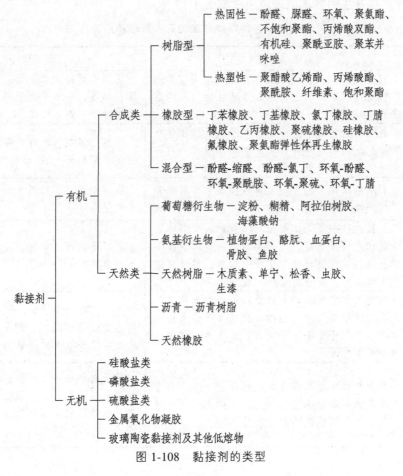

图 1-108　黏接剂的类型

3. 焊　接

焊接是根据被焊工件的材质（同种或异种），通过加热、加压或两者并用，使工件的材质达到原子间的结合而形成永久性连接的加工工艺。焊接加工属于不可拆卸连接，常用于机械设备的零件修复加工。

电焊技术

1）焊接加工的分类

工业生产中应用的焊接方法很多，按焊接过程的特点可归纳为三大类。

（1）熔焊：这一类焊接方法的共同特点是，利用局部加热的方法，将焊件的接合处加热到熔化状态，互相融合，冷凝后彼此结合在一起。常见的电弧焊、气焊就属于这一类。

（2）压焊：这一类焊接方法的共同特点是，在焊接时不论对焊接加热与否，都施加一定的压力，使两个接合面紧密接触，促进原子间产生结合作用，以获得两个焊件的牢固连接。电阻焊、摩擦焊就属于这一类。

（3）钎焊：它与熔焊有相似之处，也可获得牢固的连接，但两者之间有本质的区别。这种方法是利用比焊件熔点低的钎料和焊件一同加热，使钎料熔化，而焊件本身不熔化，利用液态钎料湿润焊件，填充接头间隙，并与焊件相互扩散，实现与固态被焊金属的结合，冷凝后彼此连接起来，如锡焊、铜焊等。

2）各种焊接方法的基本原理及用途

上述各种焊接方法的基本原理及用途如表 1-13 所示。

表 1-13　各种焊接方法的基本原理及用途

焊接方法	基本原理	用　途
气焊	利用氧-乙炔或其他气体火焰加热焊件、熔化焊料及焊件表面部分而达到焊接目的，火焰温度约 3 000 ℃	适用于焊接较薄工件，铜、有色金属、铸铁、硬质合金及热塑性塑料，连接强度不如电弧焊
电渣焊	利用电流通过熔渣产生的电阻热来熔化母材和填充金属进行焊接。它的加热范围大，对厚的焊件能一次焊成，温度达 600～700℃	焊接大型和很厚的零部件（$t>5$ mm 的各种钢材），也可进行电渣熔炼
手工电弧焊	利用电弧作为热源熔化焊条和母材而形成焊缝的一种焊接方法	应用范围广，适用于焊短小焊缝及全位置焊缝
埋弧焊	电弧在焊剂层下燃烧，利用颗粒状焊剂作为金属熔池的覆盖层。焊剂靠近熔池处熔融并形成气包将空气隔绝使之不侵入熔池，焊丝自动送入焊接区，焊缝质量好，成形美观	适用于长焊缝焊接，焊接电流大，生产率高
等离子弧焊	利用气体在电弧内电离后，再经过热收缩效应和磁收缩效应而产生的一束高温热源来进行熔焊。等离子体能量密度大、温度高，通常达 20 000 ℃左右	可用于焊接不锈钢、高强度合金钢、耐热合金钢以及钛、铜及钛合金等，并可焊接高熔点及高导热性金属
气体保护电弧焊（也称气电焊）	利用气体保护焊接区的电弧焊，气体作为金属熔池的保护层将空气隔绝。采用的气体有惰性气体、还原性气体和氧化性气体	用于自动或手工焊接铝、钛、铜等有色金属及其合金；氧化性气体保护焊用于普通碳素钢及低合金钢材料的焊接

焊接方法	基 本 原 理	用 途
真空电子束焊	利用电子枪发射的高能电子束在真空中轰击焊件，使电子的动能变为热能，以达到熔焊的目的	主要用于尖端技术方面的活泼金属、高熔点金属和高纯度金属的焊接
非真空电子束焊	利用电子枪发射高能电子束，此电子束具有足够的能量密度，能在大气中轰击焊件，以达到熔化金属、形成焊缝的目的	适用于焊接不锈钢等材料，也有焊接结构钢的可能
铝热焊	铝粉及氧化铁粉按一定比例配制成的铝热焊剂，经点燃后形成铝热钢，将铝热钢注入预先设置的型腔内，使接头端部熔化达到焊接目的	主要用于钢轨连接或修理
激光焊	利用聚焦的激光束对工件接缝进行加热熔化的焊接方法	适用于铝、铜、银、不锈钢、钨、钼等金属的焊接
电阻焊	利用电流通过焊件产生的电阻热、加压进行焊接的方法，可分点焊、缝焊、对焊。点焊、缝焊是把焊件加热到局部熔化状态同时加压。对焊时，焊件加热到塑性状态或表面熔化状态，同时加压	可焊接薄板、板料、棒料。闪光焊用于主要工件的焊接，可焊异种金属（铝-钢、铝-铜）尺寸小到 $\phi 0.01$ mm，大到 $\phi 20\ 000$ mm 的棒材，如刀具、钢筋、钢轨
摩擦焊	利用焊件之间摩擦产生的热量将接触区域加热到塑性状态，然后加压形成接头	用于焊接导热性好、易氧化的金属，如有色金属及其合金、异种金属；钢材，热塑性塑料也可采用
冷压焊	不加热，只靠强大的压力，使工件产生很大程度的塑性变形，工件接触面上金属产生流动，破坏了氧化膜，并在强大压力作用下，借助扩散和再结晶过程使金属焊在一起	主要用于导线焊接
超声波焊	利用声极向焊件传递，由超声波振动产生的机械能并施加压力，从而实现焊接的方法	点焊和缝焊有色金属及其合金薄板、热塑性塑料
锻焊	焊件在炉内加热后，用锤锻使焊件在固相状态结合的方法	焊接板材为主
扩散焊	在一定的时间、温度或压力的作用下，两种材料在相互接触的界面上发生扩散和连接的方法	能焊弥散强化高温合金、纤维强化复合材料、非金属材料、难熔和活性金属材料
爆炸焊	以炸药爆炸为动力，借助高速碰撞，使两异种（或同种）金属材料在高压下焊成一体的方法	制造复合板材
钎焊	采用比母材熔点低的材料作填充金属，利用加热使填充金属熔化，母材不熔化，借助液态填充金属与母材之间的毛细现象和扩散作用实现焊件连接的方法	一般用于焊接薄的、尺寸较小的工件，如导线、蜂窝夹层、硬质合金刀具，还可焊各种金属

（八）矫　正

矫正是对几何形状不合乎产品要求的钢结构及原材料进行修正，使其产生一定程度的塑性变形，从而达到产品所要求的几何形状的修正方法。矫正是对塑性变形而言，所以只有塑性好的材料才能进行矫正，而塑性差的材料，如铸铁、淬火钢等一般不能矫正，否则易断裂。

矫正的方法主要有手工矫正、火焰矫正与机械矫正等几种。

1. 手工矫正

手工矫正是使用手工工具（大锤或手锤）对变形部位进行锤击实现矫正的，主要用于消除材料或制件的变形、翘曲、凹凸不平等缺陷，由于操作灵活、矫正效果好、成本低，在生产中应用广泛。

手工矫正除了常采用的弯曲、扭转、锤击方法外，还常利用大锤或手锤等手工工具在平板、铁砧或台虎钳等平台上锤击工件的特定部位，通过对坯料进行"收""放"操作，从而使较紧部位的金属得到延伸，最终使各层纤维长度趋于一致（矫正操作中，习惯上对变形处的材料伸长，呈凹凸不平的松弛状态称为"松"，未变形处材料纤维长度未变化，处于平直状态的部位称为"紧"，矫正时，将紧处展松或松处收紧，取得松紧一致即可达到矫正目的，锤击紧处就起到放的作用）来实现矫正的，这种用手锤等施力工具锤击材料的适当部位，使其局部产生伸长和展开的塑性变形来达到矫正目的的方法，称为延展法或展延法。

1）手工矫正的工具

手工矫正用的主要工具有手锤、大锤、型锤、平台、铁砧及台虎钳等。在矫正薄钢板、有色金属材料或表面质量要求较高的工件时，还常会用到木锤、铜锤、橡胶锤等用较软材料制成的锤。此外，在矫正较大的轴类零件或棒料时，还可能用到手动螺旋压力机。

为检查矫正的质量，还需用到检验工具，主要包括平板、90°角尺、直尺和百分表等。

2）常见变形的矫正操作

（1）薄钢板的手工矫正。矫正薄钢板（一般厚度小于 2 mm）的变形时，应在分析其变形具体情况的基础上，有针对性地采取措施。

① 薄钢板中部凸起变形的矫正。对于这类变形，可以看作是钢板中部松、四周紧。矫正时应在板料的边缘适当地加以延展，使材料向四周延伸，以扩大凸起部位的空间面积，使板料趋于平整。锤击时，应从板料的边缘向中间锤击，锤击点从外到里[图 1-109（a）中箭头方向]应逐渐由重到轻，由密到稀，直至凸起部位逐渐消除，达到平整的要求为止。

操作时应注意不能直接锤击凸起部位，这样做不仅不能矫平，而且会使凸起和翘曲更加严重。这是因为薄钢板的刚性较差，锤击时，如果凸起处被压下获得扩展，材料则更薄，凸起现象更严重，如图 1-109（b）所示。

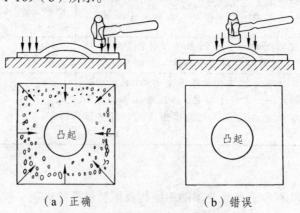

（a）正确　　　　　（b）错误

图 1-109　中凸板料的矫正

② 薄钢板四周呈波浪形变形的矫正。对于这类变形，可以看作是钢板的四周松、中间紧。

说明板料四周变薄而变长了。矫正时，应按图 1-110 中箭头方向由四角向中间锤打，中间应重而密，边角应轻而疏，经过反复多次锤打，使钢板中部紧的区域获得充分延展，将板料矫平。

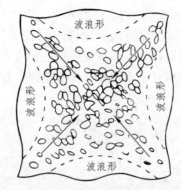

图 1-110　四周波浪形板料的矫正

③ 薄钢板无规则变形的矫正。这类变形有时很难一下判断出松、紧区，这时，可以根据钢板变形的情况，在钢板的某一部位进行环状锤击，使无规则变形变成有规则变形，然后判断松、紧部位，再进行矫正。

（2）厚钢板的手工矫正。由于厚钢板（一般厚度大于 2 mm）的刚性较大，手工矫正比较困难。但对一些用厚钢板制成的小型工件，也经常用手工方法对其进行矫正，具体的操作方法主要有以下两种。

① 直接锤击法。将弯曲的厚钢板凸面朝上扣放在平台上，持大锤直接锤击钢板的凸起处，当锤击力足够大时，可使钢板的凸起处受压缩而产生塑性变形，从而使钢板获得矫平，如图 1-111 所示。

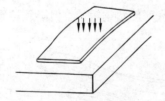

图 1-111　厚板的直接锤击矫正

② 扩展凹面法。具体操作方法是将弯曲钢板凸侧朝下放在平台上，在钢板的凹处进行密集锤击，使其表层扩展而获得矫平，如图 1-112 所示。

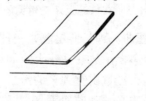

图 1-112　厚板的扩展凹面矫正

实际生产中，当钢板幅面较大，采用其他手段进行矫正有困难时，常用风枪装上平冲头，代替锤击来扩展凹面。这种方法比较有效，但噪声较大，并且容易击伤钢板表面，使钢板表面变得粗糙，影响外观。

（3）弯曲条料的矫正。条料弯曲一般有两种情况，即厚度方向上的弯曲及宽度方向上的弯曲，其操作方法如下。

① 厚度方向上弯曲条料的矫正。条料在厚度方向上弯曲时，可将条料在近弯曲处夹入台虎钳，然后在它的末端用扳手朝相反的方向扳动[见图1-113（a）]，使其弯曲处初步扳直；或将条料的弯曲处放在台虎钳钳口内，利用台虎钳把它初步夹直[见图1-113（b）]，消除显著的弯曲现象，然后再放到平板或铁砧上用锤子锤打，进一步矫直到所需的平直度。

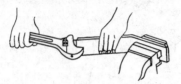 

（a）用扳手初步扳直　　　　　（b）用台虎钳初步矫直

图1-113　矫直条料厚度方向的弯曲

② 宽度方向上弯曲条料的矫直。矫直条料在宽度方向上弯曲时，可先将条料的凸面向上放在铁砧上，锤打凸面，然后再将条料平放在铁砧上用延展法矫直，如图1-114所示。采用延展法矫直时，必须锤打弯形的内圆弧一边材料，经锤击后使这一边的材料伸长而变直。如条料的断面宽而薄，则只能直接用延展法矫直。

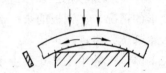

图1-114　用延展法矫直条料

（4）角钢的矫正。角钢的变形主要有扭曲和翘曲，其操作方法如下。

① 角钢扭曲的矫正。角钢扭曲矫正时，应将平直部分放在铁砧上，锤击上翘的一面（见图1-115）。锤击时，应由边向里，由重到轻（见图1-115中箭头）。锤击一遍后，反过方向再锤击另一面，方法相同，锤击几遍可使角钢矫直。但必须注意手扶平直一端离锤击处要远些，防止锤击时振痛手。

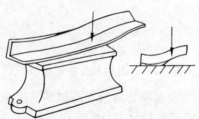

图1-115　在铁砧上矫正角钢的扭曲

② 角钢翘曲的矫正。角钢的翘曲一种是向里翘，一种是向外翘。不论哪个方向的翘曲，矫正时，应先将角钢翘曲的凸起处向上平放在砧座上。如果向里翘，应锤击角钢的一条边的凸起处[图1-116（a）箭头所指处]，经过由重到轻的锤击，角钢的外侧面会逐渐趋于平直。但必须注意，角钢与砧座接触的一边必须和砧面垂直，锤击时，不致使角钢歪倒，否则要影响锤击效果。如果是向外翘，应锤击角钢凸起的一条边[图1-116（b）箭头所指处]，不应锤击凸起的面，经过锤击，角钢凸起的内侧也会随着角钢的边一起逐渐平直。翘曲现象基本消除后，可用锤子锤击微曲面，做进一步修整。

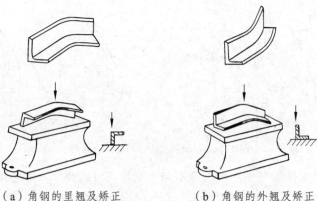

(a)角钢的里翘及矫正　　　　(b)角钢的外翘及矫正

图 1-116　在铁砧上矫直角钢的翘曲

（5）轴类零件的矫直。轴类零件的矫正，由于矫正力较大，通常在手动螺旋压力机上进行，矫正前，先把轴装在顶尖上或架在 V 形架上，使凸部向上。矫直前，使轴转动，用粉笔画出弯曲部位，转动压力螺杆，使压块压在凸起部位上。为了去除弹性变形所产生的回翘，压时可适当压过头一些，然后用百分表检查轴的弯曲情况，边矫正边检查，直至矫正到符合要求为止。

2. 火焰矫正的操作

在金属材料的热矫正中，应用最广泛的是氧-乙炔的火焰矫正。火焰矫正不但用于材料的准备工作中，而且还可以用于矫正结构在制造过程中的变形。由于火焰矫正方便灵活、成本低廉，所以其应用比较广泛。

1）火焰矫正的原理

金属材料都有热胀冷缩的物理特性，当局部加热时，被加热处的材料受热而膨胀，但由于周围材料温度低，因此膨胀受到阻碍，此时加热处金属受压缩应力，当加热温度为 600 ~ 700 ℃时，压缩应力超过材料在该温度下的屈服强度，产生塑性变形。停止加热后，金属冷却缩短，结果加热处金属纤维要比原先的短，则产生了新的变形。火焰矫正的原理就是利用金属局部受热后所引起的新的变形去矫正原先的变形。因此，了解火焰局部受热时所引起的变形规律，是掌握火焰矫正的关键。

图 1-117 所示为钢板、角钢、丁字钢在加热中和加热后的变形情况。图中的三角形为加热区域，由于受热的金属纤维冷却后要缩短，所以型钢向加热一侧发生弯曲变形。

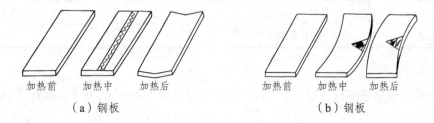

加热前　加热中　加热后　　　　　加热前　加热中　加热后

（a）钢板　　　　　　　　　　（b）钢板

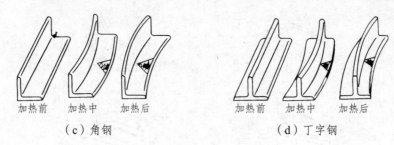

（c）角钢　　　　　　　　　　　　　（d）丁字钢

图 1-117　型钢加热过程中的变形

火焰矫正时，必须使加热而产生的变形与原变形的方向相反，才能抵消原来的变形而得到矫正。

火焰矫正加热的热源，通常是采用氧-乙炔焰，这是因为氧-乙炔焰温度高，加热速度快。

2）火焰矫正的操作

火焰矫正必须根据工件变形情况，控制好火焰加热的部位、时间、温度等方面才能获得较好的矫正效果。不同的加热位置可以矫正不同方向的变形，加热位置应选择在金属纤维较长的部位，即材料产生弯曲变形的外侧。此外，被加热工件上加热区域的形状对工件矫正变形方向和变形量都起着较大的影响，被矫正工件上穿过加热区纤维长度相差最大的方向为该工件弯曲变形最大的方向，其变形量与穿过加热区的长度差成正比。用不同的火焰热量加热，可以获得不同的矫正变形的能力。若火焰的热量不足，就会延长加热时间，使受热范围扩大，相平行纤维之间的变形差减小，这样就不易矫平，所以以加热速度越快、热量越集中，矫正能力也越强，矫正变形量也越大。

低碳钢和普通低合金钢火焰矫正时，常采用 600～800 ℃的加热温度。一般加热温度不宜超过 850 ℃，以免金属在加热时过热，但加热温度也不能过低，因为温度过低时矫正效率不高。加热温度高低，在生产中可按钢材受热表面颜色来大致判断，其准确程度与经验有关，详见表 1-14。

表 1-14　钢材表面颜色与相应温度（暗处观察）

颜　色	温度/℃	颜　色	温度/℃
深褐红色	550～580	亮樱红色	830～900
褐红色	850～650	橘黄色	900～1 050
暗樱红色	650～730	暗黄色	1 050～1 150
深樱红色	730～770	亮黄色	1 150～1 250
樱红色	770～800	白色	1 250～1 300
淡樱红色	800～830		

3. 机械矫正

机械矫正是借助机械设备对变形工件及变形钢材等进行的矫正。用于机械矫正的设备有滚板机、滚圆机和专用矫平、矫直机及各种压力机，如机械压力机、油压机、螺旋压力机等。

1）厚钢板的压力机矫正

图 1-118（a）、（b）分别是用压力机矫正厚钢板翘曲变形和弯曲变形，图中钢板下面的两

块支撑板是为克服钢板的弹性而设置的，其厚度一般与被矫钢板等厚。两块支撑板之间的距离视钢板的变形程度而定，变形较大的，距离可稍大些；变形较小的，距离可稍小些。钢板上面的压杆起到使压力集中的作用，可使压力集中于钢板变形区。应注意的是，钢板下面的支撑板必须与压杆平行。操作方法与厚板弯曲的手工矫正相同。

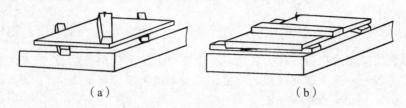

（a）　　　　　　　　　　　　（b）

图 1-118　厚钢板的压力机矫正

2）型材及各种焊接梁的压力机矫正

用压力机矫正型材及各种焊接梁的矫正原理、顺序和方法与厚板材压平相同，但操作时应根据工件尺寸和变形部位，合理设置工件的放置位置、加压部位、垫铁厚度和垫放的部位，以及垫铁和方钢的尺寸等，以便提高矫正的质量及速度。图 1-119 为型材的压力机矫正。

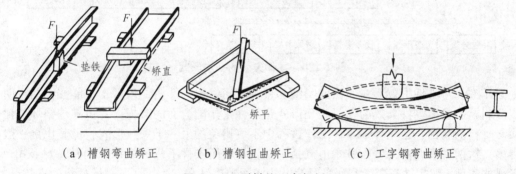

（a）槽钢弯曲矫正　　　（b）槽钢扭曲矫正　　　（c）工字钢弯曲矫正

图 1-119　型材的压力机矫正

思考练习题

1-8　平尺通常分为哪几种？

1-9　常用的检具和量具各有哪些？

1-10　如何选择划线基准？选择划线基准的原则是什么？

1-11　錾削方法有哪些？

1-12　曲面的锉削方法有哪几种？锉削一般存在什么缺陷？

1-13　钻孔时常用的缺陷有哪几种？

1-14　什么是扩孔？什么是锪孔？什么是铰孔？

1-15　刮刀有哪几种？研磨有哪几种方法？

1-16　焊接加工分哪几种类型？各有什么特点？

单元测验 2

一、机械零件的失效形式及其对策

（一）机械零件失效的分类

机械零件失效形式及其对策

机械零件丧失规定的功能即称为失效。一个零件处于下列两种状态之一就认为是失效：一是不能完成规定功能；二是不能可靠和安全地继续使用。

零件的失效是导致机械设备故障的主要原因。因此，研究零件的失效规律，找出其失效原因和采取改善措施，对减少机械故障的发生和延长机械的使用寿命有着重要意义。

零件失效的基本形式如图 1-120 所示。

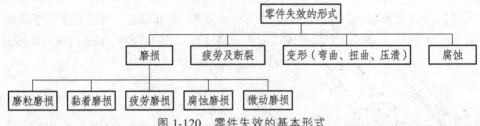

图 1-120　零件失效的基本形式

图 1-120 对零件失效形式所做的归纳和分类虽不够十分严密，但基本上能够概括说明生产实际问题。机械零件失效的主要表现形式是零件工作配合面的磨损，它占零件损坏的比例最大。材料的腐蚀、老化等是零件工作过程中不可避免的另一类失效形式，但其比例一般要小得多。这两种形式的失效，基本上概括了在正常使用条件下机械零件的主要失效形式。其他形式的失效，如零件疲劳断裂、变形等虽然实际中也经常发生，且属于最危险的失效形式，但多属于制造、设计方面的缺陷，或者是对机器维护、使用不当引起的。

失效分析是指分析研究机件磨损、断裂、变形、腐蚀等现象的机理或过程的特征及规律，从中找出产生失效的主要原因，以便采用适当的控制方法。

失效分析的目的是为制定维修技术方案提供可靠依据，并对引起失效的某些因素进行控制，以降低设备故障率，延长设备的使用寿命。此外，失效分析也能为设备的设计、制造反馈信息，为设备事故的鉴定提供客观依据。

（二）零件的磨损

1. 零件的磨损规律

众所周知，一台机器如汽车、拖拉机，其构成的基本单元是机件，许多零件构成的摩擦副，如轴承、齿轮、活塞缸筒等，它们在外力作用下以及热力、化学等环境因素的影响下，经受着一定的摩擦、磨损直至最后失效，其中磨损这种故障模式，在各种机械故障中占有相当的比重。因此，了解零件及其配合副的磨损规律是非常必要的。

1）零件的典型磨损曲线

磨损这种故障模式属于渐进性故障。例如气缸由于磨损而产生的故障与风扇皮带的断裂、电容器被击穿等故障不同，后者属于突发性故障，而磨损产生故障是耗损故障。使用经验表明，零件磨损及配合副间隙的增长是随使用时间的延长而增大的，零件磨损量与工作时间的关系，可用磨损曲线表示，如图1-121所示。

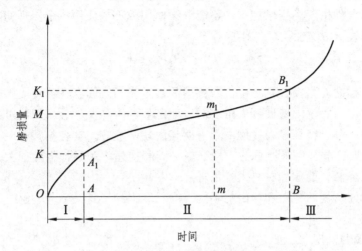

图 1-121　零件的典型磨损曲线

由图1-121可以看出，零件的磨损过程基本上可以分为 I、II、III 三个阶段。

运转磨合阶段（曲线 OA_1 段）：零件在装配后开始运转磨合，它的磨损特点是在短时间（OA 段）磨损量（OK）增长较快，经过一定的时间后趋于稳定，它反映了零件配合副初始配合的情况。该阶段的磨损强度在很大程度上取决于零件表面的质量、润滑条件和载荷。随着表面粗糙度的变大以及载荷的增大，在零件初始工作阶段，都会加速磨损；零件配合副的间隙也由初始状态逐步过渡到稳定状态。

正常磨损阶段（曲线 A_1B_1 段）：零件及其配合副的磨损特点是磨损量慢慢增长，属于自然磨损，大多数零件的磨损量与工作时间呈线性关系，并且磨损量与使用条件和技术维护的好坏关系很大。使用保养得好，可以延长零件的工作时间。

急剧磨损阶段（B_1 之后的曲线段）：零件自然磨损到达 B_1 点以后，磨损强度急剧增大，配合间隙加剧变大，磨损量超过 OK_1，破坏了零件正常的运转条件，摩擦加剧，零件过热，以致由于冲击载荷出现噪声和敲击，零件强度进入了极限状态，因此达到 B_1 点后，不能继续工作，否则将出现事故性故障。一般零件或配合副使用到一定时间（到达 B_1 点前后）就应该采取调整、维修和更换的预防措施，防止事故性故障的发生。

零件在整机中所处的位置及摩擦工况不同，以及制造质量及其功能等原因，并不是所有零件开始时都有磨合期和使用末期的急剧磨损期，例如密封件、燃油泵的精密件和其他一些零件，它们呈现不能继续使用的不合格情况，并不是因为在它们的末期出现了急剧磨损或者事故危险，而是由于它们的磨损量已经影响到不能完成自身的功能；另外一些元件，例如电器导线、蓄电池、各种油管、散热器管、油箱等，它们实际上没有初始工作磨损较快阶段。

2）允许磨损和极限磨损的概念

由零件或配合副的磨损曲线可以很容易地确定零件或配合副的极限磨损和允许磨损。例如，修理时测量零件尺寸，知其磨损量为 OM（见图1-121），作平行于横坐标的直线，与曲

线交于 m_1 点。相对应时间为 Om。如果 mB 段等于或大于修理间隔期，则这时的磨损称为允许磨损。因此，允许磨损或极限磨损可以定义为：允许磨损是指磨损零件在修理时不需要修理（或更换）仍可继续使用一个修理间隔期的磨损量，磨损量一般在曲线 A_1B_1 段内；极限磨损是指零件或配合件由于磨损已经到了不能继续使用或不能使用一个修理间隔期的磨损量，极限磨损值在曲线 A_1B_1 段的 B_1 点附近。

2. 磨料磨损

磨料磨损也称磨粒磨损，它是由于摩擦副的接触表面之间存在着硬质颗粒，或者当摩擦副材料一方的硬度比另一方的硬度大得多时，所产生的一种类似金属切削过程的磨损现象。它是机械磨损的一种，特征是在接触面上有明显的切削痕迹。在各类磨损中，磨料磨损约占50%，是十分常见且危害性最严重的一种磨损，其磨损速率和磨损强度很大，致使机械设备的使用寿命大大降低，能源和材料大量消耗。

根据摩擦表面所受的应力和冲击的不同，磨料磨损的形式又分为錾削式、高应力碾碎式和低应力擦伤式三类。

1）磨料磨损的机理

磨料磨损属于磨料颗粒的机械作用，一种是磨粒沿摩擦表面进行微量切削的过程；另一种是磨粒使摩擦表面层受交变接触应力作用，使表面层产生不断变化的密集压痕，最后由于表面疲劳而剥蚀。磨粒的来源有外界沙尘、切屑侵入、流体带入、表面磨损产物、材料组织的表面硬点及夹杂物等。

磨料磨损的显著特点：磨损表面具有与相对运动方向平行的细小沟槽，有螺旋状、环状或弯曲状细小切屑及部分粉末。

2）减轻磨料磨损的措施

磨料磨损是由磨粒与摩擦副表面的机械作用引起的，因而减小或消除磨料磨损的对策可从如下两方面着手。

（1）减少磨料的进入。对机械设备中的摩擦副应阻止外界磨料进入并及时清除摩擦副磨合过程中产生的磨屑。具体措施是配备空气滤清器及燃油、机油过滤器；增加用于防尘的密封装置等；在润滑系统中装入吸铁石、集屑房及油污染程度指示器；经常清理更换空气、燃油、机油滤清装置。

（2）增强零件摩擦表面的耐磨性。一是可选用耐磨性能好的材料；二是对于要求耐磨又有冲击载荷作用的零件，可采用热处理和表面处理的方法改善零件材料表面的性质，提高表面硬度，尽可能使表面硬度超过磨料的硬度；三是对于精度要求不太高的零件，可在工作面上堆焊耐磨合金，以提高其耐磨性。

3. 黏着磨损

构成摩擦副的两个摩擦表面，在相对运动时接触表面的材料从一个表面转移到另一个表面所引起的磨损称为黏着磨损。根据零件摩擦副表面破坏程度，黏着磨损可分为轻微磨损、涂抹、擦伤、撕脱以及咬死五类。

1）黏着磨损机理

摩擦副在重载条件下工作，因润滑不良、相对运动速度高、摩擦等原因产生的热量来不及散发，摩擦副表面产生极高的温度，严重时表层金属局部软化或熔化，材料表面强度降低，使承受高压的表面凸起部分相互黏着，继而在相对运动中被撕裂下来，使材料从强度低的表面上转移到材料强度高的表面上，造成摩擦副的灾难性破坏，如咬死或划伤。

2）减小黏着磨损的措施

（1）控制摩擦副的表面状态。摩擦表面越洁净、光滑，表面粗糙度越小，越易发生黏着磨损。金属表面经常存在吸附膜，当有塑性变形后，金属滑移，吸附膜被破坏，或者温度升高到 $100 \sim 200$ ℃时吸附膜也会破坏，这些都容易导致黏着磨损的发生。为了减小黏着磨损，应根据其载荷、温度、速度等工作条件，选用适当的润滑剂，或在润滑剂中加入添加剂等，以建立必要的润滑条件。而大气中的氧通常会在金属表面形成一层保护性氧化膜，也能防止金属直接接触和发生黏着，有利于减小摩擦和磨损。

（2）控制摩擦副表面的材料成分与金相组织。材料成分和金相组织相近的两种金属材料之间最容易发生黏着磨损，这是因为两摩擦副表面的材料形成固溶体或金属间化合物的倾向强烈。因此，作为摩擦副的材料，应当是形成固溶体倾向最小的两种材料，即应当选用不同材料成分和晶体结构的材料。在摩擦副的一个表面上覆盖铅、锡、银、铜等金属或者软的合金可以提高抗黏着磨损的能力，如经常用巴氏合金、铝青铜等作为轴承衬瓦的表面材料，可提高其抗黏着磨损的能力，钢与铸铁配对的抗黏着性能也不错。

（3）改善热传递条件。通过选用导热性能好的材料，对摩擦副进行冷却降温或采取适当的散热措施，以降低摩擦副相对运动时的温度，保持摩擦副的表面强度。

4. 疲劳磨损

疲劳磨损是摩擦副材料表面上局部区域在循环接触应力周期性的作用下产生疲劳裂纹而发生材料微粒脱落的现象。根据摩擦副之间的接触和相对运动方式，可将疲劳磨损分为滚动接触疲劳磨损和滑动接触疲劳磨损两种形式。

1）疲劳磨损机理

疲劳磨损的过程就是裂纹产生和扩展、微粒形成和脱落的破坏过程。磨料磨损和黏着磨损都与摩擦副表面直接接触有关，有润滑剂将摩擦两表面分隔开，则这两类磨损机理就不起作用。对于疲劳磨损，即使摩擦表面间存在润滑剂，并不直接接触，也可能发生，这是因为摩擦表面通过润滑油膜传递而承受很大的应力。疲劳磨损与磨料磨损和黏着磨损不同，它不是一开始就发生的，而是应力经过一定循环次数后发生微粒脱落，以至于摩擦副失去工作能力。根据裂纹产生的位置，疲劳磨损的机理有如下两种情况。

（1）滚动接触疲劳磨损。滚动轴承、传动齿轮等有相对滚动摩擦副表面间出现深浅不同的针状、痘斑状凹坑（深度在 $0.1 \sim 0.2$ mm 以下）或较大面积的微粒脱落，都是由滚动接触疲劳磨损造成的，又称为点蚀或痘斑磨损。

（2）滑动接触疲劳磨损。两滑动接触物体在距离表面下 $0.786b$（b 为平面接触区的半宽度）处切应力最大，该处塑性变形最剧烈，在周期性载荷作用下的反复变形会使材料表面局部强度弱化，并在该处首先出现裂纹。在滑动摩擦力引起的切应力和法向载荷引起的切应力叠加作用下，使最大切应力从 $0.786b$ 处向表面深处移动，形成滑动疲劳磨损，剥落层深度一般为 $0.2 \sim 0.4$ mm。

2）减小或消除疲劳磨损的对策

减小或消除疲劳磨损的对策就是控制影响裂纹产生和扩展的因素，主要有以下两方面。

（1）合理选择材质和热处理。钢中非金属夹杂物的存在易引起应力集中，这些夹杂物的边缘最易形成裂纹，从而降低材料的接触疲劳寿命。材料的组织状态、内部缺陷等对磨损也有重要的影响。通常，晶粒细小、均匀，碳化物呈球状且均匀分布，均有利于提高滚动接触疲劳寿命。在未溶解的碳化物状态相同的条件下，马氏体中碳的质量分数在 0.4% ~ 0.5%时，材料的强度和韧性配合较佳，接触疲劳寿命高。对未溶解的碳化物，通过适当热处理，使其趋于量少、晶粒细小、均布，避免粗大的针状碳化物出现，都有利于消除疲劳裂纹。硬度在一定范围内增加，其接触疲劳抗力也将随之增大。例如，轴承钢表面硬度为 62 HRC 左右时，其抗疲劳磨损能力最大；对传动齿轮的齿面，硬度在 58 ~ 62 HRC 最佳。此外，两接触滚动体表面硬度匹配也很重要，例如滚动轴承中，以滚道和滚动元件的硬度相近，或者滚动元件比滚道硬度高出 10%为宜。

（2）合理选择表面粗糙度。实践表明，适当减小表面粗糙度是提高抗疲劳磨损能力的有效途径。例如，将滚动轴承的表面粗糙度值从 Ra0.40 μm 减小到 Ra0.20 μm 时，寿命提高 2 ~ 3 倍；从 Ra0.20 μm 减小到 Ra0.10 μm 时，寿命可提高 1 倍；而减小到 Ra0.05 μm 以下则对寿命的提高影响甚小。表面粗糙度要求的高低与表面承受的接触应力有关，通常接触应力大或表面硬度高时，均要求表面粗糙度值要小。

此外，表面应力状态、配合精度的高低、润滑油的性质等都会对疲劳磨损的速度产生影响。通常，表面应力过大、配合间隙过小或过大、润滑油在使用中产生的腐蚀性物质等会加剧疲劳磨损。

5. 腐蚀磨损

1）腐蚀磨损的机理

运动副在摩擦过程中，金属同时与周围介质发生化学反应或电化学反应，引起金属表面产生腐蚀物并剥落，这种现象称为腐蚀磨损。它是腐蚀与机械磨损相结合而形成的一种磨损现象，因此腐蚀磨损的机理与磨料磨损、黏着磨损和疲劳磨损不同，它是一种极为复杂的磨损过程，经常发生在高温或潮湿的环境中，更容易在有酸、碱、盐等特殊介质的条件下发生。根据腐蚀介质及材料性质的不同,通常将腐蚀磨损分为氧化磨损和特殊介质腐蚀磨损两大类。

（1）氧化磨损。在摩擦过程中，摩擦表面在空气中的氧或润滑剂中的氧的作用下所生成的氧化膜很快被机械摩擦去除的磨损形式称为氧化磨损。工业中应用的金属绝大多数都能被氧化而生成表面氧化膜，这些氧化膜的性质对磨损有着重要的影响。若金属表面生成致密完整、与基体结合牢固的氧化膜，且膜的耐磨性能很好，则磨损轻微；若膜的耐磨性不好，则磨损严重。例如，铝和不锈钢都易形成氧化膜，但铝表面氧化膜的耐磨性不好，不锈钢表面氧化膜的耐磨性好，因此不锈钢具有的抗氧化磨损能力比铝更强。

（2）特殊介质中的腐蚀磨损。在摩擦过程中，环境中的酸、碱等电解质作用于摩擦表面上所形成的腐蚀产物迅速被机械摩擦所除去的磨损形式称为特殊介质中的腐蚀磨损。这种磨损的机理与氧化磨损相似，但磨损速率较氧化磨损高得多。介质的性质、环境温度、腐蚀产物的强度、附着力等都对磨损速率有重要影响。这类腐蚀磨损出现的概率很高，如流体输送泵，当其输送带腐蚀性的流体，尤其是含有固体颗粒的流体时，与流体有接触的部位都会受到腐蚀磨损。

2）减小腐蚀磨损的对策

（1）合理选择材质和对表面进行抗氧化处理。可以选择含铬、镍、钼、钨等成分的钢材，提高运动副表面的抗氧化磨损能力。或者对运动副表面进行喷丸、滚压等强化处理，或者对表面进行阳极化处理等，使金属表面生成致密的组织或氧化膜，提高其抗氧化磨损能力。

（2）对于特定介质作用下的腐蚀磨损，可以通过控制腐蚀性介质的形成条件，选用合适的耐磨材料以及改变腐蚀性介质的作用方式来减小腐蚀磨损速率。

6. 微动磨损

两个固定接触表面由于受相对小振幅振动而产生的磨损称为微动磨损。微动磨损主要发生在相对静止的零件结合面上，例如键连接表面、过盈或过渡配合表面、机体上用螺栓连接和铆钉连接的表面等，因而往往易被忽视。

微动磨损的主要危害是使配合精度下降，过盈配合部件的过盈量下降甚至松动，连接件松动乃至分离，严重者还会引起事故。微动磨损还易引起应力集中，导致连接件疲劳断裂。

1）微动磨损的机理

微动磨损是一种兼有磨料磨损、黏着磨损和氧化磨损的复合磨损形式。微动磨损通常集中在局部范围内，接触应力使结合表面的微凸体产生塑性变形，并发生金属的黏着；黏着点在外界的小振幅振动反复作用下被剪切，黏附金属脱落，剪切处表面被氧化；两结合表面永远不脱离接触，磨损产物不易往外排除，磨屑在结合表面因振动而起着磨料的作用，所以微动磨损兼有黏着磨损、氧化磨损和磨料磨损的作用。

2）减小或消除微动磨损的对策

实践表明，材质性能、载荷、振幅的大小以及温度的高低是影响微动磨损的主要因素。因而，减小或消除微动磨损的对策主要有以下几个方面。

（1）改善材料性能。选择适当材料配对以及提高硬度都可以减小微动磨损，一般来说，抗黏着性能好的材料配对对抗微动磨损能力也好，而铝对铸铁、铝对不锈钢、工具钢对不锈钢等抗黏着能力差的材料配对，其抗微动磨损能力也差。将碳钢表面硬度从 180 HV 提高到 700 HV 时，微动磨损可降低 50%，采用表面硫化处理或磷化处理以及镀上聚四氟乙烯表面镀层也是减小微动磨损的有效措施。

（2）控制载荷和增大预应力。在一定条件下，微动磨损量随载荷的增大而增大，但增大的速率会不断减小，当超过某临界载荷之后，磨损量则减小。因而，可通过控制过盈配合的预应力或过盈量来有效地减缓微动磨损。

（3）控制振幅。实验证明，振幅较小时，磨损率也比较小；当振幅在 $50 \sim 150\ \mu m$ 时，磨损率会显著上升。因此，应有效地将振幅控制在 $30\ \mu m$ 以内。

（4）合理控制温度。低碳钢在 0 ℃以上，磨损量随温度上升而逐渐降低；在 $150 \sim 200$ ℃时磨损量会突然降低；继续升高温度，则磨损量上升，温度从 135 ℃升高到 400 ℃时，磨损量会增加 15 倍。中碳钢在其他条件不变时，温度为 130℃的情况下微动磨损发生转折，超过此温度，微动磨损量大幅度降低。

（5）选择合适的润滑剂。实验表明，普通的液体润滑剂对防止微动磨损效果不佳；黏度大、滴点高、抗剪切能力强的润滑脂对防止微动磨损有一定的效果；效果最佳的是固体润滑剂，如 MoS_2 等。

7. 磨损的控制

1）控制因素

影响磨损的因素是十分复杂的，但大体上有四个方面，即材料性能、运转条件、几何因素及工作环境，每一个方面又都包含很多具体内容。需要特别指出的是，并不是任何磨损过程的控制都必须全面考虑这些因素，对于一给定的磨损条件而言，有的因素很重要，必须考虑，但有的因素却可能并不重要，甚至无关。表1-15列出了常见的一些磨损条件下，哪些因素是必须特别考虑，哪些因素可不必特别注意或可以完全不予理会。应用这个表，无疑会使耐磨性设计更具有针对性。

表1-15　不同情况下的磨损控制因素

磨损类型与条件	材料选择	粗糙度	润滑剂选择	润滑剂质量及油膜厚	压力/面积比	表面形状	污染控制	安装及对中情况	温度及冷却情况	运转距离
干滑动磨损	√	√	×	×	△	△	×	√	√	√
有润滑的滑动磨损	√	√	√	√	√	√	√	√	√	√
干滚动磨损	√	√	×	×	△	△	△	√	√	√
有润滑的滚动磨损	√	√	√	√	√	√	√	√	√	√
冲击磨损	√	√	△	△	√	√	√	√	△	√
流体磨蚀	√	△	×	×	△	√	×	√	√	√
滚动磨粒磨损	√	×	×	×	△	√	×	△	△	√
滑动磨粒磨损	√	△	×	×	√	√	×	△	△	√
三体磨粒磨损	√	×	×	×	√	√	×	△	△	√
粒子磨蚀	√	△	×	×	△	√	×	×	√	△
汽蚀	√	√	×	×	△	√	△	√	√	√

注：√—有关的或是重要的；△—不太重要的；×—无关的。

2）磨损件选材的一般考虑

从表1-15中可以看出，不论何种磨损条件，正确选材对控制零件的磨损、保证产品质量是十分重要的。正确选材的第一步必须对零件的工作条件及环境有详细的了解，在此基础上，确定对该零件的总的性能要求。一般来说，总的性能要求可以分为两大类：一类是属于非摩擦学性能要求；另一类是摩擦学性能要求。非摩擦学性能要求又可分成两类：一类是一般性能要求，另一类是特殊性能要求。

以滑动轴承为例，作为机械零部件，它必须具有一定的强度、一定的塑性、可加工性、成本低廉等，这些都属于对机械零部件的一般要求。然而，作为滑动轴承，它还应具有合适的硬度、较好的导热性等，这些是对滑动轴承非摩擦学性能中的特殊要求。当然，作为摩擦组件最重要的是摩擦学性能要求，因此把它单独列为一类。摩擦学性能要求一般包括表面损伤情况、摩擦因数、磨损率与运转限制。

表面损伤情况或损伤倾向，对滑动磨损来说主要取决于配对材料间的相容性。如前所述，两个互溶度很高的金属材料间的黏着或焊合能力很强，容易造成擦伤或咬合，这点对铁基、镍基合金及钛合金、铝合金都适用；不过高硬度材料，例如硬度在 60 HRC 以上的淬火钢则可以不受这种限制，也就是说它们可以在自配对的条件下使用。

关于摩擦因数，在有些情况下是必须特别加以考虑的，如刹车装置、夹紧装置及一些传动装置中。一般情况下，摩擦因数确定了系统的动力性能、材料表面的应力、表面温度及系统所要求的功率。

至于磨损率，它直接影响零件的使用寿命，在选材考虑中的重要地位是显而易见的。要特别强调的是，不同运转条件下的磨损机理可能不相同，要使不同磨损机理或磨损类型的磨损率减小，对材料性能的要求是不完全相同的，因此在选择磨损件材料时，非常重要的一点是，必须首先确定占主导地位的是何种磨损机制。表 1-16 给出了几种不同的磨损类型中，为了减小磨损对材料性能的一般要求。

表 1-16　不同磨损类型中为了耐磨对材料性能的要求

磨损类型	为了耐磨对材料性质的要求
黏着磨损	配对表面材料间互溶度低；在运转时有高的耐热能力；低的表面能
磨料磨损	有比磨料更高的表面硬度，高的硬化系数
疲劳磨损	高硬度又具有一定韧性，能以精研磨做最后修整，高度纯净——没有硬的非金属夹杂物
腐蚀磨损	具有高的耐介质腐蚀能力
微动磨损	对环境有耐腐蚀性；与相配表面不相容；有高的耐磨料磨损能力

（三）零件的腐蚀损伤

零件的腐蚀损伤是指金属材料与周围介质产生化学或电化学反应造成的表面材料损耗、表面质量破坏、内部晶体结构损伤，最终导致零件失效。

金属零件的腐蚀损伤具有以下特点：损伤总是由金属表层开始，表面常常有外形变化，如出现凹坑、斑点、溃破等；被破坏的金属转变为氧化物或氢氧化物等化合物，形成的腐蚀物部分附着在金属表面上，如钢板生锈表面附着一层氧化铁。

1. 腐蚀损伤的类型

按金属与介质作用机理，机械零件的腐蚀损伤可分为化学腐蚀和电化学腐蚀两大类。

1）机械零件的化学腐蚀

化学腐蚀是指金属和介质发生化学作用而引起的腐蚀，在这一腐蚀过程中不产生电流，介质是非导电的。化学腐蚀的介质一般有两种形式：一种是气体腐蚀，指在干燥空气、高温气体等介质中的腐蚀；另一种是非电解质溶液中的腐蚀，指在有机液体、汽油和润滑油等介质中的腐蚀，它们与金属接触时进行化学反应形成表面膜，在不断脱落又不断生成的过程中使零件腐蚀的。

大多数金属在室温下的空气中就能自发地氧化，但在表面形成氧化物层之后，如能有效地隔离金属与介质间的物质传递，就成为保护膜；如果氧化物层不能有效阻止氧化反应的进行，那么金属将不断地被氧化而受到腐蚀损伤。

2）金属零件的电化学腐蚀

电化学腐蚀是金属与电解质物质接触时产生的腐蚀，大多数金属的腐蚀都属于电化学腐蚀。金属发生电化学腐蚀的特点是，引起腐蚀的介质是具有导电性的电解质，腐蚀过程中有电流产生，电化学腐蚀比化学腐蚀普遍而且要强烈得多。

2. 减小或消除机械零件腐蚀损伤的对策

1）正确选材

根据环境介质和使用条件，选择合适的耐腐蚀材料，如含有镍、铬、硅等元素的合金钢，在条件许可的情况下，尽量选用尼龙、塑料、陶瓷等材料。

2）合理设计结构

设计零件结构时应尽量使整个部位的所有条件均匀一致，做到结构合理，外形简化，表面粗糙度合适，应避免电位差很大的金属材料相互接触，同时还应避免出现结构应力集中、热应力、流体停滞和聚集的结构以及局部过热等现象。

3）覆盖保护层

在金属表面上覆盖耐腐蚀的金属保护层，如镀锌、镀铬、镀钼等，把金属与介质隔离开，以防止腐蚀；也可覆盖非金属保护层和化学保护层，如油基漆等涂料、聚氯乙烯、玻璃钢等；还可用化学或电化学方法在金属表面覆盖一层化合物薄膜，如磷化、钝化、氧化等。

4）电化学保护

电化学腐蚀是由于金属在电解质溶液中形成了阳极区和阴极区，存在一定的电位差，组成了化学电池而引起的腐蚀。电化学保护法就是对被保护的机械零件接通以直流电流进行极化，以消除电位差，使之达到某一电位时，被保护金属的腐蚀可以很小，甚至呈无腐蚀状态，这种方法要求介质必须导电和连续。

5）添加缓蚀剂

在腐蚀性介质中加入少量能减小腐蚀速度的缓蚀剂，可减轻腐蚀。按化学性质的不同，缓蚀剂有无机缓蚀剂和有机缓蚀剂两类。无机类能在金属表面形成保护，使金属与介质隔开，如重铬酸钾、硝酸钠，亚硫酸钠等。有机化合物能吸附在金属表面上，使金属溶解并抑制还原反应，减轻金属腐蚀，如铵盐、动物胶、生物碱等，在使用缓蚀剂防腐时，应特别注意其类型、浓度及有效时间。

6）改变环境条件

这种方法是将环境中的腐蚀性介质去掉，如采用强制通风、除湿、除二氧化硫等有害气体，以减少腐蚀损伤。

（四）零件的断裂

1. 断裂的类型

断裂是指零件在某些因素经历反复多次的应力或能量负荷循环作用后才发生的断裂现象。零件断裂后形成的表面称为断口，断裂的类型很多，与断裂的原因密切相关，工程中分为5种类型。

1）过载断裂

过载断裂是当外力超过了零件危险截面所能承受的极限应力时发生的断裂，其断口特征与材料拉伸试验断口形貌类似。对于钢等韧性材料，在断裂前有明显的塑性变形，断口有颈缩现象，呈杯锥状，称为韧性断裂；分析失效原因应从设计、材质、工艺、使用载荷、环境等角度考虑。对于铸铁等脆性材料，断裂前几乎无塑性变形，发展速度极快，断口平齐光亮，且与正应力垂直，称为脆性断裂；由于发生脆性断裂之前无明显的预兆，事故的发生具有突然性，因此是一种非常危险的断裂破坏形式。目前，关于断裂的研究主要集中在脆性断裂上。

2）腐蚀断裂

腐蚀断裂是零件在有腐蚀介质的环境中承受低于抗拉强度的交变应力作用，经过一定时间后产生的断裂。断口的宏观形貌呈现脆性特征，即使是韧性材料也如此。裂纹源常常发生在表面而且呈多发源，在断口上可看到腐蚀特征。

3）低应力脆性断裂

低应力脆性断裂有两种：一种是零件制造工艺不正确或使用环境温度低，使材料变脆，在低应力下发生脆断，常见的有钢材回火脆断和低温下脆断；另一种是由于氢的作用，零件在低于材料屈服极限的应力作用下导致的氢脆断裂，氢脆断裂的裂纹源在次表层，裂纹源不是一点而是一小片，裂纹扩展区呈氧化色颗粒状，与断裂区成鲜明对比，断口宏观上平齐。

4）蠕变断裂

金属零件在长时间恒温、恒应力作用下，即使受到小于材料屈服极限应力作用，也会随着时间的延长，而缓慢产生塑性变形，最后导致零件断裂，即为蠕变断裂。在蠕变断裂口附近有较大变形，并有许多裂纹，多为沿晶断裂。

5）疲劳断裂

金属零件经过一定次数的循环载荷或交变应力作用后引发的断裂现象称为疲劳断裂。在机械零件的断裂失效中，疲劳断裂占很大的比例，为 50% ~ 80%。轴、齿轮、内燃机连杆等都承受交变载荷，若发生断裂，多半为疲劳断裂。

2. 断裂失效分析及其对策

1）断裂失效分析

其步骤大体如下。

（1）现场调查。断裂发生后，要迅速调查了解断裂前后的各种情况并做好记录，必要时还应摄影、录像。

（2）分析主导失效件。一个关键零件发生断裂失效后，往往会造成其他关联零件及构件的断裂。出现这种情况时，要理清次序，准确找出起主导作用的断裂件，否则会误导分析结果。

（3）断口分析。首先进行断口的宏观分析，用肉眼或 20 倍以下的低倍放大镜，对断口进行观察和分析；分析前可对破损零件的油污进行清洗，对锈蚀的断口可采用化学法、电化学法除锈，去除氧化膜；判断出裂纹与受力之间的关系、裂纹源位置、断裂的原因及性质等，为微观分析提供依据。然后进行断口的微观分析，用金相显微镜或电子显微镜进一步观察分析断口形貌与显微组织的关系。

（4）进行检验。进行金相组织、化学成分、力学性能的检验，以便研究材料是否有宏观和微观缺陷、裂纹分布与发展以及金相组织是否正常等。

（5）确定失效原因。确定零件的失效原因时，应对零件的材质、制造工艺、载荷状况、装配质量、使用年限、工作环境中的介质和温度、同类零件的使用情况等作详细的了解和分析，再结合断口的宏观特征、微观特征做出准确判断，确定断裂失效的主要原因和次要原因。

2）确定失效对策

断裂失效的原因找出以后，可从以下几个方面考虑对策。

（1）设计方面。零件结构设计时，应尽量减小应力集中，根据环境介质、温度、负载性质合理选择材料。

（2）工艺方面。表面强化处理可大大提高零件疲劳寿命，适当的表面涂层可防止杂质造成的脆性断裂。在对某些材料进行热处理时，在炉中通入保护气体可大大改善其性能。

（3）安装使用方面。第一，要正确安装，防止产生附加应力与振动，对重要零件应防止碰伤拉伤；第二，要注意正确使用，保护设备的运行环境，防止腐蚀性介质的侵蚀，防止零件各部分温差过大，如有些设备在冬季生产时需先低速空转一段时间，待各部分预热以后才能负载运转。

（五）零件的变形

1. 零件变形的基本概念

机械设备在作业过程中，由于受力的作用，使零件的尺寸或形状产生改变的现象称为变形。过量的变形是机械失效的重要类型，也是判断韧性断裂的明显征兆。有的机械零件因变形引起结合零件出现附加载荷、加速磨损或影响各零部件间的相互关系，甚至造成断裂等灾难性后果。例如，各类传动轴的弯曲变形、桥式起重机主梁下挠曲或扭曲、汽车大梁的扭曲变形、缸体或变速箱壳等基础零件发生变形等，相互间位置精度就会遭到破坏；当变形量超过允许极限时，将丧失规定的功能。

2. 零件变形的类型

1）金属的弹性变形

弹性变形是指金属在外力去除后能完全恢复的那部分变形；弹性变形的机理是，晶体中的原子在外力作用下偏离了原来的平衡位置，使原子间距发生变化，从而造成晶格的伸缩或扭曲。因此，弹性变形量很小，一般不超过材料原来长度的 0.10%～1.0%。而且金属在弹性变形范围内符合胡克定律，即应力与应变成正比。

许多金属材料在低于弹性极限应力作用下会产生滞后弹性变形，在一定大小应力的作用下，试样将产生一定的平衡应变。但该平衡应变不是在应力作用的一瞬间产生，而需要应力持续充分的时间后才会完全产生。应力去除后平衡变形也不是在一瞬间完全消失，而是需经充分时间后才完全消失。材料发生弹性变形时，平衡应变滞后于应力的现象称为弹性滞后现象，简称弹性后效。曲轴等经过冷校直的零件，经过一段时间后又发生弯曲，这种现象就是弹性后效所引起的。消除弹性后效的办法是长时间的回火，一般钢件的回火温度为 300～450 ℃。

在金属零件使用过程中，若产生超过设计允许的超量弹性变形，则会影响零件正常工作。

例如，传动轴工作时，超量弹性变形会引起轴上齿轮啮合状况恶化，影响齿轮和支承它的滚动轴承的工作寿命；机床导轨或主轴超量弹性变形，会引起加工精度降低甚至不能满足加工精度要求。因此，在机械设备运行中防止超量弹性变形是十分必要的。

2）金属的塑性变形

塑性变形是指金属在外力去除后，不能恢复的那部分永久变形。实际使用的金属材料，大多数是多晶体，且大部分是合金。由于多晶体有晶界的存在，各晶粒位向的不同以及合金中溶质原子和异相的存在，不但使各个晶粒的变形互相阻碍和制约，而且会严重阻碍位错的移动。因此，多晶体的变形抗力比单晶体高，而且使变形复杂化。由此可见，晶粒越细，则单位体积内的晶界越多，因而塑性变形抗力也越大，即强度越高。

金属材料经塑性变形后，会引起组织结构和性能的变化。较大的塑性变形，会使多晶体的各向同性遭到破坏，而表现出各向异性；也会使金属产生加工硬化现象。同时，由于晶粒位向差别和晶界的封锁作用，多晶体在塑性变形时，各个晶粒及同一晶粒内部的变形是不均匀的。因此，外力去除后各晶粒的弹性恢复也不一样，因而在金属中产生内应力或残余应力。另外，塑性变形使原子活泼能力提高，造成金属的耐腐蚀性下降。

塑性变形导致机械零件各部分尺寸和外形的变化，将引起一系列不良后果。例如，机床主轴塑性弯曲，将不能保证加工精度，导致废品率增大，甚至使主轴不能工作。零件的局部塑性变形虽然不像零件的整体塑性变形那样明显引起失效，但也是引起零件失效的重要形式。如键连接、花键连接、挡块和销钉等，由于静压力作用，通常会引起配合的一方或双方的接触表面挤压而产生局部塑性变形，随着挤压变形的增大，特别是那些能够反向运动的零件将引起冲击，使原配合关系破坏的过程加剧，从而导致机械零件失效。

3. 引起零件变形的原因

引起零件变形的主要原因有如下几点。

1）工作应力

由外载荷产生的工作应力超过零件材料的屈服极限时，就会使零件产生永久变形。

2）工作温度

温度升高，金属材料的原子热振动增大，临界切变抗力下降，容易产生滑移变形，使材料的屈服极限下降；或零件受热不均，各处温差较大，产生较大的热应力，引起变形。

3）残余内应力

零件在毛坯制造和切削加工过程中，都会产生残余内应力，影响零件静强度和尺寸稳定性，这不仅使零件的弹性极限降低，还会产生减小内应力的塑性变形。

4）材料内部缺陷

材料内部夹渣、硬质点、应力分布不均等，造成使用过程中零件变形。值得指出的是，引起零件的变形，不一定在单因素作用下一次产生，往往是几种原因共同作用多次变形累积的结果。因此，要防止零件变形，必须从设计、制造工艺、使用、维护修理等几个方面采取措施，避免和消除上述引起变形的因素，从而把零件的变形控制在允许的范围之内。

使用中的零件，变形是不可避免的，因此在进行设备大修时不能只检查配合面的磨损情况，对于相互位置精度，也必须认真检查和修复，尤其对第一次大修机械设备的变形情况更要注意检查、修复，因为零件在内应力作用下的变形，通常在 12～20 个月内完成。

4. 防止和减小机械零件变形的对策

实际生产中，机械零件的变形是不可避免的。引起变形的原因是多方面的，因此减轻变形危害的措施也应从设计、加工、修理、使用等多方面来考虑。

1）设　计

在设计时不仅要考虑零件的强度，还要重视零件的刚度和制造、装配、使用、修理等问题。

（1）正确选材，注意材料的工艺性能。如铸造的流动性、收缩性、锻造的可锻性、冷镦性、焊接的冷裂、热裂倾向性，机加工的可切削性，热处理的淬透性、冷脆性等。

（2）选择适当的结构，合理布置零部件，改善零件的受力状况。如避免尖角、棱角，将其改为圆角、倒角，厚薄悬殊的部分可开工艺孔或加厚太薄的部位；安排好孔洞位置，把盲孔改为通孔；形状复杂的零件尽可能采用组合结构、镶拼结构等。

（3）在设计中，还应注意应用新技术、新工艺和新材料，减小制造时的内应力和变形。

2）加　工

在加工中要采取一系列工艺措施来防止和减小变形。

（1）对毛坯要进行时效处理，以消除其残余内应力。

（2）在制定机械零件加工工艺规程时，要在工序、工步的安排以及工艺装备和操作上采取减小变形的工艺措施。例如，按照粗、精加工分开的原则，在粗、精加工中间留出一段存放时间，以利于消除内应力。

（3）机械零件在加工和修理过程中要减少基准的转换，尽量保留工艺基准留给维修时使用，减小维修加工中因基准不统一而造成的误差。对于经过热处理的零件来说，注意预留加工余量、调整加工尺寸、预加变形非常必要。在知道零件的变形规律之后，可预先加以反向变形量，经热处理后两者抵消；也可预加应力或控制应力的产生和变化，使最终变形量符合要求，达到减小变形的目的。

3）修　理

（1）为了尽量减小零件在修理中产生的应力和变形，在机械大修时不能只是检查配合面的磨损情况，对于相互位置精度，也必须认真检查和修复。

（2）应制定出合理的检修标准，并且应设计出简单可靠、易操作的专用工具、检具、量具，同时注意大力推广维修新技术、新工艺。

4）使　用

（1）加强设备管理，严格执行安全操作规程，加强机械设备的检查和维护，避免超负荷运行和局部高温。

（2）还应注意正确安装设备，精密机床不能用于粗加工，合理存放备品备件等。

二、机械零件修理更换的原则

（一）确定零件修理更换应考虑的因素

1. 零件对设备精度的影响

有些零件磨损后影响设备精度，如机床主轴、轴承、导轨等基础件磨损将使被加工零件质量达不到要求，这时就应该修复或更换。一般零件的磨损未超过规定公差时，估计能使用到下一修理周期者可不更换；估计用不到下一修理周期，或会对精度产生影响，拆卸又不方便的，应考虑更换。

2. 零件对完成预定使用功能的影响

当设备零件磨损已不能完成预定的使用功能时，如离合器失去传递动力的作用，凸轮机构不能保证预定的运动规律，液压系统不能到达预定的压力和压力分配等，均应考虑修复或更换。

3. 零件对设备性能和操作的影响

当零件磨损到虽能完成预定的使用功能，但影响了设备的性能和操作时，如齿轮传动噪声增大、效率下降、平稳性差、零件间相互位置产生偏移等，均应考虑修复或更换。

4. 零件对设备生产率的影响

零件磨损后致使设备的生产率下降，如机床导轨磨损，配合表面研伤、丝杠副磨损、弯曲等，使机床不能满负荷工作，应按实际情况决定修复或更换。

5. 零件对其本身强度和刚度的影响

零件磨损后，强度下降，继续使用可能引起严重事故，这时必须修换。重型设备的主要承力件，发现裂纹必须更换。一般零件，由于磨损加重，间隙增大，而导致冲击加重，应从强度角度考虑修复或更换。

6. 零件对磨损条件恶化的影响

磨损零件继续使用可引起磨损加剧，甚至出现效率下降、发热、表面剥蚀等，最后引起卡住或断裂等事故，这时必须修复或更换。如渗碳或氮化的主轴支承轴颈磨损，失去或接近失去硬化层，就应修复或更换。

在确定零件是否应修复或更换时，必须首先考虑零件对整台设备的影响，然后考虑零件能否保证其正常工作的条件。

（二）修复零件应满足的要求

机械零件失效后，在保证设备精度的前提下，能够修复的应尽量修复，要尽量减少更换新件。一般来讲，对失效零件进行修复，可节约材料、减少配件的加工、减小备件的储备量，从而降低修理成本和缩短修理时间。对失效的零件是修复还是更换，是由很多因素决定的，应当综合分析。修复零件应满足的要求如下。

1. 准确性

零件修复后，必须恢复零件原有的技术要求，包括零件的尺寸公差、形位公差、表面粗糙度、硬度和技术条件等。

2. 安全性

修复的零件必须恢复足够的强度和刚度，必要时要进行强度和刚度验算。如轴颈修磨后外径减小，轴套镗孔后孔径增大，都会影响零件的强度与刚度。

3. 可靠性

零件修复后的耐用度至少应能维持一个修理周期。

4. 经济性

决定失效零件是修理还是更换，必须考虑修理的经济性，修复零件应在保证维修质量的前提下降低修理成本。比较修复与更换的经济性时，要同时比较修复、更换的成本和使用寿命，当相对修理成本低于相对新制件成本时，应考虑修复，即满足：

$$\frac{S_{修}}{T_{修}} < \frac{S_{新}}{T_{新}} \tag{1-15}$$

式中　$S_{修}$——修复旧件的费用，元；

　　　$T_{修}$——修复零件的使用期，月；

　　　$S_{新}$——新件的成本，元；

　　　$T_{新}$——新件的使用期，月。

5. 可能性

修理工艺的技术水平是选择修理方法或决定零件修复、更换的重要因素。一方面应考虑工厂现有的修理工艺技术水平，能否保证修理后达到零件的技术要求；另一方面应不断提高工厂的修理工艺技术水平。

6. 时间性

失效零件采取修复措施，其修理周期一般应比重新制造周期短，否则应考虑更换新件。但对于一些大型、精密的重要零件，一时无法更换新件的，尽管修理周期可能要长些，也要考虑修复。

思考练习题

1-17　什么是失效？零件失效的基本形式有哪些？
1-18　机械零件磨损的一般规律是什么？磨损的类型有哪些？
1-19　零件变形的类型有哪些？引起变形的原因是什么？
1-20　机械零件修复更换的原则是什么？

单元测验3

任务四　机械设备维修前的准备工作

一、机械设备维修方案的确定

（一）机械设备维修的一般过程

机械设备维修的工作过程一般包括解体前整机检查、拆卸部件、部件检查、必要的部件分解、零件清洗及检查、部件修理装配、总装配、空运转试车、负荷试车、整机精度检验、竣工验收。在实际工作中应按大修作业计划进行并同时做好作业调度、作业质量控制以及竣工验收等主要管理工作。

（二）机械设备维修方案的确定

机械设备的维修不但要达到预定的技术要求，而且要力求提高经济效益。因此，在维修前应切实掌握设备的技术状况，制定经济合理、切实可行的维修方案，充分做好技术和生产准备工作。在实施维修的过程中要积极采用新技术、新材料和新工艺，以保证维修质量，缩短停修时间，降低维修费用。待修设备必须通过预检，在详细调查了解设备维修前的技术状况、存在的主要缺陷和产品工艺对设备的技术要求后，再确定维修方案，主要内容如下。

（1）按产品工艺要求，确定设备的出厂精度标准能否满足生产需要，如果个别主要精度项目标准不能满足生产需要，能否采取工艺措施提高精度，哪些精度项目可以免检。

（2）对多发性重复故障部位，分析改进设计的必要性与可能性。

（3）对关键零部件，如精密主轴部件、精密丝杠副、分度蜗杆副的修理，维修人员的技术水平和条件能否胜任。

（4）对基础件，如床身、立柱和横梁等的维修，采用磨削、精刨或精铣工艺，在本企业或本地区其他企业实现的可能性和经济性。

（5）为了缩短维修时间，哪些部件采用新部件比修复原有零件更经济。

（6）分析本企业的承修能力，如果有本企业不能胜任和不能实现对关键零部件、基础件的维修工作，应与外企业联系并达成初步协议，委托其他企业维修。

二、机械设备维修前的准备工作

机械设备维修前的准备通常指大修前的准备，其完善程度、准确性和及时性会直接影响到大修作业计划、修理质量、效率和经济效益。设备维修前的准备工作包括技术准备、生产准备和物质准备等方面的内容。

机械设备维修前
的准备工作

（一）机械设备维修前的技术准备

设备维修前的技术准备，包括设备修理的预检和预检的准备、修理图纸资料的准备、各种修理工艺的制定及修理工具检具的制造和供应。各企业的设备维修组织和管理分工有所不同，但设备大修前的技术准备工作内容及程序大致相同，如图 1-122 所示（实线为传递程序，虚线为信息反馈）。

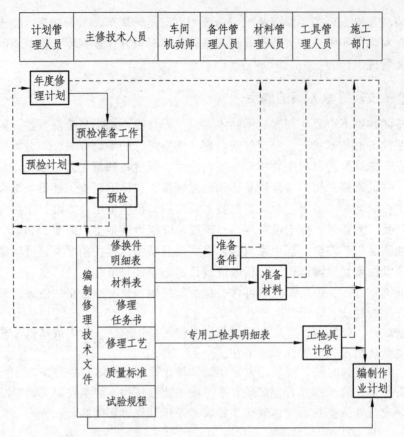

计划管理人员	主修技术人员	车间机动师	备件管理人员	材料管理人员	工具管理人员	施工部门

图 1-122　设备大修前的技术准备工作内容及程序

1. 预　检

为了全面深入地掌握设备的实际技术状态，在维修前安排的停机检查称为预检。预检工作由主修技术人员主持，设备使用单位的机械员、操作工人和维修工人参加。预检的时间应根据设备的复杂程度确定。

预检既可验证事先预测的设备劣化部位及程度，又可发现事先未预测到的问题，从而结合已经掌握的设备技术状态劣化规律，作为制定修理方案的依据。

1）预检前的准备工作

（1）阅读设备使用说明书，熟悉设备的结构、性能和精度及其技术特点。

（2）查阅设备档案，着重了解设备安装验收（或上次大修验收）记录和出厂检验记录，历次修理（包括小修、项修、大修）的内容，修复或更换的零件；历次设备事故报告；近期定期检查记录；设备运行中的状态监测记录；设备技术状况普查记录等。

（3）查阅设备图册，为校对、测绘修复件或更换件做好图样准备。

（4）向设备操作工和维修工了解设备的技术状态：设备的精度是否满足产品的工艺要求，性能是否下降；气动、液压系统及润滑系统是否正常和有无泄漏；附件是否齐全；安全防护装置是否灵敏可靠；设备运行中易发生故障的部位及原因；设备当前存在的主要缺陷；需要修复或改进的具体意见等。

将上述各项调查准备的结果进行整理、归纳，可以分析和确定预检时需解体检查的部件及预检的具体内容，并安排预检计划。

2）预检的内容

在实际工作中，应从设备预检前的调查结果和设备的具体情况出发确定预检内容。下面为金属切削机床类设备的典型预检内容，仅供参考。

（1）按出厂精度标准对设备逐项检验，并记录实测值。

（2）检查设备外观。查看有无掉漆，指示标牌是否齐全清晰，操纵手柄是否损伤等。

（3）检查机床导轨。若有磨损，测出磨损量，检查导轨副可调整镶条尚有的调整余量，以便确定大修时是否需要更换。

（4）检查机床外露的主要零件，如丝杠、齿条、光杠等的磨损情况，测出磨损量。

（5）检查机床运行状态。各种运动是否达到规定速度，尤其高速时运动是否平稳、有无振动和噪声，低速时有无爬行，运动时各操纵系统是否灵敏和可靠。

（6）检查气动、液压系统及润滑系统。系统的工作压力是否达到规定，压力是否波动，有无泄漏。若有泄漏，查明泄漏的部位和原因。

（7）检查电气系统。除常规检查外，注意用先进的元器件替代原有的元器件。

（8）检查安全防护装置。包括各种指示仪表、安全联锁装置、限位装置等是否灵敏可靠，各防护罩有无损坏。

（9）检查附件有无磨损、失效。

（10）部分解体检查，以便根据零件磨损情况来确定零件是否需要更换或修复。原则上尽量不拆卸零件，尽可能用简易方法或借助仪器判断零件的磨损，对难以判断的零件磨损程度和必须测绘、校对图样的零件才进行拆卸检查。

3）预检应达到的要求

（1）全面掌握设备技术状态劣化的具体情况，并做好记录。

（2）明确产品工艺对设备精度、性能的要求。

（3）确定需要更换或修复的零件，尤其要保证大型复杂铸锻件、焊接件、关键件和外购件的更换或修复。

（4）测绘或核对的更换件和修复件的图样要准确可靠，保证制造或修配的顺利进行。

4）预检的步骤

（1）做好预检前的各项准备工作，按预检内容进行。

（2）在预检过程中，对发现的故障隐患必须及时加以排除，恢复设备并交付继续使用。

（3）预检结束要提交预检结果，在预检结果中应尽量定量地反映检查出的问题。如果根据预检结果判断无须大修，应向设备主管部门提出改变修理类别的意见。

2. 编制大修技术文件

通过预检和分析确定修理方案后，必须准备好大修用的技术文件和图样，机械设备大修技术文件和图样包括：修理技术任务书，修换件明细表及图样，材料明细表，修理工艺，专用工、检、研具明细表及图样，修理质量标准等。这些技术文件是编制修理作业计划、指导修理作业以及检查和验收修理质量的依据。

1）编制修理技术任务书

修理技术任务书由主修人员编制，经机械师和主管工程师审查，最后由设备管理部门负责人批准。设备修理技术任务书包括如下内容。

（1）设备修前技术状况，包括说明设备修理前工作精度的下降情况，设备的主要输出参数的下降情况，基础件、关键件、高精度零件等主要零部件的磨损和损坏情况，液压系统、润滑系统的缺损情况，电气系统的主要缺陷情况，安全防护装置的缺损情况等。

（2）主要修理内容，包括说明设备要全部或个别部件解体，清洗和检查零件的磨损和损坏情况，确定需要更换和修复的零件，扼要说明基础件、关键件的修理方法，说明必须仔细检查和调整的机构，结合修理需要进行改善维修的部位和内容。

（3）修理质量要求，对装配质量、外观质量、空运转试车、负荷试车、几何精度和工作精度检验进行逐项说明并按相关技术标准检查验收。

2）编制修换件明细表

修换件明细表是设备大修前准备备品配件的依据，应力求准确。

3）编制材料明细表

材料明细表是设备大修准备材料的依据。设备大修材料可分为主材和辅材两类。主材是指直接用于设备修理的材料，如钢材、有色金属、电气材料、橡胶制品、润滑油脂、油漆等。辅材是指制造更换件所用材料、大修理时用的辅助材料，不列入材料明细表，如清洗剂、擦拭材料等。

4）编制修理工艺规程

机械设备修理工艺规程应具体规定设备的修理程序、零部件的修理方法、总装配与试车的方法及技术要求等，以保证大修质量。它是设备大修时必须认真遵守和执行的指导性技术文件。

编制设备大修工艺时，应根据设备修理前的实际状况、企业的修理技术装备和修理技术水平，做到技术上可行，经济上合理，切合生产实际要求。机械设备修理工艺规程通常包括下列内容。

（1）整机和部件的拆卸程序、方法，以及拆卸过程中应检测的数据和注意事项。

（2）主要零部件的检查、修理和装配工艺，以及应达到的技术条件。

（3）关键部位的调整工艺，以及应达到的技术条件。

（4）总装配的程序和装配工艺，以及应达到的精度要求、技术要求和检查方法。

（5）总装配后试车程序、规范，以及应达到的技术条件。

（6）在拆卸、装配、检查测量及修配过程中需用的通用或专用的工具、研具、检具和量仪。

（7）修理作业中的安全技术措施等。

5）大修质量标准

机械设备大修后的精度、性能标准应能满足产品质量、加工工艺要求，并要有足够的精度储备。大修质量标准主要包括以下几方面的内容。

（1）机械设备的工作精度标准。

（2）机械设备的几何精度标准。

（3）空运转试验的程序、方法及检验的内容和应达到的技术要求。

（4）负荷试验的程序、方法及检验的内容和应达到的技术要求。

（5）外观质量标准。

在机械设备修理验收时，可参照国家和有关部委等制定和颁布的一些机械设备大修通用技术条件，如金属切削机床大修通用技术条件、桥式起重机大修通用技术条件等。若有特殊要求，应按其修理工艺、图样或有关技术文件的规定执行。企业可参照机械设备通用技术条件编制本企业专用机械设备大修质量标准。没有以上标准，大修则应按照该机械设备出厂技术标准作为大修质量标准。

3. 设备修理工作定额

设备修理工作定额是编制设备修理计划、组织修理业务的依据，是设备修理工艺规程的内容之一。合理制定修理工作定额能加强修理计划的科学性和预见性，便于做好修理前的准备，使修理工作更加经济合理。设备修理工作定额主要有设备修理复杂系数、修理劳动定额、修理停歇时间定额、修理周期、修理间隔期、修理费用定额等。

1）设备修理复杂系数

设备修理复杂系数又称为修理复杂单位或修理单位。修理复杂系数是表示机器设备修理复杂程度的一个数值，据以计算修理工作量的假定单位。这种假定单位的修理工作量，是以同一类的某种机器设备的修理工作量为其代表的，它是由设备的结构特点、尺寸、大小、精度等因素决定的，设备结构越复杂、尺寸越大、加工精度越高，则该设备的修理复杂系数越大。如以某一设备为标准设备，规定其修理复杂系数为1，则其他机器设备的修理复杂系数，便可根据它自身的结构、尺寸和精度等与标准设备相比较来确定。这样在规定出一个修理单位的劳动量定额以后,其他各种机器设备就可以根据它的修理单位来计算它的修理工作量了，同时也可以根据修理单位来制定修理停歇时间定额和修理费用定额等。

2）修理劳动量定额

修理劳动量定额是指企业为完成机器设备的各种修理工作所需要的劳动时间，通常用一个修理复杂系数所需工时来表示。

3）修理停歇时间定额

修理停歇时间定额是指设备交付修理开始至修理完工验收为止所花费的时间。它是根据修理复杂系数来规定的，一般来讲修理复杂系数越大，表示设备结构越复杂，而这些设备大多是生产中的重要、关键设备，对生产有较大的影响，因此要求修理停歇时间尽可能短些，以利于生产。

4）修理周期和修理间隔期

修理周期是相邻两次大修期间机器设备的工作时间。对新设备来说，是从投产到第一次大修之间的工作时间。修理周期是根据设备的结构、工艺特性、生产类型、工作性质、维护保养、修理水平、加工材料、设备零件的允许磨损量等因素综合确定的。修理间隔期则是相邻两次修理之间机器设备的工作时间；检查间隔期是相邻两次检查之间，或相邻检查与修理之间机器设备的工作时间。

5）修理费用定额

修理费用定额是指为完成机器设备修理所规定的费用标准,是考核修理工作的费用指标。企业应讲究修理的经济效果,不断降低修理费用定额。

（二）设备修理前的生产准备工作

设备修理前的生产准备工作主要包括材料及备件准备，专用工具、检具、研具的准备，以及修理作业计划的编制。

1. 材料及备件准备

设备主管部门在编制年度修理计划的同时，应编制年度分类材料计划表，提交至材料供应部门。材料的分类为碳素钢型材、合金钢型材、有色金属型材、电线与电缆、绝缘材料、橡胶、石棉、塑料制品、涂装、润滑油、清洗剂等。备件一般分为外购件和配件，设备管理人员按更换件明细表核对库存量后，确定需订货的品种和数量，并划分出外购和自制。外购件通常是指滚动轴承、带、链条、电器元件、液压元件、密封件以及标准紧固件等。配件一般情况下自制，如条件允许也可从配件商店、专业备件制造厂或设备制造厂购买。

2. 专用工具、检具、研具的准备

工具、检具、研具的精度要求高，应由工具管理人员向工具制造部门提出订货。工具、检具、研具制造完毕后，应按其精度等级，经具有相应检定资格的计量部门检验合格，并附有检定记录，方可办理入库。

3. 修理作业计划的编制

修理作业计划由修理单位的计划员负责编制，并组织主修机械及电气技术人员、修理工（组）长讨论审定。对一般结构不复杂的中、小型设备的大修，可采用"横道图"式作业计划并加上必要的文字说明；对于结构复杂的高精度、大型、关键设备的大修，应采用网络计划。

修理作业计划的主要内容是：①作业程序；②分阶段、分部作业所需的工人数、工时及作业天数；③对分部作业之间相互衔接的要求；④需要委托外单位劳务协作的事项及时间要求；⑤对用户配合协作的要求等。

（三）机械设备维修前的物质准备

维修前的物质准备是一项非常重要的工作，是保证维修工作顺利进行的重要环节和物质基础。实际工作中经常由于备品配件供应不上而影响修理工作的正常进行，延长修理停机时间，使企业生产受到损失。因此，必须加强设备修理前的物质准备工作。

主修技术人员在编制好修换件明细表和材料明细表后，应及时将明细表交给备件、材料管理人员。备件、材料管理人员在核对库存后提出订货。主修技术人员在制定好修理工艺后，应及时把专用工具、检具明细表和图样交给工具管理人员。工具管理人员经校对库存后，把所需用的库存专用工具、检具送有关部门鉴定，按鉴定结果，如需修理，提请有关部门安排修理，同时要对新的专用的工具、检具提出订货。

思考练习题

1-21　机械设备大修的一般过程有哪些？
1-22　机械设备维修方案需确定哪些主要内容？
1-23　编制大修技术文件的内容是什么？
1-24　维修前需要哪些物质准备？

单元测验4

机械设备维修管理

项目描述

　　维修贯穿于机械设备的整个寿命周期。机械设备的维修性，维修工人和技术人员的素质和技术，维修保障系统被称为维修三要素。本项目通过机械设备维修性分析，引入机械设备的维修管理，以及机械设备维修的技术经济性和保障系统。

知识目标

　　（1）理解机械设备的维修性和维修管理；
　　（2）理解机械设备维修的技术经济性。

能力目标

　　（1）会分析机械设备的维修性；
　　（2）能正确分析机械设备维修的技术经济性。

思政目标

　　（1）树立安全理念和法律法规意识；
　　（2）树立安全文明生产和环境保护意识。

知识准备

任务一　机械设备维修管理概述

项目二任务一机械设备维修管理概述

任务二　机械设备维修的技术经济性和保障系统

项目二任务二机械设备维修的技术经济性和保障系统

项目三

机械设备的拆卸、检验与测绘

项目描述

机械设备拆卸的目的是便于清洗、检查和修理。本项目主要介绍机械设备在维修前进行拆卸和清洗，机械设备零部件的检验与测绘。

知识目标

（1）掌握机械设备的拆卸和清洗；
（2）掌握典型机械零件的检验；
（3）掌握机械零部件的测绘。

能力目标

（1）会拆卸和清洗机械设备；
（2）能对典型机械零件进行检验；
（3）会测绘机械零部件。

思政目标

（1）培养学生的家国情怀和严谨求实的科学精神；
（2）树立远大理想，为实现中华民族伟大复兴贡献自己的力量。

知识准备

任务一　机械设备的拆卸与清洗

一、机械设备的拆卸

机械设备拆卸的目的是便于清洗、检查和修理。在拆卸时，为确

机械设备的拆卸

保修理质量，在动手解体机械设备前，应当制订详细的拆卸计划，并遵守相关的拆卸原则，对于可能遇到的问题有所估计，做到有步骤地进行拆卸，最后还要做好详细的记录。

（一）机械设备拆卸的一般原则

（1）在拆卸之前，应当详细了解机械设备的结构、性能和工作原理，仔细阅读装配图，弄清装配关系。

（2）在不影响修换零件的情况下，其他部分能不拆就不拆，能少拆就少拆。

（3）要根据机械设备的拆卸顺序，选择合理的拆卸步骤，一般由整机到部件，由部件到零件，由外部到内部。

（二）机械设备拆卸时的注意事项

在机械设备修理、拆卸过程中应注意以下事项。

（1）拆卸前做好准备工作。准备工作包括选择并清理工作场地，保护好电气设备和易氧化、锈蚀的零件，将设备中的油液放尽。

（2）正确选择和使用拆卸工具，尽可能采用合适的专用工具，不能乱敲和猛击。用锤子直接打击拆卸零件时，应当在零件上垫好软衬垫或者用铜锤、木锤。连接处在拆卸前最好用润滑油浸润，不易拆卸的配合件可用煤油浸润或浸泡。

（3）保管好拆卸的零件，不要碰伤拆卸下来的零件的加工表面，丝杠、轴类零件应涂油后悬挂于架上，以免生锈、变形。拆卸下来的零件，应当按部件归类并放置整齐，对偶件应打印并成对存放，对有特定位置要求的装配零件需要做出标记，重要、精密的零件还要用油纸包裹好单独存放。

（4）细小零件如垫圈、螺母等清洁后应放在专门的容器里或用铁丝串在一起，防止丢失。

（5）拆下来的液压元件、油管、水管、气管等清洗后应当将其进出口封好，防止灰尘、杂物侵入。

（6）在拆卸旋转部件时，应当注意尽量不破坏原来的平衡状态。

（三）常用的拆卸方法

1. 击卸法

利用锤子或其他重物在敲击或撞击零件时产生的冲击能量，将零件拆卸下来。它是拆卸工作中最为常用的一种方法，具有操作简单、灵活方便、适用范围广等优点，但如果击卸方法不正确，则容易损坏零件。

用锤子敲击拆卸时应当注意下列事项。

（1）要根据被拆卸件的尺寸大小、质量及结合的牢固程度，选择大小适当的锤子。若击卸件质量大、配合紧，而选择的锤子太轻，则零件不易击动，且容易将零件打毛。

（2）要对击卸件采取保护措施，如图 3-1 所示，一般使用铜棒、胶木棒、木棒及木板等保护受力部位的轴端、套端及轮缘等。

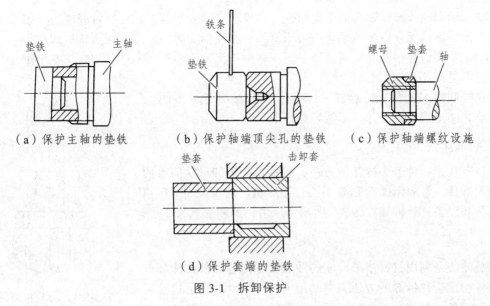

（a）保护主轴的垫铁　　　（b）保护轴端顶尖孔的垫铁　　（c）保护轴端螺纹设施

（d）保护套端的垫铁

图 3-1　拆卸保护

（3）要选择合适的锤击点，且受力均匀分布。应当先对击卸件进行试击，注意观察是否与拆卸方向相反或漏拆紧固件。当发现零件配合面严重锈蚀时，可以用煤油浸润锈蚀面，待其略有松动时再拆卸。

（4）要注意安全。在击卸前，首先应当检查锤柄是否松动，以防猛击时锤头飞出伤人损物，要观察锤子所划过的空间是否有人或其他障碍物。

2. 拉卸法

拉卸是使用专用拉卸器把零件拆卸下来的静力或冲击力不大的拆卸方法。拉卸具有拆卸比较安全、不易损坏零件等优点，一般适用于拆卸精度较高的零件和无法敲击的零件。

（1）锥销、圆柱销的拉卸。可以采用拔销器拉出端部带内螺纹的锥销、圆柱销。

（2）轴端零件的拉卸。位于轴端的带轮、链轮、齿轮以及轴承等零件，可用各种顶拔器拉卸，如图 3-2 所示。在拉卸时，首先将顶拔器拉钩扣紧被拆卸件端面，顶拔器螺杆顶在轴端，然后手柄旋转带动螺杆旋转而使带内螺纹的支臂移动，进而带动拉钩移动而将轴端的带轮、齿轮以及轴承等零件拉卸。

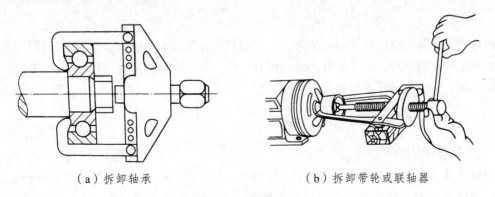

（a）拆卸轴承　　　　　　　（b）拆卸带轮或联轴器

图 3-2　轴端零件的拉卸

（3）轴套的拉卸。轴套通常是由铜、铸铁、轴承合金等较软的材料制成的，如果拉卸不当易变形，所以无须更换的轴套一般不拆卸；必须拆卸时，需用专用拉具拉卸。

（4）钩头键在拉卸时常用锤子、錾子将键挤出，但易损坏零件。如果用专用拉具则较为可靠，不易损坏零件。

在拉卸时，应当注意顶拔器拉钩与拉卸件接触表面要平整，各拉钩之间应当保持平行，不然容易打滑。

3. 顶压法

顶压法是一种静力拆卸的方法，它适用于拆卸形状简单的过盈配合件。常利用螺旋 C 形夹头、手压机、油压机或千斤顶等工具和设备进行拆卸。图 3-3 所示为压力机拆卸轴承。

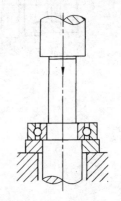

图 3-3　压力机拆卸轴承

4. 温差法

温差法是利用材料热胀冷缩的性能，加热包容件或冷却被包容件使配合件拆卸的方法，它常用于拆卸尺寸较大、过盈量较大的零件。例如，拆卸尺寸较大的轴承与轴时，对轴承内圈加热来拆卸轴承，如图 3-4 所示。在加热前，将靠近轴承部分的轴颈用石棉隔离开来，防止轴颈受热膨胀，用顶拔器拉钩扣紧轴承内圈，给轴承施加一定拉力，然后迅速将 100 ℃左右的热油倾倒在轴承内圈上，待轴承内圈受热膨胀后，即可用顶拔器将轴承拆卸。

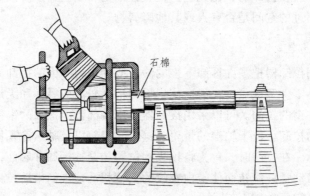

石棉

图 3-4　轴承的加热拆卸

5. 破坏法

破坏法是拆卸中应用最少的一种方法，一般只有在拆卸焊接、铆接、密封连接等固定连接件和互相咬死的配合件时才不得已采用保存主件、破坏副件的措施。破坏法拆卸通常采用车、铣、锯、钻、气割等方法进行。

（四）典型机械设备零部件的拆卸

1. 螺纹连接的拆卸

螺纹连接在机械设备中应用最为广泛，它具有结构简单、调整方便和多次拆卸装配等优点。其拆卸虽然比较容易，但有时因重视不够或工具选用不当、拆卸方法不正确等而造成损坏，所以应当注意选用合适的扳手或螺丝刀，尽量不用活扳手；对于较难拆卸的螺纹连接件，应先弄清楚螺纹的旋向，不要盲目乱拧或用过长的加力杆；拆卸双头螺柱时，要用专用的扳手。

（1）断头螺钉的拆卸。如果螺钉断在机体表面及以下，可用下列方法进行拆卸。

① 在螺钉上钻孔，打入多角淬火钢杆，将螺钉拧出，如图 3-5 所示。注意打击力不可过大，以防损坏机体上的螺纹。

② 在螺钉中心钻孔，攻反向螺纹，拧入反向螺钉旋出，如图 3-6 所示。

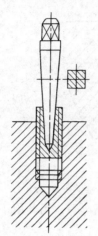
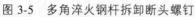
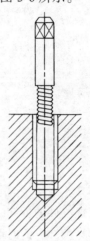

图 3-5　多角淬火钢杆拆卸断头螺钉　　　　图 3-6　攻反向螺纹拆卸断头螺钉

③ 在螺钉上钻直径相当于螺纹小径的孔，再用同规格的螺纹刃具攻螺纹；钻相当于螺纹大径的孔，重新攻一个比原螺纹直径大一级的螺纹，并选配相应的螺钉。

④ 用电火花在螺钉上打出方形或扁形槽，再用相应的工具拧出螺钉。

如果螺钉的断头露在机体表面外一部分时，可采用如下方法进行拆卸。

在螺钉的断头上用钢锯锯出沟槽，然后用一字螺丝刀将其拧出或在断头上加工出扁头或方头，然后用扳手拧出。在螺钉的断头上加焊一弯杆［见图 3-7（a）］或加焊一螺母［见图 3-7（b）］拧出。断头螺钉较粗时，可以用扁錾子沿圆周剔出。

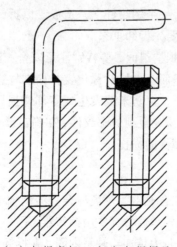

（a）加焊弯杆　　（b）加焊螺母

图 3-7　露出机体表面外的断头螺钉的拆卸

（2）打滑六角螺钉的拆卸。六角螺钉用于固定连接的场合较多，当内六角磨圆后会产生打滑而不容易拆卸，此时用一个孔径比螺钉头外径稍小一点的六方螺母放在内六角螺钉头上，如图 3-8 所示，然后将螺母与螺钉焊接成一体，待冷却后，再用扳手拧六方螺母，即可将螺钉迅速拧出。

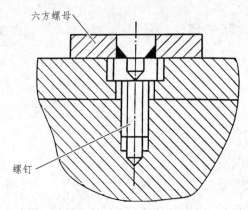

六方螺母

螺钉

图 3-8　拆卸打滑六角螺钉

（3）锈死螺纹件的拆卸。锈死螺纹件有螺钉、螺柱、螺母等，当其用于紧固或连接时，因生锈而不容易拆卸，此时可以采用以下方式进行拆卸。

用手锤敲击螺纹件的四周，以振松锈层，然后拧出。

① 可先向拧紧方向稍拧动一点，再反向拧。如此反复拧紧和拧松，直至逐步拧出为止。

② 在螺纹件四周浇些煤油或松动剂，浸渗一定时间后，先轻轻锤击四周，使锈蚀面略微松动后，再拧出。

③ 如果零件允许，还可以采用快速加热包容件的方法，使其膨胀，然后迅速拧出螺纹件。

④ 采用车、锯、錾、气割等方法，破坏螺纹件。

（4）成组螺纹连接件的拆卸。除了按照单个螺纹件的方法拆卸外，还要做到以下几点。

① 首先将各螺纹件拧松 1~2 圈，然后按照一定的顺序，先四周后中间按照对角线方向逐一拆卸，以免力量集中到最后一个螺纹件上，造成难以拆卸或零部件的变形和损坏。

② 处于难拆部位的螺纹件要先拆卸下来。

③ 在拆卸悬臂部件的环形螺柱组时，要特别注意安全。首先，要仔细检查零部件是否垫稳，起重索是否捆牢，然后从下面开始按对称位置拧松螺柱进行拆卸。最上面的一个或两个螺柱，要在最后分解吊离时拆下，以防事故发生或零部件损坏。

④ 注意仔细检查在外部不易观察到的螺纹件，在确定整个成组螺纹件已经拆卸完后，方可将连接件分离，以免造成零部件的损伤。

2. 滚动轴承的拆卸

滚动轴承与轴、轴承座的配合通常为过盈配合。滚动轴承的拆卸通常有以下方法。

（1）使用拆卸器拆卸。滚动轴承通常都要用拆卸器，用一个环形件顶在轴承内圈上，拆卸器的卡爪作用于环形件，就可以将力传递给轴承内圈。在拆卸轴承中，有时还会遇到轴承与相邻零件的空间较小的情况，此时要选用薄些的卡爪，将卡爪直接作用在轴圈上，如图 3-9 所示。

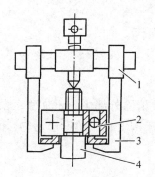

1—拆卸器；2—轴承；3—轴承座；4—主轴。

图 3-9　拆卸器拆卸轴承

（2）滚动轴承可使用压力机拆卸。使用这种方法拆卸轴末端的轴承时，可以用两块等高的半圆形垫铁或方铁，同时抵住轴承内、外圈，压力机压头施力时着力要准确，如图 3-3 所示。

（3）使用手锤、铜锤拆卸。在没有专用工具的情况下，可使用手锤、铜锤拆卸滚动轴承。拆卸位于轴末端的轴承时在轴承下垫以垫块，用硬木棒、铜棒抵住轴端，再用手锤敲击。

（4）热胀冷缩法。在拆卸尺寸较大的滚动轴承时，可利用热胀冷缩原理。在拆卸轴承内圈时，可以利用热油加热内圈，使内圈膨胀孔径加大，便于拆卸。在加热前，用石棉将靠近轴承的那一部分隔离开来，用拆卸器卡爪勾住轴承内圈，然后迅速将加热到 100 ℃左右的热油倒入轴承，使轴承内圈加热，随后从轴上拆卸轴承。

当拆卸尺寸较大或配合较紧的圆锥滚子轴承时，可以用干冰局部冷却轴承外圈，使用倒钩卡爪形式的拆卸器，迅速从轴承座孔中拉出轴承外圈。

3. 轴上零件的拆卸

（1）齿轮副的拆卸。为了提高传动精度，对传动比为 1 的齿轮副，在装配时将一外齿轮的最大径向跳动处的齿间与另一个齿轮的最小径向跳动处啮合。所以为恢复原装配精度，在拆卸齿轮副时，应当在两齿轮啮合处做上标记。

（2）轴承及垫圈的拆卸。精度要求高的主轴部件，主轴轴颈与轴承内圈、轴承外圈与箱体孔在轴向的相对位置是经过测量和计算后装配的。因此在拆卸时，应当在轴上做出标记，便于原方向装配，确保装配精度。

（3）轴和定位元件的拆卸。在拆卸齿轮箱中的轴类零件时，先松开装在轴上不能通过轴盖孔的齿轮、轴套等零件的轴向定位零件，如紧固螺钉、弹簧卡圈、圆螺母等，然后拆去两端轴盖。再了解轴的阶梯方向，确定拆轴时的移动方向后，并要注意轴上的键能随轴通过各孔，才能够用木锤打击轴端，将轴拆出箱体。

（4）铆、焊件的拆卸。铆接件的拆卸可用錾掉、锯掉或气割掉铆钉头，或用钻头钻掉铆钉等方法。焊接件的拆卸可以用锯割、等离子切割，或用小钻头排钻孔后再锯或錾，也可以用氧乙炔焰气割等方法。

二、机械设备的清洗和除污

（一）设备的外部清洗

设备在保养或维修前，都需要清除外部尘土、油污、泥沙等脏物。外部清洗通常采用 1～10 MPa 压力的冷水进行冲洗。对于密度较大的厚层污物，可加入适量的化学清洗剂，提高喷射压力和温度。

常见的外部清洗设备主要如下。

1. 单枪射流清洗机

这种清洗机依靠高压连续射流或汽-水射流的冲刷作用或射流与洗涤剂的化学作用相配合来清除污物。采用射流清洗，当压力不变时，其产生效率与清洗液的体积成正比；当喷嘴与被清洗表面距离为 50～200 mm 时，射流压力最大，距离在增大，压力会急剧下降。如图 3-10 所示为汽-水射流清洗机示意图。

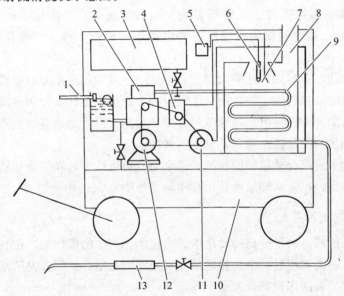

1—供水管；2—水泵；3—燃料箱；4—燃料泵；5—高压变压器；6—喷嘴；7—火花塞；8—热交换器；
9—热交换器蛇形管；10—清洗剂箱；11—风机；12—电动机；13—水枪。

图 3-10　汽-水射流清洗机示意

2. 多喷嘴射流清洗机

多喷嘴射流清洗机有门框移动式和隧道固定式两种。喷嘴安装位置和数量，根据设备的用途不同而异。多喷嘴射流清洗机通常由喷嘴架、加压泵、泥水分离器、沉淀池及加热装置等组成。国外用于汽车的计算机全自动洗车机，所有洗车程序由计算机操控，可以选择多种清洗功能，有特大的显示牌，用图显示工作过程。可以选择的程序包括：普通清洗及吹干；附带车轮刷洗；添加化学洗涤剂；涂蜡；底盘清洗。各种程序可以自由选配，以适应不同的清洗要求。

（二）零部件表面油污的清洗

1. 清洗液

1) 碱性化合物清洗液

它是碱或碱性盐的水溶液。其除油机理主要靠皂化和乳化作用，油类包括动植物油和矿物油两大类。前者和碱性化合物溶液可发生皂化作用生成肥皂和甘油而溶解于水中；矿物油在碱性溶液中不能溶解，在清洗时需利用加入碱性化合物溶液中的乳化剂，使油脂形成乳浊液而脱离零件表面。常用的乳化剂是肥皂与水玻璃等。

在清洗钢铁零件时，可用表 3-1 中的配方作参考；清洗铝合金零件时，可用表 3-2 中的配方作参考。配方中苛性钠起皂化作用；碳酸钠起软化水的作用，并且维持溶液有一定碱性；硅酸钠主要起到乳化作用，它与肥皂混合使用时效果会更好；磷酸盐能增加溶液对零件的润湿能力，并有一定的乳化和缓蚀作用，另外它与硬水的钙、镁离子结合生成难溶于水并以溶渣形式自溶液中析出的钙盐和镁盐，对水起软化作用。

表 3-1　清洗钢铁零件用的配方　　　　　　　　　　　　单位: kg

成分	配方 1	配方 2	配方 3	配方 4
苛性钠	7.5	20	—	—
碳酸钠	50	—	5	—
磷酸钠	10	50	—	—
硅酸钠	—	30	2.5	—
软肥皂	1.5	5	—	3.6
磷酸三钠	—	—	1.25	9
磷酸氢二钠	—	—	1.25	—
偏硅酸钠	—	—	—	4.5
重铝酸钠	—	—	—	0.9
水	1 000	1 000	1 000	450

表 3-2　清洗铝合金用的配方　　　　　　　　　　　　单位: kg

成分	配方 1	配方 2	配方 3
碳酸钠	1.0	0.4	1.5 ~ 2.0
重铝酸钠	0.05	—	0.05
硅酸钠	—	—	0.5 ~ 1.0
肥皂	—	—	0.2
水	100	100	100

碱液在清洗时，一般将溶液加热到 80 ~ 90 ℃。零件除油后，需用热水冲洗，以去掉表面残留的碱液，防止零件被腐蚀。

2) 化学合成水基金属清洗剂

水基金属除油剂是以表面活性剂为主的合成洗涤剂，有些加碱性电解液，以提高表面活性剂的活性，并且加入磷酸盐、硅酸盐等缓蚀剂。表面活性物质能显著降低液体的表面张力，增强润湿能力，其类型包括离子型和非离子型两种。

合成水基清洗剂溶液清洗油污时，要根据油污的类别、污垢的厚薄和密实程度、清洗温度、金属性质、经济性等因素进行综合考虑，需选择不同的配方。合成洗涤剂温度在80℃左右清洗效果较好。对于需要短期保存的零件，用含硅酸盐的合成洗涤剂清洗后不需进行辅助的防腐处理。

3）有机溶剂

常见的有机溶剂包括煤油、汽油、轻柴油、三氟乙烯、丙酮和酒精等。有机溶剂清除油污是以溶解污物为基础的。因溶剂表面张力小，能够很好地使被清除表面润湿并迅速渗透到污物的微孔和裂隙中，然后借助喷、刷等方法将油污去掉。

有机溶剂对金属无损伤，可溶解各类油、脂，在清洗时通常无须加热，使用简便，清洗效果好。但有机类清洗液多数为易燃物，清洗成本高，主要适用于精密零件的清洗。目前，使用最多的有机溶剂为煤油、轻柴油和汽油。

2. 清洗机

零部件的清洗大多采用隧道式和箱式清洗机。隧道式清洗机采用多喷嘴压力喷射的方法对零部件进行冲洗，主要适用于碱或碱性盐水溶液及水基金属清洗液。箱式清洗机的清洗方式主要包括多喷嘴连续射流或脉动射流清洗、浸渍-机械振动清洗、浸渍-超声波清洗。

1）多喷嘴连续射流或脉动射流清洗

喷射压力在0.05～10 MPa，具体采用多高压力，要根据污物密实程度、薄厚、性质及清洗液种类而定。对大中型零件牢固的污物采用2～10 MPa的压力射流；大多数情况下，对中小型零件的薄厚污物，采用0.05～1 MPa的连续射流或脉动射流，使用各种合成洗涤剂或碱性溶液达到去污目的。采用脉动射流，断续地作用于污物表面时，其累积效应得到增强，因为在每次喷射的停歇间隔内，被清洗表面上的液体边界层被破坏，而这一边界层会削弱射流对污物的机械作用，清洗液的断续多次冲击作用，加强了射流的去污作用，当使用频率为1 Hz的断续脉动射流时，可以使清洗过程的生产能力提高35%。

图3-11所示为脉冲射流清洗机示意，图3-12所示为连续射流清洗机示意图。

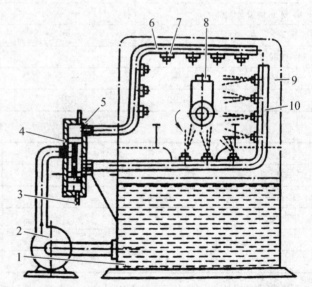

1—洗涤剂箱；2—泵；3—细管；4—分流阀；5—分配装置；6，10—龙头系统；7—喷嘴；8—试件；9—清洗室。

图3-11 脉冲射流清洗机示意

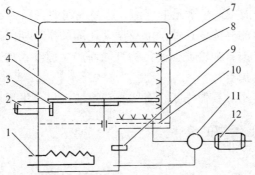

1—加热电阻元件；2—驱动电机；3—摩擦轮；4—旋转托架；5—箱体；6—清洗箱盖；
7—喷嘴；8—喷管；9—温度传感器；10—滤网；11—清洗液泵；12—电动机。

图 3-12　连续射流清洗机示意

清洗机中采用的喷嘴结构有圆筒形、圆锥形、锥筒形和锥体形，如图 3-13 所示。从流体力学性能来讲，锥体形最好，液体射流能量最大，但因结构复杂，清洗机中多采用简单的圆筒形、圆锥形或锥筒形。

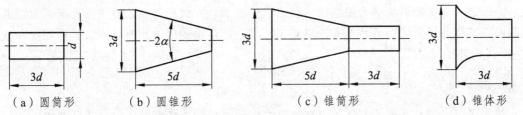

（a）圆筒形　　　（b）圆锥形　　　（c）锥筒形　　　（d）锥体形

图 3-13　喷嘴的类型（α=13°～15°）

2）浸渍-机械振动清洗

它将被清洗的部件放在料筐和料架上浸没在清洗液中，并使其产生振动，模拟人工漂刷的动作，同时与洗涤剂的化学作用相配合，以达到清除污物的目的。图 3-14 为浸渍-振动清洗机结构示意图。

3）浸渍-超声波清洗

它是靠清洗液的化学作用与引入清洗液中的超声波振荡作用相配合达到去污的

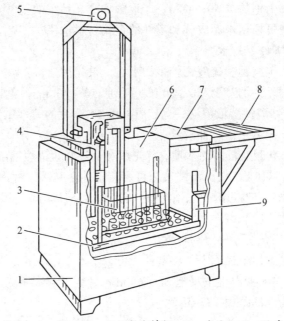

1—箱体；2—振动台；3—零件料框；4—气缸；5—温度表；
6—加热元件；7—顶盖；8—滚道；9—振动台挡板。

图 3-14　浸渍-振动清洗机结构示意

125

目的。超声波可以使清洗液中产生大量的气泡，这些气泡的直径为 50～500 μm，气泡中充满溶液蒸汽及溶液中所溶解的气体，这些气泡在振动压缩的半波期间产生爆破，破裂时可产生几十兆帕的局部液压冲击波，冲击波促使污物汽蚀而产生裂纹，加速了清洗液的乳化和溶解作用，达到洁净零件的目的。

超声波发生器一般使用磁致伸缩式，有些小功率清洗机也采用压电陶瓷晶体式。

（三）零件表面其他污物的清除

1. 清除积炭

积炭是由于燃料燃烧不完全并在高温作用下形成的一种由胶质、沥青质、焦油质和炭质等组成的复杂混合物，通常采用化学法并辅以机械法清除。

化学法是用称为退炭剂的化学溶液浸泡带积炭的零件，使积炭被溶解或软化，然后辅以洗、擦等办法将积炭清除。

退炭剂一般由积炭溶剂、稀释剂、活性剂和缓蚀剂等组成。积炭溶剂是能够溶解积炭的物质，常用的有苯酚、焦酸、油酸钾、苛性钠、磷酸三钠、氢氧化铵等。稀释剂用以稀释溶剂，降低成本。有机退炭剂常用煤油、汽油、松节油、二氯乙烯、乙醇作稀释剂，无机退炭剂用水作稀释剂，常用的活性剂有钾皂和三乙醇胺；常用的缓蚀剂有硅酸盐、铬酸盐和重铬酸盐，它们的含量占退炭剂的 0.1%～0.5%。

2. 清除水垢

在机械的冷却系统中，长期使用含有可溶性钙盐、镁盐较多的硬水后在冷却器及管道内壁上会沉积一层黄白色的水垢，水垢的主要成分是碳酸盐、硫酸盐，有些还含有二氧化硅等。水垢的热导率为钢的 1/50～1/20，严重影响冷却系统的正常工作，必须定期清除。清除水垢的化学清除液可根据水垢成分和零件的金属材料选用。

1）钢铁零件上的水垢

（1）对含碳酸钙和硫酸钙较多的水垢，首先用 8%～10%的盐酸溶液加入 3～4 g/L 的乌洛托品缓蚀剂，并加热至 50～80 ℃，处理 50～70 min。然后取出零件或放出清洗液，再用含 5 g/L 的重铬酸钾溶液清洗一遍；或再用 5%浓度的苛性钠水溶液注入水套内，中和其中残留的酸溶液，最后用清水冲洗干净。

（2）对含硅酸盐较多的水垢，首先用 2%～3%苛性钠溶液进行处理，温度控制在 30 ℃左右，浸泡 8～10 h，放出清洗液，再用热水冲洗几次，洗净零件表面残留的碱质。

（3）用 3%～5%的磷酸三钠溶液，能清洗任何成分的水垢，溶液温度为 60～80 ℃，处理后用清水冲洗干净。

2）清洗铝合金零件上的水垢

清洗液可采用下述配方：将磷酸 100 g 注入 1 L 水中，再加入 50 g 铬酐，并仔细搅拌均匀，在 30 ℃左右的温度下浸泡 30～60 min 后，用清水冲洗，最后用温度为 80～100 ℃的重铬酸钾含量为 0.3%的水溶液清洗。

3. 清除旧漆层

可采用单独的溶剂，也可采用各种溶剂的混合液。清除漆层的各种溶液（俗称退漆剂）

分为有机退漆剂和碱性退漆剂两种。

1）有机退漆剂

有机退漆剂主要由溶剂、助溶剂、稀释剂、稠化剂等组成。溶剂有芳烃、氯化衍生烃、醇类、醚类和酮类等；助溶剂可用乙醇、正丁醇等；稀释剂可用甲苯、二甲苯、轻石油溶剂等。加入稠化剂是为了延缓活性组分的蒸发，常用石蜡、乙基纤维素作稠化剂。表 3-3 是有关资料推荐的配方。

表 3-3　有机退漆剂配方（成分含量按质量）

成分	二氯甲烷	甲酸	硝棉胶	石蜡	乙基纤维素	乙醇	甲苯	缓蚀剂	备注
配方1	83%			3%	6%	8%	10%	0.02%	后两种成分未计算在百分比内
配方2	70%～80%	6%～7%	5%～6%	1.2%～1.8%		8%～10%			

表 3-3 所列的退漆剂中，同时有低分子溶剂（二氯甲烷）及表面活性剂（甲酸和乙醇），可使退漆剂经漆膜很快扩散并使漆膜和底漆一起剥落，处理时间为 20～40 min，膨胀后用木刮板刮掉，再用稀释剂或汽油擦拭。

2）碱性退漆剂

碱性退漆剂主要成分为溶剂、表面活性剂、缓蚀剂和稠化剂，配成水溶液使用。

碱性溶液主要用苛性钠、磷酸三钠和碳酸钠使漆层软化或溶解。表面活性剂采用脂肪酸皂、松香水、烷基芳香基磺酸酯等；缓蚀剂用硅酸钠；稠化剂用滑石粉、胶淀粉、乙醇酸钠等。

4. 除　锈

设备的各种金属零件，由于与大气中的氧、水分等发生化学与电化学作用，表面生成一层腐蚀产物，通常称为生锈或锈蚀。这些腐蚀产物主要是金属氧化物、水合物和碳酸盐等，Fe_2O_3 及其水合物是铁锈的主要成分。根据具体情况，除锈时可采用机械方法、化学方法或电化学方法。

1）机械除锈

它是利用机械的摩擦、切削等作用清除锈层的，常用的方法有刷、磨、抛光、喷砂等，可依靠人力用钢丝刷、刮刀、砂布等刷、刮或打磨锈蚀层，也可用电动机或风动机作动力带动各种除锈工具清除锈层，如磨光、刷光、抛光和滚光等。

2）化学除锈

它是利用金属的氧化物容易在酸中溶解的性质，用一些酸性溶液清除锈层，主要使用的有硫酸、盐酸、磷酸或几种酸的混合溶液，并加入少量缓蚀剂。因为溶液属酸性，故又称酸洗。在酸洗过程中，除氧化物的溶解外，钢铁零件本身还会和酸作用，因此有铁的溶解与氢的产生和析出，而氢原子的体积非常小，易扩散到钢铁内部，造成相当大的内应力，从而使零件的韧性降低，脆性及硬度提高，这种现象称为氢脆。在酸液中加入石油磺酸钡或乌洛托品等缓蚀剂，能在清洁的钢铁表面吸附成膜，阻止零件表面金属的再腐蚀，并防止氢的侵入。

现介绍几种除锈配方。

（1）硫酸液除锈。对于钢铁零件，用密度 1.84 g/cm³ 的硫酸 65 mL，溶于 1 L 水中，加入缓蚀剂 3~4 g 或每升水中加入密度为 1.84 g/cm³ 的硫酸 200 g。对于铜及其合金零件，采取每升水中加入密度为 1.84 g/cm³ 的硫酸 10%~15%。稀释硫酸时，切记"必须把硫酸缓缓倒入水中，并不断搅拌"，绝不能把水倒入硫酸中。

（2）盐酸溶液除锈。对于钢铁零件，用密度为 1.19 g/cm³ 的盐酸，在室温（20 ℃左右）条件下酸洗 30~60 s。对于铜及其合金零件，在 1 L 水中加 3~10 g 缓蚀剂，与 1 L 盐酸混合后在室温条件下使用。

（3）磷酸溶液除锈。采用 80 ℃的浓度为 2%的磷酸水溶液清洗，洗后不用水冲洗，在钢铁表面生成一层磷酸铁。磷酸铁能防止零件继续腐蚀，能和漆层良好地结合。此法主要用于油漆、喷塑等涂装前除锈，但不适用于电镀前除锈。

对锈蚀不十分严重、精密度较高的中小型零件，可采用磷酸 8.5%、铬酐 15%、水 76.5% 的溶液在 85~95 ℃温度下清洗 20~60 min。

3）电化学除锈

电化学除锈又称电解腐蚀或电解浸蚀除锈，分为阳极除锈法和阴极除锈法两种。

阳极除锈是将锈蚀件作阳极，用镍、铅作阴极，置于硫酸溶液中，通电后依靠阳极金属的溶解和阳极表面析出氧气的搅动作用而除锈。常用电解液配方为：硫酸（密度 1.84 g/cm³）5~10 g/L；硫酸亚铁 200~300 g/L；硫酸镁 50~60 g/L。

阴极除锈是把零件作阴极，铅或铅锑合金作阳极，通电后主要靠大量析出的氢把氧化铁还原及氢对氧化铁膜的机械剥离作用来清除金属锈层。阴极除锈无过蚀问题，但氢容易渗入金属中产生氢脆。电解液中加入铅或锡的离子后可克服氢脆问题。阴极除锈常用电解液配方：水 1 L；硫酸 44~50 g；盐酸 25~30 g；食盐 20~22 g。阴极电流密度为 7~10 A/dm³，电解液温度为 60~70 ℃。

思考练习题

3-1　机械设备拆卸前要做哪些准备工作？一般按哪些原则拆卸？

3-2　简述零件的主要清洗方法。

单元测验 7

任务二　机械设备零部件的检验

一、机械零部件的检验方法

（一）检视法

检视法主要是凭人的眼、手和耳等器官感觉，或借助放大镜、手锤等简单工具，以及标准块等量具进行检验、比较和判断零件的技术状态的一种方法。这种方法简单易行，不受条件限制，因此普遍采用。虽然检验的

机械零部件
的检验方法

标准性主要依赖于检查人员的生产实践经验，且只能作定性分析和判断，但仍然是不可缺少的重要检测手段。

（二）测量法

测量法是用测量工具和仪器对零件的尺寸精度、形状精度及位置精度进行检测。该方法是应用最多、最基本的检查方法。

机械零件的检验方法

（三）隐蔽缺陷的无损检测法

无损检测主要确定零件隐蔽缺陷的性质、大小、部位及其取向等，所以在具体选择无损检测方法时，必须结合零件的工作条件，综合考虑其受力情况、生产工艺、检测要求及经济性等。

目前，在生产中常用的无损检测方法主要包括磁粉法、渗透法、超声波法和射线法等。

1. 磁粉法

此法设备简单，检测可靠，操作方便，但仅适用于铁磁性材料及其合金的零件表面和表面下 2 ~ 5 mm 以内的近表面缺陷的检测。其原理是：利用铁磁材料在电磁场作用下能够产生磁化的现象，被测零件在电磁场作用下，因其表面或近表面存在缺陷，磁力线只得绕过缺陷而产生磁力线泄漏或聚集形成局部磁极而吸附磁粉，从而显示出缺陷的位置、形状和走向。如图 3-15 所示为磁粉法探伤的原理。

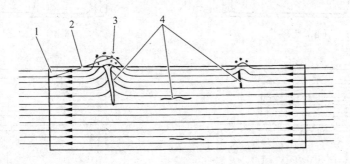

1—零件；2—磁力线；3—磁粉；4—缺陷（裂纹）。

图 3-15 磁粉法探伤原理

在采用磁粉法检测时，必须注意磁化方法的选择，使磁力线方向尽量垂直或以一定角度穿过缺陷的走向，以获得最佳的检测效果，同时应当注意检测后必须退磁。

2. 渗透法

用渗透法可检测出任何材料制作的零件和零件任何形式表面上约 1 μm 宽度的微裂纹，此法检测简单、方便。其原理和过程是：在清洗后的零件表面涂上渗透剂，渗透剂通过表面缺陷的毛细管作用进入缺陷中，此时可利用缺陷中的渗透剂在紫外线照射下能够产生荧光的特点将缺陷的位置和形状显示出来。渗透检测法的原理和过程如图 3-16 所示。

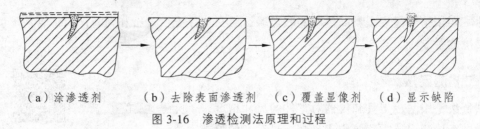

（a）涂渗透剂　　（b）去除表面渗透剂　　（c）覆盖显像剂　　（d）显示缺陷

图 3-16　渗透检测法原理和过程

3. 超声波法

此法的主要特点是穿透能力强、灵敏度高、适用范围广、不受材料限制、设备轻巧、使用方便、可到现场检测，但仅适用于零件的内部检测。其原理为：利用石英、钛酸钡等物质的压电效应产生的超声波在介质中传播时，遇到零件内部裂纹、夹渣和缩孔等缺陷会产生反射、折射等特性，通过检测仪器可将超声波在缺陷处产生的反射、折射波显示在荧光屏上，进而确定零件内部缺陷的位置、大小和性质等。超声波探伤 A 型显示原理如图3-17 所示。

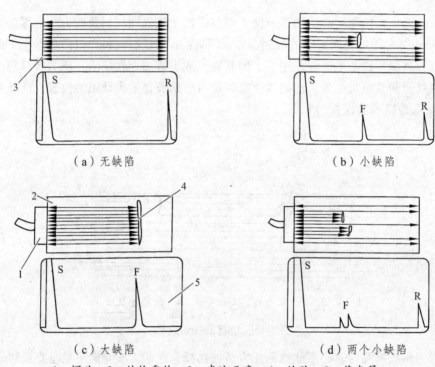

（a）无缺陷　　　　　　　　　　　　　　　（b）小缺陷

（c）大缺陷　　　　　　　　　　　　　　　（d）两个小缺陷

1—探头；2—被检零件；3—声波示意；4—缺陷；5—荧光屏。

图 3-17　超声波探伤 A 型显示原理

超声波频率越高，方向性越好，就能以很狭窄的波束向介质中传播，这样就容易确定缺陷的位置，而且频率越高，波长就越短，能检测的缺陷尺寸就越小。然而频率越高，传播时的衰减也越大，传播的距离就越短，故探伤时频率应适当选择。通常要使材料晶粒度尺寸在检测的声波波长范围内。

超声波探伤对平面状的缺陷，不管厚度如何薄，只要声波是垂直地射向它，就可以得到很高的缺陷反射波。对于球形缺陷，假如不是相当大或者比较密集，就无法得到足够的缺陷回波，所以对单个气孔的探伤分辨率比较低。

超声波探伤除 A 型显示之外，还有 B 型显示、C 型显示、立体显示、超声波电视法以及超声全息技术等。B 型显示可以在荧光屏上观察到探头移动下方断面内缺陷的分布情况，这种方法目前多用于医学上检查人体内脏的病变。C 型显示可以亮度或暗点的方法在荧光屏上显示探头下方是否有缺陷，即显示缺陷的投影。立体显示是 B 型和 C 型的组合。

4. 射线法

这种方法的最大特点是从感光软片上较容易判定此零件缺陷的形状、尺寸和性质，并且软片可以长期保存备查。但是检测设备投资及检测费用较高，且需要有相应的防射线的安全措施，仅用于对重要零件的检测或者用超声波检测尚不能判定时采用。其原理是：X 射线照射并穿过零件，当遇到裂纹、气孔、疏松或夹渣等缺陷时，射线则较容易透过，这样从被测零件缺陷处透过的射线能量较其他地方多；当这些射线照射到软片上，经过感光和显影后，形成不同的照度，利用这个特点从而分析判断出零件缺陷的形状、大小和位置。如图 3-18 所示为射线检测原理。

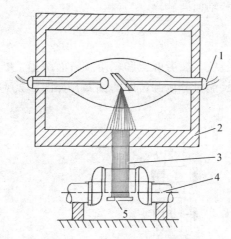

1—射线管；2—保护箱；3—射线；4—零件；5—感光胶片。

图 3-18　射线检测原理

应当指出，零件检测分类时，还必须注意结合零件的特殊要求进行相应的特殊试验，如高速运转的平衡试验、弹性件的弹性试验以及密封件的密封试验等，只有这样才能够对零件的技术状态做出全面、准确的鉴定及正确分类。

二、典型机械零部件的检验

（一）矩形花键的检验

花键的基本尺寸，比如外径、内径、键宽等，用万能量具进行测量。它的形位误差用综合量规进行检验，如图 3-19 所示。其中，图 3-19（a）适用于外径和键宽定心的内花键，它的前端有一导向圆柱面；图 3-19（b）有两个导向圆柱面，它适用于内径定心的内花键；图 3-19（c）为外花键综合量规，它是用量规后端面的圆柱孔直径来检验外花键的外径。

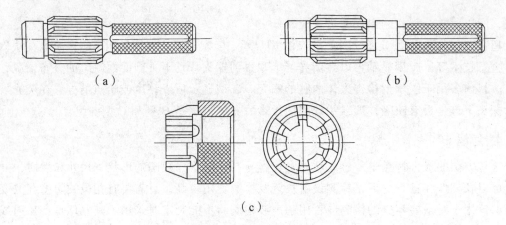

（a）   （b）

（c）

图 3-19　矩形花键量规

（二）滚动轴承的检验

通过先观察其座圈、滚珠或滚子表面有无裂纹、疲劳麻点及金属脱层等缺陷，然后用百分表在检验架上检查其径向和轴向间隙。

（三）齿轮的检验

齿轮常见的损坏有疲劳裂纹、疲劳麻点和剥落、齿面磨损、断齿、轴孔及键槽磨损等。齿面磨损通常用齿轮游标卡尺测量分度圆齿厚的偏差，如图 3-20 所示。

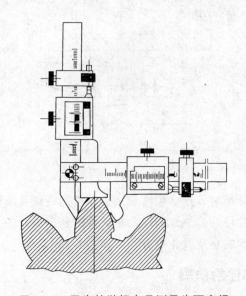

图 3-20　用齿轮游标卡尺测量齿面磨损

（四）螺旋压缩弹簧及活塞环弹力的检验

弹性金属零件，因受热退火或疲劳，使其弹性减弱或产生疲劳裂纹。压缩弹簧及活塞环弹力，可用弹力检查仪检验，如图 3-21 所示，将弹簧压缩到规定的长度或将活塞环开口间隙压缩到规定的大小，然后测量其弹力，需要达到规定的技术要求。

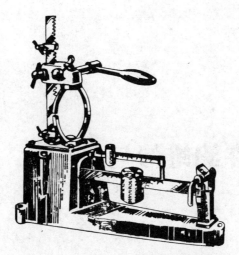

图 3-21 用弹力检查仪检验活塞环弹力

思考练习题

3-3 简述机械零部件的检验方法。

3-4 简述典型机械零部件的检验。

单元测验 8

任务三 机械设备维修中的零件测绘

项目三任务三机械设备维修中的零件测绘

项目四

机械零部件的维修与装配

项目描述

　　机械设备零部件失效后要进行修复，轴、轴承、孔、壳体和传动零件等是机械设备中常见的零部件，也是极易失效的零部件。本项目介绍机械零件的修复方法，机械设备中常见的轴、轴承、孔、壳体和传动零部件的修理方法及机械设备的装配。

知识目标

　　（1）掌握机械零件的修复方法；

　　（2）掌握轴、轴承、孔的修理；

　　（3）理解镗缸和珩磨修理；

　　（4）掌握壳体零件和传动零件的修理；

　　（5）掌握典型机械零部件的装配。

能力目标

　　（1）会修理轴、轴承和孔；

　　（2）能对典型机械零部件进行装配。

思政目标

　　（1）树立安全文明生产意识，增强学生的安全意识；

　　（2）培养诚实守信、团结协作、勇于探索的科学精神。

知识准备

　　任务一　　**机械零件的修复方法**

　　机械设备在使用过程中，由于其零部件会逐渐产生磨损、变形、断裂、蚀损等失效形式，设备的精度、性能和生产率就要下降，导致设备发生故障、事故甚至报废，需要及时进行维护和修理。在修复性维修中，一切措施都是为了以最短的时间、最少的费用来有效地消除故障，以提高设备的有效利用率，而采用修复工艺措施使失效的机械零件再生，能有效地达到此目的。

随着新材料、新工艺、新技术的不断发展，零件的修复已不仅仅是恢复原样，很多修复工艺方法获得了实际应用，如电镀、堆焊或涂敷耐磨材料、等离子喷涂与喷焊、黏接和一些表面强化处理等工艺方法，只将少量的高性能材料覆盖于零件表面，成本并不高，却大大提高了零件的耐磨性。此外，有些修复技术还可以提高零件的性能和延长零件的使用寿命。因此，在机械设备修理中充分利用修复技术，选择合理的修复工艺，可以缩短修理时间，节省修理费用，显著提高企业的经济效益。

一、机械修复法

利用机械连接，如螺纹连接、键连接、销连接、铆接、过盈连接和机械变形等各种机械方法，使磨损、断裂、缺损的零件得以修复的方法称为

机械修复法

机械修复法。例如镶补、局部修换、金属扣合等，这些方法可利用现有设备和技术，适应多种损坏形式，不受高温影响，受材质和修补层厚度的限制少，工艺易行，质量易于保证，有的还可以为以后的修理创造条件。因此，机械修复法应用很广。其缺点是受到零件结构和强度、刚度的限制，工艺较复杂，被修件硬度高时难以加工，精度要求高时难以保证。

（一）修理尺寸法

对机械设备的动配合副中较复杂的零件修理时，可不考虑原来的设计尺寸，而采用切削加工或其他加工方法恢复其磨损部位的形状精度、位置精度、表面粗糙度和其他技术条件，从而得到一个新尺寸（这个新尺寸，对轴来说比原来设计尺寸小，对孔来说则比原来设计尺寸大），这个尺寸称为修理尺寸，而与此相配合的零件则按这个修理尺寸制作新件或修复，保证原有的配合关系不变，这种方法便称为修理尺寸法。修理尺寸法实质上是修复中解尺寸链的方法。

比如轴、传动螺纹、键槽和滑动导轨等结构都可以采用这种方法修复。但必须注意，修理后零件的强度和刚度仍应符合要求，必要时要进行验算，否则不宜使用该法修理。对于表面热处理的零件，修后仍应具有足够的硬度，以保证零件修理后的使用寿命。

修理尺寸法的应用极为普遍，为了得到一定的互换性，便于组织备件的生产和供应，大多数修理尺寸均已标准化，各种主要修理零件都规定其各级修理尺寸。例如，内燃机的气缸套的修理尺寸，通常规定了几个标准尺寸，以适应尺寸分级的活塞备件。

（二）镶加零件修复法

配合零件磨损后，在结构和强度允许的条件下，增加一个零件来补偿由于磨损及修复而去掉的部分，以恢复原有零件精度，这种方法称为镶加零件修复法，常用的有扩孔镶套、加垫等方法。如图 4-1 所示，在零件裂纹附近局部镶加补强板，一般采用钢板加强，螺纹连接。脆性材料裂纹应钻止裂孔，通常在裂纹末端钻直径为 $\phi 3 \sim \phi 6$ mm 的孔。

图 4-2 所示为镶套修复法。对于损坏的孔，可镗大镶套，镗孔尺寸应保证套有足够刚度，

套的外径应保证与孔有适当的过盈量，套的内径可事先按照轴径配合要求加工好，也可留有加工余量，镶入后再镗削加工至要求的尺寸。对于损坏的螺纹孔，可将旧螺纹扩大，再车螺纹，然后加工一个内外均有螺纹的螺纹套拧入螺孔中，螺纹套内螺纹即可恢复原尺寸。对于损坏的轴颈，也可用镶套法修复。

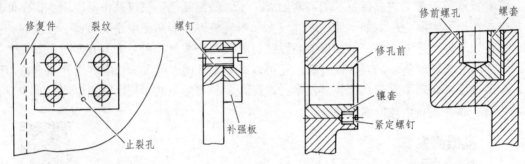

图 4-1　镶加补强板　　　　　　　　图 4-2　镶套修复法

镶加零件修复法在维修中应用很广，镶加件磨损后可以更换。有些机械设备的某些结构，在设计和制造时就应用了这一方法。对于一些形状复杂或贵重零件，在容易磨损的部位，预先镶装上零件，以便磨损后只需更换镶加件，即可达到修复的目的。

在车床上，丝杠、光杆、操纵杆与支架配合的孔磨损后，可将支架上的孔镗大，然后压入轴套，轴套磨损后可再进行更换。

汽车发动机的整体式气缸，磨损到极限尺寸后，一般都采用镶加零件法修理。箱体零件的轴承座孔，磨损超过极限尺寸时，也可以将孔镗大，用镶加一个铸铁或低碳钢套的方法进行修理。

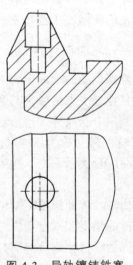

图 4-3 所示为机床导轨的凹坑，可采用镶铸铁塞的方法进行修理。先在凹坑处钻孔、铰孔，然后制作铸铁塞，该塞子应能与铰出的孔过盈配合。将塞子压入孔后，再进行导轨精加工。如果塞子与孔配合良好，加工后的结合面将非常光整平滑。严重磨损的机床导轨，可采用镶加淬火钢镶条的方法进行修复，如图 4-4 所示。

图 4-3　导轨镶铸铁塞

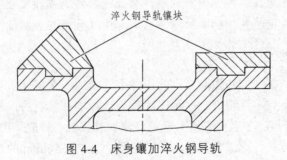

图 4-4　床身镶加淬火钢导轨

应用镶加零件修复法时应注意：镶加零件的材料选择和热处理方式，一般应与基体材料相同，必要时选用比基体材料性能更好的材料。为了防止松动，镶加零件与基体零件配合要有适当的过盈量，必要时可在端部采用加黏接剂、止动销、紧定螺钉、骑缝螺钉或点焊固定等方法定位。

（三）局部修换法

有些零件在使用过程中，往往各部位的磨损量不均匀，有时只有某个部位磨损严重，而其余部位尚好或磨损轻微。在这种情况下，如果零件结构允许，可将磨损严重的部位切除，将这部分重制新件，用机械连接、焊接或黏接的方法固定在原来的零件上，使零件得以修复，这种方法称为局部修换法。图 4-5（a）所示为将双联齿轮中磨损严重的小齿轮轮齿切去，重制一个小齿圈，用键连接，并用骑缝螺钉固定的局部修换。图 4-5（b）所示为在保留的轮毂上，铆接重制的齿圈的局部修换。图 4-5（c）所示为局部修换牙嵌式离合器，并以黏接法固定的局部修换。

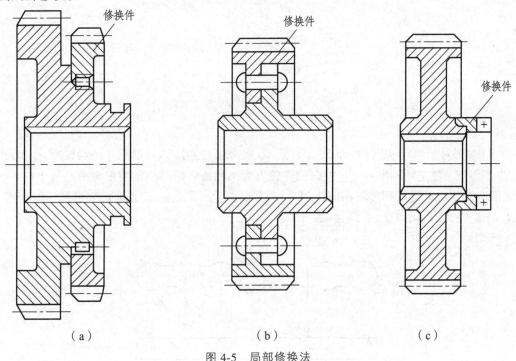

图 4-5　局部修换法

（四）塑性变形修复法

塑性材料零件磨损后，可采用塑性变形法修复，如滚花、镦粗法、挤压法、扩张法、热校直法等。有些零件局部磨损可采用调头转向的方法，如长丝杠局部磨损后可调头使用；单向传力齿轮翻转 180°，利用未磨损面继续使用。但必须是结构对称或稍进行加工即可实现对称的零件才能进行调头转向。

（五）金属扣合法

金属扣合法是利用高强度合金材料制成的特殊连接件以机械方式将损坏的机件重新牢固

地连接成一体，达到修复目的的工艺方法。它主要适用于大型铸件裂纹或折断部位的修复。按照扣合的性质及特点，金属扣合法可分为强固扣合、强密扣合、优级扣合和热扣合四种工艺。

1. 强固扣合法

该法适用于修复壁厚为 8~40 mm 的一般强度要求的薄壁机件。其工艺过程是，先在垂直于机件的裂纹或折断面的方向上，加工出具有一定形状和尺寸的波形槽，然后把形状与波形槽相吻合的高强度合金波形键镶入槽中，并在常温下铆击，使波形键产生塑性变形而充满槽腔，这样波形键的凸缘与波形槽的凹部相互扣合，使损坏的两面重新牢固地连接成一体，如图 4-6 所示。

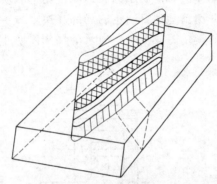

图 4-6　强固扣合法

（1）波形键的设计和制作。如图 4-7 所示，通常将波形键的主要尺寸凸缘直径 d、宽度 b、间距 l 和厚度 t 规定成标准尺寸，根据机件受力大小和铸件壁厚决定波形键的凸缘个数、每个断裂部位安装波形键数和波形槽间距等。一般取 b 为 3~6 mm，其他尺寸可按经验公式 $d=（1.4~1.6）b$，$l=（2~2.2）b$，$t \leqslant b$ 计算。

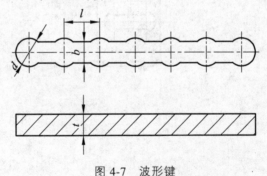

图 4-7　波形键

波形键成批制作的工艺过程是：下料→挤压或锻压两侧波形→机械加工上下平面和修整凸缘圆弧→热处理。

（2）波形槽的设计和制作。波形槽尺寸除槽深 T 大于波形键厚度 t 外，其余尺寸与波形键尺寸相同，而且它们之间配合的最大间隙可达 0.1 mm。槽深 T 可根据机件壁厚 H 而定，一般取 $T=（0.7~0.8）H$。为改善工件受力状况，波形槽通常布置成一前一后或一长一短的方式，如图 4-8 所示。

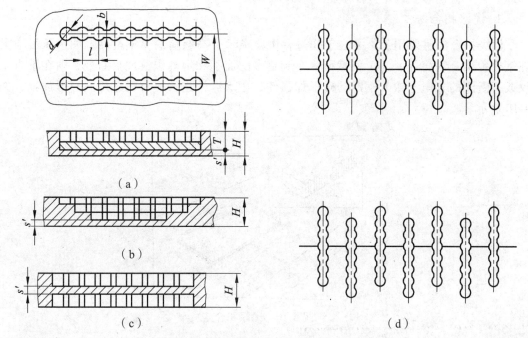

（a）

（b）

（c）

（d）

图 4-8　波形槽的尺寸与布置方式

小型机件的波形槽加工可利用铣床、钻床等加工成形。大型机件由于拆卸和搬运不便，因而采用手电钻和钻模横跨裂纹钻出与波形键的凸缘等距的孔，用锪钻将孔底锪平，然后用宽度等于 b 的錾子修正波形槽宽度上的两平面，即成波形槽。

（3）波形键的扣合与铆击。波形槽加工好后，清理干净，将波形键镶入槽中，然后由波形键的两端向中间轮换对称铆击，使波形键在槽中充满，最后铆裂纹上的凸缘。一般以每层波形键铆低 0.5 mm 左右为宜。

2. 强密扣合法

在应用了强固扣合法以保证一定强度条件之外，对于有密封要求的机件，如承受高压的气缸、高压容器等防渗漏的零件，应采用强密扣合法，如图 4-9 所示。它是在强固扣合法的基础上，在两波形键之间、裂纹或折断面的结合线上，加工缀缝栓孔，并使第二次钻的缀缝栓孔稍微切入已装好的波形键和缀缝栓，形成一条密封的"金属纽带"，以达到阻止流体受压渗漏的目的。缀缝栓可用直径为 $\phi 5 \sim \phi 8$ mm 的低碳钢或纯铜等软质材料制造，这样便于铆紧。缀缝栓与机件的连接与波形键相同。

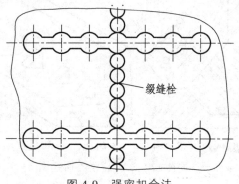

缀缝栓

图 4-9　强密扣合法

3. 优级扣合法

优级扣合法主要用于修复在工作过程中要求承受高载荷的厚壁机件，如水压机横梁、轧钢机主梁、辊筒等。为了使载荷分布到更多的面积和远离裂纹或折断处，须在垂直于裂纹或折断面的方向上镶入钢制的砖形加强件，用缀缝栓连接，有时还用波形键加强，如图4-10所示。

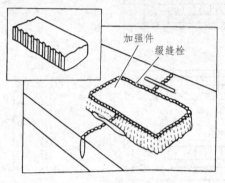

图4-10 优级扣合法

加强件除砖形外，还可制成其他形式，如图4-11所示。图4-11（a）所示的楔形加强件用于修复铸钢件；图4-11（b）所示的十字形加强件用于多方面受力的零件；图4-11（c）所示的 X 形加强件可将开裂处拉紧；图4-11（d）所示的矩形加强件用于受冲击载荷处，靠近裂纹处不加缀缝栓，以保持一定的弹性。图4-12所示为修复弯角附近的裂纹所用加强件的形式。

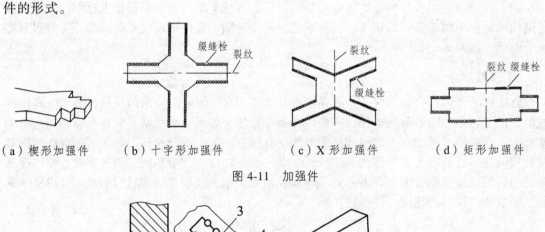

（a）楔形加强件　　（b）十字形加强件　　（c）X形加强件　　（d）矩形加强件

图4-11 加强件

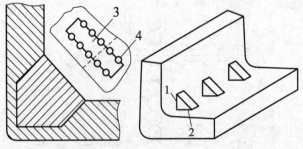

1，2—凹槽底面；3—加强件；4—缀缝栓。

图4-12 弯角裂纹的加强

4. 热扣合法

它是利用加热的扣合件在冷却过程中产生收缩而将开裂的机件锁紧。该法适用于修复大型飞轮、齿轮和重型设备机身的裂纹及折断面。如图 4-13 所示，圆环状扣合件适用于修复轮廓部分的损坏，工字形扣合件适用于机件壁部的裂纹或断裂。

综上所述，可以看出金属扣合法的优点是：使修复的机件具有足够的强度和良好的密封性；所需设备、工具简单，可现场施工；修理过程中机件不会产生热变形和热应力等。其缺点主要是薄壁铸件（<8 mm）不宜采用；波形键与波形槽的制作加工较麻烦等。

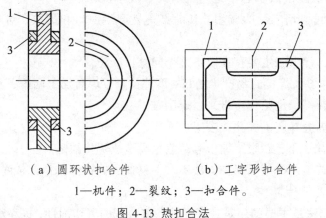

（a）圆环状扣合件　　　　　（b）工字形扣合件

1—机件；2—裂纹；3—扣合件。

图 4-13 热扣合法

二、焊接修复法

焊接修复法

利用焊接技术修复失效零件的方法称为焊接修复法。用于修补零件缺陷时称为补焊。用于恢复零件几何形状及尺寸，或使其表面获得具有特殊性能的熔敷金属时称为堆焊。焊接修复在设备维修中占有很重要的地位，应用非常广泛。它的特点是：结合强度高；可以修复大部分金属零件因各种原因（磨损、缺损、断裂、裂纹、凹坑等）引起的损坏；可局部修换，也能切割分解零件，用于校正形状，对零件进行预热和热处理；修复质量好、生产效率高、成本低、灵活性强，多数工艺简便易行，不受零件尺寸、形状和场地以及修补层厚度的限制，便于野外抢修。但焊接方法也有不足之处，主要是容易产生焊接变形和应力，以及裂纹、气孔、夹渣等缺陷；不宜修复较高精度、细长、薄壳类零件。对于重要零件，焊接后应进行退火处理，以消除内应力。

（一）钢制零件的焊修

机械零件所用的钢材料种类繁多，其可焊性差异很大。一般而言，钢中含碳量越高、合金元素种类和数量越多，可焊性就越差。一般低碳钢、中碳钢、低合金钢均有良好的可焊性，这些钢制零件的焊修主要考虑焊修时的受热变形问题。但一些中碳钢、合金结构钢、合金工具钢制件均经过热处理，硬度较高、精度要求也高，焊修时残余应力大，易产生裂纹、气孔和变形，为保证精度要求，必须采取相应的技术措施。如选择合适的焊条，焊前彻底清除油污、锈蚀及其他杂质，焊前预热，焊接时尽量采用小电流、短弧，熄弧后马上用锤头敲击焊缝，以减小焊缝内应力，用对称、交叉、短段、分层方法焊接以及焊后热处理等措施均可提高焊接质量。

（二）铸铁零件的焊修

铸铁在机械设备中的应用非常广泛，灰口铸铁主要用于制造各种支座、壳体等基础件，球墨铸铁已在部分零件中取代铸钢而获得应用。铸铁件的焊修分为热焊法和冷焊法，热焊是焊前将零件高温预热，焊后再加热、保温、缓冷；热焊的焊接方式采用气焊或电焊效果均好，焊后易加工，焊缝强度高、耐水压、密封性能好，尤其适用于铸铁件毛坯缺陷的修复。但由于热焊法成本高、能耗大、工艺复杂、劳动条件差，因而应用受到限制。铸铁冷焊是在常温或局部低温预热状态下进行的，具有成本较低、生产率高、焊后变形小、劳动条件好等优点，因此得到广泛的应用。其缺点是易产生白口和裂纹，对工人的操作技术要求高。

铸铁可焊性差，焊修时主要存在以下几个问题：

（1）铸铁含碳量高，焊接时易产生白口，既脆又硬，焊后加工困难，而且容易产生裂纹；铸铁中磷、硫含量较高，也给焊接带来一定困难。

（2）焊接时，焊缝易产生气孔或咬边。

（3）铸铁件原有气孔、砂眼、缩松等缺陷也易造成焊接缺陷。

（4）焊接时，若工艺措施和保护方法不当，易造成铸铁件其他部位变形过大或产生电弧划伤而使工件报废。

因此，采用焊修法最主要的还是提高焊缝和熔合区的可切削性，提高焊补处的防裂性能、防渗透性能和提高接头的强度。

铸铁冷焊多采用手工电弧焊，其工艺过程简要介绍如下：

先将焊接部位彻底清整干净，对于未完全断开的工件，要找出全部裂纹及端点位置，钻出止裂孔，如果看不清裂纹，可以将可能有裂纹的部位用煤油浸湿，再用氧炔焰将表面油质烧掉，用白粉笔在工件表面涂上白粉，裂纹内部的油慢慢渗出时，白粉上即可显示出裂纹的痕迹。此外，也可采用王水腐蚀法、手砂轮打磨法等确定裂纹的位置。

再将焊接部位开出坡口，为使断口合拢复原，可先点焊连接，再开坡口。由于铸件组织较疏松，可能吸有油污，因此焊前要用氧炔焰火烤脱脂，并在低温（50～60 ℃）均匀预热后进行焊接。焊接时要根据工件的作用及要求选用合适的焊条，常用的国产铸铁电弧焊焊条见表4-1，使用较广泛的还是镍基铸铁焊条。

表 4-1　国产铸铁电弧焊焊条

焊条名称	统一牌号	焊芯材料	药皮类型	焊缝金属	主要用途
氧化型钢芯铸铁焊条	Z100	碳钢	氧化型	碳钢	一般非铸铁件的非加工面焊补
高钒铸铁焊条	Z116	碳钢或高钒钢	低氢型	高钒钢	高强度铸铁件焊补
	Z117				
钢芯石墨化型铸铁焊条	Z208	碳钢	石墨型	灰铸铁	一般灰铸铁件焊补
钢芯球墨铸铁焊条	Z238	碳钢	石墨型（加球化剂）	球墨铸铁	球墨铸铁件焊补

焊条名称	统一牌号	焊芯材料	药皮类型	焊缝金属	主要用途
纯镍铸铁焊条	Z308	纯镍	石墨型	镍	重要灰铸铁薄壁件和加工面焊补
镍铁铸铁焊条	Z408	镍铁合金	石墨型	镍铁合金	重要高强度灰铸铁件及球墨铸铁件焊补
镍铜铸铁焊条	Z508	镍铁合金	石墨型	镍铁合金	强度要求不高的灰铸铁件加工面焊补
铜铁铸铁焊条	Z607	纯铜	低氢型	铜铁混合物	一般灰铸铁非加工面焊补
铜包铜芯铸铁焊条	Z612	铁皮包铜芯或铜包铁芯	钛钙型	铜铁混合物	一般灰铸铁非加工面焊补

　　焊接场所应无风、暖和，采用小电流、快速焊，先点焊定位，用对称分散的顺序、分段、短段、分层交叉、断续、逆向等操作方法，每焊一小段熄弧后马上锤击焊缝周围，使焊件应力松弛，并且焊缝温度下降到 60 ℃左右不烫手时，再焊下一道焊缝，最后焊止裂孔。经打磨铲修后，修补缺陷，便可使用或机械加工。

　　为了提高焊修可靠性，可拧入螺柱以加强焊缝，如图 4-14 所示。用纯铜或石墨模芯可焊后不加工，堆焊的齿形按样板加工。大型厚壁铸件可加热扣合键，扣合键热压后焊死在工件上，再补焊裂纹，如图 4-15 所示。还可焊接加强板，加强板先用锥销或螺柱销固定，再焊牢固，如图 4-16 所示。

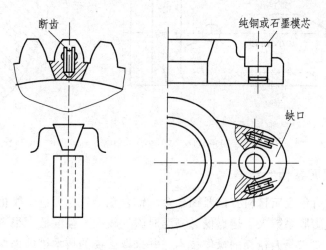

图 4-14　修焊实例

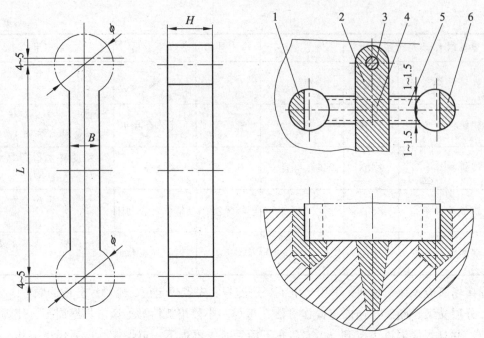

1，2，6—焊缝；3—止裂孔；4—裂纹；5—扣合件。

图 4-15　加热扣合件的焊接修复

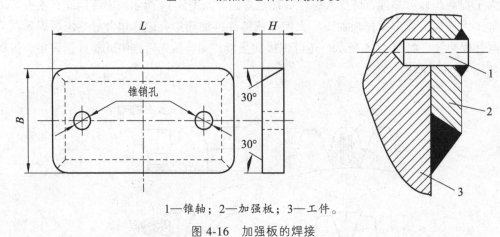

1—锥轴；2—加强板；3—工件。

图 4-16　加强板的焊接

（三）有色金属零件的焊修

机修中常用的有色金属材料有铜及铜合金、铝合金等，与黑色金属相比可焊性差。由于它们导热性好、线膨胀系数大、熔点低、高温时脆性较大、强度低、很容易氧化，因此焊接比较复杂、困难，要求具有较高的操作技术，并采取必要的技术措施来保证焊修质量。

（四）钎焊修复法

采用比母材熔点低的金属材料作钎料，将钎料放在焊件连接处，一同加热到高于钎料熔点、低于母材熔点的温度，利用液态钎料润湿母材，填充接头间隙并与母材相互扩散实现连接焊件的焊接方法称为钎焊。用熔点高于 450 ℃的钎料进行钎焊称为硬钎焊，如铜焊、银焊等。用熔点低于 450 ℃的钎料进行钎焊称为软钎焊，如锡焊等。

钎焊较少受母材可焊性的限制、加热温度较低、热源较容易解决而不需特殊焊接设备，容易操作。但钎焊较其他焊接方法焊缝强度低，适用于强度要求不高的零件裂纹和断裂的修复，尤其适用于低速运动零件的研伤、划伤等局部缺陷的补修。

如锡铋合金钎焊导轨研伤，其工艺过程如下：

（1）锡铋合金焊条的制作：在铁制容器内投入 55%的锡（熔点为 232 ℃）和 45%的铋（熔点为 271 ℃），加热至完全熔融，然后迅速注入角钢槽内，冷却凝固后便成锡铋合金焊条。

（2）焊剂的配制：在浓盐酸中加入 10%的锌配成。

（3）表面清理、镀铜：先用煤油或汽油等将焊补部位擦洗干净，用氧乙炔火焰烧除油污；用稀盐酸加去污粉，再用细钢丝刷反复刷擦，直至露出金属光泽，用脱脂棉蘸丙酮擦洗干净；迅速用脱脂棉蘸上 1 号镀铜液涂在焊补部位，同时用干净的细钢丝刷刷擦，再涂、再刷，直到染上一层均匀的淡红色；用同样的方法涂擦 2 号镀铜液，反复几次，直到染成暗红色为止；晾干后，用细钢丝刷擦净，无脱落现象即可。

1 号镀铜液是在浓盐酸（30%）中加入锌（4%），完全溶解后再加入硫酸铜（$CuSO_4$）（4%）和蒸馏水（62%）搅拌均匀，配制而成的。

2 号镀铜液是以硫酸铜（75%）加蒸馏水（25%）配制而成的。

（4）施焊：将焊剂涂在焊补部位及烙铁上，用已加热的 300～500 W 的电烙铁或纯铜烙铁切下少量焊条涂于施焊部位，用侧刃轻轻压住，趁焊条在熔化状态时，在镀铜面上迅速往复移动涂擦，并注意赶出细缝及小凹坑中的气体。焊层宜厚些，当研伤完全被焊条填满并凝固之后，用刮刀以 45°交叉形式仔细修刮。若有气孔、焊接不牢等缺陷，补焊后再修刮至要求。

（五）堆　焊

采用堆焊法修复机械零件时，不仅可以恢复其尺寸，而且可以通过堆焊材料改善零件的表面性能，使其更为耐用，从而取得显著的经济效果。

1. 手工堆焊

手工电弧堆焊的设备简单、灵活、成本低，因此应用最广泛。它的缺点是生产率低、稀释率较高，不易获得均匀而薄的堆焊层，劳动条件较差。

堆焊时必须选用合适的焊条以保证焊缝强度。堆焊前应将零件清洗干净，用石棉绳等将堆焊部位附近的表面包扎好，以防飞溅的金属烧伤。必要时还要在零件上的适当位置放置一块引弧和落弧用的纯铜板。

为减小零件的变形，在保证能焊透的条件下，应尽量使用小电流，采用分段、对称等操作方法施焊，焊后应进行回火处理。

2. 机械堆焊

机械设备维修中应用较为广泛的机械堆焊方法是振动电弧堆焊。它具有焊层薄而均匀、工件受热不易变形、熔深浅、热影响区窄、堆焊层耐磨性好、生产效率高、劳动条件好等特点，因此很适合直径较小、要求变形小的回转体零件，尤其适用于已经热处理、要求焊后不降低硬度的零件堆焊。

此外，为了提高堆焊层质量，防止裂纹，提高零件的疲劳强度，还采用加入二氧化碳、水蒸气、惰性气体、熔剂层等保护介质的机械堆焊方法，在各种直轴、曲轴、花键轴和内圆面上都得到应用。

三、热喷涂修复法

用高温热源将喷涂材料加热至熔化或呈塑性状态，同时用高速气流使其雾化，喷射到经过预处理的工件表面上形成一层覆盖层的过程称为喷涂。将喷涂层继续加热，使之达到熔融状态而与基体形成冶金结合，获得牢固的工作层称为喷焊或喷熔。这两种工艺总称为热喷涂。

热喷涂技术不仅可以恢复零件的尺寸，而且还可以改善和提高零件表面的某些性能，如耐磨性、耐腐蚀性、抗氧化性、导电性、绝缘性、密封性、隔热性等。热喷涂技术在机械设备维修中占有重要地位，应用十分广泛。

（一）热喷涂的分类及特点

热喷涂技术按所用热源不同，可分为氧乙炔火焰喷涂与喷焊、电弧喷涂、等离子喷涂与喷焊、爆炸喷涂等多种方法。喷涂材料有丝状和粉末状两种。热喷涂技术的特点如下：

（1）适用材料广、喷涂材料广。喷涂的材料可以是金属、合金，也可以是非金属。同样，基体的材料可以是金属、合金，也可以是非金属。

（2）涂层的厚度不受严格限制，可以从 0.05 mm 到几毫米。而且涂层组织多孔，易存油，润滑性和耐磨性都较好。

（3）喷涂时工件表面温度低（一般为 70 ~ 80 ℃），不会引起零件变形和金相组织改变。

（4）设备不太复杂，工艺简便，可在现场作业；对失效零件修复的成本低、周期短、生产效率高。

热喷涂技术的缺点是喷涂层结合强度有限，喷涂前工件表面需经毛糙处理，会降低零件的强度和刚度；而且多孔组织也易发生腐蚀；不宜用于窄小零件表面和受冲击载荷的零件修复。

（二）热喷涂在机械设备维修中的应用

热喷涂技术在机械设备维修中应用广泛。对于大型复杂的零件，如机床主轴、曲轴、凸轮轴轴颈、电动机转子轴，以及机床导轨和溜板等，采用热喷涂修复其磨损的尺寸，既不产生变形，又延长使用寿命；大型铸件的缺陷，采用热喷涂进行修复，加工后其强度和耐磨性可接近原有性能；在轴承上喷涂合金层，可代替铸造的轴承合金层；在导轨上用氧乙炔火焰喷涂一层工程塑料，可提高导轨的耐磨性和减磨性；还可以根据需要喷制防护层等。

（三）氧乙炔火焰喷涂和喷焊

在设备维修中最常用的就是氧乙炔火焰（简称氧炔焰）喷涂和喷焊。氧炔焰喷涂时使用氧气与乙炔比例约为 1∶1 的中性焰，温度约 3 100℃。其设备与一般的气焊设备大体相似，主要包括喷枪、氧气和乙炔供给装置以及辅助装置等。

喷枪是热喷涂的主要工具，目前国产喷枪分为中小型和大型两种规格。中小型喷枪主要用于中小型和精密零件的喷涂和喷焊，适应性强。大型喷枪主要用于对大型零件的喷焊，生产效率高。中小型喷枪的结构基本上是在气焊枪结构上加一套送粉装置，大型喷枪是在枪内设置专门的送粉通道。

供氧一般采用瓶装氧气，乙炔最好也选用瓶装乙炔。如使用乙炔发生器，以产气量为 $3 m^3/h$ 的中压型为宜。辅助装置包括喷涂机床、保温炉、烘箱、喷砂机、电火花拉毛机等。

喷涂材料绝大多数采用粉末，此外还可使用丝材。喷涂粉末分为结合层粉末和工作层粉末两类。结合层粉末目前多为镍铝复合粉，有镍包铝、铝包镍两种。工作层粉末主要有镍基、铁基、铜基三大类。近年来还研制了一次性喷涂粉末，具有结合层粉末和工作层粉末的特性，使喷涂工艺简化。喷涂粉末的选用应根据工件的使用条件和失效形式、粉末特性等来考虑。对于薄涂层工件，可只喷结合层粉末；对于厚涂层工件，则应先喷结合层粉末，再喷工作层粉末。

喷涂工艺如下：

1. 喷前准备

喷前准备包括工件清洗、预加工和预热几道工序。清洗的主要对象是工件待喷区域及其附近表面的油污、锈和氧化皮层。有些材料要用火焰烘烤法脱脂，否则不能保证结合质量。

预加工的目的是去除工件表面的疲劳层、渗碳硬化层、镀层和表面损伤，预留涂层厚度，使待喷表面粗化以提高喷涂层与基体的结合强度。预加工的方法有车削、磨削、喷砂和电火花拉毛等。采用车削的粗化处理，通常是加工出螺距 $0.3 \sim 0.7$ mm、深 $0.3 \sim 0.5$ mm 的螺纹。

预热的目的是除去表面吸附的水分，减小冷却时的收缩应力和提高结合强度。可直接用喷枪以微碳化焰进行预热，预热温度以不超过 200 ℃为宜。

2. 喷　粉

对预处理后的工件应立即喷涂结合层，其厚度为 $0.1 \sim 0.15$ mm，喷涂距离为 $180 \sim 200$ mm，结合层喷好后应立即喷涂工作层。喷涂层的质量主要取决于送粉量和喷涂距离，送粉量应适中，过大会使涂层内生粉增多而降低涂层质量，过小又会降低生产率。喷涂距离以 $150 \sim 200$ mm 为宜，距离太近会使粉末加热时间不足并使工件温升过高，距离太远又会使合金粉到达工件表面时的速度和温度下降。工件表面的线速度为 $20 \sim 30$ m/min，喷涂过程中应注意粉末的喷射方向要与喷涂表面垂直。

3. 喷涂后处理

喷涂后应注意缓冷。由于喷涂层组织疏松多孔，有些情况下为了防腐可涂上防腐液，一般用涂装、环氧树脂等涂料刷于涂层表面即可。要求耐磨的喷涂层，加工后应放入 200 ℃的机油中浸泡半小时。当喷涂层的尺寸精度和表面粗糙度不能满足要求时，可采用车削或磨削的方法对其进行精加工。

氧乙炔火焰喷焊工艺与喷涂大体相似，包括喷前准备、喷粉和重熔、喷后处理等。喷焊时喷粉和重熔紧密衔接，按操作顺序分为一步法和二步法两种。一步法就是喷粉和重熔一步完成的操作方法，二步法就是喷粉和重熔分两步进行（即先喷后熔）。一步法适用于小零件，或零件虽大，但需喷焊的面积小的场合。二步法适用于回转件（如轴类）和大面积的喷焊，易实现机械化作业，生产效率高。

电弧喷涂的最高温度为 $5\,538 \sim 6\,649$ ℃，等离子喷涂最高温度为 $11\,093$ ℃，可见对快速加热和提高粒子速度来说，等离子喷涂最佳，电弧喷涂次之，氧炔焰喷涂最差。但由于电弧喷涂和等离子喷涂都需要专用的成套设备，成本高，因此它们的应用远不如氧炔焰喷涂广泛。

四、电镀修复法

电镀修复法

电镀修复法是电镀时利用电解的方法，使金属或合金沉积在零件表面上形成金属镀层的工艺方法。电镀修复法不仅可以用于修复失效零件的尺寸，而且可以提高零件表面的耐磨性、硬度和耐腐蚀性，以及其他性能等。因此，电镀是修复机械零件的最有效方法之一，在机械设备维修领域中应用非常广泛。目前，常用的电镀修复法有镀铬、镀铁、刷镀等。

（一）镀　铬

1. 镀铬层的性能及应用范围

镀铬层的优点是：硬度高（800～1 000 HV，高于渗碳钢、渗氮钢），摩擦因数小（为钢和铸铁的50%），耐磨性高（高于无镀铬层的2～50倍），导热率比钢和铸铁约高40%；具有较高的化学稳定性，能长时间保持光泽，抗腐蚀性强；镀铬层与基体金属有很高的结合强度。镀铬层的主要缺点是脆性高，它只能承受均匀分布的载荷，受冲击、易破裂。而且随着镀层厚度增加，镀层强度、疲劳强度也随之降低。镀铬层可分为平滑镀铬层和多孔性镀铬层两类。平滑镀铬层具有很高的密实性和较高的反射能力，但其表面不易储存润滑油，一般用于修复无相对运动的配合零件尺寸，如锻模、冲压模、测量工具等。而多孔性镀铬层的表面形成无数网状沟纹和点状孔隙，能储存足够的润滑油以改善摩擦条件，可修复具有相对运动的各种零件尺寸，如比压大、温度高、滑动速度大和润滑不充分的零件，以及金属切削机床的主轴、镗杆等。

镀铬层应用广泛，可用来修复零件尺寸和强化零件表面，如补偿零件磨损失去的尺寸。但是，补偿尺寸不宜过大，通常镀铬层厚度控制在0.3 mm以内为宜。

镀铬层还可用来装饰和防护表面。许多钢制品表面镀铬，既可装饰又可防腐蚀。此时镀铬层的厚度通常很小（几微米）。但是，在镀防腐装饰性铬层之前，应先镀铜或镍做底层。此外，镀铬层还有其他用途，例如在塑料和橡胶制品的压模上镀铬，改善模具的脱模性能等。

由于镀铬电解液是强酸，其蒸气毒性大，污染环境，劳动条件差，因此需采取有效措施加以防范。

2. 镀铬工艺

镀铬的一般工艺过程如下：

（1）镀前表面处理：①为了得到正确的几何形状和消除表面缺陷并达到表面粗糙度要求，工件要进行机械准备加工和消除锈蚀，以获得均匀的镀层。如对机床主轴，镀前一般要加以磨削。②不需镀覆的表面要做绝缘处理。通常先刷绝缘性清漆，再包扎乙烯塑胶带，工件的孔眼则用铅堵牢。③可用有机溶剂、碱溶液等将工件表面的油脂清洗干净，然后进行弱酸蚀，以清除工件表面上的氧化膜，使表面显露出金属的结晶组织，增强镀层与基体金属的结合性。

（2）施镀：工件装上挂具吊入镀槽进行电镀，根据镀铬层种类和要求选定电镀规范，按时间控制镀层厚度。

（3）镀后检查和处理：镀后检查镀层质量，观察镀覆表面是否镀满及镀层色泽，测量镀层的厚度和均匀性。如果镀层厚度不符合要求，可重新补镀。如果镀层有起泡、剥落、色泽不符合要求等缺陷时，可用10%盐酸化学溶解或用阳极腐蚀退除原铬层，重新镀铬。对于镀铬厚度超过 0.1 mm 的较重要零件，应进行热处理，以提高镀层的韧性和结合强度。一般热处理温度采用 180～250 ℃，时间为 2～3 h，在热的矿物油或空气中进行。最后根据零件技术要求进行磨削加工，必要时进行抛光。镀层薄时，可直接镀到尺寸要求。

（二）镀　铁

在 50 ℃以下至室温的电解液中镀铁的工艺，称之为低温镀铁。低温镀铁是目前应用十分广泛的镀铁方式。它具有可控制镀层硬度（30～65 HRC）、提高耐磨性、沉积速度快（0.60～1 mm/h）、镀铁层厚度可达 2 mm、成本低、污染小等优点，因而是一种很有发展前途的修复工艺。

镀铁层可用于修复在有润滑的一般机械磨损条件下工作的动配合副的磨损表面、静配合副磨损表面，还可用于补救零件加工尺寸的超差。当磨损量较大，又需耐腐蚀时，可用镀铁层作底层或中间层补偿磨损的尺寸，然后再镀防腐蚀性好的镀层。但是，镀铁层不宜用于修复在高温或腐蚀环境、承受较大冲击载荷、干摩擦或磨料磨损条件下工作的零件。

（三）局部电镀

在设备大修理过程中，经常遇到大的壳体轴承松动现象。如果用扩大镗孔后镶套法，费时费工；用轴承外环镀铬的方法，则给以后更换轴承带来麻烦。若在现场利用零件建立一个临时电镀槽进行局部电镀，即可直接修复孔的尺寸，如图 4-17 所示。对于长大的轴类零件，也可采用局部电镀法直接修复轴上的局部轴颈尺寸。

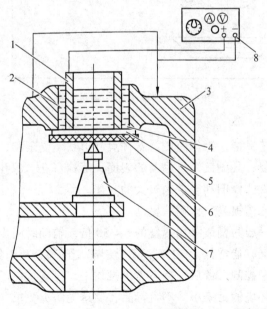

1—纯镍阳极空心圈；2—电解液；3—被镀箱体；4—聚氯乙烯薄膜；
5—泡沫塑料；6—层压板；7—千斤顶；8—电源设备。

图 4-17　局部电镀槽的构成

（四）刷　镀

刷镀是在镀槽电镀基础上发展起来的新技术，在 20 世纪 80 年代初获得了迅速发展。过去刷镀有过很多名称，如涂镀、快速（笔涂）电镀、无槽电镀等，现按国家标准称之为刷镀。刷镀是依靠一个与阳极接触的垫或刷提供电镀需要的电解液的电镀方法。电镀时，通过垫或刷在被镀的工件（阴极）上移动而得到需要的镀层。

1. 刷镀的工作原理及特点

图 4-18 所示为刷镀的工作原理示意图。刷镀时工件与专用直流电源的负极连接，刷镀笔与电源正极连接。刷镀笔上的阳极包裹着棉花和棉纱布，蘸上刷镀专用的电解液，与工件待镀表面接触并做相对运动。接通电源后，电解液中的金属离子在电场作用下向工作表面迁移，从工件表面获得电子还原成金属原子，结晶沉积在工件表面上形成金属镀层。随着刷镀时间增加，镀层逐渐增厚，直至达到所需要的厚度。镀液可不断地蘸用，也可用注射管、液压泵不断地滴入。

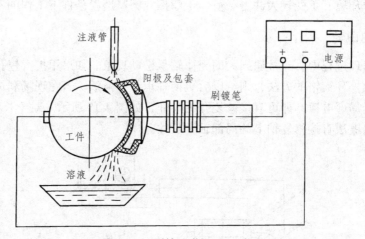

图 4-18　刷镀工作原理示意图

刷镀技术的特点如下：

（1）设备简单，工艺灵活，操作简便。工件尺寸形状不受限制，尤其是可以在现场不解体的情况下即可进行修复，凡刷镀笔可触及的表面，不论盲孔、深孔、键槽均可修复，给设备维修或机械加工超差件的修旧利废带来极大的方便。

（2）结合强度高，比槽镀高，比喷涂更高。

（3）沉积速度快，一般为槽镀沉积速度的 5～50 倍，辅助时间少，生产效率高。

（4）工件加热温度低，通常低于 70 ℃，不会引起变形和金相组织变化。

（5）镀层厚度可精确控制，镀后一般不需机械加工，可直接使用。

（6）操作安全，对环境的污染小，不含毒品，储运无防火要求。

（7）适应材料广，常用金属材料基本上都可用刷镀修复。

焊接层、喷涂层、镀铬层等的返修也可应用刷镀技术。淬火层、氮化层不必进行软化处理，不用破坏原工件表面便可进行刷镀。

2. 刷镀的应用范围

刷镀技术近年来推广很快，在机修领域其应用范围主要有以下几个方面：

（1）恢复磨损或超差零件的名义尺寸和几何形状，尤其适用于精密结构或一般结构的精密部分及大型零件、贵重零件不慎超差，引进设备的特殊零件等的修复，常用于滚动轴承、滑动轴承及其配合面、键槽及花键、各种密封配合表面、主轴、曲轴、液压缸、各种机体、模具等。

（2）修复零件的局部损伤，如划伤、凹坑、腐蚀等，修补槽镀缺陷。

（3）改善零件表面的性能，如提高耐磨性、作新件防护层、氧化处理、改善钎焊性、防渗碳、防渗氮，作其他工艺的过渡层（如喷涂、高合金钢槽镀等）。

（4）修复电器元件，如印制电路板、触点、接头、开关及微电子元件等。

（5）用于去除零件表面部分金属层，如刻字、去毛刺、动平衡去重等。

（6）用于解决通常槽镀难以完成的项目，如盲孔、超大件、难拆难运件等。

（7）对文物和装饰品进行维修或装饰。

3. 刷镀溶液

刷镀溶液根据用途分为表面准备溶液、沉积金属溶液、去除金属溶液和特殊用途溶液。常用的表面准备溶液的性能和用途见表 4-2，常用刷镀溶液的性能和用途见表 4-3。

表 4-2　常用的表面准备溶液的性能和用途

名称	代号	主要性能	适用范围
电净液	SGY-1	无色透明，pH=12～13，碱性，有较强的去污能力和轻度的去锈能力，腐蚀性小，可长期存放	用于各种金属表面的电化学除油
1号活化液	SHY-1	无色透明，pH=0.8～1，酸性，有去除金属氧化膜的作用，对基体金属腐蚀小，作用温和	用于不锈钢、高碳钢、铬镍合金、铸铁等的活化处理
2号活化液	SHY-2	无色透明，pH=0.6～0.8，酸性，有良好的导电性，去除金属氧化物和铁锈能力较强	用于中碳钢、中碳合金钢、高碳合金钢、铝及铝合金、灰铸铁、不锈钢等的活化处理
3号活化液	SHY-3	浅绿色，pH=4.5～5.5，酸性，导电性较差。对用其他活化液活化后残留的石墨或碳墨具有强的去除能力	用于去除经1号活化液或2号活化液活化的碳钢、铸铁等表面残留的石墨（或碳墨）或不锈钢表面的污物

表 4-3　常用刷镀溶液的性能和用途

名称	代号	主要性能	适用范围
特殊镍	SDY101	深绿色，pH=0.9～1，镀层致密，耐磨性好，与大多数金属都具有良好的结合强度	用于铸铁、合金钢、镍、铬、铜、铝等的过渡层和耐磨表面层
快速镍	SDY102	蓝绿色，pH=7.5，沉积速度快，镀层有一定的孔隙和良好的耐磨性	用于恢复尺寸和作耐磨层
低应力镍	SDY103	深绿色，pH=3～3.5，镀层致密孔隙少，具有较大的压应力	用于组合镀层的"夹心层"和防护层

名称	代号	主要性能	适用范围
镍钨合金	SDY104	深绿色，pH=0.9～1，镀层致密，耐磨性好，与大多数金属都具有良好的结合力	用于耐磨工作层，但不能沉积过厚，一般限制在 0.03～0.07 mm
快速铜	SDY401	深蓝色，pH=1.2～1.4，沉积速度快，但不能直接在钢铁零件上刷镀，镀前需用镍打底	用于镀厚及恢复尺寸
碱性铜	SDY403	紫色，pH=9～10，镀层致密，在铝、钢、铁等金属上具有良好的结合强度	用于过渡层和改善表面性能，如改善钎焊性、防渗碳、防氮化等

4. 刷镀设备

刷镀的主要设备是专用直流电源和刷镀笔，此外还有一些辅助器具和材料。目前已研制成功的 SD 型刷镀电源应用广泛，它具有使用可靠、操作方便、精度高等特点。电源的主电路供给无级调节的直流电压和电流，控制电路中具有快速过电流保护装置、安培小时计及各种开关仪表等。

刷镀笔由导电手柄和阳极组成，常见结构如图 4-19 所示。刷镀笔上阳极的材料最好选用高纯细结构的石墨；为适应各种表面的刷镀，石墨阳极可做成圆柱、半圆、月牙、平板和方条等各种形状。

不论采用何种结构形状的阳极，都必须用适当材料包裹，形成包套以储存镀液，并防止阳极与镀件直接接触短路；同时又对阳极表面腐蚀下来的石墨微粒和其他杂质起过滤作用。常用的阳极包裹材料主要是医用脱脂棉、涤棉套管等。包裹要紧密均匀、可靠，使用时不松脱。

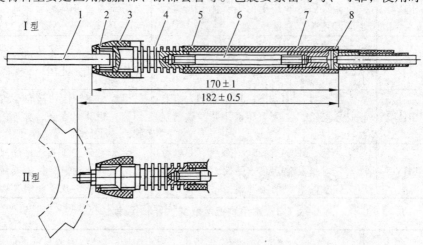

1—阳极；2—O 形密封圈；3—锁紧螺母；4—柄体；5—尼龙手柄；

6—导电螺柱；7—尾座；8—电缆插头。

图 4-19　SDB-1 型刷镀笔

5. 刷镀工艺

刷镀工艺过程如下：

（1）镀前准备：清整工件表面至光洁平整，如脱脂除锈，去掉飞边、毛刺等。预制键槽和油孔的塞堵。如需机械加工时，应在满足修整加工目的的前提下，去掉的金属越少越好（以节省镀液），磨得越光越好（以提高镀层的结合力），其表面粗糙度值一般不高于 $Ra1.6\ \mu m$。

（2）电净：在清理平整的基础上，还必须用电净液进一步通电处理工件表面。通电使电净液成分离解，形成气泡，撕破工件表面油膜，达到脱脂的目的。电净时镀件一般接于电源负极，但对疲劳强度要求严格的工件，则应接于电源正极，以减少氢脆。电净时的工作电压和时间应根据工件的材质和表面形状而定。电净的标准是，冲水时水膜均匀摊开。

（3）活化：电净之后紧接着是活化处理。其实质是除去工件表面的氧化膜，使工件表面露出纯净的金属层，为提高镀层与基体之间的结合力创造条件。

活化时，工件必须接于电源正极，用刷镀笔蘸活化液反复在刷镀表面刷抹。低碳钢处理后，表面应呈均匀银灰色，无花斑。中碳钢和高碳钢的活化过程是，先用 2 号活化液（SHY-2）活化至表面呈灰黑色，再用 3 号活化液（SHY-3）活化至表面呈均匀银灰色。活化后，用清水将工件表面彻底冲洗干净。

（4）刷过渡层：活化处理后，紧接着就是刷镀过渡层。过渡层的作用主要是提高镀层与基体的结合强度及稳定性。常用的过渡层镀液有特殊镍（SDY101）和碱性铜（SDY403），碱性铜适用于改善钎焊性或需防渗碳、防渗氮和需要良好电气性能的工件，碱性铜过渡层的厚度限于 0.01 ~ 0.05 mm。其余一般采用特殊镍作过渡层，为了节约成本，通常只需刷镀 2 μm 厚即可。

（5）刷工作层：根据情况选择工作层并刷镀到所需厚度。刷镀时单一镀层厚度不能过大，否则镀层内残余应力过大，可能使镀层产生裂纹或剥离。根据实践经验，单一刷镀层的最大允许厚度见表 4-4，供刷镀时参考。

表 4-4　单一刷镀层的最大允许厚度　　　　　　　单位：mm

刷镀液种类	平面	外圆面	内孔面
特殊镍	0.03	0.06	0.03
快速镍	0.03	0.06	0.05
低应力镍	0.30	0.50	0.25
镍钨合金	0.03	0.06	0.05
快速铜	0.30	0.50	0.25
碱性铜	0.03	0.05	0.03

当需要刷镀大厚度的镀层时，可采用分层刷镀的方法。这种镀层是由两种乃至多种性能的镀层按照一定的要求组合而成的，因而称为组合镀层。采用组合镀层具有提高生产率，节约贵重金属，提高经济性等效果。但是，组合镀层的最外一层必须是所选用的工作镀层。

（6）镀后检查和处理：刷镀后清洗干净工件上的残留镀液并干燥，检查镀层色泽及有无起皮、脱层等缺陷，测量镀层厚度，需要时送机械加工。若工件加工完毕或可直接使用，应涂防锈液。

6. 刷镀的应用举例

例如，一工作状态为圆周运动的齿轮，材料为合金钢，热处理后的硬度为 240 ~ 285 HBW，齿轮中间是一轴承安装孔，孔直径尺寸为 $\phi 160^{+0.04}_{0}$ mm，长 55 mm。该零件在使用中经检查发现：孔直径尺寸均匀磨损至 ϕ160.08 mm，并有少量划伤。此时，可采用刷镀工艺修复。其修复工艺过程如下：

（1）镀前准备：用细砂布打磨损伤表面，在去除毛刺和氧化物后，用有机溶剂彻底清洗待镀表面及镀液流淌的部位，然后用清水冲净。

（2）电净：将工件夹持在车床卡盘上进行电净处理。工件接负极，选用 SDB-1 型刷镀笔，电压 10 V，时间为 10～30 s，镀液流淌部位也应电净处理。电净后用水清洗，刷镀表面应达到完全湿润，不得有挂水现象。

（3）活化：用 2 号活化液（SHY-2），工件接正极，电压为 10 V，时间为 10～30 s，刷镀笔型号为 SDB-1。活化处理后用清水冲洗零件。

（4）镀层设计：由于孔是安装轴承用的，磨损量较小，对耐磨性要求不高，可采用特殊镍打底，快速镍增补尺寸并作为工作层。为使零件镀后免去加工工序，可采用刷镀方法将孔直径镀到其制造公差的中间值，即 ϕ160.02 mm，此时单边镀层厚度为 0.03 mm。

（5）刷过渡层：用特殊镍镀液，工件接负极，电压 10 V，镀层厚度为 1～2 μm。

（6）刷工作层：刷镀过渡层后迅速刷镀快速镍，直至所要求的尺寸。

（7）镀后检查和处理：用清水冲洗干净，揩干后，测量检查镀后孔径尺寸、孔表面是否光滑，合格后涂防锈液。

五、黏接修复法

黏接修复方法

应用黏接剂对失效零件进行修补或连接，恢复零件使用功能的方法称为黏接修复法。近年来，黏接技术发展很快，在机械设备维修中已得到越来越广泛的应用。

（一）黏接工艺的特点

黏接工艺的优点：

（1）不受材质限制，各种相同材料或异种材料均可黏接。

（2）黏接的工艺温度不高，不会引起母材金相组织的变化和热变形，不会产生裂纹等缺陷，因而可以黏补铸铁件、铝合金件和薄件、细小件等。

（3）黏接时不破坏原件强度，不易产生局部应力集中。

（4）工艺简单、成本低、工期短，便于现场修复。

（5）胶缝有密封、耐磨、耐腐蚀和绝缘等性能，有的还具有隔热、防潮、防振、减振性能。

其缺点是：不耐高温（一般只有 150 ℃，最高 300 ℃，无机胶除外）；抗冲击、抗剥离、抗老化性能差；黏接强度不高（与焊接、铆接比）；黏接质量的检查较为困难。所以，要充分了解黏接工艺特点，合理选择黏接剂和黏接方法，扬长避短，使其在设备维修工作中充分发挥作用。

（二）黏接方法

1. 热熔黏接法

利用电热、热气或摩擦热将黏合面加热熔融，然后叠加并加上足够大的压力，直到冷却凝固为止。该方法主要用于热塑性塑料之间的黏接，大多数热塑性塑料表面加热到 150～230 ℃即可黏接。

2. 溶剂黏接法

该方法用于非结晶性无定形塑料之间的黏接，接头加单纯溶剂或含塑料的溶液，使表面熔融从而达到黏接的目的。

3. 黏接剂黏接法

利用黏接剂将两种材料或两个零件用黏接剂黏合在一起，达到所需的连接强度。该法应用最广，可以黏接各种材料，如金属与金属、金属与非金属、非金属与非金属等。

黏接剂品种繁多，其中，环氧树脂黏接剂对各种金属材料和非金属材料都具有较强的黏接能力，并具有良好的耐水性、耐有机溶剂性、耐酸碱与耐腐蚀性，收缩性小，电绝缘性能好，所以应用最为广泛。表 4-5 列出了机械设备维修中常用的几种黏接剂。

表 4-5　机械设备维修中常用的几种黏接剂

类别	牌号	主要成分	主要性能	用途
通用胶	HY-914	环氧树脂、703 固化剂	双组分，室温快速固化，中强度	60 ℃以下金属和非金属材料黏补
	农机 2 号	环氧树脂、二乙烯三胺	双组分，室温固化，中强度	120 ℃以下各种材料
	KH-520	环氧树脂、703 固化剂	双组分，室温固化，中强度	60 ℃以下各种材料
	JW-1	环氧树脂、聚酰胺	三组分，60 ℃固化 2 h，中强度	60 ℃以下各种材料
	502	α-氰基丙烯酸乙酯	单组分，室温快速固化，低强度	70 ℃以下受力不大的各种材料
结构胶	J-19C	环氧树脂、双氰胺	单组分，高温加压固化，高强度	120 ℃以下受力大的部位
	J-04	钡酚醛树脂、丁腈橡胶	单组分，高温加压固化，高强度	250 ℃以下受力大的部位
	204（JF-1）	酚醛-缩醛有机硅酸	单组分，高温加压固化，高强度	200 ℃以下受力大的部位
密封胶	Y-150 厌氧胶	甲基丙烯酸	单组分，隔绝空气后固化，低强度	100 ℃以下螺纹堵头和平面配合处紧固密封堵漏
	7302 液体密封胶	聚酯树脂	半干性，密封耐压 3.92 MPa	200 ℃以下各种机械平面、法兰、螺纹连接部位的密封
	W-1 密封耐压胶	聚醚环氧树脂	不干性，密封耐压 0.98 MPa	

（三）黏接工艺

1. 黏接剂的选用

选用黏接剂时主要考虑被黏接件的材料、受力情况及使用的环境，并综合考虑被黏接件的形状、结构和工艺上的可能性，同时应成本低、效果好。

2. 接头设计

在设计接头时，应尽可能使黏接接头承受或大部分承受剪切力；尽可能避免剥离和不均匀扯离力的作用；尽可能增大黏接面积，提高接头承载能力；尽可能简单实用，经济可靠。对于受冲击或承受较大作用力的零件，可采取适当的加固措施，如铆接、螺纹连接等形式。

3. 表面处理

其目的是获得清洁、粗糙、活性的表面，以保证黏接接头牢固。表面处理是整个黏接工艺中最重要的工序，关系到黏接的成败。

表面清洗可先用干布、棉纱等除尘并清去厚油脂，再以丙酮、汽油、三氯乙烯等有机溶剂擦拭，或用碱液处理脱脂去油。用锉削、打磨、粗车、喷砂、电火花拉毛等方法除锈及氧化层，并可粗化表面，其中喷砂的效果最好。金属件的表面粗糙度以 $Ra12.5\ \mu m$ 为宜。经机械处理后，再将表面清洗干净，干燥后待用。

必要时还可通过化学处理使表面层获得均匀、致密的氧化膜，以保证黏接表面与黏接剂牢固结合。化学处理一般采用酸洗、阳极处理等方法。钢、铁与天然橡胶黏接时，若在钢、铁表面进行镀铜处理，可大大提高黏接强度。

4. 配 胶

不需配制的成品胶使用时要摇匀或搅匀，多组分的胶配制时要按规定的配比和调制程序现用现配，在使用期内用完。配制时要搅拌均匀，并注意避免混入空气，以免胶层内出现气泡。

5. 涂 胶

应根据黏接剂的不同形态，选用不同的涂布方法。如对于液态胶，可采用刷涂、刮涂、喷涂和滚筒布胶等方法。涂胶时应注意保证胶层无气泡、均匀而不缺胶。涂胶量和涂胶次数因胶的种类不同而异，胶层厚度宜薄。对于大多数黏接剂，胶层厚度控制在 0.05 ~ 0.2 mm 为宜。

6. 晾 置

含有溶剂的黏接剂，涂胶后应晾置一定时间，以使胶层中的溶剂充分挥发，否则固化后胶层内将产生气泡，降低黏接强度。晾置时间的长短、温度的高低都因胶而异，按规定掌握。

7. 固 化

晾置好的两个被黏接件可用来进行合拢、装配和加热、加压固化。除常温固化胶外，其他胶几乎均需加热固化。即使是室温固化的黏接剂，提高温度也对黏接效果有益。固化时应缓慢升温和降温，升温至黏接剂的流动温度时，应在此温度保温 20 ~ 30 min，使胶液在黏接面充分扩散、浸润，然后再升至所需温度。固化温度、压力和时间，应按黏接剂的类型而定。加温时可使用恒温箱、红外线灯、电炉等，近年来还开发了电感应加热等新技术。

8. 质量检验

黏接件的质量检验有破坏性检验和无损检验两种。破坏性检验是测定黏接件的破坏强度。在实际生产中常用无损检验，一般通过观察外观和敲击听声音的方法进行检验，其准确性在很大程度上取决于检验人员的经验。近年来，一些先进技术如声阻法、激光全息摄影、X射线检验等也用于黏接件的无损检验，取得了很大的成绩。

9. 黏接后的加工

有的黏接件黏接后还要通过机械加工或钳工加工至技术要求。加工前应进行必要的倒角、打磨，加工时应控制切削力和切削温度。

（四）黏接技术在设备维修中的应用

由于黏接工艺的优点使其在设备维修中的应用日益广泛，应用时可根据零件的失效形式及黏接工艺的特点具体确定黏接修复的方法。

（1）机床导轨磨损的修复。机床导轨严重磨损后，在修理时通常需要经过刨削、磨削或刮研等修理工艺，但这样做会破坏机床原有的尺寸链。现在可以采用合成有机黏接剂，将工程塑料薄板如聚四氟乙烯板、1010尼龙板等黏接在铸铁导轨上，这样可以提高导轨的耐磨性；同时可以改善导轨的防爬行性和抗咬焊性。若机床导轨面出现拉伤、研伤等局部损伤，可采用黏接剂直接填补修复，如采用502瞬干胶加还原铁粉（或氧化铝粉、二硫化钼等）黏补导轨的研伤处。

（2）零件动、静配合磨损部位的修复。零部件如轴颈磨损、轴承座孔磨损、机床楔铁配合面的磨损等均可用黏接工艺修复，比镀铬、喷涂等工艺简便。

（3）零件的裂纹和破损部位的修复。如零件的裂纹、孔洞、断裂或缺损等均可用黏接工艺修复。

（4）填补铸件的砂眼和气孔。在操作时要认真清理干净待填补部位，在涂胶时可用电吹风均匀在胶层上加热，以去掉黏接剂中混入的气体和使黏接剂顺利流入填补的缝隙里。

（5）用于连接表面的密封堵漏、紧固防松。如防止油泵泵体与泵盖结合面的渗油现象，可将结合面清理干净后涂一层液态密封胶，晾置后在中间再加一层纸垫，使泵体和泵盖结合，拧紧螺柱即可。

（6）用于简单零件黏接组合成复杂零件，以代替铸造、焊接等，从而缩短加工周期。

（7）以环氧树脂胶代替锡焊、点焊，省锡节电。

图4-20所示为一些黏接实例，以作参考。

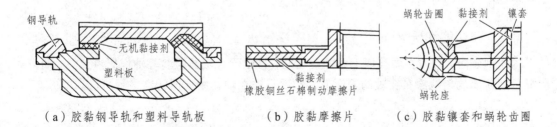

（a）胶黏钢导轨和塑料导轨板　　（b）胶黏摩擦片　　（c）胶黏镶套和蜗轮齿圈

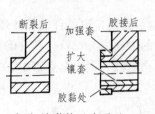 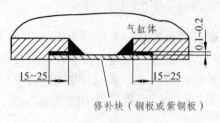 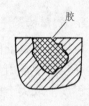

（d）胶黏拨叉支承孔　　　　　　（e）修补气缸破裂孔　　　　　　（f）填补铸造缺陷

图 4-20　黏接技术的应用实例

六、刮研修复法

刮研是利用刮刀、拖研工具、检测器具和显示剂，以手工操作的方式，边刮削加工，边研点测量，使工件达到规定的尺寸精度、几何精度和表面粗糙度等要求的一种精加工工艺。

（一）刮研技术的特点

刮研技术具有以下一些优点：

（1）可以按照实际使用要求将导轨或工件平面的几何形状刮成中凹或中凸等各种特殊形状，以解决机械加工不易解决的问题，消除由一般机械加工所遗留的误差。

（2）刮研是手工作业，不受工件形状、尺寸和位置的限制。

（3）刮研中切削力小，产生热量小，不易引起工件受力变形和热变形。

（4）刮研表面接触点分布均匀，接触精度高，如采用宽刮法还可以形成油楔，润滑性好，耐磨性高。

（5）手工刮研掉的金属层可以小到几微米以下，能够达到很高的精度要求。

刮研法的明显缺点是工效低，劳动强度大。但尽管如此，在机械设备维修中，刮研法仍占有重要地位。如导轨和相对滑动面之间、轴和滑动轴承之间、导轨和导轨之间、部件与部件的固定配合面、两相配零件的密封表面等，都可以通过刮研而获得良好的接触率，增强运动副的承载能力和耐磨性，提高导轨和导轨之间的位置精度，增加连接部件间的连接刚性，使密封表面的密封性提高。因此，刮研法广泛地应用在机械制造及维修中。对于尚未具备导轨磨床的中小型企业，需要对机床导轨进行修理时，仍然采用刮研修复法。

（二）刮研工具和检测器具

刮研工作中常用的工具和器具有刮刀、平尺、角尺、平板、角度垫铁、检验棒、检验桥板、水平仪、光学平直仪、塞尺和各种量具等。

（三）内孔的刮研

内孔刮研时，刮刀在内孔面上做螺旋运动，且以配合轴或检验心轴作研点工具。研点时，将显示剂薄而均匀地涂布在轴的表面上，然后将轴在轴孔中来回转动显示研点。

1. 内孔刮研的方法

图 4-21（a）所示为一种内孔刮研方法。右手握刀柄，左手用四指横握刀身。刮研时右

手做半圆转动，左手顺着内孔方向做后拉或前推刀杆的螺旋运动。另一种刮研内孔的方法如图 4-21（b）所示。刮刀柄搁在右手臂上，双手握住刀身。刮研时左右手的动作与前一种方法一样。

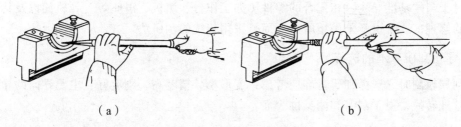

（a）　　　　　　　　　　　　　（b）

图 4-21　内孔刮研方法

2. 刮研时刮刀的位置与刮削的关系

当用三角刮刀或匙形刮刀刮内孔时，要及时改变刮刀与刮削面所成的夹角。刮削中刮刀的位置大致有以下三种情况：

（1）有较大的负前角，如图 4-22（a）所示，由于刮削时切屑较薄，故刮研表面粗糙度较低。一般在刮研硬度稍高的铜合金轴承或在最后修整时采用，而刮研硬度较低的锡基轴承时，则不宜采用这种位置，否则易产生啃刀现象。

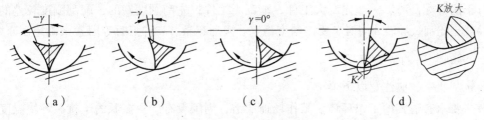

（a）　　　　　（b）　　　　　（c）　　　　　（d）

图 4-22　三角刮刀的位置

（2）有较小的负前角，如图 4-22（b）所示，由于刮削的切屑极薄，能将显示出的高点较顺利地刮去，并能把圆孔表面集中的研点改变成均匀分布的研点。但在刮研硬度较低的轴承时，应注意用较小的压力。

（3）前角为零或不大的正前角如图 4-22（c）、（d）所示，这时刮研的切屑较厚，刀痕较深，一般适合粗刮。

当内孔刮研的对象是较硬的材料，则应避免采用图 4-22（d）所示的产生正前角的刮刀位置，否则易产生振痕。振痕深时，修正也困难。而对于较软的巴氏合金轴承的刮研，用这种位置反而能取得较好的刮研效果。

内孔刮研时，研点应根据轴在轴承内的工作情况合理分布，以取得良好的效果。一般轴承两端的研点应硬而密些，中间的研点可软而稀些，这样容易建立油楔，使轴工作稳定；轴承承载面上的研点应适当密些，以增强其耐磨性，使轴承在负荷情况下保持其几何精度。

（四）机床导轨的刮研

机床导轨是机床移动部件的基准，机床有不少几何精度检验的测量基准是导轨。机床导轨的精度直接影响到被加工零件的几何精度和相互位置精度。机床导轨的修理是机床修理工作中最重要的内容之一，其目的是恢复和提高导轨的精度。未经淬硬处理的机床导轨，如果磨损、拉毛、咬伤程度不严重，可以采用刮研修复法进行修理。一般具备导轨磨床的大中型企业，对于与"基准导轨"相配合的零件（如工作台、溜板、滑座等）导轨面以及特殊形状导轨面的修理，通常也不采用精磨法，而是采用传统的刮研法。

1. 导轨刮研基准的选择

配刮导轨副时，选择刮研基准应考虑：变形小、精度高、刚度好、主要导向的导轨；尽量减少基准转换；便于刮研和测量的表面。

2. 导轨刮研顺序的确定

机床导轨随着各自运动部件形式的不同，而构成各种相互关联的导轨副。它们除自身有较高的形状精度要求外，相互之间还有一定的位置精度要求，修理时就要求有正确的刮研顺序。一般可按以下方法确定。

（1）先刮与传动部件有关联的导轨，后刮无关联的导轨。

（2）先刮形状复杂（控制自由度较多）的导轨，后刮简单的导轨。

（3）先刮长的或面积大的导轨，后刮短的或面积小的导轨。

（4）先刮施工困难的导轨，后刮容易施工的导轨。

对于两件配刮时，一般先刮大工件，配刮小工件；先刮刚度好的，配刮刚度较差的；先刮长导轨，配刮短导轨。同时，要按精度稳定、搬动容易、节省工时等因素来确定刮研顺序。

3. 导轨刮研的注意事项

导轨刮研时，应注意以下事项。

（1）要求有适宜的工作环境。工作场地清洁，周围没有严重振源的干扰，环境温度尽可能变化不大。避免阳光的直接照射，因为在阳光照射下机床局部受热，会使机床导轨产生温差而变形，刮研显点会随温度的变化而变化，易造成刮研失误。特别是在刮研较长的床身导轨和精密机床导轨时，上述要求更要严格些。在温度可控制的室内刮研最为理想。

（2）刮研前机床床身要安置好。在机床导轨修理中，床身导轨的修理量最大，刮研时如果床身安置不当，可能产生变形，造成返工。

床身导轨在刮研前应用机床垫铁垫好，并仔细调整，以便在自由状态下尽可能保持最好的水平。垫铁位置应与机床实际安装时的位置一致，这一点对长度较长和精密机床的床身导轨尤为重要。

（3）机床部件的质量对导轨精度有影响。机床各部件自身的几何精度是由机床总装后的精度要求决定的。大型机床各部件质量较大，总装后可能有关部件对导轨自身的原有精度产生一定影响（因变形所引起）。例如，龙门刨床、龙门铣床、龙门导轨磨床等床身导轨精度将随立柱的装上和拆下而有所变化；横梁导轨精度将随刀架（或磨架）的装上和拆下而有所变化。因此，拆卸前应对有关导轨精度进行测量，记录下来，拆卸后再次测量，经过分析比较，找出变化规律，作为刮研各部件及其导轨时的参考依据。这样便可以保证总装后各项精度一次达到规定要求，从而避免刮研返工。

对于精密机床的床身导轨，精度要求很高。在精刮时，应把可能影响导轨精度变化的部件预先装上，或采用与该部件形状、质量大致相近的物体代替。例如，在精刮立式齿轮磨床床身导轨时，齿轮箱预先装上；精刮精密外圆磨床床身导轨时，液压操纵箱应预先装上。

（4）导轨磨损严重或有深伤痕的应预先加工。机床导轨磨损严重或伤痕较深（超过0.5 mm），应先对导轨表面进行刨削或车削加工后再进行刮研。另外，有些机床，如龙门刨床、龙门铣床、立式车床等工作台表面冷作硬化层的去除，也应在机床拆修前进行。否则工作台内应力的释放会导致工作台微量变形，可能使刮研好的导轨精度发生变化。所以这些工序一般应安排在精刮导轨之前。

（5）刮研工具与检测器具要准备好。机床导轨刮研前，应准备好刮研工具和检测器具，在刮研过程中，要经常对导轨的精度进行测量。

4. 导轨的刮研工艺

导轨刮研一般分为粗刮、细刮和精刮几个步骤，并依次进行。导轨的刮研工艺过程大致如下。

（1）修复机床部件移动的"基准导轨"。该导轨通常比沿其表面移动的部件导轨长，如床身导轨、滑座溜板的上导轨、横梁的前导轨和立柱导轨等。

（2）V平面导轨副，应先修刮V形导轨，再修刮平面导轨。

（3）双V形、双平面（矩形）等相同形式的组合导轨，应先修刮磨损量较小的那条导轨。

（4）修刮导轨时，如果该部件上有不能调整的基准孔（如丝杠、螺母、工作台、主轴等装配基准孔），应先修整基准孔后，再根据基准孔来修刮导轨。

（5）与"基准导轨"配合的导轨，如与床身导轨配合的工作台导轨，只需与"基准导轨"进行合研配刮，用显示剂和塞尺检查与"基准导轨"的接触情况，可不必单独进行精度检查。

七、其他修复技术简介

机械设备维修中常用的重要修复技术除机械加工、电镀、焊接、热喷涂、黏接等外，还有其他修复技术，如表面强化技术和在线带压堵漏技术等，并取得良好的经济效果。

为了提高零件的表面性能，如提高零件表面的硬度、强度、耐磨性、耐腐蚀性等，延长零件的使用寿命，可采用表面强化技术。在机械设备维修中常用的表面强化技术有表面热处理强化工艺、电火花强化工艺和机械强化工艺。如机床导轨表面经过高频淬火后，其耐磨性比铸造时提高两倍多，并显著改善了抗擦伤能力。

在线带压堵漏技术是20世纪70年代发展起来的密封新技术。它是在生产装置工作的情况下，对机械设备系统的各种泄漏部位进行有效堵漏，保证生产装置安全运转。实践表明，该技术对生产中突发性泄漏，如管道和法兰垫片破损泄漏、焊缝砂眼泄漏、接头螺柱结合面泄漏及管道腐蚀穿孔泄漏等十分有效；对于流淌和喷射的高中压蒸气、油、水、稀酸、碱及大多数有机溶剂，都能够进行处理。

八、机械零件修复方法的选择

（一）选择修复方法的基本原则

1. 技术合理

技术合理指的是该技术应满足待修机械零件的技术要求。为此，要作如下各项考虑。

（1）考虑所选择的修复方法对机械零件材质的适应性。由于每一种修复方法都有其适应的材质，所以在选择修复方法时，首先应考虑待修复机械零件的材质对修复方法的适应性。

例如，热喷涂修复法在零件材质上的适用范围较宽，金属零件如碳钢、合金钢、铸铁件和绝大部分有色金属件及其合金件等几乎都能热喷涂。金属中只有少数的有色金属及其合金热喷涂比较困难，如纯铜，由于热导率很大，当粉末熔滴撞击纯铜表面时，接触温度迅速降低，不能形成起码的熔合，常导致热喷涂的失败。另外，以钨、钼为主要成分的材料热喷涂也较困难。

（2）考虑各种修复方法所能提供的覆盖层厚度。每个机械零件由于磨损等损伤情况不一，修复时要补偿的覆盖层厚度也不一样，因此在选择修复方法时，必须了解各种修复方法修复所能达到的覆盖层厚度。下面推荐几种主要修复方法能达到的覆盖层厚度：镀铬，0.1~0.3 mm；镀铁，0.1~5 mm；热喷涂，0.2~3 mm；焊接，0.5~5 mm；等离子堆焊，0.25~6 mm；埋弧堆焊，厚度不限；手工耐磨堆焊，厚度不限。

（3）考虑覆盖层的力学性能。覆盖层的强度、硬度、覆盖层与基体的结合强度以及机械零件修理后表面强度的变化情况等是评价修理质量的重要指标，也是选择修复方法的重要依据。例如，铬镀层硬度可高达 1 200 HV，其与钢、镍、铜等机械零件表面的结合强度可高于其本身晶格间的结合强度；铁镀层硬度可达 800 HV，与基体金属的结合强度为 200~350 MPa。又如热喷涂层的硬度范围为 150~450 HBW，喷涂层与工件基体的抗拉强度为 20~30 MPa，抗剪强度为 30~40 MPa。热喷焊层的硬度范围是 25~65 HRC，喷焊层与工件基体的抗拉强度为 400 MPa 左右。

在考虑覆盖层力学性能时，也要考虑与其有关的问题。如果修复后覆盖层硬度较高，虽有利于提高耐磨性，但加工困难；如果修复后覆盖层硬度不均匀，则会引起加工表面不光滑。

机械零件表面的耐磨性不仅与表面硬度有关，而且与表面金相组织、表面吸附润滑油能力、两表面磨合情况均有关。如采用镀铬、镀铁、金属热喷涂等修复方法均可以获得多孔隙的覆盖层，这些孔隙中储存的润滑油使机械零件即使在短时间内缺油也不会发生表面研伤现象。

（4）考虑修复方法应满足机械零件的工作条件。机械零件的工作条件包括承受的载荷、温度、运动速度、工作面间的介质等，选择修复方法时应考虑其必须满足机械零件工作条件的要求。例如，所选择的修复方法施工时温度高，则会使机械零件退火，原表面热处理性能被破坏，热变形及热应力均增大，材料力学性能下降。再如气焊、电焊等补焊和堆焊方法，在操作时机械零件受到高温的影响，其热影响区内金属组织及力学性能均发生变化，故这些方法只适用于修复焊后需加工整形的机械零件、未淬火的机械零件以及焊后需热处理的机械零件。

机械零件工作条件不同，所采用的修复工艺也应不同。例如在滑动配合条件下工作的机械零件两表面，承受的接触应力较低，从这点考虑，各种修复方法都适用；而在滚动配合条件下工作的机械零件两表面，承受的接触应力较高，则只有镀铬、喷焊、堆焊等技术可以胜任。

（5）考虑对同一机械零件不同的损伤部位所选用的修复方法尽可能少。例如，某机械设备的减速器被动轴经常损伤的部位是渐开线花键和自压油挡配合面。对于渐开线花键，目前只能用手工电弧堆焊方法进行修复，而自压油挡配合面则可以用手工电弧堆焊、振动电弧堆焊、等离子喷涂等多种方法进行修复。当两个损伤部位同时出现时，为了避免机械零件往复周转，缩短修复过程，这两个损伤部位可全用手工电弧堆焊方法进行修复。

（6）考虑下次修复的便利。多数机械零件不止修复一次，因此要照顾到下次修复的便利。例如，专业修理厂在修复机械零件时应采用标准尺寸修理法及其相应的技术，而不宜采用修理尺寸法，以免给送修厂家再修复时造成互换、配件等方面的不便。

2. 经济性好

在保证机械零件修复方法合理的前提下，应考虑所选择修复方法的经济性。但单纯用修复成本衡量经济性是不合理的，还需考虑用某方法后机械零件的使用寿命。因此，必须两方面同时结合起来考虑，综合评价。同时，还应注意尽量组织批量修复，这有利于降低修复成本，提高修复质量。

在一般情况下，只要旧件修复后的单位使用寿命的修复费用低于新件的单位使用寿命的制造费用，即可认为修复是经济的。在实际生产中，还必须考虑会出现因备品配件短缺而停机停产使经济蒙受损失的情况。这时即使所采用的修复方法使得修复旧件的单位使用寿命所需的费用较大，但从整体的经济方面考虑还是可取的。

3. 生产可行

许多修复方法需配置相应的技术装备、一定数量的技术人员，也涉及整个维修组织管理和维修生产进度。所以选择修复方法要结合企业现有修复用的装备状况和修复水平进行。但是应指出，要注意不断更新现有修复方法，通过学习、开发和引进，结合实际采用较先进的修复方法。组织专业化机械零件修复，并大力推广先进的修复方法是保证修复质量、降低修复成本、提高修理技术的发展方向。

（二）选择机械零件修复技术的方法与步骤

（1）了解和掌握待修机械零件的损伤形式、损伤部位和程度；了解机械零件的材质及物理、力学性能和技术条件；了解机械零件在机械设备中的功能和工作条件。为此，需查阅机械零件的鉴定单、图册、制造技术文件、部装图及其工作原理等。

（2）考虑和对照本单位的修复技术装备状况、技术水平和经验，并估算旧件修复的数量。

（3）按照选择修复方法的基本原则，对待修机械零件的各个损伤部位选择相应的修复方法。如果待修机械零件只有一个损伤部位，则到此就完成了修复方法的选择过程。

（4）全面权衡整个机械零件各损伤部位的修复技术方案。实际上，一个待修机械零件往往同时存在多处损伤，尽管各部位的损伤程度不一，有的部位可能处于未达极限损伤状态，但仍应当全面加以修复。此时按照步骤（3）确定机械零件各单个损伤的修复方法之后，就应当加以综合权衡，确定其全面修复的方案。为此，必须按照下述原则全面权衡修复方案。

① 在保证修复质量的前提下力求修复方案中采用的修复方法种类最少。

② 力求避免各修复方法之间的相互不良影响，如热影响。

③ 尽量采用简便而又能保证质量的修复方法。

（5）最后择优确定一个修复方案。当待修机械零件全面修复技术方案有多个时，最后需要再次根据修复方法选择基本原则，择优选定其中一个方案作为最后采纳的方案。

（三）机械零件修理工艺规程的拟订

拟订机械零件修理工艺规程的目的是保证修理质量以及提高生产率和降低修理成本。

1. 拟订机械零件修理工艺规程的依据

拟订机械零件修理工艺规程的依据主要是机械零件的工作条件和技术要求、有关技术文件、技术试验总结及本单位设备状况、技术水平、生产经验等。

2. 拟订机械零件修理工艺规程时应考虑的问题

机械零件的修理工艺比新件的制造工艺复杂，在拟订修理工艺规程时应考虑如下问题。

（1）修理的对象不是毛坯，而是有损伤的旧机械零件，同时损伤形式各不相同。因此修理时，既要考虑修理损伤部件，又要考虑保护不修理表面的精度和材料的力学性能不受影响。

（2）机械零件制造时的加工定位基准往往会被破坏，为此加工时需预先修复定位基准或给出新的定位基准。

（3）需修理磨损的机械零件，通常其磨损不均匀，而且需补偿的尺寸一般较小。

（4）机械零件需修理表面在使用中通常会产生冷作硬化，并沾有各种污物，修理前需有整理和清洗工序。

（5）修复过程中采用各种技术方法较多，批量较小，辅助工时比例较高，尤其对于非专业化维修单位而言，多是单件修复。

（6）修复高速运动的机械零件，其原来平衡性可能受到破坏，应考虑安排平衡工序，以保证其平衡性的要求。

（7）有些修复方法可能导致机械零件材料内部和表面产生微裂纹等，为保证其疲劳强度，要注意安排提高疲劳强度的工艺措施和采取必要的探伤检验等手段。

（8）焊接或堆焊等修复方法会引起机械零件变形，在安排工序时，应注意把会产生较大变形的工序安排在前面，并增加校正工序；对于精度要求较高、表面粗糙度值要求小的工序，应安排在后面。

3. 机械零件修理工艺规程内容

机械零件修理工艺规程的内容包括名称、图号、硬度、损伤部位指示图、损伤说明、修理方法的工序及工步，每一工步的操作要领及应达到的技术要求、工艺规范，修复时所用的设备、夹具、量具，修复后的技术质量检验内容等。

技术规程常以卡片的形式规定下来，必要时可加以说明。

4. 编制机械零件修理工艺规程的过程

（1）熟悉机械零件的材料及其力学性能、工作条件和技术要求；了解损伤部位、损伤性质（磨损、断裂、变形、腐蚀）和损伤程度（如磨损量大小、磨损不均匀程度、裂纹深浅及长度等）；了解本单位的设备状况和技术水平；明确修复的批量。

（2）根据修复方法的选择原则确定修复技术方法，分析该机械零件修复中的主要技术问题，并提出相应的措施。安排合理的技术顺序，提出各工步的技术要求、工艺规范以及所用的设备、夹具、量具等。

（3）听取有关人员意见并进行必要的试修，对试修件进行全面的质量分析和经济指标分析，在此基础上正式填写技术规程卡片，并报请主管领导批准后执行。

（4）在技术规程中既要把住质量关，对一些关键问题做出明确规定；又不要把一些不重要的操作方法规定得太死，这样便于修理工人根据自己的经验和习惯灵活掌握，充分发挥修理工人的积极性和创造性。

思考练习题

4-1 什么是修理尺寸法？修理尺寸应如何确定？

4-2 简述金属扣合法的分类及其各自应用的范围。

4-3 镀铬与一般的金属电镀相比，工艺上有哪些特点？

单元测验 10

4-4 什么是热喷涂技术？它在机械设备维修中的主要用途是什么？

4-5 焊接技术在机械设备维修中有何用途？它的特点如何？

4-6 简述铸铁冷焊法的工艺过程。

4-7 简述黏接工艺过程，并说明黏接工艺的关键步骤。

4-8 简述刮研修复方法的特点和步骤。

4-9 刮研工作中常用的工具和量具有哪些？

4-10 选择机械零件修复方法的基本原则有哪些？

任务二　典型机械零部件的维修

一、轴和轴承的修理

（一）轴的修理

轴和轴承的修理

1. 轴的磨损或损伤情况分析

轴类零件是组成机械设备的重要零件，也是最容易失效的零件。随着轴的结构形式、工作性质及条件各不相同，失效的形式和程度也不一样。轴类零件常见的失效形式和原因如下。

1）磨　损

因低速重载或高速运转，润滑不良引起胶合；或较硬杂质介入；或受应力作用且润滑不良，引起疲劳磨损。

2）腐　蚀

受氧化性、腐蚀性较强的气体、液体作用而产生腐蚀。

3）弯　曲

长期受到弯矩的作用，或突然受到一个很大弯矩的作用，超过轴的抗弯强度，以致无法变形恢复。

4）断　裂

（1）交变应力作用、局部应力集中、微小裂纹扩展等引起疲劳断裂。

（2）温度过低、快速加载、电镀等使氢渗入轴中，引起脆性断裂。

（3）过载、材料强度不够、热处理使韧性降低及低温、高温等引起韧性断裂。

5）变　形

（1）轴的刚度不足、过载或轴系结构不合理引起弹性变形。

（2）轴的强度不足、过量过载、设计结构不合理、高温导致材料强度降低甚至发生蠕变引起塑性变形。

6）轴上的键槽、螺纹等损坏

键槽因受到较强冲击力作用或经常拆卸，螺纹因锈蚀或拆卸时操作不当，造成键槽和螺纹损坏。

2. 轴的修理方法

1）轴颈磨损的修复

轴颈因磨损而失去原有的尺寸和形状精度，变成椭圆形或圆锥形等，此时常用以下方法修复。

（1）按照规定的尺寸进行修复。当轴颈磨损量小于 0.5 mm 时，可以用机械加工方法使轴颈恢复正确的几何形状，然后按照轴颈的实际尺寸选配新轴衬。这种用镶套进行修复的方法可避免轴颈的变形，在实践中经常使用。

（2）堆焊法修复。几乎所有的堆焊工艺都能用于轴颈的修复。堆焊后不进行机械加工，堆焊层厚度应保持在 1.5~2.0 mm；如果堆焊后仍需进行机械加工，堆焊层的厚度应使轴颈比其名义尺寸大 2~3 mm，堆焊后应进行退火处理。

（3）电镀或喷涂修复。当轴颈磨损量在 0.4 mm 以下时，可镀铬修复，但成本较高，只适用于重要的轴。为降低成本，对于不重要的轴，应采用低温镀铁修复，此方法效果很好，原材料便宜，成本低，污染小，镀层厚度可达 1.5 mm。有较高硬度、磨损量不大的轴也可以采用喷涂修复。

（4）黏接修复。将磨损的轴颈车小 1 mm，然后用玻璃纤维蘸上环氧树脂胶，逐层地缠在轴颈上，待固化后加工到规定的尺寸。

2）中心孔损坏的修复

在修复前，首先除去孔内的油污和铁锈，检查损坏情况，若损坏不严重，用三角刮刀或油石等进行修整；当损坏严重时，应当将轴装在车床上用中心钻加工修复，直至完全符合规定的技术要求。

3）圆角的修复

圆角对轴的使用性能影响很大，特别是在交变载荷作用下，常因轴颈直径突变部位的圆角被破坏或圆角半径减小导致轴折断，所以圆角的修复不可忽视。

圆角的磨伤可用细锉或车削、磨削加工修复。当圆角磨损很大时，需要进行堆焊，退火后车削至原尺寸。圆角修复后，不可有划痕、擦伤或刀迹，圆角半径也不能减小，否则会减弱轴的性能并导致轴的损坏。

4）螺纹的修复

当轴表面上的螺纹碰伤，螺母无法拧入时，可用圆板牙或车削加工修整。如果螺纹滑牙或掉牙，可先将螺纹全部车削掉，然后进行堆焊，再车削加工修复。

5）键槽的修复

当键槽只有小凹痕、毛刺或轻微磨损时，可以用细锉、油石或刮刀等进行修整。如果键槽磨损较大，可扩大键槽或重新开槽，并配大尺寸的键或阶梯键；也可以在原槽位置上旋转90°或180°重新按标准开槽，在开槽前需先将旧键槽用气焊或电焊填满。

6）花键轴的修复

（1）当键齿磨损不大时，先将花键部分退火，进行局部加热，然后用钝錾子对准键齿中间，手锤敲击，并沿键长移动，使键宽增加 0.5 ~ 1.0 mm。花键被挤压后，劈成的槽可以用电焊焊补，最后进行机械加工和热处理。

（2）采用纵向或横向施焊的自动堆焊方法。纵向堆焊时，将清洗好的花键轴装到堆焊机床上，机床不转动，将振动堆焊机头旋转 90°，并将焊嘴调整到与轴中心线成 45°的键齿侧面。焊丝伸出端与工件表面的接触点应在键齿的节径上，由床头向尾架方向施焊。横向施焊与一般轴类零件修复时的自动堆焊相同。为确保堆焊质量，焊前应将工件预热，堆焊结束时，应当在焊丝离开工件后断电，以免产生端面弧坑。堆焊后要重新进行铣削或磨削加工，以达到规定的技术要求。

（3）按照规定的工艺规程进行低温镀铁，镀铁后再进行磨削加工，使其符合规定的技术要求。

7）裂纹和折断的修复

轴出现裂纹后如果不及时修复，就有折断的危险。

对于轻微裂纹，可采用黏接进行修复，先在裂纹处开槽，然后用环氧树脂填补和黏接，待固化之后进行机械加工。

对于承受载荷不大或不重要的轴，其裂纹深度不超过轴直径的10%时，可采用焊补进行修复。在焊补前，必须认真做好清洁工作，并在裂纹处开好坡口。在焊补时，先在坡口周围加热，然后再进行焊补。为了消除内应力，焊补后需进行回火处理，最后通过机械加工达到规定的技术要求。对于承受载荷很大或重要的轴，其裂纹深度超过轴直径的10%或存在角度超过 10°的扭转变形，应予以调换。

当载荷大或重要的轴出现折断时，应及时调换。通常受力不大或不重要的轴折断时，可用如图 4-23 所示的方法进行修复。其中，图 4-23（a）所示为用焊接法把断轴两端对接起来。在焊接前，先将两轴端面钻好圆柱销孔、插入圆柱销，然后开坡口进行对接。圆柱销直径一般为（0.3 ~ 0.4）d，d 为断轴外径。图 4-23（b）所示为用双头螺柱代替圆柱销。如果轴的过渡部分折断，可另加工一段新轴代替折断部分，新轴一端车出带有螺纹的尾部，旋入轴端已加工好的螺孔内，然后进行焊接。

有时折断的轴其断面经过修整后，使轴的长度缩短了，此时需要采用接段修理法进行修复，即在轴的断口部位再接上一段轴颈。

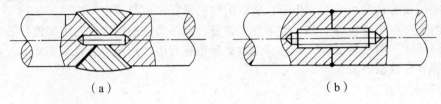

（a） （b）

图 4-23 断轴修复

8）弯曲变形的修复

对弯曲量较小的轴（一般小于长度的 8/1 000），可采用冷校法进行校正。通常普通的轴可以在车床上校正，也可以用千斤顶或螺旋压力机进行校正。这些方法的弯曲量能达到 0.05 mm/m，可以满足一般低速运行的机械设备要求。对于要求较高，需精确校正的轴或弯曲量较大的轴，则用热校法进行校正。通过加热使轴的温度达到 550 ℃，待冷却后进行校正。加热时间根据轴的直径大小、弯曲量及具体的加热设备确定。热校后应将轴的加热处退火，恢复到原来的力学性能和技术要求。

9）其他失效形式的修复

外圆锥面或圆锥孔磨损，均可用车削或磨削方法加工到较小或较大尺寸，达到修配要求，再另外配相应的零件；轴上销孔磨损时，也可以将尺寸铰大一些，另配销子；轴上的扁头、方头及球头磨损可采用堆焊或加工、修整几何形状的方法修复；当轴的一端损坏时，可以采用局部修换法进行修理，即切削损坏的一段，再焊上一段新的后，加工到要求的尺寸。

（二）轴承的修理

1. 滚动轴承的修理

1）滚动轴承常见的故障特征、产生原因及维修措施

滚动轴承的修理

表 4-6 为滚动轴承常见的故障特征、产生原因及维修措施。

表 4-6 滚动轴承常见的故障特征、产生原因及维修措施

序号	故障特征	产生原因	维修措施
1	轴承温升过高，接近 100 ℃	润滑中断；用油不当；密封装置、垫圈、衬套间装配过紧；安装不正确，间隙调整不当；超载、超速	及时加油或疏通油路或换油；调整或重新装配密封装置、垫圈、衬套并磨合；控制载荷和速度
2	轴承声音异常	轴承因磨损而配合松动；轴承间隙太大；润滑不良	调整、修复或更换轴承；加强润滑
3	轴承内、外圈有裂纹	装配过盈量太大，配合不当；受到较大的冲击载荷；制造质量不良，轴承材料内部有缺陷	更换轴承，修复轴颈
4	轴承金属剥落	冲击力或交变载荷使滚道和滚动体产生疲劳剥落；内、外圈安装歪斜造成过载；间隙调整过紧；配合面间有铁屑或硬质杂物；选型不当	找出过载原因并予以排除；重新安装、调整；保持洁净，加强密封；按照规定重新选型

序号	故障特征	产生原因	维修措施
5	轴承表面出现点蚀麻坑	油液黏度过低,抗极压能力低;超载	更换黏度大的油或采用极压齿轮油;找出超载原因并予以排除
6	轴承咬死	严重发热造成局部高温	清洗、调整,找出发热原因并采取相应的改善措施
7	轴承磨损	润滑不良;超载、超速;装配不良、间隙调整过紧;轴承制造质量不高	加强润滑;限制速度和载荷;重新装配、调整间隙;更换轴承

2）滚动轴承的调整与更换

滚动轴承属于标准件,出现故障后通常采用更换的方式,不进行修复。这是因为它的构造比较复杂,精度要求高,修复受到一定条件的限制。通常滚动轴承在工作过程中如发现以下各种缺陷,应及时调整和更换。

（1）滚动轴承的工作表面受交变载荷应力的作用,金属因疲劳而产生脱皮现象。

（2）因润滑不良、密封不好、灰尘进入,造成工作表面被腐蚀,初期产生具有黑斑点的氧化层,进而发展形成锈层而剥落。

（3）滚动体表面产生凹坑,滚道表面磨损或鳞状剥落,使间隙增大,工作时发出噪声且无法调整。如果继续使用,就会出现振动。

（4）保持架磨损或碎裂,使滚动体卡住或从保持架上脱落。

（5）轴承因装配或维护不当,从而产生裂纹。

（6）轴承因过热而退火。

（7）内、外圈与轴颈和轴承座孔配合松动,在工作时,两者之间发生相互滑移,加速磨损;或者它们之间配合过紧,拆卸后轴承转动仍过紧。

3）滚动轴承的修复

在某些情况下,如使用大中型轴承、特殊型号轴承,购置同型号的新轴承比较困难,或轴承个别零件磨损,稍加修复即可使用,并能够满足性能要求等,从解决生产急需、节约的角度出发,修复旧轴承还是非常必要的。此时需要根据轴承的大小、类型、缺陷的严重程度、修复的难易、经济效益和本单位的实际条件综合考虑。滚动轴承的修复可采用以下方法。

（1）选配法。它不需要修复轴承中的任何一个零件,只要将同类轴承全部拆卸,并清洗、检验,把符合要求的内、外圈和滚动体重新装配成套,恢复其配合间隙和安装精度即可。

（2）电镀法。凡选配法不能修复的轴承,可以对外圈和内圈滚道镀铬,恢复其原来的尺寸后再进行装配。镀铬层不宜太厚,否则容易剥落,降低力学性能。同时也可以镀铜、镀铁。

（3）电焊法。圆锥或圆柱滚子轴承的内圈尺寸如果能确定修复,可以采用电焊修补。修补的工艺过程是:检查、电焊、车削整形、抛光、装配。

（4）修整保持架。轴承保持架除变形过大、磨损过度外,通常都能使用专用夹具和工具进行整形。若保持架有裂纹,可用气焊修补。为了防止保持架整形和装配时断裂,应当在整形前先进行正火处理,正火后再抛光待用;如果保持架有小裂纹,也可以在校正后用胶黏剂修补。

4）滚动轴承的代用

如果在维修的过程中需要更换的轴承缺货,且又不便于修复,此时可考虑代用。代用的原则是必须满足同种轴承的技术性能要求，特别是工作寿命、转速、精度等级。代用的方法主要包括直接代用、加垫代用、以宽代窄、内径镶套改制代用、外径镶套改制代用、内外径同时镶套代用、用两套轴承代替一套轴承等。

2. 滑动轴承的修理

1）滑动轴承常见的故障特征、产生原因及维修措施

表4-7为滑动轴承常见的故障特征、产生原因及维修措施。

滑动轴承的修理

表4-7 滑动轴承常见的故障特征、产生原因及维修措施

序号	故障特征	产生原因	维修措施
1	磨损及刮伤	润滑油中混有杂质、异物及污垢；检修方法不妥、安装不对中；润滑不良；使用维护不当；质量指标控制不严，轴承或轴变形，轴承与轴颈磨合不良	清洗轴颈、油路、过滤器并换油；修刮轴瓦或新配轴瓦；注意检修质量和安装质量
2	疲劳破裂	由于不平衡引起的振动或轴的连续超载等造成轴承合金疲劳破裂；轴承检修和安装质量不高；轴承温度过高	提高安装质量，减少振动；防止偏载、过载；采用适当的轴承合金及结构；严格控制轴承温度
3	温度过高	轴承冷却不好；润滑不良；过载、超速；装配不当、磨合不够；润滑油中杂质过多；密封不好	加强润滑；加强密封；防止过载、超速；提高安装质量；调整间隙并磨合
4	胶合	润滑不良、轴承过热；负载过大；操作不当或操作系统失灵；安装不对中	加强润滑；加强检查，防止过热、过载；重新安装，保证安装对中；胶合较轻则可刮研修复
5	拉毛	大颗粒污垢带入轴承间隙并嵌藏在轴衬上，使轴承与轴颈接触形成硬块，运转时刮伤轴的表面，从而拉毛轴承	注意润滑油的洁净；检修时注意清洗，防止污物带入
6	变形	超载、超速，使轴承内部的应力超过弹性极限，出现塑性变形；轴承装配不好；润滑不良，油膜局部压力过高	防止超载、超速；加强润滑，防止过热；安装应对中
7	穴蚀	轴承结构不合理；轴的振动；油膜中形成紊流，使油膜压力变化，形成蒸气泡，蒸气泡破裂，轴瓦局部表面产生真空，引起小块剥落，产生穴蚀破坏	增大供油压力，改进轴承结构；减小轴承间隙；更换合适的轴承材料
8	电蚀	由于绝缘不好或接地不良，或产生静电，使轴颈与轴瓦之间形成一定的电压，穿透轴颈与轴瓦之间的油膜而产生电火花，将轴瓦打成麻坑状	增大供油压力，检查绝缘状况，特别是接触状况，电蚀不严重时可刮研轴瓦；检查轴颈，电蚀不严重时可磨削
9	机械故障	相关机械零件发生损坏或有质量问题，导致轴承损坏，如轴承座错位、变形、孔歪斜、轴变形等；超载、超速、使用不当	提高相关零件的制造质量；保证安装质量，避免超载、超速；正确使用，加强维护

2）常见的维修方法

（1）整体式轴承。

① 当轴承孔磨损时，通常用调换轴承并通过镗削、铰削或刮削加工轴承孔的方法修复；

也可以用塑性变形法，即以缩短轴承长度和缩小内径的方法修复。

② 没有轴套的轴承内孔磨损后，可用镶套法修复，即将轴承孔镗大，压入加工好的衬套，然后按照轴颈修整，使之达到配合要求。

（2）剖分式轴承。

① 更换轴瓦。通常在下述条件下需要更换新轴瓦：严重烧损、瓦口烧损面积大、磨损深度大，用刮研与磨合的方法不能挽救；瓦衬的轴承合金减薄到极限尺寸；轴瓦发生碎裂或裂纹严重；磨损严重，径向间隙过大而不能调整。

② 刮研轴承。在运转中擦伤或严重胶合（即烧瓦）的事故是经常见到的。通常的维修方法是清洗后刮研轴瓦内表面，然后与轴颈配合刮研，直到重新获得需要的接触精度为止。对于一些较轻的擦伤或某一局部烧伤，可通过清洗并更换润滑油，然后用在运转中磨合的方法来处理，而不必进行拆卸刮研。

③ 调整径向间隙。轴承因磨损而使径向间隙增大，从而出现漏油、振动、磨损加快等现象。在维修时经常用增减轴承瓦口之间的垫片来重新调整径向间隙，改善上述缺陷。在修复时，若撤去轴承瓦口之间的垫片，则应当按轴颈尺寸进行刮配。如果轴承瓦口之间无调整垫片，可以在轴衬背面镀铜或垫上薄铜皮，但必须垫牢，防止窜动。轴衬上合金层过薄时，要重新浇注抗磨合金或更换新轴衬后刮配。

④ 缩小接触角度、增大油楔尺寸。轴承随着运转时间的增加，磨损逐渐增大，造成轴颈下沉，接触角度增大，使润滑条件恶化，加快磨损。在径向间隙不必调整的情况下，可以用刮刀开大瓦口，减小接触角度，缩小接触范围，增大油楔尺寸的方法来修复。有时这种修复与调整径向间隙同时进行，将会得到更好的修复效果。

⑤ 补焊和堆焊。对于磨损、刮伤、断裂或有其他缺陷的轴承，可用补焊或堆焊修复。通常用气焊修复轴瓦，对常用的巴氏合金轴承采用补焊，主要的修复工艺如下。

a. 用扁錾、刮刀等工具对需要补焊的部位进行清理，做到表面无油污、残渣、杂质，并露出金属的光泽。

b. 选择与轴承材质相同的材料作为焊条，用气焊对轴承补焊，焊层厚度通常为 2～3 mm，较深的缺陷可补焊多层。

c. 补焊面积较大时，可以将轴承底部浸入水中冷却，或间歇作业，留有冷却时间。

d. 补焊后要再加工，局部补焊可通过手工修整与刮研完成修复，较大面积的补焊可以在机床上切削加工。

⑥ 重新浇注轴承瓦衬。对于磨损严重而失效的滑动轴承，补焊或堆焊已无法满足要求，这时需要重新浇注轴承合金，它是非常普遍的修复方法。其主要工艺过程和注意要点如下。

a. 做好浇注前的准备工作，包括必要的工具、材料与设备，例如固定轴瓦的卡具和平板、按照图纸要求同牌号的轴承合金、挂锡用的锡粉和锡棒、熔化轴承合金的加热炉、盛轴承合金的坩埚等。

b. 浇注前应当将轴瓦上的旧轴承合金熔掉，可用喷灯火烤，也可以将轴瓦置于熔化合金的坩埚上使合金熔掉。

c. 检查和修正瓦背，使瓦背内表面无氧化物，呈银灰色；使瓦背的几何形状符合技术要求；使瓦背在浇注之前扩张一些，确保浇注后因冷却收缩能和瓦座很好贴合。

d. 清洗、除油、去污、除锈、干燥轴瓦，使它在挂锡前保持清洁。

e. 挂锡，将锌溶解在盐酸内形成的氯化锌溶液涂刷在瓦衬表面，将瓦衬预热到 250 ~ 270 ℃；再均匀地涂上一层氧化锌溶液，撒上一些氯化铵粉末并成薄薄的一层；将锡条或锡棒用铧刀铧成粉末，均匀地撒在处理好的瓦衬表面上，锡受热即熔化在上面，形成一层薄而均匀且光亮的锡衣。如果出现淡黄色或黑色的斑点，说明质量不好，需要重新挂锡。

f. 熔化轴承合金，包括对瓦衬预热；选用和准备轴承合金；将轴承合金熔化，并在合金表面上撒一层碎木炭块，厚度在 20 mm 左右，减少合金表面氧化；注意控制温度，既不要过高，也不能过低，通常锡基轴承合金的浇注温度为 400 ~ 450 ℃，铅基轴承合金的浇注温度为 460 ~ 510 ℃。

g. 浇注轴承合金，在浇注前最好将瓦衬预热到 150 ~ 200 ℃；浇注的速度不宜过快，不能间断，要连续、均匀地进行；浇注温度不宜过低，避免砂眼的产生；要注意清渣，将浮在表面上的木炭、熔渣除掉。

h. 质量检查，通过断口来分析判断缺陷，如质量不符合技术要求，则不能使用。

有条件的单位要采用离心浇注。其工艺过程与手工浇注基本相同，只是浇注不用人工而在专用的离心浇注机上进行。离心浇注是利用离心力的作用，使轴承合金均匀而紧密地黏合在瓦衬上，从而保证了浇注质量。这种方法生产效率高，改善了工人的劳动条件，对成批生产或维修轴瓦来说比较经济。

⑦ 塑性变形法。对于青铜轴套或轴瓦，还可采用塑性变形法进行修复，主要有镦粗、压缩和校正等方法。

a. 镦粗法是用金属模和芯棒定心，在上模上加压，使轴套内径减小，然后加工其内径。它适用于轴套的长度与直径之比小于 2 的情况。

b. 压缩法是将轴套装入模具中，在压力的作用下使轴套通过模具使其内、外径均减小，减小后的外径用金属喷涂法恢复原来的尺寸，然后加工到需要的尺寸。

c. 校正法是将两个半轴瓦合在一起，固定后在压力机上加压成椭圆形，然后将半轴瓦的结合面各切去一定的厚度，使轴瓦的内、外径均减小，外径用金属喷涂法修复，再加工到所要求的尺寸。

二、孔和壳体零件的修理

（一）孔的修理

1. 连杆轴瓦的镗削

为了确保连杆轴瓦孔的轴心线与连杆小端衬套孔轴心线平行，选择与大端销孔相配合的活动销外圆作定位基准。即将活动销伸出的两端放在镗瓦机的专用 V 形铁上，连杆小端放在能调节的顶尖上，然后压紧，完成装卡定位。

为了确保镗削后的轴瓦合金厚度均匀一致和大、小端中心距基本保持不变化，镗杆应当找正中心。转动镗杆，使刀尖在轴瓦表面上下左右四个位置的划痕深度一致。找正后的夹紧力不宜过大。

镗削连杆轴瓦时，由于轴瓦精加工余量很小，因此要求对刀尺寸误差小。常使用带 V 形架的对刀百分尺进行对刀，如图 4-24 所示。

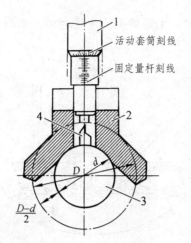

1—活动套筒；2—V形架；3—镗杆；4—镗刀。

图 4-24　对刀百分尺

对刀尺寸可用下面公式计算：

$$A = B + \frac{D+d}{2}$$ （4-1）

式中　A——对刀尺寸；

D——轴瓦镗削尺寸；

d——刀杆尺寸；

B——用对刀百分尺测量刀杆的读数。

2. 主轴瓦的镗削

主轴瓦镗削在专用轴瓦镗床上进行，镗杆找正对中以前后两道主轴承座孔为基准，找正后夹紧试镗，检查镗削尺寸，进一步调整镗刀尺寸。为了确保各主轴承镗削尺寸一致，生产中常使用活动刀盘，当镗完一道轴瓦后，只需要松开固定螺钉，将活动刀盘移至另一道轴瓦处进行加工即可。

主轴瓦镗削同连杆轴瓦镗削一样，要求尽量小的表面粗糙度值和尽量高的尺寸精度，圆度误差也要尽量小。轴瓦镗削是确保发动机修理质量的关键工序，应当选配技术等级较高的技工进行。

3. 镗缸与珩磨

1）镗　缸

缸筒或气缸磨损后应当进行镗缸修理，镗缸应当在镗缸机上进行。镗缸有同心镗法和偏心镗法两种方法。同心镗法以气缸未磨损的气缸口表面作为找正基准；偏心镗法以气缸最大磨损处作为找正定心基准，偏心镗法的偏移方位在连杆摆动平面内最好。

镗缸时应尽量减小因镗杆受力弯曲和刀头磨损而可能引起上大下小的锥度偏差。粗镗时主要注意恢复缸筒的几何形状，精镗时应当提高尺寸精度和降低表面粗糙度值。

2）珩　磨

为了进一步提高缸筒或气缸的表面质量，镗削后应当进行珩磨。珩磨加工同时有两个运动：一个是磨头的旋转运动；另一个是磨头的往复运动，如图 4-25 所示。

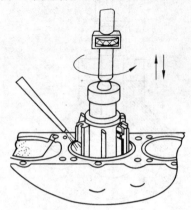

图 4-25　缸筒的珩磨（一）

磨头上装有绿色碳化硅砂条。粗珩磨时用中软硬度、粒度为 40~200 目的砂条；精珩磨时用较软硬度、粒度为 300~500 目的砂条。

磨头两种运动的合成运动使磨头磨粒在缸壁上形成的加工网纹夹角应不小于 30º。因此一般磨头圆周速度为 50~75 m/min，往复运动速度为 6~15 m/min。磨头砂条在气缸中做上下运动时，磨条伸出缸筒两端长度要相等，约为砂条长度的 1/3。因为伸出过长或过短，会使气缸出现喇叭口状和腰鼓状。

为了进一步降低珩磨表面的粗糙度值，在磨条珩磨后，有的还用珩磨刷再进行精整加工。珩磨刷是在尼龙杆顶端装有一个尼龙小球，球上粘着碳化硅磨料，如图 4-26 所示。珩磨刷与普通磨头的运动是一样的。

德国格林多工位
珩磨机加工

1—尼龙杆；2—尼龙球。

图 4-26　缸筒的珩磨（二）

（二）壳体零件的修理

壳体零件是机械设备的基础件之一。它将一些轴、套、齿轮等零件组装在一起，使其保持正确的相对位置，彼此能按一定的传动关系协调地运动，构成机械设备的一个重要部件。因此，壳体零件的修复对机械设备的精度、性能和寿命都有直接的影响。壳体零件的结构形状一般都比较复杂，壁薄且不均匀，内部呈腔形，在壁上既有许多精度较高的孔和平面需要加工，又有许多精度较低的紧固孔需要加工。

下面简要介绍几种壳体零件的修复工艺要点。

1. 气缸体的修理

1）气缸体裂纹的修理

（1）产生裂纹的部位和原因。

气缸体的裂纹通常发生在水套薄壁、进排气门垫座之间、燃烧室与气门座之间、两气缸之间、水道孔及缸盖螺钉固定孔等部位。产生裂纹的原因主要包括以下几个方面。

① 急剧的冷热变化形成内应力。

② 冬季忘记放水而冻裂。

③ 气门座附近局部高温产生热裂纹。

④ 装配时因过盈量过大引起裂纹。

（2）常用的修复方法。

常用的修复方法主要包括焊补、粘补、用铜螺钉填满裂纹、用螺钉把补板固定在气缸体上等。

2）气缸体和气缸盖变形的修复

（1）变形的危害及原因。

① 变形不仅破坏了几何形状，而且使配合表面的相对位置偏差增大，例如破坏了加工基准面的精度，破坏了主轴承座孔的同轴度、主轴承座孔与凸轮轴承孔中心线的平行度、气缸中心线与主轴承孔的垂直度等。

② 变形还引起密封不良、漏水、漏气，甚至冲坏气缸衬垫。

变形产生的原因主要包括：制造过程中产生的内应力和负荷外力相互作用、使用过程中缸体过热、拆装过程中未按规定操作等。

（2）变形的修复。

如果气缸体和气缸盖的变形超过技术规定的范围，则应当根据具体情况进行修复，主要方法如下。

① 气缸体平面螺孔附近凸起，用油石或细锉修平。

② 气缸体和气缸盖平面不平，可以用铣、刨、磨等加工修复，也可以刮削、研磨。

③ 气缸盖翘曲，可以进行加温，然后在压力机上校正，最好不用铣、刨、磨等加工修复。

3）气缸磨损的修复

（1）磨损的原因及危害。

磨损一般是由腐蚀、高温及与活塞环的摩擦造成的，主要发生在活塞环运动的区域内。磨损后会出现压缩不良、启动困难、功率下降和机油消耗量增加等现象，甚至发生缸套与活塞的非正常撞击。

（2）磨损的修复。

气缸磨损后可以采用修理尺寸法，即用镗削和磨削的方法，将缸径扩大到某一尺寸，然后选配与气缸相符合的活塞和活塞环，恢复正确的几何形状和配合间隙。当缸径超过标准直径直至最大限度时，可以用镶套法修复，也可以用镀铬法修复。

4）其他损伤的修复

主轴承座孔同轴度偏差较大时，需要进行镗削修整，其尺寸应当根据轴瓦瓦背镀层厚度确定；当同轴度偏差较小时，可以用加厚的合金轴瓦进行一次镗削，弥补座孔的偏差；对于单个磨损严重的主轴承座孔，可以将座孔镗大，配上钢制半圆环，用沉头螺钉固定，镗削到规定尺寸；座孔轻度磨损时，可以采用刷镀方法修复，但要确保镀层与基体的结合强度和镀层厚度均匀一致，并不得超出规定的圆柱度范围。

2. 变速箱体的修理

1）变速箱体的缺陷与检查

（1）箱体变形。

箱体变形后将破坏轴承座孔之间、孔与箱体平面之间的位置精度。其中最主要的是同一根轴前后轴承座孔的同轴度和第一轴、第二轴、中间轴三者之间的平行度，其次是箱体的后端面与轴承座孔轴线的垂直度。上述各项位置精度降低之后，将使变速箱传递转矩的不均匀性加大，齿轮轴向分力增大。

箱体变形情况可以用如图 4-27 所示的辅助心轴进行检查。

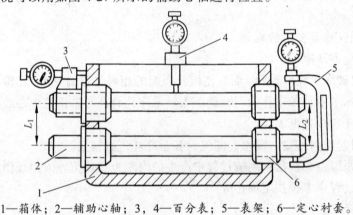

1—箱体；2—辅助心轴；3，4—百分表；5—表架；6—定心衬套。

图 4-27　箱体变形检查（带辅助心轴）

① 两心轴外侧间的距离减去两心轴半径之和是中心距。变速箱体两端中心距之差即为两轴的平行度误差。这种利用心轴的测量方法，只有当两根心轴轴线在同一平面时才比较准确。

② 检查轴心线与端面垂直时，用如图 4-28 所示的百分表进行测量，将其轴在轴向位置固定，转动一周，表针摆动量即为所测圆周上的垂直度误差。

③ 测量箱体上平面与轴心线平行度误差时，可以在上平面搭放一横梁，在横梁中部心轴上方安放一百分表，使表的触头触及轴上表面，横梁由一端移至另一端时，表针摆动大小即反映了上平面对轴心线的平行度误差以及上平面本身平面度误差或翘曲程度。此项检查见图 4-27 中的百分表 4。

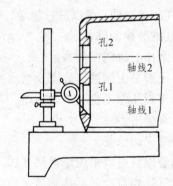

图 4-28　箱体变形检查（无辅助心轴）

无定位套与心轴时也可以用如图 4-28 所示的方法进行间接测量检查。

④ 将箱体上平面倒置于平台之上，用高度游标卡尺及百分表测量同一轴线上两端孔的下缘高度，其高度差即为上平面相对孔的轴心线的平面度误差。用同样的方法测量同一平面内的上下轴孔的高度时，即可以得到上下孔间在垂直方向的距离 L_1，再将箱体与上述位置垂直放置（即将箱体转动 90°），并以同样的方法测量，可得到另一垂直方向上的孔心距离 L_2，由 L_1 和 L_2 可计算出实际孔心距 L，$L = \sqrt{L_1^2 + L_2^2}$。根据两端的孔心距可以算出它的差值，就可以得到孔的轴心线的平行度误差。

⑤ 用塞规测试上平面与平台之间的间隙，即可知道箱体上平面的翘曲程度或平面度误差。

（2）轴承孔的磨损。

轴承孔通常不易产生磨损。只有当轴承进入脏物或滚道严重磨损后，滚动阻力增大，或因缺油轴承烧蚀时有可能引起轴承外座圈磨损，或轴瓦相对座孔产生轻微转动而磨损；轴向窜动量过大也有可能加快轴承座孔的磨损。

（3）箱体裂纹。

通常情况下箱体裂纹属于制造缺陷，有时因工作受力过大而引起裂纹。箱体应清洗干净后，用眼或放大镜仔细观察表面有无裂纹。必要时可用煤油渗漏方法检查。

2）箱体的修理

（1）箱体变形的修正。如果上平面翘曲或平面度误差较小时，可以将箱体倒置于研磨平台上，用气门砂研磨修平。翘曲较大时，应当用磨削或铣削加工方法修平，此时应以孔的轴心线为基准找平，以确保加工后的平面与轴心线的平行度。

（2）如孔心距之间的平行度误差超限时，可以用镗孔镶套的方法修复，以恢复各轴孔间的位置精度。

（3）裂纹焊补时应尽可能减小箱体的变形和焊道产生的白口组织。

（4）如箱体的轴承孔磨损，可用修理尺寸法和镶套法修复。当套筒壁厚为 7～8 mm 时，压入镶套之后应再次镗孔，直至符合规定的技术要求。此外，也可以采用局部电镀、喷涂或刷镀等方法进行修复。

3. 机床主轴箱的修理

机床主轴箱滚动轴承经过长期工作后，轴承滚道严重磨损，滚柱与外环之间的摩擦力增大，当摩擦力增大到足以克服外环与座孔之间的摩擦力时，迫使轴承外环在座孔内转动，座孔渐渐磨损，使轴承与座孔配合松动，影响主轴精度，加工误差增大。

严重磨损的轴承座孔常常采用镗孔镶套的方法进行修理。镗孔要求在精密镗床上加工。镗孔前要对镗杆找正对中心，找正基准应该是轴承座孔未磨损的表面。套筒壁厚应为 7～8 mm，压入镶套后再次镗孔，此次要求尺寸精度和形状精度都较高，达到规定的标准。

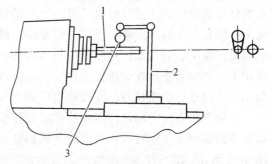

1—检验棒；2—千分表架；3—千分表。

图 4-29 床头箱安装的检查

如图 4-29 所示，将修理合格的床头箱安装在床身导轨上，在主轴锥孔内插入检验棒 1，并利用千分表架 2 上的千分表 3 检查床头箱主轴线在水平平面内和垂直平面内的平行度，此时要将带千分表的桥板沿床身导轨移动，移动距离为检验棒全长。

检验后如果偏差超过允许值时，要刮削床头箱底部的支承面，减小偏差。刮削以后，研点在 25 mm × 25 mm 的面积上应不少于 10 个。

三、传动零件的修理

（一）丝杠的修理

多数丝杠由于长期暴露在外，极容易产生磨料磨损，并在全长上不均匀；由于床身导轨磨损，使得溜板箱连同开合螺母下沉，造成丝杠弯曲，旋转时产生振动，影响机床加工质量，因此必须对丝杠进行修复。

丝杠中的螺纹部分和轴颈磨损时，一般可以采用以下方法解决。

（1）掉头使用。

（2）切除损坏的非螺纹部分，焊接一段新轴后重新车削加工，使之达到原有的技术要求。

（3）堆焊轴颈并进行相应处理。

修理丝杠螺母机构时，应先修理丝杠后配置螺母。丝杠的修理过程是：先检查与校直丝杠，再精车丝杠的螺纹与轴颈，最后研磨丝杠螺纹。对于梯形螺纹丝杠，其螺纹齿厚的减小量在 0.1 mm 之内时，适用于修复使用。

1. 丝杠的检查与校直

在修理丝杠之前，必须查明丝杠的弯曲状况，以及轴颈与安装孔的配合间隙是否合适。在检查时，可以将丝杠放在托架上用百分表检测其挠度，如图 4-30 所示，缓慢转动丝杠，用百分表在丝杠的两端和中间检测三处，百分表偏转的差值即为丝杠挠度的两倍。

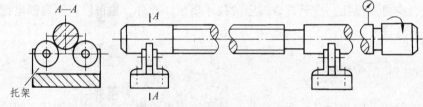

图 4-30　丝杠挠度的检测

丝杠挠度太大时，可以用压弯校直法和砸弯校直法进行校直。压弯校直法是指用压力机对丝杠弯曲部位加压进行校直，其校直后的保持性差；用砸弯校直法校直丝杠，其精度较为稳定，而且操作简单方便，所以常被采用。砸弯校直法是利用金属材料延长的原理，将丝杠的弯曲点朝下，对与丝杠弯曲低点相邻的几个螺纹小径表面进行敲击，丝杠在瞬时敲击力的作用下，其局部表面发生塑性变形，从而使弯曲部位伸长。因弯曲部分的内应力重新进行了分布，并且处于平衡状态，所以校直后不会恢复原来的弯曲状态。

在砸弯校直时，用硬质斜木放在弯曲部分下面将丝杠垫起，弯曲凸部朝下，将带有凹圆形头部的铜棒放在丝杠弯曲低点附近的螺纹小径上，然后用锤子敲击铜棒上端进行校直，如图 4-31 所示。应当注意，铜棒凹圆弧的直径应大于螺纹小径，铜棒头部尖角应小于丝杠的螺纹升角。

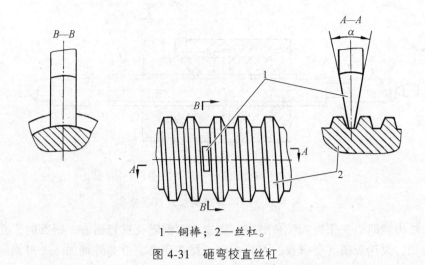

1—铜棒；2—丝杠。

图 4-31　砸弯校直丝杠

2. 精车丝杠的螺纹和轴颈

检测并校直丝杠后，即可着手重新精车螺纹，其切削深度应以能消除齿面磨损厚度为宜。

在修理过程中，磨损层厚度不易检测准确，各处的磨损厚度也不相同，因此某些计算数值仅供修理时参考。

修好螺纹后，可精车丝杠大径至螺纹标准深度。这种修理方法比较简单易行，修复的丝杠仅大径稍小些，工作时几乎同新丝杠一样，因此常被采用。

丝杠轴颈的旋转摩擦常由支承轴颈的衬套来承受。在这种情况下，更换衬套十分方便，只要根据所修理丝杠轴颈的实际尺寸压入新的衬套即可。在没有衬套的结构当中，最好镗出衬套孔，这样做暂时看起来比较麻烦，但以后只要更换衬套和车修轴颈就可以完成丝杠支承的修理工作。为了确保丝杠螺纹和轴颈的同轴度，车削螺纹和车削轴颈必须同时进行。

对于长丝杠，如果一头磨损而另一头未磨损，可以采用"掉头法"进行修理。

3. 丝杠的研磨

用研磨法修复丝杠的方法简便易行，不需要复杂的设备，只要用较长的卧式车床和研磨套就能进行研磨。该方法不仅能够保证丝杠的修复质量，还能够提高丝杠的精度。

研磨套的内螺纹是用一种特制的专用丝锥攻制的。通常要用两个规格不同的丝锥，其中一个丝锥的校正部分的中径值，比被研磨丝杠螺纹的最大中径大 0.05～0.1 mm，供粗研丝杠螺纹用；另一个比被研磨丝杠螺纹的最小中径大 0.05 mm 左右，供精研丝杠螺纹用。

在研磨时，先在研磨套内涂上一薄层研磨剂，再将它旋在丝杠上，并将丝杠顶在车床的两顶尖之间，然后根据丝杠的磨损情况进行研磨。如果丝杠齿廓只有一个工作面磨损，可以使研磨套只与磨损的那个面接触，研磨剂也只涂在需要研磨的那个面上。如图 4-32 所示，开动机床，以 2～3 m/min 的速度进行研磨，用手扶住研磨套，不让它随丝杠的旋转而沿着丝杠做轴向移动，使研磨套与丝杠的接触表面产生研磨运动。在粗研时，以最大研磨量的位置为起点，逐渐移向最小研磨量的位置，随着研磨量的微量减小，误差逐渐消除，整个丝杠中径将趋于一致。然后用煤油清洗丝杠，更换研磨套，并涂精研磨剂进行精研，直至合格。

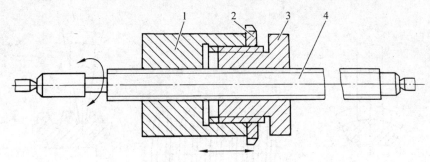

1—研磨套；2—螺母；3—可调研磨套；4—丝杠。

图 4-32 研磨套结构和丝杠研磨

如果丝杠齿廓两个工作表面都被磨损，则这两面都需要进行研磨。研磨时，在两个面上均涂以研磨剂，采用双研磨套研磨。双研磨套是指在研磨套上另外辅加一个可调研磨套，通过螺纹来调整研磨套与丝杠的接触面，使之成双面齿廓接触，并以螺母固定。

丝杠的研磨修理是一项非常细致的工作，为达到比较理想的效果，应当注意下列几点。

（1）在研磨丝杠前，应当以轴颈为基准修理丝杠的中心孔。

（2）研磨套必须确保被研磨丝杠在其有效齿廓高度上能被全部研磨到。研磨套的材料可以是灰铸铁或中等硬度的黄铜。

（3）为了提高研磨效率和保证研磨质量，粗研和精研应当分别配制合适的研磨剂。

（4）在研磨过程中，应当避免发生过热现象，经常用手摸丝杠，不应有较热的感觉。

（二）齿轮的修理

齿轮在工作一段时间之后，其轮齿工作表面将出现麻点、斑迹、剥落等现象。根据齿轮的工作条件和精度等级，对不同齿轮齿厚最大允许磨损量的规定是不同的。

1. 齿轮的检测

从机械设备上拆下的旧齿轮，用齿轮卡尺检测其实际齿厚是最常用的检测方法。如图 4-33 所示，以齿顶圆为基准，将纵向游标卡尺的数值定为分度圆的弦齿高 h_1。

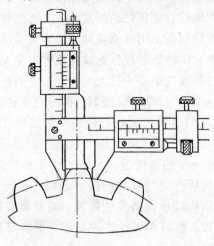

图 4-33 用齿轮卡尺测齿厚

此时，横向游标卡尺的读数就是实际的弦齿厚 $S_实$。分度圆的弦齿高 h_1 可用下式计算：

$$h_1 = h + \frac{mz}{2}(1 - \cos\frac{90}{z})$$ （4-2）

式中　h——齿轮的齿顶高（对于标准齿轮，$h=m$），mm；

　　　m——齿轮的模数，mm；

　　　z——齿轮的齿数。

齿轮分度圆的理论齿厚 s，可从技术资料中查到或用下列公式计算：

$$s = mz\sin\frac{90}{z}$$ （4-3）

将检测所得弦齿厚 $S_实$ 与理论齿厚 S 相比较，便可以得到磨损量。

2. 轮齿的修理

对于轮齿齿面局部磨损或单面磨损的齿轮，如果结构上允许，可以采用换向法修理。对于磨损严重和出现麻点、点状剥蚀，以及个别齿严重损坏的齿轮，在修复时为了不影响齿轮的其他部分，可进行镶齿或堆焊。如果轮齿的单面磨损严重，则采用堆焊法较为适宜，其修复过程如下。

（1）焊前退火。淬过火的齿轮，焊前退火可消除其内应力，降低其硬度，使金属的结构一致。

（2）打疲劳层。可以起到清理的作用，提高焊透性，使母材与焊材结合得更好，还可以检查齿面有无裂纹，使齿面露出金属光泽。

（3）堆焊。由齿根开始，将全齿高分五层进行堆焊，齿面堆焊四层，齿顶一层，如图 4-34 所示。在整个堆焊过程中，必须采用对称、循环、连续的堆焊方法。采用对称、分层堆焊法可减小热应力的集中，防止齿轮变形。各层的焊接方向为相邻两层头尾相接，使起弧和熄弧处焊层的高低一致。层与层之间焊缝的重叠应为 2/5 或 1/2，以使焊层高度基本一致。

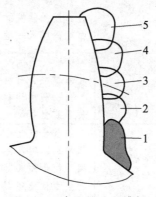

图 4-34　齿面的分层堆焊

（4）焊后退火。可消除因焊接产生的内应力，细化晶粒，降低硬度，使轮齿便于加工。

（5）轮齿的加工。先在车床上切削顶圆和两端面，然后在铣床上加工成齿形。

（6）淬火处理。对于要求硬度高的齿轮，进行淬火处理可提高齿面硬度。

（7）低温回火。淬火后，应当在 180～200 ℃ 的温度范围内保温一段时间后退火，以消除内应力。

对于打齿较多的齿轮，可用镶齿圈的方法进行修复，其方法如下。

（1）退火。对于淬火齿轮，应将损坏部分退火。

（2）切削加工。将损坏部分的轮齿切除。

（3）制备齿坯。先锻造齿圈毛坯，材料尽可能选择与齿轮相同或相近的，或者较原齿轮性能优质的材料。按照基本尺寸相同的原则，加工齿圈毛坯的内孔与齿轮心部大径，两者均采用过渡配合，并将齿圈毛坯内孔两端倒成较大角度作为焊接坡口。

（4）装配施焊。将齿圈毛坯压合到原齿轮上并进行焊接，然后精车齿圈外圆及端面。

（5）制齿。以原齿轮孔为安装基准，在滚齿机上滚齿，再用插齿机精插。

（6）齿部热处理。根据齿轮的使用要求和表面硬度，通常采用高频淬火和低温回火的方法进行热处理。

（7）磨合检测。将齿轮安装于磨合台上并调整，以手能转动自如为宜。在齿面间加少许研磨膏进行研磨。成对齿轮副对研，相当于一对齿轮啮合。该方法能够减小齿形误差，使齿面的表面粗糙度值达到 $Ra1.6\ \mu m$，齿面接触良好，噪声小。在磨合中要随时监测，对研后将齿轮清洗干净以待装配。

3. 齿轮的修理

对因磨损或其他故障而失效的齿轮进行修复，在机械设备维修中甚为多见。齿轮的类型很多，用途各异。齿轮常见的失效形式、损伤特征、产生原因和维修方法如表4-8所示。

表4-8　齿轮常见的失效形式、损伤特征、产生原因及维修方法

失效形式	损伤特征	产生原因	维修方法
轮齿折断	整体折断一般发生在齿根，局部折断一般发生在轮齿一端	齿根处弯曲应力最大且集中、载荷过分集中、多次重复作用、短期过载	堆焊、局部更换、栽齿、镶齿
疲劳点蚀	在节线附近的下齿面上出现疲劳点蚀坑并扩展，呈贝壳状，可遍及整个齿面，噪声、磨损、动载加大，在闭式齿轮中经常发生	长期受交变接触应力作用，齿面接触强度和硬度不高、表面粗糙度大一些、润滑不良	堆焊、更换齿轮、变位切削
齿面剥落	脆性材料、硬齿面齿轮在表层或次表层内产生裂纹，然后扩展，材料呈片状剥离齿面，形成剥落坑	齿面受高的交变接触应力，局部过载、材料缺陷、热处理不当、润滑油黏度过低、轮齿表面质量差	堆焊、更换齿轮、变位切削
齿面胶合	齿面金属在一定压力下直接接触发生黏着，并随相对运动从齿面上撕落，按形成条件分为热胶合和冷胶合	热胶合发生于高速重载，引起局部瞬时高温，导致油膜破裂、使齿面局部粘焊；冷胶合发生于低速重载、局部压力过高、油膜压溃、产生胶合	更换齿轮、变位切削、加强润滑
齿面磨损	轮齿接触表面沿滑动方向有均匀重叠条痕，多见于开式齿轮，导致失去齿形、齿厚减薄而断齿	铁屑、尘粒等进入轮齿的啮合部位引起磨粒磨损	堆焊、调整换位、更换齿轮、换向、塑性变形、变位切削、加强润滑
塑性变形	齿面产生塑性流动，破坏了正确的齿形曲线	齿轮材料较软、承受载荷较大、齿面间摩擦力较大	更换齿轮、变位切削、加强润滑

常用齿轮修理方法如下。

1）调整换位法

对于单向运转受力的齿轮，轮齿常为单面损坏，只要结构允许，可直接用调整换位法修复。调整换位就是将已磨损的齿轮变化一个方位，利用齿轮未磨损或磨损轻的部位继续工作。

对于结构对称的齿轮，当单面磨损后，可直接翻转180°重新安装使用，这是齿轮修复的通用办法。但是，对于圆锥齿轮或具有反转的齿轮，则不能采用这种方法。若齿轮精度不高，而且是由齿圈和轮毂铆合或压合的组合结构，其轮齿单面磨损时，可先除去铆钉，拉出齿圈翻转180°，换位后再进行铆合或压合。

结构左右不对称的齿轮，可将影响安装的不对称部分去掉，并在另一端用焊、铆或其他方法添加相应结构后，再翻转180°安装使用；也可在另一端加调整垫片，把齿轮调整到正确位置，而无须添加结构。对于单面进入啮合位置的变速齿轮，若发生齿端碰缺，可将原有的换挡拨叉槽车削去掉，然后将新制的拨叉槽用铆或焊的方法装到齿轮的反面。

2）栽齿修复法

对于低速、平稳载荷且要求不高的较大齿轮，单个齿折断后可将断齿根部锉平，根据齿根高度及齿宽情况，在其上面栽上一排与齿轮材质相似的螺钉，包括钻孔、攻螺纹、拧螺钉，并以堆焊连接各螺钉，然后再按齿形样板加工出齿形。

3）镶齿修复法

对于受载不大但要求较高的齿轮，单个齿折断后可用镀单个齿的方法修复。如果齿轮有几个齿连续损坏，可用镶齿轮块的方法修复。若多联齿轮、塔形齿轮中有个别齿轮损坏，用齿圈替代法修复。重型机械的齿轮通常把齿圈以过盈配合的方式装在轮芯上，成为组合式结构。当这种齿轮的轮齿磨损超限时，可把坏齿圈拆下，换上新的齿圈。

4）堆焊修复法

当齿轮的轮齿崩坏、齿端、齿面磨损超限，或存在严重表层剥落时，可以使用堆焊法进行修复。齿轮堆焊的一般工艺为：焊前退火、焊前清洗、施焊、焊缝检查、焊后机械加工与热处理、精加工、最终检查及修整。

（1）轮齿局部堆焊。当齿轮的个别齿断齿、崩牙，遭到严重损坏时，可以用电弧堆焊法进行局部堆焊。为防止齿轮过热、避免热影响，可把齿轮浸入水中，只将被焊齿露出水面，在水中进行堆焊。轮齿端面磨损超限，可采用熔剂层下粉末焊丝自动堆焊。

（2）齿面多层堆焊。当齿轮少数齿面磨损严重时，可用齿面多层堆焊。施焊时，从齿根逐步焊到齿顶，单层重叠量为 2/5 ~ 1/2，焊一层经稍冷后再焊下一层。如果有几个齿面需堆焊，应间隔进行。

对于堆焊后的齿轮，需经过加工处理以后才能使用。最常用的加工方法有如下两种。

① 磨合法。按应有的齿形进行堆焊，以齿形样板随时检验堆焊层厚度，基本上不堆焊出加工余量，然后通过手工修磨处理，除去大的凸出点，最后在运转中依靠磨合磨出光洁表面。这种方法工艺简单、维修成本低，但配对齿轮磨损较大、精度低。它适用于转速很低的开式齿轮修复。

② 切削加工法。齿轮在堆焊时留有一定的加工余量，然后在机床上进行切削加工。此种方法能获得较高的精度，生产效率也较高。

5）塑性变形法

此法是用一定的模具和装置并以挤压或滚压的方法将齿轮轮缘部分的金属向齿的方向挤压，使磨损的齿加厚。

塑性变形法只适用于修复模数较小的齿轮。由于受模具尺寸的限制，齿轮的直径也不宜过大。需修复的齿轮不应有损伤、缺口、剥蚀、裂纹以及用此法修复不了的其他缺陷；材料要有足够的塑性，并能成形；结构要有一定的金属储备量，使磨损区的齿轮得到扩大，且磨损量应在齿轮和结构的允许范围内。

6）变位切削法

齿轮磨损后可利用变位切削，将大齿轮的磨损部分切去，另外配换一个新的小齿轮与大齿轮相配，齿轮传动即可恢复。大齿轮经过负变位切削后，它的齿根强度虽有所降低，但仍比小齿轮高，只要验算出轮齿的弯曲强度在允许的范围内便可使用。

若两齿轮的中心距不能改变时，与经过负变位切削后的大齿轮相啮合的新小齿轮必须采用正变位切削。它们的变位系数大小相等，符号相反，形成高度变位，使中心距与变位前的中心距相等。

如果两传动轴的位置可调整，新的小齿轮不用变位，仍采用原来的标准齿轮。若小齿轮装在电机轴上，可移动电机来调整中心距。

采用变位切削法修复齿轮，必须进行有关方面的验算，包括如下几点。

（1）根据大齿轮的磨损程度，确定切削位置，即大齿轮切削最小的径向深度。

（2）当大齿轮齿数小于 40 时，需验算是否会有根切现象；若大于或等于 40，一般不会发生根切，可不验算。

（3）当小齿轮齿数小于 25 时，需验算齿顶是否变尖；若大于或等于 25，一般很少会使齿顶变尖，不需验算。

（4）必须验算轮齿齿形有无干涉现象。

（5）对闭式传动的大齿轮经负变位切削后，应验算轮齿表面的接触疲劳强度，开式传动可不验算。

（6）当大齿轮的齿数小于 40 时，需验算弯曲强度；大于或等于 40 时，因强度减小量不大，可不验算。

变位切削法适用于传动比大、大模数的齿轮传动因齿面磨损而失效，成对更换不合算的情况，采取对大齿轮进行负变位修复而使齿轮得到保留，只需配换一个新的正变位小齿轮，即可使传动得到恢复。它可减少材料消耗，缩短修复时间。

7）金属涂覆法

对于模数较小的齿轮齿面磨损，不便于用堆焊工艺修复，可采用金属涂覆法。这种方法的实质是在齿面上涂以金属粉或合金粉层，然后进行热处理或者机械加工，从而使零件的原有尺寸得到恢复，并获得耐磨及其他特性的覆盖层。

涂覆时所用的粉末材料主要有铁粉、铜粉、钴粉、钼粉、镍粉、堆焊合金粉、镍硼合金粉等，修复时根据齿轮的工作条件及性能要求选择确定。涂覆的方法主要有喷涂、压制、沉积和复合等。

此外，铸铁齿轮的轮缘或轮辐产生裂纹或断裂时，常用气焊、铸铁焊条或焊粉将裂纹处焊好，用补夹板的方法加强轮缘或轮辐，用加热的扣合件在冷却过程中产生冷缩将损坏的轮缘或轮辐锁紧。

齿轮键槽损坏后，可用插、刨或钳工把原来的键槽尺寸扩大 10%～15%，同时配制相应尺寸的键。如果损坏的键槽不能用上述方法修复，可转位在与旧键槽成 90°的表面上重新开一个键槽，同时将旧键槽堆焊补平；若待修复齿轮的轮毂较厚，也可将轮毂孔以齿顶圆定心进行镗大，然后在镗好的孔中镶套，再切制标准键槽。但镗孔后轮毂壁厚小于 5 mm 的齿轮不宜用此法修复。

齿轮孔径磨损后，可用镶套、镀铬、镀镍、镀铁、电刷镀、堆焊等工艺方法修复。

（三）蜗轮蜗杆的修理

1. 蜗杆传动的失效形式

蜗杆传动的失效形式与齿轮传动相同，有齿面点蚀、胶合、磨损、轮齿折断及塑性变形，其中尤以胶合和磨损更易发生。因蜗杆传动相对滑动速度大、效率低，并且蜗杆齿是连续的螺旋线，且材料强度高，故失效总是出现在蜗轮上。在闭式传动中，蜗轮多因齿面胶合或点蚀失效；在开式传动中，蜗轮多因齿面磨损和轮齿折断而失效。

2. 蜗轮蜗杆副的修理

1）更换新的蜗杆副

如图 4-35 所示，机床的分度蜗杆副装配在工作台 1 上，除了蜗杆副本身的精度必须达到要求外，分度蜗轮 2 与回转工作台 1 的环形导轨还需满足同轴度要求。为了消除在更换新蜗轮时，因安装蜗轮螺钉的拉紧力对导轨引起的变形，蜗轮齿坯应当首先在工作台导轨的几何精度修复以前装配好，待几何精度修复后，再以下环形导轨为基准对蜗轮进行加工。

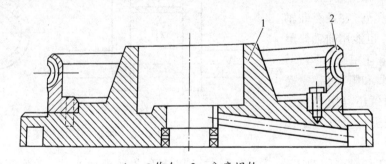

1—工作台；2—分度蜗轮。

图 4-35　回转工作台及分度蜗轮

2）采用珩磨法修复蜗轮

珩磨法是将与原蜗杆尺寸完全相同的珩磨蜗杆装配在原蜗杆的位置上，利用机床传动使珩磨蜗杆转动，对机床工作台分度蜗轮进行珩磨。珩磨蜗杆是将 120# 金刚砂用环氧树脂胶合在珩磨蜗杆坯件上，待黏接结实后再加工成形。珩磨蜗杆的安装精度应确保蜗杆回转中心线与蜗轮啮合的中间平面平行及与啮合中心平面重合。啮合中心平面的检查可用着色检验接触痕迹的方法。

（四）曲轴连杆的修理

1. 曲轴的修复

曲轴是机械设备中一种较重要的传递动力的零件。其加工制造工艺比较复杂，造价较高，所以曲轴修复是维修中一项重要的工作。

曲轴常见的故障包括：曲轴弯曲、轴颈磨损、表面疲劳裂纹和螺纹破坏等。

1）曲轴弯曲校正

将曲轴置于压床，用 V 形铁支承两端主轴颈，并在曲轴弯曲的反方向对其施压，产生弯曲变形。如果曲轴弯曲程度较大，为了防止折断，校正可以分几次进行。经过冷压的曲轴，因弹性后效作用还会使其重新弯曲，最好施行自然时效处理或人工时效处理，消除冷压产生的内应力，以防出现新的弯曲变形。

2）轴颈磨损修复

主轴颈的磨损主要是失去圆度和圆柱度，最大磨损部位是在靠近连杆轴颈的一侧。连杆轴颈磨损成椭圆形的最大磨损部位是在各轴颈的内侧面，即靠近曲轴中心线的一侧。连杆轴颈的锥形磨损，最大部位在机械杂质偏积的一侧。

曲轴轴颈磨损后，特别是圆度和圆柱度超过标准时需要进行修理。没有超过极限尺寸的磨损曲轴，可以按照修理尺寸进行磨削，同时换用相应尺寸的轴承，否则应当采用电镀、堆焊、喷涂等工艺恢复到标准尺寸。

为有利于成套供应轴承，主轴颈与连杆轴颈通常应分别修磨成同一级修理尺寸。特殊情况下，如个别轴颈烧蚀并发生在大修后不久，则可以单独将这一轴颈修磨到另一等级。曲轴磨削可在专用曲轴磨床上进行，并遵守磨削曲轴的规范。在没有曲轴磨床的情况下，也能用曲轴修磨机或在普通车床上磨修，不过需配置相应的夹具和附加装置。磨损后的曲轴轴颈还可用焊接剖分轴套的方法进行修复，如图4-36 所示。

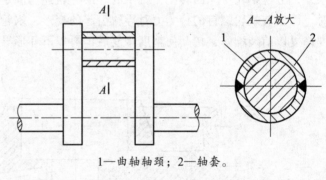

1—曲轴轴颈；2—轴套。

图 4-36 曲轴轴颈的修复

先将已加工的轴套 2 剖切分开。然后焊接到曲轴磨损的轴颈 1 上，并将两个半套也焊在一起，再用通用的方法加工到公称尺寸。

不同直径的曲轴和不同的磨损量，所采用的剖分式轴套的壁厚也不同。剖分式轴套在曲轴的轴颈上焊接时，应当先将半轴套铆焊在曲轴上。然后焊接其切口，轴套的切开可开 V 形坡口。为防止曲轴在焊接过程中产生变形或过热，应用小的焊接电流，分段焊接切开、多层焊、对称焊。焊后先将焊缝退火，消除应力，再进行机械加工。

曲轴的这种修复方法使用效果很好，并可以节省大量的资金，被广泛应用于空压机、水泵等机械设备的维修中。

3）曲轴裂纹修复

曲轴裂纹易产生在主轴颈或连杆轴颈与曲柄臂相连的过渡圆角处和轴颈的油孔边缘。如果发现连杆轴颈有较细的裂纹，经修磨后裂纹能消除，则可继续使用。一旦发现有横向裂纹，通常不进行修复，须予以调换。

2. 连杆的修复

连杆是承载较复杂作用力的重要部件，连杆螺栓是该部件的重要零件，一旦发生故障，将会导致设备严重损坏。连杆常见的故障包括：连杆大端变形、螺栓孔及其端面磨损、小头孔磨损等。

1）连杆大端变形

连杆大端变形如图 4-37 所示。产生大端变形的原因主要有大端薄壁瓦瓦口余面高度过大，使用厚壁瓦的连杆大端两次垫片不一致或安装不正确。在上述状态下，拧紧连杆螺栓后便产生大端变形，螺栓孔的精度也随之降低。所以在修复大端孔时应同时检修螺栓孔。

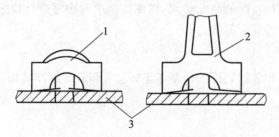

1—瓦盖；2—连杆体；3—平板。

图 4-37　连杆大端变形示意图

2）修复大端孔

将连杆体和大端盖的结合面铣去少许，使结合面垂直于连杆中心线，然后将大端盖组装在连杆体上。在确保大小孔中心距尺寸精度的前提下，重新镗大孔到规定尺寸及精度。

3）检修两螺栓孔

若两螺栓孔的圆度、圆柱度、平行度以及孔端面对其轴线的垂直度不符合规定的技术要求，应镗孔或铰孔修复。在采用铰孔修复时，孔的端面可由人工刮研到精度要求。按照修复后孔的实际尺寸配置新螺栓。

思考练习题

4-11　简述轴的修理方法。

4-12　简述滚动轴承的修复方法。

4-13　简述剖分式滑动轴承的修复方法。

4-14　简述变速箱体的缺陷和检查。

4-15　研磨丝杠时应注意哪几点？

4-16　简述常用齿轮的修理方法。

单元测验 11

任务三　机械设备的装配

一、机械设备装配的基本概念和工作内容

装配是整个机械设备检修过程中的最后一个环节，装配工作对机械设备的质量影响很大。若装配不当，即使所有零件加工合格，也不一定能够装配出合格的高质量的机械设备；反之，当零件制造质量不十分良好时，只要装配中采用合适的工艺方案，也能使机械设备达到规定的要求。因此，装配质量对保证机械设备质量起到了极其重要的作用。

机械设备装配的
基本概念和工作内容

（一）机械设备的组成

一台机械设备往往由上千至上万个零件组成，为了便于组织装配工作，必须将产品分解为若干个可以独立进行装配的装配单元，以便按照单元次序进行装配并有利于缩短装配周期。装配单元通常可划分为五个等级。

1. 零　件

零件是组成机械和参加装配的最基本单元。大部分零件都是预先装成合件、组件和部件，再进入总装的。

2. 合　件

合件是比零件大一级的装配单元。下列情况均属合件。

（1）两个以上零件，由铆、焊、热压装配等不可拆卸的连接方法连接在一起。

（2）少数零件组合后还需要合并加工，如齿轮减速箱体与箱盖、柴油机连杆与连杆盖都是组合后镗孔的，零件之间对号入座，不能互换。

（3）以一个基准零件和少数零件组合在一起。

3. 组　件

组件是一个或几个合件与若干个零件的组合。

4. 部　件

部件由一个基准件和若干个组件、合件和零件组成，如主轴箱、进给箱等。

5. 机械设备

机械设备是由上述全部装配单元组成的整体。

（二）装配过程

装配过程分为组件装配、部件装配和总装配。

（1）组件装配简称组装。组装就是将若干个零件安装在一个基础零件上而构成组件的过程。组件可作为基本单元进入装配。

（2）部件装配简称部装。部装就是将若干个零件、组件安装在另一个基础零件上形成部件的过程。部件是装配中比较独立的部分。

（3）总装配简称总装。总装就是将若干个零件、组件、部件安装在机器的基础零件上而构成一台完整的机器的过程。

（三）装配工作内容

机械设备装配不是将合格零件简单地连接起来，而是要通过一系列工艺措施，才能达到产品质量要求。常见的装配工作有以下几项。

1. 清 洗

清洗的目的是去除零件表面或部件中的油污及机械杂质。

2. 连 接

连接的方式一般有两种：可拆连接和不可拆连接。可拆连接在装配后可以很容易拆卸而不致损坏任何零件，且拆卸后仍可重新装配在一起，例如螺纹连接、键连接等；不可拆连接，装配后一般不再拆卸，如果拆卸就会损坏其中的某些零件，例如焊接、铆接等。

3. 调 整

调整包括校正、配作、平衡等。校正是指产品中相关零部件间相互位置找正，并通过各种调整方法，保证达到装配精度要求等。配作是指两个零件装配后确定其相互位置的加工，如配钻、配铰；或为改善两个零件表面结合精度的加工，如配刮及配磨等。配作是与校正调整工作结合进行的。平衡是指为了防止使用中出现振动，装配时对其旋转零部件进行的静平衡或动平衡。

4. 检验和试车

机械设备装配完毕，应根据有关技术标准和规定，对产品进行较全面的检验和试车，合格后才能准予出厂。

除上述装配工作外，油漆、包装等也属于装配工作。

二、机械设备装配的一般工艺原则和要求

机械设备修理后质量的好坏，与装配质量的高低有密切的关系。机械设备修理后的装配工艺是一个复杂细致的工作，是按技术要求将零部件连接或固定起来，使机械设备的各个部件保持正确的相对位置和相对关系，以保证机械设备所应具有的各项性能指标。若装配工艺不当，即使有高质量的零件，机械设备的性能也很难达到要求，严重时还可造成机械设备或人身事故。因此，修理后的装配必须根据机械设备的性能指标，严肃认真地按照技术规范进行。做好充分周密的准备工作，正确选择并熟悉和遵从装配工艺是机械设备修理装配的两个基本要求。

（一）装配的技术准备工作

（1）研究和熟悉机械设备及各部件总成装配图和有关技术文件与技术资料，了解机械设备及零部件的结构特点、作用、相互连接关系及其连接方式，对于那些有配合要求、运动精度较高或有其他特殊技术条件的零部件，尤其应当引起特别重视。

（2）根据零部件的结构特点和技术要求，确定合适的装配工艺、方法和程序，准备好必备的工具、量具及夹具和材料。

（3）按清单检测各备装零件的尺寸精度与制造或修复质量，核查技术要求，凡有不合格者一律不得装配，对于螺柱、键及销等标准件稍有损伤者，应予以更换，不得勉强留用。

（4）零件装配前必须进行清洗，对于经过钻孔、铰削、镗削等机械加工的零件，要将金属屑末清除干净；润滑油道要用高压空气或高压油吹洗干净；相对运动的配合表面要保持洁净，以免因脏物或尘粒等混杂其间而加速配合件表面的磨损。

（二）装配的一般工艺原则

设备维修后装配时的顺序应与拆卸顺序相反。要根据零部件的结构特点，采用合适的工具或设备，严格仔细按顺序装配，注意零部件之间的方位和配合精度要求。

（1）对于过渡配合和过盈配合零件的装配，如滚动轴承的内、外圈等，必须采用相应的铜棒、铜套等专门工具和工艺措施进行手工装配，或按技术条件借助设备进行加温、加压装配，遇到装配困难的情况，应先分析原因，排除故障，提出有效的改进方法，再继续装配，千万不可乱敲乱打、鲁莽行事。

（2）对油封件必须使用心棒压入；对配合表面要经过仔细检查和擦净，若有毛刺，应经修整后方可装配；螺柱连接按规定的扭矩值分次均匀紧固；螺母紧固后，螺柱的露出螺牙不少于两个且应等高。

（3）凡是摩擦表面，装配前均应涂上适量的润滑油，如轴颈、轴承、轴套、活塞、活塞销和缸壁等；各部件的纸板、石棉、钢皮、软木垫等密封垫应统一按规格制作，自行制作时应细心加工，切勿让密封垫覆盖润滑油、水和空气的通道；机械设备中的各种密封管道和部件，装配后不得有渗漏现象。

（4）过盈配合件装配时，应先涂润滑油脂，以利于装配和减少配合表面的初磨损；另外，装配时应根据零件拆卸下来时所做的各种安装记号进行装配，以防装配出错而影响装配进度。

（5）对某些有装配技术要求的零部件，如装配间隙、过盈量、灵活度、啮合印痕等，应边安装边检查，并随时进行调整，以避免装配后返工。

（6）在装配前，要对有平衡要求的旋转零件按要求进行静平衡或动平衡试验，合格后才能装配。这是因为某些旋转零件如带轮、飞轮、风扇叶轮、磨床主轴等新配件或修理件可能由于金属组织密度不匀、加工误差、本身形状不对称等原因，使零部件的重心与旋转轴线不重合，在高速旋转时会因此而产生很大的离心力，引起机械设备的振动，加速零件磨损。

（7）每一个部件装配完毕，必须严格仔细地检查和清理，防止有遗漏或错装的零件，严防将工具、多余零件及杂物留存在箱体之中，确信无疑之后，再进行手动或低速试运行，以防机械设备运转时引发意外事故。

三、典型机械零部件的装配

（一）螺纹连接的装配

1. 螺纹连接的预紧

为了得到可靠、紧固的螺纹连接，必须保证螺纹副具有一

螺纹连接、键、销的装配

定的摩擦力矩，此摩擦力矩是由施加拧紧力矩后使螺纹副产生一定的预紧力而获得的。控制

螺纹拧紧力矩的方法如下。

（1）利用专门的装配工具控制拧紧力矩的大小，如测力矩扳手、定扭矩扳手、电动扳手、风动扳手等。这类工具在拧紧螺栓时，可在读出所需拧紧力矩的数值时终止拧紧，或达到预先设定的拧紧力矩时便自行终止拧紧。

（2）测量螺栓的伸长量，控制拧紧力矩的大小。

（3）采用扭角法。扭角法的原理与测量螺栓伸长量法相同，只是将伸长量折算成螺母与各被连接件贴紧后再拧转的角度。

2. 螺纹连接的防松

螺纹连接一般都具有自锁性，受静载荷或工作温度变化不会自行松脱。但在冲击、振动以及工作温度变化很大时可能松脱。为了保证连接可靠，必须采用防松装置。常用的防松装置有摩擦防松装置和机械防松装置两大类。摩擦防松又分为弹簧垫圈防松、对顶螺母防松、自锁螺母防松；机械防松又分为槽形螺母和开口销联合防松、圆螺母带翅片防松、止动片防松。另外，还可以采用铆冲防松和黏接防松等方法。

3. 常用螺纹连接的种类

（1）在机械制造中广泛应用的普通螺栓连接。

（2）主要用于不经常拆卸的部位，上面的连接件可以经常拆卸，方便修理和调整的双头螺栓连接。

（3）用于受力不大、质量较轻的机件上的机用螺栓连接。

（4）广泛用于箱体及夹具中的定位板、齿条及密封装置中的内六角螺栓连接等。

4. 装拆螺栓连接的常用工具

装拆螺栓连接的主要工具有活扳手、呆扳手、内六角扳手、套筒扳手、棘轮扳手、螺丝刀等。在装拆双头螺栓时应使用专用工具，如图 4-38 所示。

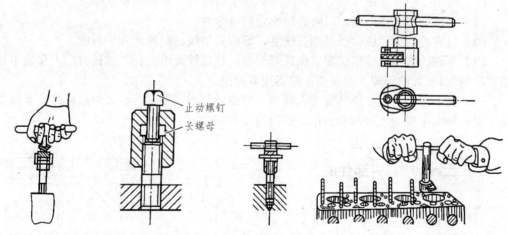

（a）用两个螺母装拆 （b）用长螺母装拆 （c）用长螺母装拆 （d）用带有偏心盘的套筒装拆

图 4-38　装拆双头螺栓的工具

5. 螺纹连接的装配要求

（1）双头螺栓与机体螺纹连接应有足够的紧固性，连接后的螺栓轴线必须与机体表面垂直。

（2）为了润滑和防锈，在连接的螺纹部分均应涂润滑油。

（3）螺母拧入螺栓紧固后，螺栓应高出螺母 1.5 个螺距。

（4）拧紧力矩要适当。太大时，螺栓或螺钉易被拉长，甚至断裂或使机件变形；太小时，不能保证工作时的可靠性。

（5）拧紧成组螺栓或螺母时，应按一定的顺序进行，如图 4-39 所示。

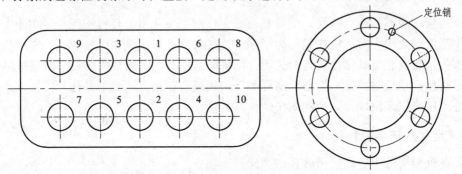

图 4-39　拧紧成组螺栓螺母的顺序

（6）连接件在工作中受振动或冲击时，要装好防松装置。

（二）键连接的装配

键连接可分为松键连接、紧键连接和花键连接三种。

1. 松键连接的装配

松键连接应用最广泛，分为普通平键连接、半圆键连接、导向平键连接，如图 4-40（a）（b）（c）所示。其特点是只承受转矩而不能承受轴向力。其装配要点如下。

（1）消除键和键槽毛刺，以防影响配合的可靠性。

（2）对重要的键，应检查键侧直线度、键槽对轴线的对称度和平行度。

（3）用键的头部与轴槽试配，保证其配合。然后锉配键长，在键长方向上普通平键与轴槽留有约 0.1 mm 的间隙，但导向平键不应有间隙。

（4）配合面上加机油后将键压入轴槽，应使键与槽底贴平。装入轮毂件后，半圆键、普通平键、导向平键的上表面和毂槽的底面应留有间隙。

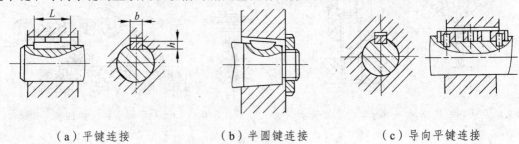

（a）平键连接　　　　　（b）半圆键连接　　　　　（c）导向平键连接

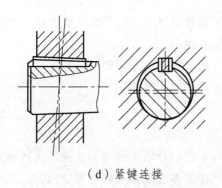 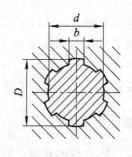

（d）紧键连接　　　　　　　（e）花键连接

图 4-40　键的连接形式

2. 紧键连接的装配

紧键连接主要指楔键连接，楔键连接分为普通楔键连接和钩头楔键连接两种。图 4-40（d）所示为普通楔键连接，键的上表面和毂槽的底面有 1：100 的斜度，装配时要使键的上、下工作面和轴槽、毂槽的底部贴紧，而两侧面应有间隙。键和毂槽的斜度一定要吻合。钩头键装入后，钩头和套件端面应留有一定距离，供拆卸用。

紧键连接装配要点：装配时，用涂色法检查接触情况，若接触不好，可用锉刀或刮刀修整键槽底面。

3. 花键连接的装配

花键连接如图 4-40（e）所示。按工作方式，花键连接分为静连接和动连接两种形式。

花键连接的装配要点：花键精度较高，装配前稍加修理就可以装配。静连接的花键孔与花键轴有少量的过盈，装配时可用铜棒轻轻敲入。动连接花键的套件在花键轴上应滑动自如，灵活无阻滞，转动套件时不应有明显的间隙。

（三）销连接的装配

销有圆柱销、圆锥销、开口销等种类。圆柱销一般依靠过盈配合固定在孔中，因此对销孔尺寸、形状和表面粗糙度 Ra 值要求较高，被连接件的两孔应同时钻、铰，Ra 值不大于 1.6 μm。装配时，销钉表面可涂机油，用铜棒轻轻敲入。圆柱销不宜多次装拆，否则会降低定位精度或连接的可靠性。

圆锥销装配时，两连接件的销孔也应一起钻、铰。在钻、铰时按圆锥销小头直径选用钻头（圆锥销的规格用销小头直径和长度表示），应用相应锥度的铰刀。铰孔时用试装法控制孔径，以圆锥销能自由插入 80%～85% 为宜。最后用手锤敲入，销钉的大头可稍露出，或与被连接件表面齐平。

销的装配要求如下：

（1）圆柱销按配合性质有间隙配合、过渡配合和过盈配合，使用时应按规定选用。

（2）销孔加工一般在相关零件调整好位置后，一起钻削、铰削，其表面粗糙度为 $Ra3.2～1.6$ μm。装配定位销时，在销子上涂机油，用铜棒垫在销子头部，把销子打入孔中，或用 C 形夹将销子压入。对于盲孔，销子装入前应磨出通气平面，让孔底的空气能够排出。

193

（3）圆锥销装配时，锥孔铰削深度宜用圆锥销试配，以手推入圆锥销长度的 80% ~ 85% 为宜。圆锥销装紧后大端倒角部分应露出锥孔端面。

（4）开尾圆锥销打入孔中后，将小端开口扳开，防止振动时脱出。

（5）销顶端的内、外螺纹，便于拆卸，装配时不得损坏。

（四）过盈连接的装配

过盈连接是依靠包容件和被包容件配合后的过盈值达到紧固连接的连接方式。装配后，配合面间产生压力。工作时，依靠此压力产生摩擦力来传递转矩和轴向力。

过盈连接按结构形式可分为圆柱面过盈连接、圆锥面过盈连接以及其他形式的过盈连接。

1. 过盈连接装配技术要求

（1）应有足够、准确的过盈值，实际最小过盈值应等于或稍大于所需的最小过盈值。

（2）配合表面应具有较小的表面粗糙度，一般为 $Ra0.8\ \mu m$，圆锥面过盈连接还要求配合接触面积达到 75% 及以上，以保证配合稳固性。

（3）配合面必须清洁，配合前应加油润滑，以免拉伤表面。

（4）压入时必须保证孔和轴的轴线一致，不允许有倾斜现象。压入过程必须连续，速度不宜太快，一般为 2 ~ 4 mm/s，不应超过 10 mm/s，并准确控制压入行程。

（5）细长件、薄壁件及结构复杂的大型件过盈连接，要进行装配前检查，并按装配工艺规程进行，避免装配质量事故。

2. 圆柱面过盈连接装配

（1）采用压入法，当过盈量较小、配合尺寸不大时，在常温下压入。压入方法和设备如图 4-41 所示。

 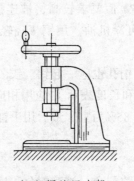 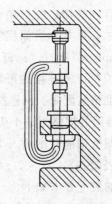

（a）手锤和垫块　　　　　（b）螺旋压力机　　　　　（c）C形夹头

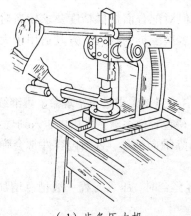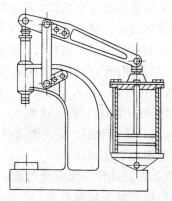

（d）齿条压力机　　　　　　　　　　（e）气动简易压力机

图 4-41　圆柱面过盈连接的压入方法和设备

（2）采用热胀配合法时，将过盈连接的孔加热，使之胀大，然后将常温下的轴装入胀大的孔中，待孔冷却后，轴孔就形成过盈连接，加热设备有沸水槽（80～100 ℃）、蒸汽加热槽（120 ℃）、热油槽（90～320 ℃）、红外线辐射加热箱、感应加热器等，可根据工件尺寸大小和所需加热的温度选用。

（3）冷缩配合法将轴经低温冷却，使之尺寸缩小，然后与常温的孔装配，得到过盈连接。对于过盈量较小的小件，采用干冰冷却，可冷却至-78 ℃；对于过盈量较大的大件，采用液氮冷却至-195 ℃。

3. 圆锥面过盈连接装配

圆锥面是利用锥轴和锥孔在轴向相对位移互相压紧而获得过盈。其常用的装配方法如下。

（1）在如图 4-42（a）所示的螺母拉紧圆锥面过盈连接中，拧紧螺母，使轴孔之间接触之后获得规定的轴向相对位移。此法适用于配合锥度为（1：30）～（1：8）的圆锥面过盈连接。

（2）液压装拆圆锥面的过盈连接，以及对于配合锥度为（1：50）～（1：30）的圆锥面的过盈连接，如图 4-42（b）所示，将高压油从油孔经油沟压入配合面，使孔的小径胀大，轴的大径缩小，同时施加一定的轴向力，使之互相压紧。

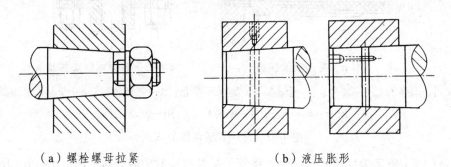

（a）螺栓螺母拉紧　　　　　　　　（b）液压胀形

图 4-42　圆锥面过盈连接装配

利用液压装拆过盈连接时，配合面不易擦伤。但对配合面接触精度要求较高时，需要高压油泵等专用设备。这种连接多用于承载较大且需多次装拆的场合，尤其适用于大型零件。利用液压装拆圆锥面过盈连接时，要注意以下几点。

① 严格控制压入行程，以保证规定的过盈量。

② 开始压入时，压入速度要低，此时配合面间有少量油渗出是正常现象，可继续升压，如油压已达到规定值而行程尚未达到时，应稍停压入，待包容件逐渐扩大后再压入到规定行程。

③ 达到规定行程后，应先消除径向油压，再消除轴向油压，否则包容件常会弹出而造成事故。拆卸时也应注意。

④ 拆卸时的油压应比套合时低；每拆卸一次再套合时，压入行程一般稍有增加，增加量与配合面锥度的加工精度有关。

⑤ 套装时，配合面要保持洁净，并涂以经过滤的轻质润滑油。

（五）管道连接的装配

管道由管、管接头、法兰、密封件等组成。常用管道连接形式如图 4-43 所示。

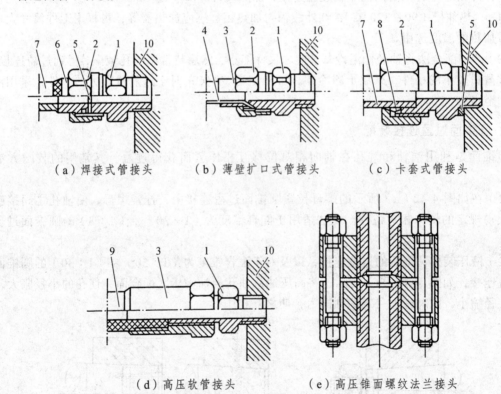

（a）焊接式管接头　　　（b）薄壁扩口式管接头　　　（c）卡套式管接头

（d）高压软管接头　　　（e）高压锥面螺纹法兰接头

1—接头体；2—螺母；3—管套；4—扩口薄壁管；5—密封垫圈；6—管接头；
7—钢管；8—卡套；9—橡胶软管；10—液压元件。

图 4-43　常用管道连接形式

图 4-43（a）所示为焊接式管接头，将管子与管接头对中后焊接；图 4-43（b）所示为薄壁扩口式管接头，将管口扩张，压在接头体的锥面上，并用螺母拧紧；图 4-43（c）所示为

卡套式管接头，拧紧螺母时，由于接头体尾部锥面作用，使卡套端部变形，其尖刃口嵌入管子外壁表面，紧紧卡住管子；图 4-43（d）所示为高压软管接头，装配时先将管套套在软管上，然后将接头体缓缓拧入管内，将软管紧压在管套的内壁上；图 4-43（e）所示为高压锥面螺纹法兰接头，用透镜式垫圈与管锥面形成环形接触面而密封。

管道连接装配的技术要求如下。

（1）管子的规格必须根据工作压力和使用场合进行选择。应有足够的强度，内壁光滑清洁，无砂眼、锈蚀等缺陷。

（2）切断管子时，断面应与轴线垂直。弯曲管子时，不要把管子弯扁。

（3）整个管道要尽量短，转弯次数少；较长管道应有支撑和管夹固定，以免振动；同时要考虑有伸缩的余地；系统中任何一段管道或元件应能单独拆装。

（4）全部管道安装定位后，应进行耐压强度试验和密封性试验；对于液压系统的管路系统，还应进行二次安装，即对拆下的管道经清洗后再安装，以防止污物进入管道。

（六）带传动装配

V 带传动、平带传动等带传动形式都是依靠带和带轮之间的摩擦力来传递动力的，为保证其工作时具有适当的张紧力，防止打滑，减小磨损，确保传动平稳，装配时必须按带传动机构的装配技术要求进行。

（1）带轮对带轮轴的径向圆跳动量应为（0.002 5 ~ 0.005）D，端面圆跳动量应为（0.000 5 ~ 0.001）D（D 为带轮直径）。

（2）两轮的中间平面应重合，其倾角一般不大于 10°，倾角过大会导致带磨损不均匀。

（3）带轮工作表面粗糙度要适当，一般为 $Ra3.2\ \mu m$，表面太光洁，带容易打滑，过于粗糙，则带磨损加快。

（4）对于 V 带传动，带轮包角不小于 120°。

（5）带的张紧力要适当。张紧力太小，不能传递一定的功率；张紧力太大，则轴易弯曲，轴承和带都容易磨损并降低效率。张紧力通过调整张紧装置获得，对于 V 带传动，合适的张紧力也可根据经验来判断，以用大拇指在 V 带切边中间处能按下 15 mm 左右为宜。

（6）带轮孔与轴的配合通常采用 H7/k6 过渡配合。

（七）链传动装配

为保证链传动工作平稳、减小磨损、防止脱链和减小噪声，链传动装配时必须按照以下技术要求进行。

（1）链轮两轴线必须平行，否则将加剧磨损，降低传动平稳性并增大噪声。

（2）两链轮的偏移量小于规定值。中心距小于或等于 500 mm 时，允许偏移量为 1 mm；中心距大于 500 mm 时，允许偏移量为 2 mm。

（3）链轮径向、端面圆跳动量小于规定值。链轮直径小于 100 mm 时，允许跳动量为 0.3 mm；链轮直径为 100 ~ 200 mm 时，允许跳动量为 0.5 mm；链轮直径为 200 ~ 300 mm 时，允许跳动量为 0.8 mm。

（4）链的下垂度适当。下垂度为 f/L（f 为下垂量，mm；L 为中心距，mm），允许下垂度一般为 2%，目的是减少链传动的振动和脱链故障。

（5）链轮孔和轴的配合通常采用 H7/k6 过渡配合。

（6）链接头卡子开口方向和链运动方向相反，避免发生脱链事故。

（八）齿轮传动机构的装配与调整

1. 齿轮传动机构的装配技术要求

（1）齿轮孔与轴的配合符合要求，不得有偏心和歪斜现象。　　管道、链、齿轮等的装配

（2）保证齿轮副有正确的安装中心距和适当的齿侧间隙。

（3）齿面接触部位正确，接触面积符合规定要求。

（4）滑移齿轮在轴上滑动自如，不应有啃住或阻滞现象，且轴向定位准确。齿轮的错位量不得超过规定值。

（5）对于转速高的大齿轮，应进行静平衡测试。

齿轮传动的装配工作包括：将齿轮装在传动轴上，将传动轴装进齿轮箱体，保证齿轮副正常啮合。装配后的基本要求有：保证正确的传动比，达到规定的运动精度；齿轮齿面达到规定的接触精度；齿轮副之间的啮合侧隙应符合规定要求。

渐开线圆柱齿轮传动多用于传动精度要求高的场合，如果装配后出现不允许的齿圈径向跳动，就会产生较大的运动误差。因此，首先要将齿轮正确地安装到轴上，不允许出现偏心和歪斜。对于运动精度要求较高的齿轮传动，在装配一对传动比为 1 或整数的齿轮时，可采用圆周定向装配，使误差得到一定程度的补偿，以提高传动精度。如果齿轮与花键轴连接，则尽量分别将两齿轮齿距累积误差曲线中的峰谷靠近来安装齿轮；如果用单键连接，就需要进行选配。在单件小批量生产中，只能在定向装配好之后，再加工出键槽，定向装配后，必须在轴与齿轮上打上径向标记，以便于正确装卸。

齿轮传动的接触精度是以齿面接触斑痕的位置和大小来判断的，它与运动精度有一定的关系，即运动精度低的齿轮传动，其接触精度也不高。因此，在装配齿轮副时，常需检查齿面的接触斑痕，以考核其装配是否正确。

装配圆柱齿轮时，齿轮副的啮合侧隙是由各种有关零件的加工误差决定的，一般无法通过装配调整。侧隙大小的检查方法有下列两种：用铅丝检查，在齿面的两端平行放置两条铅丝，铅丝的直径不宜超过最小侧隙的 3 倍。转动齿轮挤压铅丝，测量铅丝最薄处的厚度，即为侧隙的尺寸；用百分表检查，将百分表测头同一齿轮面沿齿圈切向接触，另一齿轮固定不动，手动摇摆可动齿轮，从一侧接触转到另一侧接触，百分表上的读数差值即为侧隙的尺寸。

2. 圆柱齿轮传动机构的装配要点

1）选择装配方法

齿轮与轴装配时，要根据齿轮与轴的配合性质，采用相应的装配方法，对齿轮、轴进行精度检查，符合技术要求才能装配。装配后，常见的安装误差是偏心、歪斜、端面未靠贴轴肩等，如图 4-44 所示。精度要求高的齿轮副，应进行径向圆跳动量检查，如图 4-45（a）所示。另外还要进行端面圆跳动量检查，如图 4-45（b）所示。

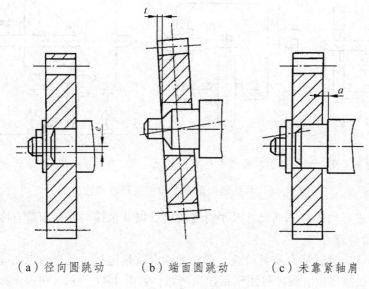

（a）径向圆跳动　　　（b）端面圆跳动　　　（c）未靠紧轴肩

图 4-44　齿轮安装误差

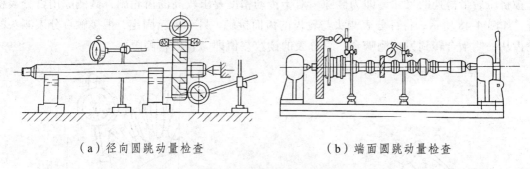

（a）径向圆跳动量检查　　　　　　　（b）端面圆跳动量检查

图 4-45　齿轮径向圆跳动量和端面圆跳动量检查

2）装配前检查

装配前应对箱体各部位的尺寸精度、形状精度、相互位置精度、表面粗糙度及外观质量进行检查。

箱体上孔系轴线的同轴度可以用心棒检验，也可用带百分表的心棒插入孔系检查。

另外，还要进行孔距测量以及两孔轴线垂直度、相交程度的检查。同一平面内相垂直的两孔垂直度检查方法如图 4-46（a）所示，在百分表心棒 1 上装有定位套筒，以防止心棒 1 轴向窜动。旋转心棒 1，百分表在心棒 2 上 L 长度的两点读数差即为两孔在 L 长度内的垂直度误差。图 4-46（b）所示为两孔轴线相交程度检查，心棒 1 的测量端做成叉形槽，心棒 2 的测量端为台阶形，即为过端和止端，检查时若过端能通过叉形槽，而止端不能通过，则相交程度合格，否则即为不合格。不在同一平面内垂直两孔轴线的垂直度的检查如图 4-46（c）所示，箱体用千斤顶支撑在平板上，用 90°角尺找正，将心棒 2 调整到垂直位置，此时测量心棒 1 对平板的平行度误差，即为两孔轴线垂直度误差。

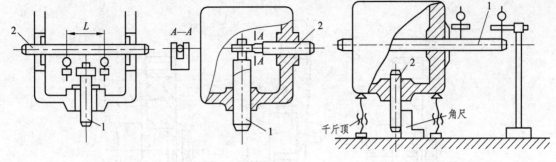

（a）同一平面内垂直度　　（b）轴线相交程度检查　　（c）不同平面内垂直度

图 4-46　两孔轴向垂直度和相交程度的检查

此外，还要进行轴线与基面尺寸及平行度的检查以及轴线与孔端面垂直度的检查。

3）啮合质量检查

齿轮装配后，应进行啮合质量检查。齿轮的啮合质量包括：适当的齿侧间隙；一定的接触面积；正确的接触部位。侧隙可用压铅丝法测量，如图 4-47 所示，在齿面接近两端处平行放置两条铅丝，宽齿放置 3～4 条铅丝，铅丝直径不超过最小间隙的 4 倍，转动齿轮，测量铅丝被挤压后最薄处的尺寸，即为侧隙。对于传动精度要求较高的齿轮副，其侧隙用百分表检查，如图 4-48 所示，将百分表测头与轮齿的齿面接触，另一齿轮固定，把接触百分表测头的轮齿从一侧啮合转到另一侧啮合，百分表的读数差值即为直齿轮侧隙。

图 4-47　用铅丝检查齿轮侧隙

图 4-48　用百分表检查齿轮侧隙

接触面积和接触部位的正确性用涂色法检查。检查时，转动主动轮，从动轮应轻微制动。对双向工作的齿轮副，正、反向都应检查，轮齿上接触印痕的面积，在轮齿高度上的接触斑点应不少于 30%，在轮齿的宽度上不少于 40%（随齿轮的精度而定）。通过涂色法检查，还可以判断产生误差的原因，如图 4-49 所示。

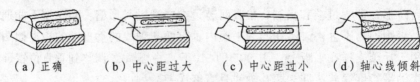

（a）正确　　（b）中心距过大　　（c）中心距过小　　（d）轴心线倾斜

图 4-49　圆柱齿轮接触痕迹

4）噪声检查

齿轮的跑合对于传递动力为主的齿轮副，要求有较高的接触精度和较小的噪声，装配后进行跑合可提高齿轮副的接触精度并减小噪声。通常采用加载跑合，即在齿轮副输出轴上加一负载力矩，在运转一定时间后，使轮齿接触表面相互磨合，以增大接触面积，改善啮合质量。跑合后的齿轮必须清洗，重新装配。

3. 圆锥齿轮传动机构的装配与调整

装配圆锥齿轮传动机构的步骤和方法与装配圆柱齿轮传动机构步骤和方法相似，但两齿轮在轴上的定位和啮合精度的调整方法不同。

（1）两圆锥齿轮在轴上的轴向定位如图 4-50 所示，圆锥齿轮 1 的轴向位置用改变垫片厚度来调整；圆锥齿轮 2 的轴向位置则可通过调整固定圈位置确定。调好后根据固定圈的位置，配钻定位孔并用螺钉或销固定。

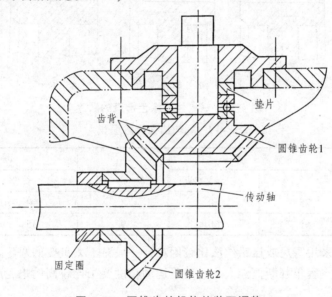

图 4-50　圆锥齿轮机构的装配调整

（2）啮合精度的调整在确定两圆锥齿轮正确啮合的位置时，用涂色法检查其啮合精度，根据齿面着色显示的部位不同，进行调整。

（九）蜗杆传动机构的装配与调整

1. 蜗杆传动机构装配的技术要求

（1）保证蜗杆与蜗轮轴线相互垂直，距离正确，且蜗杆轴线应在蜗轮轮齿的对称平面内。
（2）蜗杆和蜗轮有适当的啮合侧隙及正确的接触斑点。

2. 蜗杆传动机构的装配顺序

（1）将蜗轮装在轴上，装配和检查方法与圆柱齿轮装配相同。
（2）把蜗轮组件装入箱体。
（3）装入蜗杆，蜗杆轴线位置由箱体安装孔保证，蜗轮轴向位置可通过改变垫圈厚度调整。

3. 装配后的检查与调整

蜗轮副装配后，用涂色法来检查其啮合质量，如图 4-51 所示。图 4-51（a）（b）为蜗杆轴线不在对称平面内的情况。一般蜗杆位置已固定，则可按图示箭头方向调整蜗轮的轴向位置，使其达到图 4-51（c）所示的要求，其接触面积要求见表 4-9。

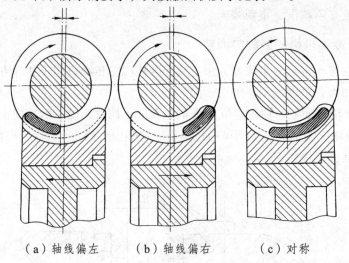

（a）轴线偏左　　（b）轴线偏右　　（c）对称

图 4-51　蜗轮齿面涂色检查的顺序

表 4-9　蜗轮齿面接触面积

精度等级	接触长度		精度等级	接触长度	
	占齿长/%	占齿宽/%		占齿长/%	占齿宽/%
6	75	60	8	50	60
7	65	60	9	35	50

侧隙检查时，采用塞尺或压铅丝法比较困难，一般对不太重要的蜗轮副，凭经验用手转动蜗杆，并根据其空程角判断侧隙大小；对于运动精度要求比较高的蜗轮副，要用百分表测量，如图 4-52 所示。

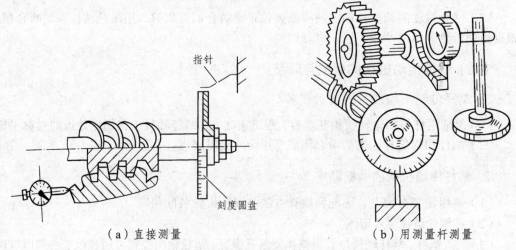

指针

刻度圆盘

（a）直接测量　　　　　　　　　　（b）用测量杆测量

图 4-52　蜗轮副侧隙检查

通过测量蜗杆空程角，可以计算出齿侧间隙。空程角与侧隙有如下近似关系（蜗杆升角影响忽略不计）：

$$\alpha = C_n \frac{360 \times 60}{\lambda z_1 m \times 1\,000} \qquad (4\text{-}4)$$

式中　α——空程角，（°）；

λ——蜗杆升角，（°）；

z_1——蜗杆头数；

m——模数，mm；

C_n——侧隙，mm。

（十）联轴器的装配

联轴器按结构形式不同，可分为锥销套筒式、凸缘式、十字滑块式、弹性圆柱销式、万向联轴器等。

1. 弹性圆柱销式联轴器的装配

如图 4-53 所示，其装配要点如下。

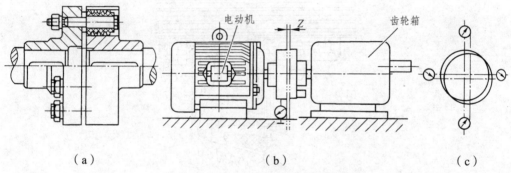

（a）　　　　　　　　　（b）　　　　　　　　　（c）

图 4-53　弹性圆柱销式联轴器及其装配

（1）先在两轴上装入平键和半联轴器，并固定齿轮箱。按要求检查其径向和端面圆跳动量。

（2）将百分表固定在半联轴器上，使其测头触及另外半联轴器的外圆表面，找正两个半联轴器之间的同轴度。

（3）移动电动机，使半联轴器上的圆柱销少许进入另外半联轴器的销孔内。

（4）转动轴及半联轴器，并调整两半联轴器间隙使之沿圆周方向均匀分布，然后移动电动机，使两个半联轴器靠紧，固定电动机，再复检同轴度以达到要求。

2. 十字滑块式联轴器的装配

其装配要点如下。

（1）将两个半联轴器和键分别装在两根被连接的轴上。

（2）用尺检查联轴器外圆，在水平方向和垂直方向上应均匀接触。

（3）两个半联轴器找正后，再安装十字滑块，并移动轴，使半联轴器和十字滑块间留有少量间隙，保证十字滑块在两半联轴器的槽内能自由滑动。

（十一）离合器的装配

常用的离合器有摩擦离合器和牙嵌离合器。

1. 摩擦离合器

常见的摩擦离合器如图 4-54 所示。对于片式摩擦离合器，要解决摩擦离合器发热和磨损补偿问题，因此装配时应注意调整好摩擦面间的间隙。对于圆锥式摩擦离合器，要求用涂色法检查圆锥面接触情况，色斑应均匀分布在整个圆锥表面上。

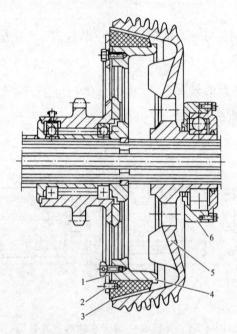

1—连接圆盘；2—圆柱销；3—摩擦衬块；

4—外锥盘；5—内锥盘；6—加压环。

图 4-54　单摩擦锥盘离合器

2. 牙嵌离合器

如图 4-55 所示，牙嵌离合器由两个带端齿的半离合器组成。端齿有三角形、锯齿形、梯形和矩形等多种。

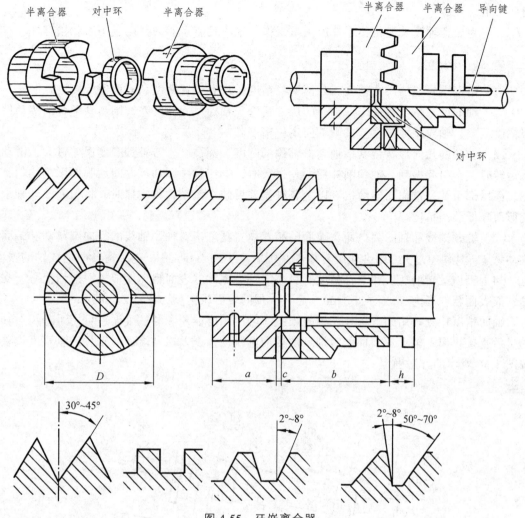

图 4-55　牙嵌离合器

3. 离合器的装配要求

离合器要求接合、分离动作灵敏，能传递足够的转矩，工作平稳。装配时，把固定的一半离合器装在主动轴上，滑动的一半装在从动轴上，保证两半离合器的同轴度，可滑动的一半离合器在轴上滑动时应无阻滞现象，各个啮合齿的间隙相等。

（十二）轴的结构及其装配

1. 轴的结构

轴类零件是组成机器的重要零件，它的功用是支撑齿轮、带轮、凸轮、叶轮、离合器等传动件，传递转矩及旋转运动。因此，轴的结构具有以下特点。

（1）轴上加工有对传动件进行径向固定或轴向固定的结构，如键槽、轴肩、轴环、环形槽、螺纹、销孔等。

（2）轴上加工有便于安装轴上零件和轴加工制造的结构，如轴端倒角、砂轮越程槽、退刀槽、中心孔等。

（3）为保证轴及其他相关零件能正常工作，轴应具有足够的强度、刚度和精度。

2. 轴的精度

轴的精度主要包括尺寸精度、几何形状精度、相互位置精度和表面粗糙度。

（1）轴的尺寸精度指轴段、轴径的尺寸精度。轴径尺寸精度差，则与其配合的传动件定心精度就差；轴段尺寸精度差，则轴向定位精度就差。

（2）轴颈的几何形状精度指轴支撑轴颈的圆度、圆柱度。若轴颈圆度误差过大，滑动轴承运转时就会引起振动。轴颈圆柱度误差过大时，会使轴颈和轴承之间油膜厚度不均匀，轴瓦表面局部负荷过重而加剧磨损。以上各种误差反映在滚动轴承支撑时，将引起滚动轴承的变形而降低装配精度。

（3）轴颈轴线和轴的圆柱面、端面的相互位置精度指对轴颈轴线的径向圆跳动和端面圆跳动量。若其误差过大，则会使旋转零件装配后产生偏心和歪斜，以致运转时造成轴的振动。

（4）机械运转的速度和配合精度等级决定轴类零件的表面粗糙度值。一般情况下，支撑轴颈的表面粗糙度为 $Ra0.8 \sim 0.2\ \mu m$，配合轴颈的表面粗糙度为 $Ra3.2 \sim 0.8\ \mu m$。

轴的精度检查采用的方法是：轴径误差、轴的圆度误差和圆柱度误差可用千分尺对轴径测量后直接得出，轴上各圆柱面对轴颈的径向圆跳动量误差以及端面对轴颈的垂直度误差可按图 4-56 所示的方法确定。

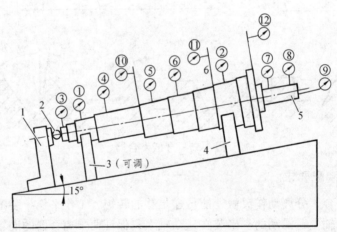

1—左挡板；2—钢球；3—可调支座；4—固定支座；5—检验心轴；6—轴颈端面。

图 4-56　轴的精度检测

3. 轴、键、传动轮的装配

齿轮、带轮、蜗轮等传动轮与轴一般采用键连接传递运动及转矩，其中又以普通平键连接最为常见。装配时，选取键长与轴上键槽相配，键底面与键槽底面接触，键两侧采用过渡配合，装配轮毂时，键顶面和轮毂间留有一定间隙，但与键两侧配合不允许松动。

（十三）滑动轴承装配

滑动轴承按其相对滑动的摩擦状态不同，可分为液体摩擦轴承和非液体摩擦轴承两大类。

液体摩擦轴承运转时，轴颈与轴承工作面间被油膜完全隔开，摩擦因数小，轴承承载能力大，抗冲击，旋转精度高，使用寿命长。液体摩擦轴承又分为动压液体摩擦轴承和静压液体摩擦轴承。

非液体摩擦轴承包括干摩擦轴承、润滑脂轴承、含油轴承、尼龙轴承等，轴和轴承的相对滑动工作面直接接触或部分被油膜隔开，摩擦因数大，旋转精度低，较易磨损。但其结构简单，装拆方便，广泛应用于低速、轻载和精度要求不高的场合。

滑动轴承按结构形状不同又可分为整体式、剖分式等结构形式。

滑动轴承的装配工作，是保证轴和轴承工作面之间获得均匀而适当的间隙、良好的位置精度和应有的表面粗糙度值，在启动和停止运转时有良好的接触精度，保证运转过程中结构稳定可靠。

1. 轴套式滑动轴承的装配

轴套式滑动轴承如图 4-57（a）所示，轴套和轴承座为过盈配合，可根据尺寸的大小和过盈量的大小，采取相应的装配方法。尺寸和过盈量较小时，可用锤子加垫板敲入。尺寸和过盈量较大时，宜用压力机或螺旋拉具进行装配。压入时，轴套应涂润滑油，油槽和油孔应对正。为防止倾斜，可用导向环或导向心轴导向。压入后，检查轴套和轴的直径，如果因变形不能达到配合间隙要求，可用铰削或刮削研磨的方法修整，在安装紧固螺钉或定位销时，应检查油孔和油槽是否错位，图 4-57（b）所示为轴套的定位方法。

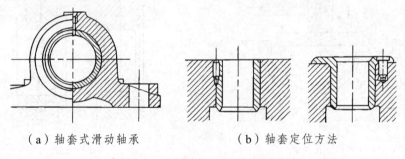

（a）轴套式滑动轴承　　　　　（b）轴套定位方法

图 4-57　轴套式滑动轴承的装配

2. 剖分式滑动轴承的装配

剖分式滑动轴承如图 4-58（a）所示，其装配工作的主要内容如下。

（1）轴瓦与轴承体的装配。上、下轴瓦与轴承盖和轴承座的接触面积不得小于 40%～50%，用涂色法检查，着色要均布。如不符合要求，对厚壁轴瓦应以轴承座孔为基准，刮研轴瓦背部。同时应保证轴瓦台肩能紧靠轴承座孔的两端面，达到 H7/f7 配合要求，如果太紧，则应刮轴瓦。薄壁轴瓦的背面不能修刮，只能进行选配。为达到配合的紧固性，厚壁轴瓦薄壁轴瓦的剖分面都要比轴承座的剖分面高出 0.05～0.1 mm，如图 4-58（b）所示。轴瓦装入时，为了避免敲毛剖分面，可在剖分面上垫木板，用锤子轻轻敲入，如图 4-58（c）所示。

（2）轴瓦的定位。用定位销和轴瓦上的凸肩来防止轴瓦在轴承座内做圆周方向转动和轴向移动，如图 4-58（d）所示。

（3）轴瓦的粗刮。上、下轴瓦粗刮时，可用工艺轴进行研点；工艺轴的直径要比主轴直径小 0.03～0.05 mm。上、下轴瓦分别刮削，当轴瓦表面出现均匀研点时，粗刮结束。

（4）轴瓦的精刮。粗刮后，在上、下轴瓦剖分面间配以适当的调整垫片，装上主轴合研，进行精刮。精刮时，在每次装好轴承盖后，稍微紧一紧螺母，再用锤子在轴承盖的顶部均匀地敲击几下，使轴瓦盖更好地定位，然后再紧固所有螺母，紧固螺母时，要转动主轴，检查松紧程度。主轴的松紧可以随着刮削的次数，用改变垫片尺寸的方法来调节，螺母紧固后，主轴能够轻松地转动且无间隙，研点达到要求，精刮即结束。合格轴瓦的研点分布情况如图4-58（e）所示。刮研合格的轴瓦，配合表面接触要均匀，轴瓦的两端接触点要实，中部 1/3 长度上接触稍虚。

（5）清洗轴瓦。将轴瓦清洗后重新装入。

（6）轴承间隙。动压液体摩擦轴承与主轴的配合间隙可参考国家标准数据调整。

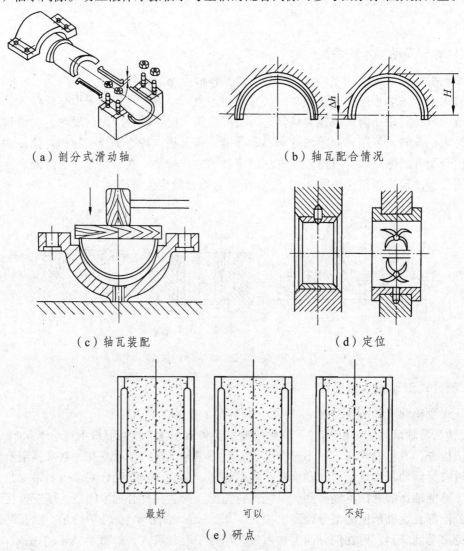

（a）剖分式滑动轴　　　　　　　　　（b）轴瓦配合情况

（c）轴瓦装配　　　　　　　　　　（d）定位

最好　　　　　可以　　　　　不好

（e）研点

图 4-58　剖分式滑动轴承的装配

（十四）滚动轴承装配

滚动轴承是一种滚动摩擦轴承，由内圈、外圈、滚动体和保持架组成。内、外圈之间有光滑的凹槽滚道，滚动体可沿着滚道滚动。保持架的作用是使滚动体沿滚道均匀分布，并将相邻的滚动体隔开，以免其直接接触而增加磨损。

1. 装配要点

（1）滚动轴承上标有代号的端面应装在可见部位，以便于将来更换时查对。

（2）轴颈或壳体孔台阶处的圆弧半径应小于轴承的圆弧半径，以保证轴承轴向定位牢靠。

（3）为了保证滚动轴承工作时有一定的热胀余地，在同轴的两个轴承中，必须有一个轴承的外圈或内圈可以在热胀时产生轴向移动。

（4）轴承的固定装置必须可靠，紧固适当。

（5）装配过程严格保持清洁，密封严密。

（6）装配后，轴承运转灵活，无噪声，工作温升不超过规定值。

（7）将轴承装到轴颈上或支撑孔中时，不能通过滚动体传力，要先装紧配合后装松配合。

2. 装配方法

滚动轴承的装配方法常用的有敲入法、压入法、温差法等。

在一般情况下，滚动轴承内圈随轴转动，外圈固定不动，因此内圈与轴的配合比外圈与轴承座支撑孔的配合要紧一些，滚动轴承的装配大多为较小的过盈配合，常用手锤或压力机压装。为了使轴承圈压力均匀，需用垫套之后加压。轴承压到轴上时，通过垫套施力于内圈端面，如图4-59（a）所示；轴承压到支撑孔中时，施力于外圈端面，如图4-59（b）所示；若同时压到轴上和支撑孔中，则应同时施力于内、外圈端面，如图4-59（c）所示。

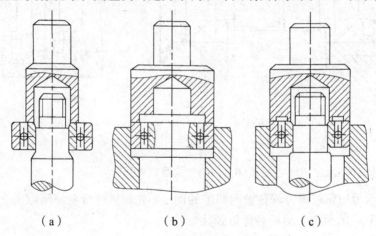

（a）　　　　　　　　（b）　　　　　　　　（c）

图4-59　压入法装配向心球轴承

滚动轴承在装配过程中应根据轴承的类型和配合确定装配方法和装配顺序。

3. 向心球轴承装配

向心球轴承属于不可分离型轴承，采用压入法装入机件，不允许通过滚动体传递压力。若轴承内圈与轴颈配合较紧，外圈与壳体孔配合较松，则先将轴承压入轴颈，如图4-59（a）所示，然后连同轴一起装入壳体中，外圈与壳体配合较紧，则先将轴承压入壳体孔中，如图4-59（b）所示。轴装入壳体后，两端要装两个向心球轴承。当一个轴承装好后装第二个轴承时，由于轴已装入壳体内部，可以采用如图 4-59（c）所示的方法装入。还可以采用轴承内圈热胀法、外圈冷缩法或壳体加热法以及轴颈冷缩法装配，其加热温度一般在 60～100℃范围内的油中热胀，其冷却温度不得低于-80℃。

4. 圆锥滚子轴承和推力轴承装配

圆锥滚子轴承和推力轴承内、外圈是分开安装的。圆锥滚子轴承的径向间隙 e 与轴向间隙 c 有一定的关系，即 $e=c\tan\beta$，其中 β 为轴承外圈滚道母线对轴线的夹角，一般为 11°～16°。因此，调整轴向间隙亦即调整了径向间隙。推力轴承不存在径向间隙的问题，只需要调整轴向间隙。这两种轴承的轴向间隙通常采用垫片或防松螺母来调整，图 4-60 所示为采用垫片调整轴向间隙的例子。调整时，先将端盖在不用垫片的条件下用螺钉紧固于壳体上。对于图 4-60（a）所示的结构，左端盖垫将推动轴承外圈右移，直至完全将轴承的径向间隙消除为止。这时测量端盖与壳体端面之间的缝隙 a_1。轴向间隙 c 则由 $e=c\tan\beta$ 求得。根据所需径向间隙 e，即可求得垫片厚度 $a=a_1+c$。对于图 4-60（b）所示的结构，端盖 1 紧贴壳体 2，可来回推拉轴测得轴承与端盖之间的轴向间隙。根据允许的轴向间隙大小可得到调整垫片的厚度 a。

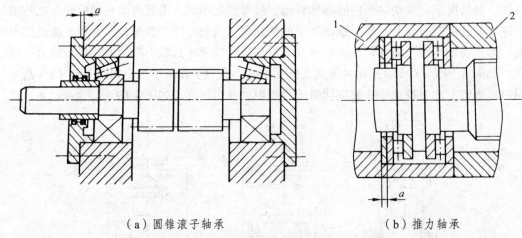

（a）圆锥滚子轴承　　　　　　　（b）推力轴承

1—端盖；2—壳体。

图 4-60　用垫片调整轴向间隙

图 4-61 所示为用防松螺母调整轴向间隙的例子，先拧紧螺母至将间隙完全消除为止，再拧松螺母，退回 $2c$ 的距离，然后将螺母锁住。

轴承、电动机的装配

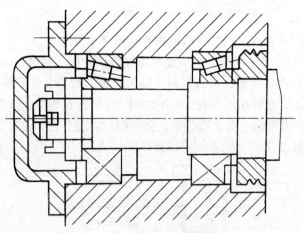

图 4-61   用防松螺母调整轴向间隙

（十五）电动机的装配

电动机的装配顺序与拆卸时的顺序相反。装配端盖时，不能用铁锤，而应用木锤均匀敲端盖四周，不可单边着力；拧紧端盖螺栓时，要四周对称均匀用力，上下左右对角逐个拧紧，不能按周沿顺序依次逐个拧紧，否则易断裂和转轴同轴度不良等。装配时，应将各零部件按拆卸时所做的记号复位。对于绕线转子异步电动机，装配刷架、刷握、电刷等时，应注意集电环与电刷表面要光滑清洁，密切吻合，刷握内壁应清洁，弹簧压力应调整均匀等。电动机装配完毕，用手转动转子，应保证转动灵活、均匀，无停滞或偏重现象。

电动机带轮的安装方法对保证其装配质量影响很大。装配带轮时，对于中小型电动机，可在带轮端面垫上木块，用锤子打入。若打入困难，为了不让轴承受到损伤，应在轴的另一端垫上木块后，顶在墙上再打入带轮；对于较大型电动机，其带轮或联轴器可用千斤顶顶入，但要用固定支持物顶住电动机的另一端和千斤顶底部。

（十六）密封装置的装配

为了阻止液体、气体等工作介质或润滑剂的外泄，防止外部灰尘、水分等杂质侵入设备内部和润滑部位，有关部件上均设置了较完整的密封装置。在使用过程中，由于密封装置的装配不良，密封件磨损、变形、老化、腐蚀等，常出现漏油、漏水、漏气等"三漏"现象。这种现象轻则造成物质浪费、环境污染、设备的技术性能降低，重则可能造成严重事故。因此，保持机械设备的良好密封性能极为重要。

机械设备的密封结构可分为固定连接密封(如箱体结合面、法兰盘等的密封)和活动连接密封(如填料密封、轴头油封等)两种。

1. 固定连接密封

被密封部位的两个耦合件之间不存在相对运动的密封装置称为固定连接密封，也称为静密封。固定连接密封包括密合密封、衬垫密封和防漏密封胶密封三种。

1）密合密封

由于配合的要求，在结合面之间不允许加衬垫或密封胶时，常依靠机件的加工精度和小的表面粗糙度值的密合表面进行密封。在此情况下，装配时注意不要损伤配合表面。

2）衬垫密封

衬垫密封只适用于静密封，衬垫材料的选择可参考有关资料。

图 4-62 为衬垫密封，衬垫在装配时应处在连接表面中间，不得歪斜或错位。在螺栓连接预紧力作用下，使衬垫产生变形，从而得到良好的密封。衬垫在装配前，要注意其密封表面的平整和清洁，以保证装配后在连接表面处不泄漏。在装配过程中，衬垫应有适当的预紧度，若预紧度不足，容易引起泄漏；预紧度过大，会使垫片丧失弹性，引起早期失效。在维修时，发现垫片失去弹性或已经破裂，则必须予以更换。

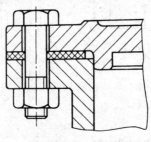

图 4-62　衬垫密封

3）防漏密封

密封胶是一种新型高分子材料，它的初始形态是一种具有流动性的黏稠物，能容易地填满两个结合面间的空隙，用于各种连接部位上，如各种平面、法兰连接、螺纹连接等。在使用密封胶之前，应将各结合面清理干净，经除锈、去油污后可用丙酮清洗，最好能露出新的金属基体。涂胶前必须将密封胶搅拌均匀，涂胶厚度视结合面的加工精度、平面度和间隙不同而确定，还要做到涂胶层厚薄均匀。

按其作用机理和化学成分，密封胶可分为液态密封胶和厌氧密封胶两种。

液态密封胶又称液态垫圈，是一种呈液态的密封材料。其特点和分类方法见表 4-10。

表 4-10　液体密封胶的特点与分类

分类依据	类型及特点	
按化学成分	树脂型、橡胶型、油改性型	
按应用范围和使用场所	耐热型、耐寒型、耐压型、耐油型、耐水型、耐溶剂型、绝缘型、耐化学型	
按涂敷后成膜形态	干性附着型	涂覆后，溶剂挥发而牢固附着于结合面；有较好的耐热、耐压性，可拆性差，耐振、耐冲击性差
	干性可剥型	涂覆后，溶剂挥发形成柔软有弹性的薄膜，附着严密，耐振好，可剥性好，可用于间隙较大和有坡度的结合面，但不适于结合面积较大处
	非干性黏型	涂覆后，长期不硬，且保持黏性，所以耐振动、冲击；具有良好的可拆性；可分为有溶剂、无溶剂两种，有溶剂为液态，无溶剂为膏状；无溶剂的可在涂覆后，不经干燥，立即连接；也可在涂覆后数日、数周后再行连接
	非干性黏弹型	介于干性和非干性之间，兼备两者优点；涂覆后形成薄膜，长期不硬，永久保持黏弹性，具有耐压和柔软的特点，易拆卸，目前应用最普遍

厌氧密封胶又称厌氧性密封黏合剂、嫌气性密封剂等。它可以用于螺纹防松、轴承固定、管螺纹密封等。

根据配制胶液的单体不同及胶接强度和应用范围的不同，厌氧密封胶可以分成胶黏剂和密封剂两种。按其用途，厌氧密封胶又可分为管道工程通用型、液压系统专用型、冷冻设备专用型、塑料垫片型、管筒胶接型等。

密封胶的使用工艺见表4-11。

表4-11　密封胶的使用工艺

步骤	液态密封胶	厌氧密封胶
预处理	若结合面有油污、水、灰尘等，应擦干净；若结合面上有锈，应用砂布、钢丝刷等去锈	去除结合面油污杂物或锈蚀等，对耐压要求高，则预处理也应严格一些
涂敷	用刷子、竹板、刮刀等涂敷最简单；必要时用喷枪等，一般两面各涂0.06~0.1 mm	涂胶使密封面间隙足以填满；对平面密封间隙最好在0.1 mm之内，最大不超过0.3 mm；间隙再大者用密封胶和垫片联合使用
干燥	无溶剂型不需要干燥时间，溶剂型要有干燥时间	涂敷后，把零件合上并固紧，在室温固化，固化时间不等；例如，Y-150压氧胶在25℃固化一天，当使用加速剂时，数分钟开始固化，1 h后即可使用
紧固	紧固力越大，耐压性越高	

2. 活动连接密封

被密封部位的两个偶合件之间具有相对运动的密封装置称为活动连接密封，也称为动密封，活动连接密封包括填料密封、油封密封、O形密封圈密封、唇形密封圈密封、机械密封五种。

1）填料密封

结构如图4-63所示，其装配工艺要点如下。

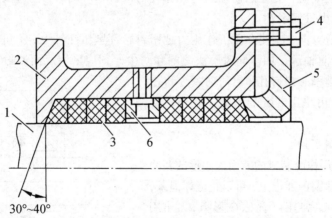

1—主轴；2—壳体；3—软填料；4—螺钉；5—压盖；6—孔杯。

图4-63　填料密封

① 软填料可以是一圈圈分开的，各圈在轴上不要强行张开，以免产生局部扭曲或断裂。相邻两圈的切口应错开180°。软填料也可制成整条，在轴上缠绕成螺旋形。

② 当壳体为整体圆筒时，可用专用工具把软填料推入孔内。

③ 软填料由压盖压紧。为了使压力沿轴向分布尽可能均匀，以保证密封性能和均匀磨损，装配时应由左到右逐步压紧。

④ 压盖螺钉至少有两个，必须轮流逐步拧紧，以保证圆周力均匀；同时用手转动主轴，检查其接触的松紧程度，要避免压紧后再行松出。此类密封在负荷运转时，允许有少量泄漏。运转后继续观察，如泄漏增加，应再缓慢均匀拧紧压盖螺钉（一般每次再拧进 1/7 ~ 1/6 圈），但不要压得太紧，以免摩擦功率消耗太大而发热烧坏。填料密封是允许极少量泄漏的。

2）油封密封

结构如图 4-64 所示，是广泛用于旋转的一种密封装置。油封密封按其结构可分为骨架式和无骨架式两类。装配时应防止唇部受伤，并使压紧弹簧有合适的压紧力。其装配要点如下。

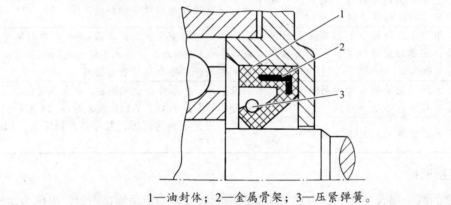

1—油封体；2—金属骨架；3—压紧弹簧。

图 4-64　油封

① 检查油封孔和轴的尺寸、轴的表面粗糙度是否符合要求，密封唇部是否损伤。在唇部和轴上涂以润滑油脂。

② 用压入法装配时，要注意使油封与壳体孔对准，不可偏斜。孔边倒角要大一些，在油封外圈或壳体内涂少量润滑油。

③ 油封的装配方向，应使介质工作压力把密封唇部紧压在轴上，不可反装。如用作防尘时，则应使唇部背向轴承。如需同时解决防漏和防尘，则应采用双面油封。

④ 当轴端有键槽、螺钉孔、台阶时，为防止油封唇部被划伤，可采用装配导向套。此外，要严防油封弹簧脱落。

3）O 形密封圈密封

O 形密封圈是用橡胶制成的断面为圆形的实心圆环。用它填塞在泄漏的通道上，可阻止流体泄漏，如图 4-65 所示。O 形密封圈（简称 O 形圈）既可用于动密封，也可用于静密封。

在装配时要注意以下几个方面。

① 装配前应检查 O 形圈装入部位的尺寸、表面粗糙度和引入角大小及连接螺栓孔的深度。

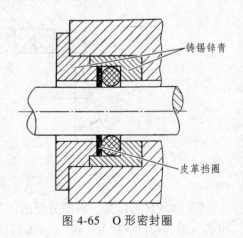

铸锡锌青

皮革挡圈

图 4-65　O 形密封圈

② 装配时必须在 O 形圈处涂上润滑油。如果要通过螺纹或键槽，可借助导向套，然后依靠连接螺栓的预紧力，使 O 形圈产生变形来达到密封作用。

③ 装配时要有合适的压紧度，否则会引起泄漏或挤坏 O 形圈。另外，当工作压力较大需用挡圈时，还要注意挡圈的装配方向，即在 O 形圈受压侧的另一侧面装上挡圈。

4）唇形密封圈密封

唇形密封圈应用范围很广，既适用于大、中、小直径的活塞和柱塞的密封，也适用于高、低速往复运动和低速旋转运动的密封。它的种类很多，有 V 形、Y 形、U 形、L 形和 T 形等，图 4-66 所示为 V 形密封圈装置，它由一个压环、数个重叠的密环和一个支承环组成。装配前，应检查密封圈的质量、装入部位的尺寸、表面粗糙度及引入角大小；装配时密封圈处要涂以润滑脂，并避免过大的拉伸引起塑性变形；装配后要有合适的压紧度。此外，在受较大的轴向力时，需加挡圈以防密封圈从间隙挤出，挡圈均应装在唇形圈的根部一侧。

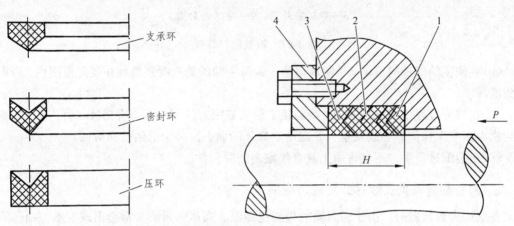

1—支承环；2—密封环；3—压环；4—调整垫圈。

图 4-66　V 形密封装置

5）机械密封

图 4-67 所示的机械密封装置是用于旋转轴的一种密封装置。它是由两个弹簧力和密封介质静压力作用下互相贴合并做相对转动的动、静环构成的密封；可以在高压、高真空、高温、高速、大轴径以及密封气体、液化气体等条件下很好地工作；具有寿命长、磨损量小、泄漏量小、安全、动力消耗小等优点。

机械密封是比较精密的装置，如果安装和使用不当，容易造成密封元件损坏而出现泄漏事故。因此，在安装机械密封装置时，必须注意下列事项。

① 动、静环与相配的元件之间不得发生连续的相对运动，不得有泄漏。

② 必须使动、静环具有一定的浮动性，以便在运转中能适应影响动、静环端面接触的各种偏差，这是保证密封性能的主要条件。浮动性取决于密封圈的准确装配、与密封圈接触的主轴或轴套的粗糙度、动环与轴的径向间隙以及动、静环接触面上摩擦力的大小，而且还要求有足够的弹簧力。

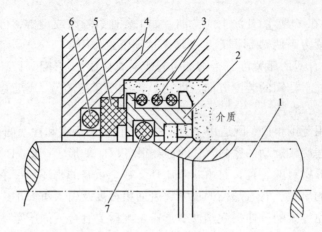

1—轴；2—动环；3—弹簧；4—壳体；5—静环；

6—静环密封圈；7—动环密封圈。

图 4-67　机械密封装置

③ 要使主轴的轴向窜动、径向跳动和压盖与主轴的垂直度误差均在规定范围内，否则将导致泄漏。

④ 在装配过程中应保持清洁，特别是主轴装置密封的部位不得有锈蚀，动、静环端面及密封圈表面应无任何异物或灰尘，并在动、静环端面上涂一层清洁的润滑油。

⑤ 在装配过程中，不允许用工具直接敲击密封元件。

3. 密封装置常见失效形式及预防措施

在使用密封装置时，由于密封圈的根部受高温、高压的影响，常会出现变形、损伤等情况，图 4-68 即为油封唇部被咬入间隙的情况；图 4-69 为油封根部被挤出的情况，这是由于油封安装处空隙太大，轴向压力过大，密封件材料的硬度偏低等导致的油封变形，破坏密封效果。

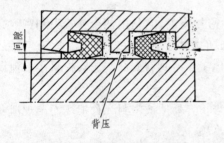

图 4-68　密封圈损坏的形式

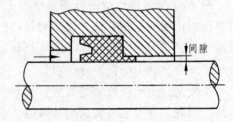

图 4-69　油封根部被挤出

图 4-70 所示为预防密封装置失效的措施。图 4-70（a）为使用支撑环的方法，即在油封根部处加一支撑环；图 4-70（b）为采用合适的间隙，即根据轴向压力的大小，可按图查取合适的间隙。

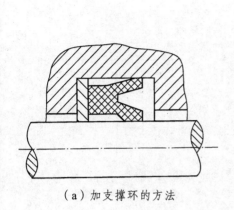

（a）加支撑环的方法

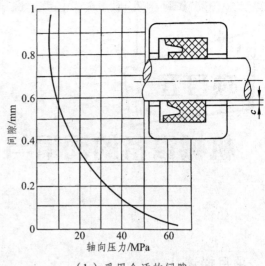

（b）采用合适的间隙

图 4-70　预防密封装置失效的措施

对于油封的老化问题，主要是由高温和油中含有水分等原因所引起的。一般可通过加强油质管理，备用的润滑装置避免放置在高温、日晒、湿气场所等措施，来防止油封的老化。

对于毛毡密封填料的失效，可从设备运转中闻出毛毡冒烟气味，密封处严重漏油等来判断。造成失效的主要原因是轴颈线速度大于 5 m/s，毛毡弹性降低，密封处轴颈温度高于 70℃，轴向压力大于 0.1 MPa 等。为此可更换密封填料，以适用较大的线速度和较高的温度；毛毡填料要剪切均匀，且不允许有局部凸起；装配毛毡的槽部尺寸要严格按照标准尺寸进行加工。

思考练习题

4-17　机械装配的一般工艺原则有哪些？

4-18　花键连接的装配要点是什么？

4-19　齿轮传动有哪些装配的技术要求？

4-20　填料密封装配的工艺要点有哪些？

单元测验 12

项目五

机械设备的润滑与密封

项目描述

机械设备长期处于高温、高压、高速等恶劣环境下工作，为了延长机器寿命，需要对运动部分做合理的润滑，以减小机件摩擦和磨损。机械零件连接处不可避免地会产生间隙，减小或消除间隙是阻止泄漏的主要途径。本项目主要介绍机械设备的润滑和密封。

知识目标

（1）了解摩擦和磨损的危害；
（2）理解润滑剂的作用原理、润滑的种类；
（3）熟悉润滑油、润滑脂的牌号；
（4）熟悉润滑的方式和润滑装置；
（5）理解密封的作用及其基本要求；
（6）熟悉常用的动密封类型。

能力目标

（1）能从外观上认识润滑油；
（2）会分析稀油润滑和干油润滑方式；
（3）会根据不同的应用场合分析并选用适合的润滑剂；
（4）能分析常用的动密封类型。

思政目标

（1）树立环境保护意识；
（2）弘扬爱国主义情怀和科学精神。

知识准备

任务一　机械设备的润滑

项目五任务一机械设备的润滑

任务二　机械设备的密封

项目五任务二机械设备的密封

项目六

典型机械设备的维修

项目描述

普通机床、数控机床、液压系统和工业泵是典型的机械设备，这些设备在使用过程中，其零部件会产生磨损、变形、断裂和蚀损等，当某些零部件磨损而失去原有的精度和功能时，机械设备就会出现故障。为了恢复机械设备的精度和功能，就需要对其进行修理。本项目主要介绍普通机床类和数控机床类设备、液压系统和工业泵的维修。机械设备修理后需进行精度检验，精度检验主要包括机械设备修理几何精度的检验、机床修理质量的检验和机床试验。

知识目标

（1）能熟练识读各类普通机床和数控机床的装配图；

（2）理解普通机床和数控机床的修理工艺以及相关技术要求；

（3）掌握普通机床和数控机床的维修原则及常用的操作技术；

（4）掌握液压系统的维修；

（5）掌握工业泵的维修；

（6）培养学生安全操作、规范操作、文明生产的行为；

（7）理解机械设备修理精度检验；

（8）掌握机械设备修理几何精度的检验方法；

（9）理解机床修理质量的检验。

能力目标

（1）能正确识读各类普通机床和数控机床的装配图；

（2）熟悉普通机床和数控机床的各维修部件；

（3）会熟练操作普通机床和数控机床维修常用的操作方法；

（4）能熟练操作液压系统的维修；

（5）会检修常见的工业泵；

（6）会检验机械设备修理中有关的几何精度；

（7）会进行机床修理质量的检验；

（8）能进行机床的相关试验。

（1）培养学生的责任担当意识和创新精神以及实践能力；

（2）开阔国际视野，满怀爱国热情，勇担民族复兴使命，弘扬时代精神。

任务一　普通机床类设备的维修

一、卧式车床的修理

（一）车床修理前的准备工作

普通机床设备维修现状　　卧式车床的修理

卧式车床是加工回转类零件的金属切削设备，属于中等复杂程度的机床，在结构上具有一定的典型性。下面以 CA6140 型车床为例加以说明。

卧式车床在经过一个大修周期的使用后，由于主要零件的磨损、变形，使机床的精度及主要力学性能大大降低，需要对其进行大修。卧式车床修理前，应仔细研究车床的装配图，分析其装配特点，详细了解其修理要求和存在的主要问题，如主要零部件的磨损情况，机床的几何精度、加工精度降低情况，以及运转中存在的问题。据此提出预检项目，预检后确定具体的修理项目及修理方案，准备专用工具、检具和测量工具，确定修理后的精度检验项目及试车验收要求。

（二）机床导轨的修理

机床床身导轨的截面如图 6-1 所示。导轨既是机床运动零件的基准，又是很多结构件的测量基准，因此导轨的精度直接影响机床的工作精度和机床构件的相互位置精度。一般情况下，导轨的损伤或其精度的下降程度决定了机床是否要进行大修；导轨修理是机床修理中最重要的内容之一。

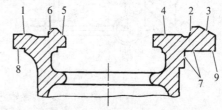

1，2，3—溜板导轨表面；4，5，6—尾座导轨表面；
7—齿条安装面；8，9—下导轨平面。

图 6-1　车床床身导轨截面

由于导轨副的运动导轨和床身导轨直接接触并做相对运动，它们在工作过程中受到重力、切削力等载荷的作用，不可避免地会产生非均匀磨损。尤其在启动或静止过程中，难以形成流体摩擦状态，加上部分导轨暴露在外，防屑、防尘条件较差，长期使用后会导致局部磨损、拉毛、咬伤、变形等损伤，结果是导轨的精度下降。如果导轨在垂直和水平平面内的直线度、平面度或导轨之间的平行度和垂直度等下降，必须及时进行修理。

1. 床身导轨修理前的检测

修理前应对导轨进行清理和检测。导轨的检测：一是可用肉眼检查表面是否拉毛、咬伤、碰伤以及局部磨损；二是可对导轨各项精度的实际状况进行技术测量。对导轨进行测量前，应对机床床身进行正确安装，如图 6-2 所示。测量导轨的内容包括 V 形导轨对齿条平面平行度的测量，如图 6-3 所示；床身导轨在水平面的直线度的测量，如图 6-4 所示；尾座导轨对床鞍导轨的平行度测量，如图 6-5 所示；测量导轨对床鞍导轨的平行度误差，如图 6-6 所示。

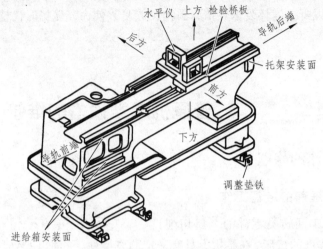

图 6-2　车床床身的安装与测量

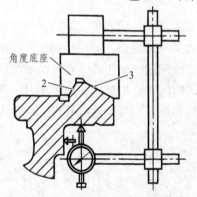

（a）V 形导轨对齿条安装面的测量

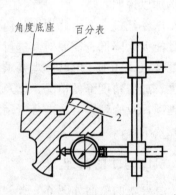

（b）导轨面 2 对齿条安装面的平行度测量

图 6-3　V 形导轨对齿条平面平行度测量

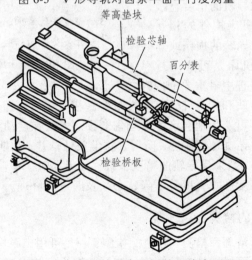

图 6-4　床身导轨在水平面的直线度测量

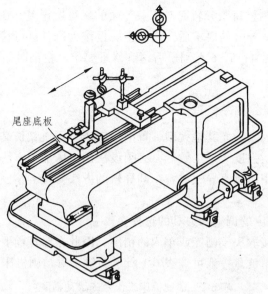

尾座底板

图 6-5　尾座导轨对床鞍导轨的平行度测量

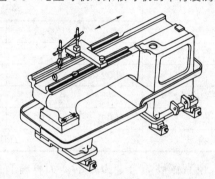

图 6-6　测量导轨对床鞍导轨的平行度误差

2．床身导轨的刮研

1）粗刮溜板导轨表面 1、2、3

溜板导轨表面 1、2、3 如图 6-1 所示。刮研前，首先测量导轨面 2、3 对齿条安装面 7 的平行度误差，测量方法见图 6-3，分析该项误差与床身导轨直线度误差之间的相互关系，从而确定刮研量及刮研部位。然后用平尺拖研及刮研表面 2、3。在刮研时，随时测量导轨面 2、3 对齿条安装面 7 之间的平行度误差，并按导轨形状修刮好角度底座。粗刮后导轨全长上需呈中凸状，直线度误差应不大于 0.1 mm，并且接触点应均匀分布，使其在精刮过程中保持连续表面。在 V 形导轨初步刮研至要求后，再次按图 6-3 所示测量导轨对齿条安装平面的平行度，同时在考虑此精度的前提下，用平尺拖研并粗刮表面 1，表面 1 的中凸应低于 V 形导轨。

2）精刮溜板导轨表面 1、2、3

先按床身导轨精度最佳的一段配刮床鞍，利用配刮好的床鞍与粗刮后的床身相互配研，精刮导轨面 1、2、3。精刮时按图 6-4 所示方法测量床身导轨在水平面的直线度。

3）刮研尾座导轨面 4、5、6

尾座导轨面 4、5、6 如图 6-1 所示。用平行平尺拖研及刮研表面 4、5、6，粗刮时按图

6-5、图 6-6 所示的方法测量每条导轨面对床鞍导轨的平行度误差。在表面 4、5、6 粗刮达到全长上平行度误差为 0.05 mm 的要求后，用尾座底板作为研具进行精刮，接触点在全部表面上要均匀分布，使导轨面 4、5、6 在刮研后达到修理要求；精刮时测量方法如图 6-5、图 6-6所示。

3. 床身导轨的精刨或精车修理

导轨刮研的工作量很大，尤其是大型、重型机床床身导轨又长又宽，圆锥或圆环形导轨直径大，人工刮研法劳动强度大、工效低，必须设法用机床加工方法代替刮研。对于未经淬硬处理的导轨面，可采用精刨直导轨或精车圆导轨的方法修理，精刨法和精车法的精度，一般低于刮研法和精磨法。

1）工作母机运动精度的调整和刀具的选择

由于导轨的精度直接取决于刨床或车床的精度，因此在修理前要根据导轨的精度要求来调整精刨或精车机床的精度。一般可按表 6-1 所示的要求对精刨机床进行调整和修刮。

表 6-1　精刨机床工作台的运动精度

工作台移动的直线度		导轨全长/m			
		≤4	≤8	≤12	≤16
在垂直平面内	在每米长度上	0.01			
	在全长上（中凸）	0.02	0.03	0.04	0.06
在水平平面内	在每米长度上	0.01			
	在全长上	0.02	0.03	0.04	0.06
工作台移动时的倾斜每米及全长上		1 000：0.01			

精刨刀有用高速钢做的，也有镶硬质合金刀片的。刀杆有直的，也有弯的，根据导轨的形状和位置，精刨刀可分为以下几种：平面导轨精刨刀；垂直平面精刨刀；导轨下部滑面精刨刀；V 形导轨精刨刀；燕尾导轨精刨刀。具体的刀具结构和制造工艺可根据需要查阅有关手册。

2）基本操作工艺

机床导轨在精刨或精车前一般要预加工，去除导轨表面的拉毛、划伤、不均匀磨损或床身的扭曲变形，表面粗糙度达 $Ra5\ \mu m$ 时即可精刨或精车。

精刨或精车时，应尽可能使导轨处于自由状态，减小装夹所产生的内应力。一般精刨或精车三刀或四刀，总加工余量为 0.08～0.10 mm，切削速度为 3～5 m/min，第一刀切削深度为 0.04 mm，第二、三刀切削深度为 0.02～0.03 mm，最后在无进给下往复两次。为了正确掌握进给深度，必须用百分表测量，以控制刀架的进给深度。在精刨或精车时，用洁净的煤油不间断地润滑刀具，中途不允许停车，以免产生刀痕。

精刨或精车法修理导轨，去除的金属层比刮研法和精磨时要多，多次修理会影响机床导轨的刚度，因此要尽量控制切削量。

4. 机床导轨的精磨修理

"以磨代刮"是除"以刨代刮"外，在机床导轨表面精加工时常用的另一种工艺方法，特别是经淬硬处理的导轨面的修复加工，一般均采用磨削工艺，刮研和精刨法都难以适用。

1）导轨的磨削方法

（1）端面磨削。

砂轮端面磨削的设备，磨头结构较简单，万能性较强，目前在机修上应用较广泛。但其缺点是生产效率和加工表面粗糙度都不如周边磨削，且难以实现采用冷却液进行湿磨，需要采取其他冷却措施来防止工件的发热变形。磨削时工件的进给速度：粗磨为 5~7 m/min，精磨为 0.8~2 m/min，表面粗糙度可达到 Ra1.25 μm。若磨头和机床的精度高，且操作掌握得好，也能达到 Ra0.63 μm。

（2）周边磨削。

其生产效率和精度虽然比较高，但磨头结构复杂，要求机床刚度好，且万能性不如端面磨削，因此目前在机修中应用较少。磨削时工件进给速度：粗磨可达 20 m/min，精磨为 1.8~2.5 m/min。表面粗糙度可达到 Ra1.25 μm，较高精度的磨头可达 Ra0.32 μm。磨削时可加大量切削液，因此可避免工件的发热变形。

2）导轨磨削的设备

导轨磨床按其结构特点，可分为双柱龙门式、单柱工作台移动式和单柱落地式，此外，利用原有龙门刨床加装磨头也可进行磨削。其中，龙门式主要采用周边磨削法，落地式主要采用端面磨削法。落地式导轨磨床主要有两个优点：一是在落地式和龙门式导轨磨床的床身长度相等情况下，前者可磨削导轨的长度几乎是后者的两倍；二是落地式导轨磨床的适用性更加广泛，如在某地平台中设置地坑，地坑的上部装有可随时拆装的与地平台结构基本相同的构件，则可磨削大型立式车床、龙门刨床、龙门铣床等机床的立柱。因此，维修企业大多采用落地式导轨磨床，对各类机床的床身、工作台、溜板、横梁、立柱、滑枕等导轨进行修理。

3）导轨磨削工艺

（1）工件的装夹。

工件装夹的原则是：尽可能使工件处于自由状态，减小装夹产生的内应力。对于一些细长形床身零件，由于刚度不够好，在装夹时要采用多点支承，垫铁位置应与说明书上规定的安装用机床垫铁位置一致，并使各垫铁支承点受力均匀。对于长工作台的装夹，为了防止自重及磨削变形，还应增加一定数量的"千斤顶"作辅助支承。对于小床身或其他零件，装夹时一般采用三点支承，在工件的侧向另加 6 个夹紧螺钉，既可用来找正工件，又可防止工件在磨削过程中发生水平方向的位移。对于某些刚度差的床身，在磨削时应尽可能接近装配后的情况，将有关部件或配重装上后再进行磨削，如磨床类床身要将操纵箱装上后进行磨削或按等力矩原则装上配重，以保证总装后的精度。

（2）床身或其他工件的找正。

找正的原则：以机床床身上移动部件的装配面或基准孔（如轴承孔）的轴心线为基准，在水平和垂直方向分别找正。在磨削导轨时，既要恢复移动部件的直线移动，又要保持导轨与移动部件的位置关系，不能仅考虑最小磨削量而忽略它们。否则，在总装时往往会影响到装配质量甚至发生故障。例如车床床身，应考虑导轨与进给箱安装平面（即水平方向）和齿条安装平面（即垂直方向）的关系，否则可能造成导轨面与三杆平行度的超差。

（3）防止磨削时的热变形。

各类磨床在磨削工件时，都要向砂轮切削工件处喷射冷却液，以带走切削热、冲刷砂轮和带走切屑，即"湿磨法"。但对于一般企业来说，常用的落地式导轨磨床难以实现。若采用"干磨法"，工件磨削发热后中间凸起，被多磨去一些，冷却后就变成中凹。针对这种情况，常可采用以下措施来防止热变形：在磨削中采用风扇吹风，使零件冷却；或在粗磨后在导轨上擦拭酒精，使酒精蒸发，带走床身上的热量后再精磨。此外，在磨削导轨的过程中，常常在磨削一段时间后，就停机等待自然冷却或吹冷后再进行磨削。

（4）砂轮的选择。

磨削导轨对砂轮的要求是：发热少，自砺性好，具有较高的切削性和能获得较小的粗糙度值。

5. 导轨的镶装、黏接等方法修理

普通车床维修方法

在导轨上镶装、黏接、涂覆各种耐磨塑料和夹布胶木或金属板，也是实际工作中常用的导轨修复方法。由于镶装的这些材料摩擦因数小，耐磨性好，使部件运行平稳，大大减少了低速爬行现象，还可以补偿导轨磨损尺寸，恢复原机床的尺寸链。例如，龙门刨床和立式车床工作台导轨，通常采用镶装、黏接夹布胶木和铜-锌合金板的方法修复；平面磨床和外圆磨床工作台导轨通常采用黏接聚四氟乙烯（PTFE）薄板的方法修复；普通车床拖板导轨通常采用涂覆耐磨涂料（HNT）的方法修复。

近年来，国内外在机床制造和维修中还广泛采用了导轨的软带修复先进技术。软带是一种以聚四氟乙烯为基料，添加适量青铜粉、二硫化钼、石墨等填充剂所构成的高分子复合材料，或称填充聚四氟乙烯导轨软带。将软带用特种黏接剂黏接在导轨面上，就能大大改善导轨的工作性能，延长使用寿命。因为所黏接的软带具有特别高的耐磨性能和很小的滑动阻力，吸振性能好，耐老化，不受一般化学物质的腐蚀（除强酸和氧化剂外），自润滑性好。如果修复后的软带导轨又磨损至不能满足工作要求，可将原软带剥去，胶层清除干净后，重新黏接新的软带即可，非常简便。

6. 导轨面局部损伤的修复

导轨面常见的局部损伤有碰伤、擦伤、拉毛、小面积咬伤等，有些伤痕较深。此外，有时还存在砂眼、气孔等铸造缺陷。如果按传统方法将整个导轨面刨去一层，再进行刮研或精磨，工作量太大又缩短导轨使用寿命。此时采用焊、镶、补的方法及时进行修复，可防止其恶化。

1）焊 接

例如可采用黄铜丝气焊、银-锡合金钎焊、特制镍焊条电弧冷焊、奥氏体铁铜焊条堆焊、锡基轴承合金化学镀铜钎焊等。

2）黏 接

用有机或无机黏接剂直接黏补，例如用 AR 系列机床耐磨黏接剂、KH-501 合金粉末黏补，以及 HNT 耐磨涂料涂覆等。黏接工艺简单，操作方便，应用较多。

3）刷 镀

当机床导轨上出现 1~2 条划伤或局部出现凹坑时，采用刷镀修复，不仅工艺简单，而且修复质量好。

（三）溜板部件的修理

溜板部件由床鞍、中滑板和横向进给丝杠螺母副等组成，它主要担负着机床纵、横向进给的切削运动，它自身的精度及其与床身导轨面之间配合状况良好与否，将直接影响加工零件的精度和表面粗糙度。

1. 溜板部件修理的重点

1）保证床鞍上、下导轨的垂直度要求

修复上、下导轨的垂直度实质上是保证中滑板导轨对主轴轴线的垂直度。

2）补偿因床鞍及床身导轨磨损而改变的尺寸链

由于床身导轨面和床鞍下导轨面的磨损、刮研或磨削，必然引起溜板箱和床鞍倾斜下沉，使进给箱、托架与溜板箱上丝杠、光杠孔不同轴，同时也使溜板箱上的纵向进给齿轮啮合侧隙增大，改变了以床身导轨为基准的与溜板部件有关的几组尺寸链精度。

2. 溜板部件的刮研工艺

卧式车床在长期使用后，床鞍及中滑板各导轨面均已磨损，需要修复，如图 6-7 所示。在修复溜板部件时，应保证床鞍横向进给丝杠孔轴线与床鞍横向导轨平行，从而保证中滑板平稳、均匀地移动，使切削端面时获得较小的表面粗糙度值。因此，床鞍横向导轨在修刮时，应以横向进给丝杠安装孔为修理基准，然后再以横向导轨面作为转换基准，修复床鞍纵向导轨面，其修理过程如下。

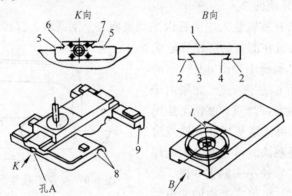

1—中滑板转盘安装面；2—床鞍接触导轨面；3，4—中滑板导轨面；

5，6—床鞍导轨面；7—横向导轨面；8，9—纵向导轨面。

图 6-7 溜板部件

1）刮研中滑板表面 1、2

用标准平板作研具，拖研中滑板转盘安装面 1 和床鞍接触导轨面 2。一般先刮好表面 2，当 0.03 mm 塞尺不能插入时，观察其接触点情况，达到要求后，再以平面 2 为基准校刮表面 1，保证 1、2 表面的平行度误差不大于 0.02 mm。

2）刮研床鞍导轨面 5、6

将床鞍放在床身上，用刮好的中滑板为研具拖研表面 5，并进行刮削。拖研的长度不宜超出燕尾导轨两端，以提高拖研的稳定性。表面 6 采用平尺拖研，刮开后应与中滑板导轨面

3、4进行配刮角度。在刮研表面5、6时，应保证与横向进给丝杠安装孔 A 的平行度，测量方法如图 6-8 所示。

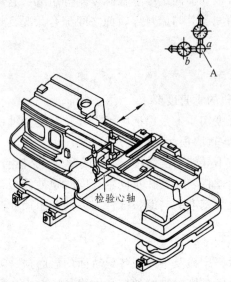

图 6-8　测量床鞍导轨对丝杠安装孔的平行度

3）刮研中滑板导轨面 3

以刮好的床鞍导轨面 6 与中滑板导轨面 3 互研，通过刮研达到精度要求。

4）刮研床鞍横向导轨面 7

配置塞铁，利用原有塞铁装入中滑板内配刮表面 7，刮研时，保证导轨面 7 与导轨面 6 的平行度误差，使中滑板在溜板的燕尾导轨全长上移动平稳、均匀，刮研中用图 6-9 所示的方法测量表面 7 对表面 6 的平行度。如果由于燕尾导轨的磨损或塞铁磨损严重，塞铁不能用时，需重新配置塞铁，可采取更换新塞铁或对原塞铁进行修理。修理塞铁时可在塞铁大端焊接一段使之加长，再将塞铁小头截去一段，使塞铁工作段的厚度增加；也可在塞铁的非滑动

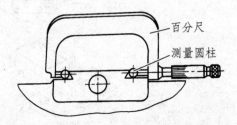

图 6-9　测量床鞍两横向导轨面的平行度

面上粘一层尼龙板、聚四氟乙烯胶带或玻璃纤维板，恢复其厚度。配置塞铁后应保持大端尚有 10～15 mm 的调整余量，在修刮塞铁的过程中应进一步配刮导轨面，以保证燕尾导轨与中滑板的接触精度，要求在任意长度上用 0.03 mm 塞尺检查，插入深度不大 20 mm。

5）修复床鞍上、下导轨的垂直度

将刮好的中滑板在床鞍横向导轨上安装好，检查床鞍上、下导轨垂直度误差，若超过允差，则修刮床鞍纵向导轨 8、9（见图 6-7）使之达到垂直度要求。在修复床鞍上、下导轨垂直度误差时，还应测量床鞍上溜板结合面对床身导轨的平行度（见图 6-10）及该结合面对进给箱结合面的垂直度（见图 6-11），使之在规定的范围内，以保证溜板箱中的丝杠、光杠孔轴线与床身导轨平行，使其传动平稳。

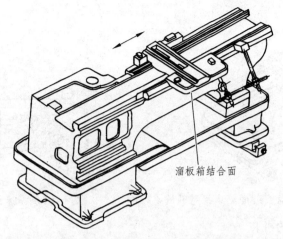

图 6-10　测量床鞍上溜板结合面对床身导轨的平行度

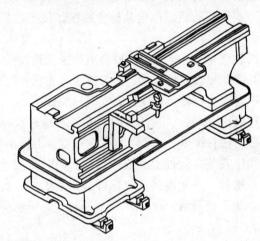

图 6-11　测量床鞍上溜板结合面对进给箱结合面的垂直度

6）校正中滑板导轨面 1

如图 6-12 所示的方法测量中滑板上转盘安装面与床身导轨的平行度，测量位置接近床头箱处，此项精度误差将影响车削锥度时工件母线的正确性；若超差，则用小平板对表面 1 刮研至要求。

3. 溜板部件的拼装

1）床鞍与床身的拼装

主要是刮研床身的下导轨面 8、9（见图 6-1）及配刮两侧压板。首先按图 6-13 所示测量床身上、下导轨面的平行度，根据实际误差刮削床身下导轨面 8、9，使之达到对床身上导轨面的平行度误差在 1 000 mm 长度上不大于 0.02 mm，全长不大于 0.04 mm。然后配刮压板，使压板与床身下导轨面的接触精度为 6～8 点/（25 mm×25 mm），刮研后调整紧固压板的全部螺钉，应满足如下要求：用 250～360 N 的推力使床鞍在床身全长上移动无阻滞现象，用 0.03 mm 塞尺检验接触精度，端部插入深度小于 20 mm。

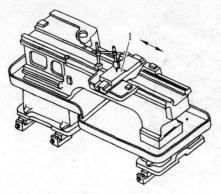

图 6-12 测量中滑板上转盘安装面与床身导轨的平行度

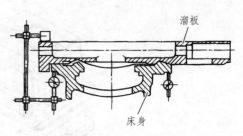

图 6-13 测量床身上、下导轨面的平行度

2）中滑板与床鞍的拼装

中滑板与床鞍的拼装包括塞铁的安装及横向进给丝杠的安装。塞铁是调整中滑板与床鞍燕尾导轨间隙的调整环节，塞铁安装后应调整其松紧程序，使中滑板在床鞍上横向移动时均匀、平稳。

横向进给丝杠一般磨损较严重，而丝杠的磨损会引起横向进给传动精度降低、刀架窜动、定位不准，影响零件的加工精度和表面粗糙度，一般应予以更换；也可采用修丝杠、配螺母、修轴颈、更换或镶装铜套的方法进行修复。丝杠的安装过程如图 6-14 所示，首先垫好螺母垫片（可估计垫片厚度 Δ 值并分成多层），再用螺钉将左、右螺母及楔块挂住，先不拧紧，然后转动丝杠，使之依次穿过丝杠右螺母、楔块、丝杠左螺母，再将小齿轮及键、法兰盘及套、刻度盘、双锁紧螺母，按顺序安装在丝杠上。旋转丝杠，同时将法兰盘压入床鞍安装孔内，然后锁紧螺母。最后紧固左螺母、右螺母的调节螺钉。在紧固左、右螺母时，需调整垫片的厚度 Δ 值，使调整后达到转动手柄灵活，转动力不大于 80 N，正反向转动手柄空行程不超过回转周的 1/20。

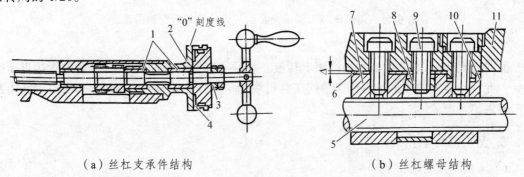

（a）丝杠支承件结构　　　　（b）丝杠螺母结构

1—镶套；2—法兰盘；3—锁紧螺母；4—刻度环；5—横向进给丝杠；6—垫片；7—左半螺母；
8—楔块；9—调节螺母；10—右半螺母；11—刀架下滑座。

图 6-14　横向进给丝杠安装

（四）机床主轴部件的修理

主轴部件是机床实现旋转运动的执行体，由主轴、主轴轴承和安装在主轴上的传动件、密封件等组成，钻、镗床还包括轴套和镗杆等。除直线运动机床外，各种旋转运动机床都有主轴部件，带动工件或刀具旋转，都要传递动力和直接承受切削力，要求其轴心线的位置准确稳定。其回转精度决定了工件的加工精度，旋转速度在很大程度上影响机床的生产率。因此，主轴部件是机床上的一个关键部件，其修理的目的是恢复或提高主轴部件的回转精度、刚度、抗振性、耐磨性，并达到温升低、热变形小的要求。

1. 轴的修理

1）主轴磨损或损伤的情况

各类机床主轴的结构形式、工作性质及条件各不相同，磨损或损坏的形式和程度也不一致，但总体来说，主轴的磨损常发生在以下部位。

车床主轴维修
方法改进

（1）与滚动轴承或滑动轴承配合的轴颈或端面。

（2）与工件或刀具（包括夹头、卡盘等）配合的轴颈或锥孔。

（3）与密封圈配合的轴颈。

（4）与传动件配合的轴颈。

这些部位的磨损，若使主轴部件的工作质量下降，直接影响机床的加工精度和生产率时，必须及时修理。修理前根据主轴图样对主轴的尺寸精度、几何精度、位置精度和表面粗糙度进行检查。对于与滑动轴承配合的轴颈，若发现表面变色，应检查该处表面硬度。对于高速旋转的主轴，必要时应进行探伤检查。

经检查后，主轴有下列缺陷之一者，应予以修复。

① 有配合关系的轴颈表面有划痕或其粗糙度值比图样要求的大一级或大于 $Ra0.8\ \mu m$。

② 与滑动轴承配合的轴颈，其圆度和圆柱度超过原定公差。

③ 与滚动轴承配合的轴颈，其直径尺寸精度超过原图样配合要求的下一级配合公差，或其圆度和圆柱度超过原定公差。

④ 有配合关系的轴颈孔、端面之间的相对位置误差超过原图样规定的公差。

2）主轴的修理方法

如上所述，主轴的损伤主要是发生在有配合关系的轴颈表面，以下几种方案常用于修理主轴的这些部位。

（1）修理尺寸法。

即对磨损表面进行精磨加工或研磨加工，恢复配合轴颈表面的几何形状、相对位置和表面粗糙度等精度要求，而调整或更换与主轴配合的零件（如轴承等），保持原来的配合关系。采用此法时，要注意被加工后的轴颈表面硬度不低于原图样要求，以保证零件修后的使用寿命。

（2）标准尺寸法。

即用电镀（主要是刷镀）、堆焊、黏接等方法在磨损表面覆盖一层金属，然后按原尺寸及精度要求加工，恢复轴颈的原始尺寸和精度。修理尺寸法在工艺及其装备上较简单、方便，在许多场合下只需将不均匀磨损或其他损伤的表面进行机械加工，修复速度快、成本低。

2. 主轴轴承的修理

主轴部件上所用的轴承有滚动轴承和滑动轴承。滑动轴承具有工作平稳和抗振性好的特点，这是滚动轴承难以替代的，而且各种多油楔的动压轴承及静压轴承的出现，使滑动轴承的应用范围得以扩大，特别是在一些精加工机床上，如外圆磨床、精密车床上均采用了滑动轴承。

1）滚动轴承的调整和更换

机床主轴的旋转精度在很大程度上是由轴承决定的。对于磨损后的滚动轴承，精度已丧失，应更换新件。对于新轴承或使用过一段时期的轴承，若间隙过大，则需调整，以恢复精度，直至轴承损坏不能使用为止。

在滚动轴承的装配和调整中，保持合理的轴承间隙或进行适当的预紧（负间隙），对主轴部件的工作性能和轴承寿命有重要的影响。当轴承有较大的径向间隙时，会使主轴发生轴心位移而影响加工精度，且使轴承所承受的载荷集中于加载方向的一两个滚子上，这就使内、外圈滚道与该滚子的接触点上产生很大的集中应力，发热量和磨损变大，使用寿命变短，并降低了刚度。当滚动轴承正好调整到零间隙时，滚子的受力状况较为均匀。当轴承调整到负间隙即过盈时，例如在安装轴承时预先在轴向给它一个等于径向工作载荷 20%~30%的力，使它不但消除了滚道与滚子之间的间隙，还使滚子与内、外圈滚道产生了一定的弹性变形，接触面积增大，刚度也增大，这就是滚动轴承的预紧或预加载荷。当受到外部载荷时，轴承已具备足够的刚度，不会产生新的间隙，从而保证了主轴部件的回转精度和刚度，提高了轴承的使用寿命。值得注意的是，在一定的预紧范围内，轴承预紧量增大，刚度随之增大，但预加载荷过大对提高刚度的效果不但不显著，而且磨损和发热量还大为增加，大大降低了轴承的使用寿命。一般来说，滚子轴承比滚珠轴承允许的预加载荷要小些；轴承精度越高，达到同样的刚度所需要的预加载荷越小；转速越高，轴承精度越低，正常工作所要求的间隙越大。滚动轴承的调整和预紧方法，基本上都是使其内、外圈产生相对轴向位移，通常通过拧紧螺母或修磨垫圈来实现。

主轴常用的 3182100 型圆锥孔圆柱滚子轴承的径向间隙，一般是用螺母通过中间隔套压着轴承内圈来实现调整，以免直接挤压内圈而引起内圈偏斜。

高速、轻载、精加工机床的主轴部件经常采用角接触球轴承，一般采用如图 6-15 所示的几种方法调整。图 6-15（a）所示是将内圈或外圈侧面磨去一个根据预加载荷量确定的厚度 a，当压紧内圈或外圈时，即得原定的预紧量。该结构要求侧面垂直于轴线，且重调间隙时必须把轴承从主轴上拆下，很不方便。图 6-15（b）所示是在两个轴承之间装入两个厚度差为 $2a$ 的垫圈，然后用螺母将其夹紧，缺点同图 6-15（a）。图 6-15（c）所示是在两个轴承之间放入一些沿圆周均布的弹簧，靠弹簧力保持一个固定不变的、不受热膨胀影响的预加载荷，它可持久地获得可靠的预紧，但对几根弹簧的要求比较高，该结构常见于内圆磨头。图 6-15（d）所示则是在两轴承外圈之间放入一适当厚度的外套，靠装配技术使内圈受压后移动一个 a 的量，它操作方便，在装配时的初调和使用时的重调中都可用，但要求有较高的装配技术。

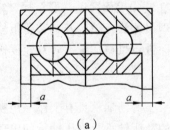

（a）

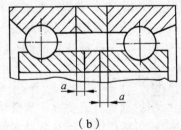

（b）

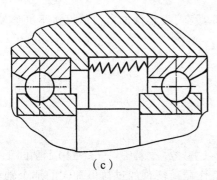
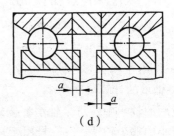

（c）　　　　　　　　　　　　　　　　（d）

图 6-15　角接触球轴承游隙的调整

　　在主轴部件的一个支承上，常有两个或两个以上的轴承分别承受径向载荷和轴向载荷，需要分别控制径向和轴向间隙。因此，在结构上应尽可能做到在两个方向上分别调整。图 6-16（a）所示是两个轴承共用一个螺母调整，图 6-16（b）所示则采用两个螺母分别调整，当然结构复杂些。

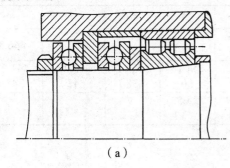
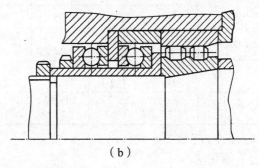

（a）　　　　　　　　　　　　　　　（b）

图 6-16　轴承间隙调整机构

　　此外，在用螺母调整轴承时，还应考虑防松措施和尽量减少或避免拧紧螺母时主轴产生弯曲变形的问题。具体结构可参考有关手册。

　　2）轴承预紧量的确定方法

　　（1）测量法。

　　其装置如图 6-17 所示。在平板上放置一个专用的测量支体，再在轴承的外圈上加压一重锤，其重量为所需的预加负荷值。轴承在重锤的作用下消除了间隙，并使滚子与滚道产生一定的弹性变形。用百分表测量轴承内、外圈端面的尺寸差 Δh，即为单个轴承的内、外圈厚度差。对于机床主轴承常见的、成对使用的轴承，两个轴承内、外圈厚度差值的总和，即为两轴承之间内、外垫圈厚度的差值 ΔL。

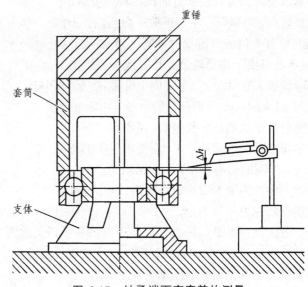

图 6-17　轴承端面高度差的测量

其中的预加负荷值一般要大于或等于工作载荷,最小预加负荷值可按下列经验公式计算:

$$A_{D\min} = 1.58R\tan\beta \pm 0.5A \qquad (6\text{-}1)$$

式中　$A_{D\min}$——轴承的最小预加负荷量;

　　　　R——作用在轴承上的径向载荷;

　　　　A——作用在轴承上的轴向载荷;

　　　　β——轴承的计算接触角。

成对使用的轴承中,每个轴承都按式(6-1)计算。式中"+"号用于轴间工作载荷使预加过盈值减小的那个轴承;"-"号用于轴间工作载荷使预加过盈值加大的那个轴承。$A_{D\min}$ 按所求得两个值中的大者选取。

此外,预加负荷值也可以按表6-2推荐的数值选用。

表 6-2　角接触球轴承的预加负荷量　　　　　　　　　单位:N

最高转速/ (r/min)	轴承内径/mm							
	10	20	25	30	35	40	45	50
< 1 000	137.28 (14)	176.5 (18)	205.73 (22)	313.79 (22)	441.27 (45)	468.74 (58)	617.77 (63)	666.8
1 000～2 000	98.06 (10)	117.67 (12)	147.09 (15)	205.92 (21)	254.18 (30)	372.62 (38)	411.48 (42)	441.27 (45)
>2 000	68.64 (7)	88.25 (9)	107.86 (11)	156.89 (16)	225.53 (23)			

注:表中括号内数值单位为 kg。

(2)感觉法。

此类方法不需要任何测量仪器,只根据修理人员的实际经验来确定内、外隔圈的厚度差,应用也较广泛。常见的有下列几种方法。

方法一:如图 6-18 所示,将成对选好的轴承以背对背方式或面对面同向排列安放,中间垫好内、外隔圈,下部再放一内隔圈,上部压上相当于预加负荷量的重物,重 5～20 kg(具体值可由上述经验公式计算或查表得出)。外隔圈事先在 120° 三个方向上分别钻三个直径为 $\phi2\sim\phi4$ mm 的小孔,用直径 $\phi1.5$ mm 左右的钢丝依次通过小孔触动内隔圈,检查内、外隔圈在两轴承端面的阻力,要求凭手的感觉使内、外隔圈的阻力相等。如果阻力不等,应将阻力大的隔圈的端面通过研磨,减小厚度直至感觉到阻力一致为止。

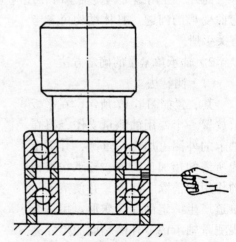

图 6-18　确定隔圈厚度差的方法一

方法二:如图 6-19 所示,左手以两只手指消除两个轴承的全部间隙并加压紧力(一般相当于 5 kg 左右的预加负荷值重物),右手以手指分别拨动内、外隔圈,检查其阻力是否相等,如果阻力不等,则研磨隔圈至规定要求。

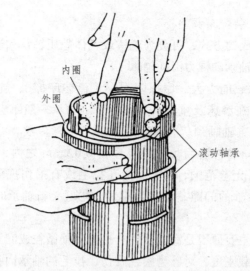

图 6-19　确定隔圈厚度差的方法二

　　方法三：如图 6-20 所示，用双手的大拇指及食指消除两个轴承的全部间隙，另以一个中指伸入轴承内孔拨动原先放入的内隔圈，检查其阻力是否与外隔圈相似。

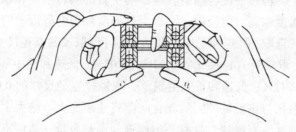

图 6-20　确定隔圈厚度差的方法三

　　3）装　配
　　轴承的装配除按上述方法确定好预紧负荷和内、外隔圈的厚度外，还要注意以下几点。
　　（1）轴承必须经过仔细选配，以保证内圈与主轴、外圈与轴承孔的间隔适中。
　　（2）严格清洗轴承，切勿用压缩空气吹转轴承，否则压缩空气中的硬性微粒会将滚道拉毛。清洗后用锂基润滑脂作润滑材料为好，但润滑材料量不宜过大，以免温升过高。
　　（3）装配时严禁直接敲打轴承。可使用液压推拔轮器，也可用铜棒或铜管制成的各种专用套筒或手锤均匀敲击轴承的内圈或外圈；配合过盈量较大时，可用机械式压力机或油压机装压轴承；除内部充满润滑油脂、带防尘盖或密封圈的轴承外，有些轴承还可采用温差法装配，即将轴承放在油浴中加热 80～100 ℃，然后进行装配。
　　（4）轴承定向装配可减小轴承内圈偏心对主轴回转精度的影响。其方法是：在装配前先找出前、后滚动轴承（或轴承组）内圈中心对其滚道中心偏心方向的各最高点（即内环径向跳动最高点），并做出标记。再找出主轴前端锥孔（或轴颈）轴线偏心方向的最低点，也做出标记。装配时，使这三点位于通过主轴轴线的同一平面内，且在轴线的同一侧。尽管主轴和滚动轴承均存在一定的制造误差，但这样装配可使主轴在其检验处的径向圆跳动量达到最小。

4）滑动轴承的修理、装配与调整

滑动轴承按其油膜形成的方式，可分为流体或气体静压轴承和流体动压轴承；按其受力的情况，可分为径向滑动轴承和推力滑动轴承。

（1）静压轴承具有承载能力大、摩擦阻力小（流体摩擦）、旋转精度高、精度保持性好等优点，因此广泛应用在磨床及重型机床上。静压轴承一般不会磨损，但由于油液中极细微的机械杂质的冲击，主轴轴颈仍会产生极细的环形丝流纹，一般采用精密磨床精磨或研磨至 $Ra0.16 \sim 0.04\ \mu m$。若修磨后尺寸减小量在 0.02 mm 之内，原静压轴承仍可使用；若主轴与轴承间隙超过了允差范围，或轴承内孔拉毛或有损伤现象，则应更换新轴承，这是因为一般静压轴承与主轴的间隙是无法调整的。在更换新轴承时，轴承与主轴的间隙在制造时给予保证。

（2）动压轴承磨损的主要原因是润滑油中有机械磨损微粒或润滑不足。修理的目的就是恢复轴承的几何精度和承载刚度。对已磨损或咬伤、拉毛的轴承内孔，要修复其圆度、圆柱度、表面粗糙度、与主轴配合的轴颈和端面的接触面积以及前、后轴承内孔的同轴度；同时还要检查轴承外圆与主轴箱体配合孔的接触精度是否满足规定要求。通常动压轴承内孔表面的粗糙度值应不大于 $Ra0.4\ \mu m$。

动压轴承内孔与主轴轴颈的配合间隙直接影响主轴的回转精度和承载刚度。间隙越小，承载能力越强，回转精度越高。但间隙过小也受到润滑和温升等因素的限制。动压轴承的径向间隙一般按如下方法选取：高速和受中等载荷的轴承，取轴颈直径尺寸的 0.025% ~ 0.04%；高速和受重载的轴承，取轴颈直径尺寸的 0.02% ~ 0.03%；低速和受中等载荷的轴承，取轴颈直径尺寸的 0.01% ~ 0.012%；低速和重载的轴承，取轴颈直径尺寸的 0.007% ~ 0.01%。

由于磨损，轴承内孔与主轴轴颈间的配合间隙将逐渐变大。绝大多数动压滑动轴承的间隙是可调整的，只要轴承没有损坏，且有一定修理和调整余量，就可不必更换轴承，而只需进行必要的修理和调整即可继续使用。

轴承间隙的调整方式有径向和轴向两种。

径向调整间隙的轴承一般为剖分式、单油楔动压轴承和多油楔（三瓦或五瓦式）自动调位轴承。剖分式轴承旋转不稳定、精度低，多用于重型机床主轴。修理时，先刮研剖分面或调整剖分面处垫片的厚度，再刮研或研磨轴承内孔直至得到适当的配合间隙和接触面，并恢复轴承的精度。单油楔动压轴承和多油楔（三瓦或五瓦式）自动调位轴承旋转精度高，刚度好，多用于磨床砂轮主轴。修理时，可采用主轴轴颈配刮或研磨方法修复轴承内孔，用球面螺钉调整径向间隙至规定的要求。

轴向调整间隙的轴承一般分为外柱内锥式和外锥内柱式，如图 6-21 所示。图 6-21（b）为主轴前轴承，采用外柱内锥整体成形多油楔轴承，径向间隙由螺母 5、6 来调整，轴承内锥孔可用研磨法或与主轴轴颈配刮方法修理；图 6-21（c）为主轴后轴承，采用外锥（内柱）薄壁变形多油楔轴承，径向间隙由螺母 3、4 来调整，轴承内孔也采用研磨或与主轴轴颈配刮的方法修理。

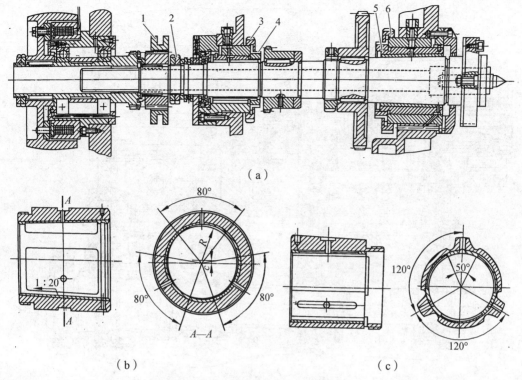

（a）

（b）   （c）

1, 2, 4, 5—螺母；3, 6—锁紧螺母。

图 6-21   CQM6132 型主轴组件

滑动轴承外表面与主轴箱体孔的接触面积一般应在 60% 以上。而活动三瓦式自动调位轴承的轴瓦与球头支点间保持 80% 的接触面积时，轴承刚性较高，常通过研磨轴瓦支承球面和支承螺钉球面来保证。

轴向止推滑动轴承精度的修复可以通过刮研、精磨或研磨其两端面来解决。修复后调整主轴，使其轴向窜动量在允差范围以内。

主轴部件修理完毕后，要检查主轴有关精度，如有精度超差，则应找出原因并进行调整和返修，直到合格。

机床修理后，需开车检查主轴运转温升，如超过标准，应检查原因进行调整，使温升达到规定要求。机床主轴在最高速运转时，主轴规定温度要求如下：滑动轴承不超过 60 ℃，温升不超过 30 ℃；滚动轴承不超过 70 ℃，温升不超过 40 ℃。

（五）主轴箱部件的修理

主轴箱部件由箱体、主轴部件、各传动件、变速机构、离合器机构、操纵机构等部分组成。如图 6-22 所示，主轴箱部件是卧式车床的主运动部件，要求有足够的支承刚度、可靠的传动性能、灵活的变速操纵机构、较小的热变形、低的振动噪声、高的回转精度等。此部件的性能将直接影响到加工零件的精度及表面粗糙度，此部件修理的重点是主轴部件及摩擦离合器，要特别重视其修理和调整质量。

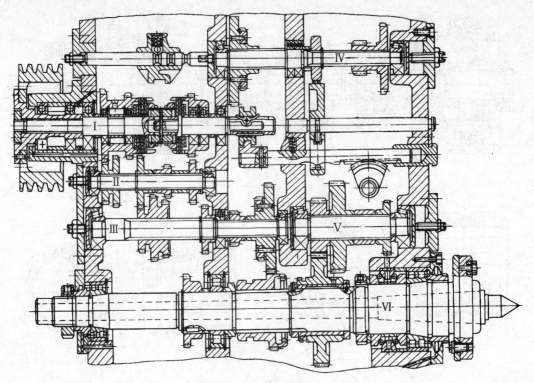

图 6-22　主轴箱部件

1. 主轴箱体的修理

图 6-23 所示为 CA6140 型卧式车床主轴箱体，主轴箱体检修的主要内容是检修箱体前、后轴承孔的精度，要求 $\phi160H7$ 主轴前轴承孔及 $\phi115H7$ 后轴承孔圆柱度误差不超过 0.012 mm，圆度误差不超过 0.01 mm，两孔的同轴度误差不超过 0.015 mm。卧式车床在使用过程中，由于轴承外圈的游动，造成了主轴箱体轴承安装孔的磨损，影响主轴回转精度的稳定性和主轴的刚度。

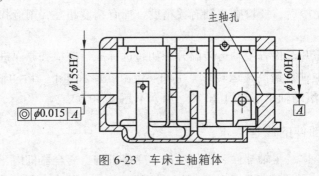

图 6-23　车床主轴箱体

修理前可用内径千分表测量前、后轴承孔的圆度和尺寸，观察孔的表面质量，是否有明显的磨痕、研伤等缺陷，然后在镗床上用镗杆和杠杆千分表测量前后轴承孔的同轴度（见图 6-24）。由于主轴箱前后轴承孔是标准配合尺寸，不宜研磨或修刮，一般采用镗孔镶套或镀镍修复。若轴承孔圆度、圆柱度超差不大时，可采用镀镍法修复，镀镍前要修正孔的精度，采用无槽镀镍工艺，镀镍后经过精加工恢复此孔与滚动轴承的公差配合要求；若轴承孔圆度、圆柱度误差过大，则采用镗孔镶套法来修复。

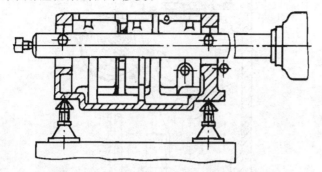

图 6-24　镗床上用镗杆和杠杆千分表测量

2. 主轴开停及制动机构的修理

主轴开停及制动操纵机构主要包括双向多片摩擦离合器、制动器及其操纵机构，实现主轴的启动、停止、换向。由于卧式车床频繁开停和启动，使部分零件磨损严重，在修理时必须逐项检验各零件的磨损情况，视情况予以更换和修理。

（1）在双向多片摩擦离合器中（见图 6-25），修复的重点是内、外摩擦片，当机床切削载荷超过调整好的摩擦片传递力矩时，摩擦片之间就产生相对滑动，多次反复，其表面就会被研出较深的沟槽。当表面渗碳层被全部磨掉时，摩擦离合器就失去功能，修理时一般更换新的内、外摩擦片。若摩擦片只是翘曲或拉毛，可通过延展校直工艺校平或用平面磨床磨平，然后采取吹砂打毛工艺来修复。

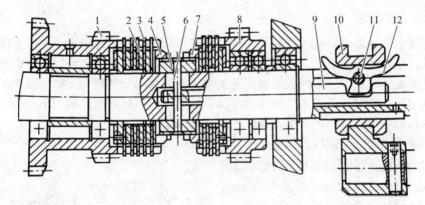

1—双联齿轮；2—内摩擦片；3—外摩擦片；4，7—螺母；5—压套；6—长销；
8—齿轮；9—拉杆；10—滑套；11—销轴；12—元宝形摆块。

图 6-25　双向多片摩擦离合器

元宝形摆块 12 及滑套 10 在使用过程中经常做相对运行，在二者的接触处及元宝形摆块与拉杆 9 接触处产生磨损，一般是更换新件。

（2）卧式车床的制动机构如图 6-26 所示，当摩擦离合器脱开时，使主轴迅速制动。由于卧式车床的频繁开停，使制动机构中制动钢带 6 和制动轮 7 磨损严重，所以制动带的更换、制动轮的修整、齿条轴 2 凸起部位的焊补是制动机构修理的主要任务。

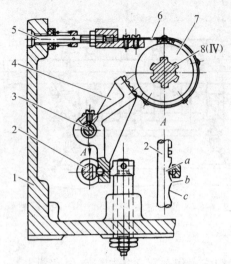

1—箱体；2—齿条轴；3—杠杆支撑轴；4—杠杆；5—调节螺钉；

6—制动钢带；7—制动轮；8—花键轴。

图 6-26　卧式车床的制动机构

3. 主轴箱变速操纵机构的修理

主轴箱变速操纵机构中各传动件一般为滑动摩擦，长期使用中各零件易产生磨损，在修理时需注意滑块、滚柱、拨叉、凸轮的磨损状况。必要时可更换部分滑块，以保证齿轮移动灵活、定位可靠。

4. 主轴箱的装配

主轴箱各零部件修理后应进行装配调整，检查各机构、各零件修理或更换后能否达到组装技术要求。组装时按先下后上、先内后外的顺序，逐项进行装配调整，最终达到主轴箱的工作性能及精度要求。主轴箱的装配重点是主轴部件的装配与调整，主轴部件装配后，应在主轴运转达到稳定的温升后调整主轴轴承间隙，使主轴的回转精度达到如下要求。

（1）主轴定心轴颈的径向圆跳动误差小于 0.01 mm。

（2）主轴轴肩的端面圆跳动误差小于 0.015 mm。

（3）主轴锥孔的径向圆跳动靠近主轴端面处为 0.015 mm，距离端面 300 mm 处为 0.025 mm。

（4）主轴的轴向窜动为 0.01～0.02 mm。

除主轴部件调整外，还应检查并调整使齿轮传动平稳，变速操纵灵敏准确，各级转速与铭牌相符，开、停机可靠，箱体温升正常，润滑装置工作可靠等。

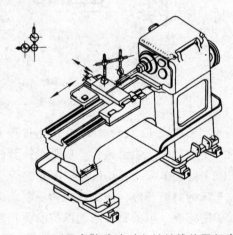

图 6-27　测量床鞍移动对主轴轴线的平行度

5. 主轴箱与床身的拼装

主轴箱内各零件装配并调整好后，将主轴箱与床身拼装。然后按图 6-27 所示的方法测量床鞍移动对主轴轴线的平行度，通过修刮主轴箱底面，使主轴轴线达到下列要求。

（1）床鞍移动对主轴轴线的平行度误差在垂直面内 300 mm 长度上不大于 0.03 mm，在水平面内 300 mm 长度上不大于 0.015 mm。

（2）主轴轴线的偏斜方向：只允许心轴外端向上和向前偏斜。

（六）刀架部件的修理

刀架部件包括转盘、小滑板和方刀架等零件，如图 6-28 所示。刀架部件是安装刀具、直接承受切削力的部件，各结合面之间必须保持正确的配合；同时，刀架的移动应保持一定的直线性，避免影响加工圆锥工件母线的直线度和降低刀架的刚度。因此，刀架部件修理的重点是刀架移动导轨的直线度和刀架重复定位精度的修复。刀架部件的修理主要包括小滑板、转盘和方刀架等零件主要工作面的修复，如图 6-29 所示。

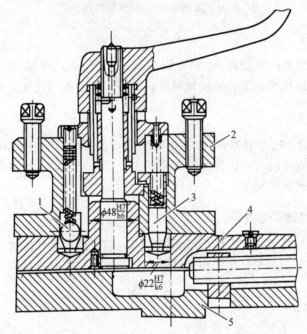

1—钢球；2—刀架座；3—定位销；4—小滑板；5—转盘。

图 6-28　刀架部件结构

1. 小滑板的修理

小滑板导轨面 2 可在平板上拖研修刮；燕尾导轨面 6 采用角形平尺拖研修刮或与已修复的刀架转盘燕尾导轨配刮，保证导轨面的直线度及与丝杠孔的平行度；表面 1 由于定位销的作用留下一圈磨损沟槽，可将表面 1 车削后与方刀架底面 8 进行对研配刮，以保证接触精度；更换小滑板上的刀架转位定位销锥套（见图 6-28），保证它与小滑板安装孔 ϕ22 mm 之间的配合精度；采用镶套或涂镀的方法修复刀架座与方刀架孔（见图 6-28）的配合精度，保证 ϕ48 mm 定位圆柱面与小滑板上表面 1 的垂直度。

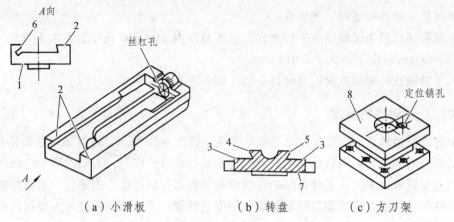

（a）小滑板　　　　　（b）转盘　　　　（c）方刀架

1—表面；2—小滑板导轨面；3~6—燕尾导轨面；7—挂盘底面；8—方刀架底面。

图 6-29　刀架部件主要零件修理示意

2. 方刀架的刮研

配刮方刀架与小滑板的接触面 8、1[见图 6-29（a）、（c）]，配刮方刀架上的定位销，保证定位销与小滑板上定位销锥套孔的接触精度，修复刀架上的刀具夹紧螺纹孔。

3. 刀架转盘的修理

刮研燕尾导轨面 3、4、5 及底面 7[见图 6-29（b）]，保证各导轨面的直线度和导轨相互之间的平行度。修刮完毕后，将已修复的镶条装上，进行综合检验，镶条调节合适后，小滑板的移动应无轻、重或阻滞现象。

4. 丝杠螺母的修理和装配

调整刀架丝杠及与其相配的螺母都属易损件，一般采用换丝杠配螺母或修复丝杠、重新配螺母的方法进行修复。在安装丝杠和螺母时，为保证丝杠与螺母的同轴度要求，一般采用如下两种方法。

1）设置偏心螺母法

在卧式车床花盘 1 上装专用三角铁 6（见图 6-30），将小滑板 3 和转盘 2 用配刮好的塞铁楔紧，一同安装在专用三角铁 6 上，将加工好的实心螺母体 4 压入转盘 2 的螺母安装孔内（实心螺母体 4 与转盘 2 的螺母安装孔为过盈配合）；在卧式车床花盘 1 上调整专用三角铁 6，以小滑板丝杠安装孔 5 找正，并使小滑板导轨与卧式车床主轴轴线平行，加工出实心螺母体 4 的螺纹底孔；然后再卸下螺母体 4，在卧式车床四爪卡盘上以螺母底孔找正加工出螺

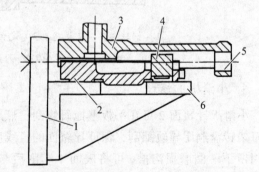

1—花盘；2—转盘；3—小滑板；4—实心螺母体；
5—丝杠安装孔；6—三角铁。

图 6-30　车削刀架螺母螺纹底孔

母螺纹，最后再修螺母外径，以保证与转盘螺母安装孔的配合要求。

2）设置丝杠偏心轴套法

将丝杠轴套做成偏心式轴套,在调整过程中转动偏心轴套使丝杠螺母达到灵活转动位置,这时做出轴套上的定位螺钉孔,并加以紧固。

（七）进给箱部件的修理

1. 进给箱部件的修理

进给箱部件的功用是变换加工螺纹的种类和导程,以及获得所需的各种进给量,主要由基本螺距机构、倍增机构、改变加工螺纹种类的移换机构、丝杠与光杠的转换机构以及操纵机构等组成。其主要修复的内容如下。

1）基本螺距机构、倍增机构及其操纵机构的修理

检查基本螺距机构、倍增机构中各齿轮、操纵机构、轴的弯曲等情况,修理或更换已磨损的齿轮、轴、滑块、压块、斜面推销等零件。

2）丝杠连接法兰及推力球轴承的修理

在车削螺纹时,要求丝杠传动平稳,轴向窜动小。丝杠连接轴在装配后轴窜动量不大于 0.008 ~ 0.010 mm,若轴向窜动超差,可通过选配推力球轴承和刮研丝杠连接法兰表面来修复。丝杠连接法兰修复如图 6-31（a）所示,用刮研芯轴进行研磨修正,使表面 1、2 保持相互平行,并使其对轴孔中心线垂直度误差小于 0.006 mm,装配后按图 6-31（b）所示测量其轴向窜动。

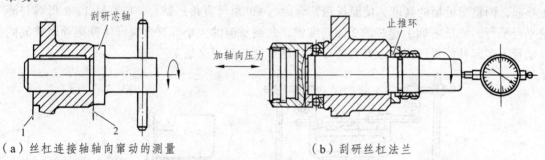

（a）丝杠连接轴轴向窜动的测量   （b）刮研丝杠法兰

图 6-31　丝杠轴向窜动的测量与修复

3）托架的调整与支承孔的修复

床身导轨磨损后,溜板箱下沉,丝杠弯曲,使托架孔磨损。为保证三支承孔的同轴度,在修复进给箱时,应同时修复托架。托架支承孔磨损后,一般采用镗孔镶套来修复,使托架的孔中心距、孔轴线至安装底面的距离均与进给箱尺寸一致。

2. 溜板箱部件的修理

溜板箱固定安装在沿床身导轨移动的纵向溜板下面,其主要作用是将进给箱传来的运动转换为刀架的直线移动,实现刀架移动的快慢转换,控制刀架运动的接通、断开、换向以及实现过载保护和刀架的手动操纵。溜板箱部件修理的主要工作内容有丝杠传动机构的修理、光杠传动机构的修理、安全离合器和超越离合器的修理及进给操作机构的修理等。

1）丝杠传动机构的修理

丝杠传动机构的修理主要包括传动丝杠及开合螺母机构的修理。丝杠一般应根据磨损情

况确定修理或更换，修理一般可采用校直和精车方法。

2）溜板箱燕尾导轨的修理

如图 6-32 所示，用平板配刮导轨面 1，用专用角度底座配刮导轨面 2。刮研时要用 90°角尺测量导轨面 1、2 对溜板结合面的垂直度误差，其误差值为在 200 mm 长度上不大于 0.08 ~ 0.10 mm，导轨面与研具间的接触点达到均匀即可。

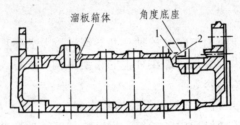

图 6-32　溜板箱燕尾导轨的刮研

3）开合螺母体的修理

燕尾导轨的刮研使开合螺母体的螺母安装孔中心位置产生位移，造成丝杠螺母的同轴度误差增大。当其误差超过 0.05 ~ 0.08 mm 时，将使安装后的溜板箱移动阻力增大，丝杠旋转时受到侧弯力矩的作用，因此当丝杠螺母的同轴度误差超差时，必须设法消除，一般采取在开合螺母体燕尾导轨面上粘贴铸铁板或聚四氟乙烯胶带的方法消除。其补偿量的测量方法如图 6-33 所示，测量时将开合螺母体夹持在专用芯轴 2 上，然后用千斤顶将溜板箱在测量平台上垫起，调整溜板箱的高度，使溜板箱结合面与 90°角尺直角边贴合，使芯轴 1、2 母线与测量平台平行，测量芯轴 1 和芯轴 2 的高度差，此测量值的大小即开合螺母体燕尾导轨修复的补偿量（实际补偿量还应加上开合螺母体燕尾导轨的刮研余量）。

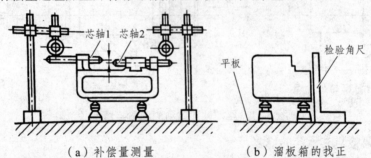

（a）补偿量测量　　　　（b）溜板箱的找正

图 6-33　燕尾导轨补偿量测量

消除上述误差后，需将开合螺母体与溜板箱导轨面配刮，刮研时首先车一实心的螺母坯，其外径与螺母体相配，并用螺钉与开合螺母体装配好，然后和溜板箱导轨面配刮，要求两者间的接触精度不低于 8 ~ 10 点/（25 mm × 25 mm），用芯轴检验螺母体轴线与溜板箱结合面的平行度，其误差值控制在 200 mm 测量长度不大于 0.08 ~ 0.10 mm，然后配刮调整塞铁。

4）开合螺母的配作

开合螺母应根据修理后的丝杠进行配作，其加工是在溜板箱和螺母体的燕尾导轨修复后进行的。首先将实心螺母坯和刮好的螺母体安装在溜板箱上，并将溜板箱放置在卧式镗床的工作台上；按图 6-33 所示的方法找正溜板箱结合面，以光杠孔中心为基准，按孔间距的设计尺寸平移工作台，找出丝杠孔中心位置，在镗床上加工出内螺纹底孔；然后以此孔为基准，在卧式车床上精车内螺纹至要求，最后将开合螺母切开为两半并倒角。

5）光杠传动机构的修理

光杠传动机构由光杠、传动滑键和传动齿轮组成。光杠的弯曲、光杠槽及滑键的磨损、齿轮的磨损，将会引起光杠传动不平稳，床鞍纵向工作进给时产生爬行。光杠的弯曲采用校直修复，校直后再修正键槽，使装配在光杠轴上的传动齿轮在全长上移动灵活。滑键、齿轮磨损严重时一般需更换。

6）安全离合器和超越离合器的修理

安全离合器用于刀架工作进给超载时自动停止，起超载保护作用。超越离合器用于刀架快速运动和工作进给运动的相互转换。

安全离合器的修复重点是左、右两半离合器接合面的磨损，一般需要更换，然后调整弹簧压力，使之能正常传动。

超越离合器经常出现传递力小时易打滑、传递力大时快慢转换脱不开的故障，造成机床不能正常运转。传递力小时打滑，一般可采取加大滚柱直径来解决；传递力大时快慢转换脱不开，一般可采取减小滚柱直径来解决。

7）纵、横向进给操纵机构的修理

卧式车床纵、横向进给操纵机构的功用是实现床鞍的纵向快慢速运动和中滑板的横向快慢速运动的操纵和转换。由于使用频繁，操纵机构的凸轮槽和操纵圆销易产生磨损，使离合器不到位、控制失灵。另外，离合器齿形端面易产生磨损，造成传动打滑。这些磨损件的修理，一般采用更换方法即可。

（八）尾座部件的修理

尾座部件结构如图 6-34 所示，主要由尾座体 2、尾座底板 1、顶尖套筒 3、尾座丝杠 4、螺母等组成。其主要作用是支承工件或在尾顶尖套中装夹刀具来加工工件，要求尾座顶尖套移动轻便，在承受切削载荷时稳定可靠。

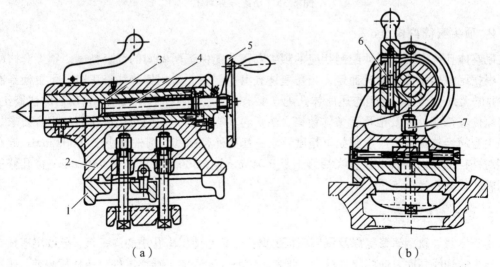

（a）　　　　　　　　　　　　　　　　（b）

1—尾座底板；2—尾座体；3—顶尖套筒；4—尾座丝杠；5—手轮；6—锁紧机构；7—压紧机构。

图 6-34　尾座部件的结构

尾座体部件的修理主要包括尾座体孔、顶尖套筒、尾座底板、丝杠螺母副、锁紧装置的修理，修复的重点是尾座体孔。

1. 尾座体孔的修理

一般是先恢复孔的精度，然后根据已修复的孔实际尺寸配尾座顶尖套筒。由于顶尖套筒受径向载荷并经常处于夹紧状态下工作，尾座体孔容易磨损和变形，使尾座体孔孔径呈椭圆形，孔前端呈喇叭形。在修复时，若孔磨损严重，可在镗床上精镗修正，然后研磨至要求，修镗时需考虑尾座部件的刚度，将镗削余量严格控制在最小范围；若磨损较轻，则可采用研磨方法进行修正。研磨时，采用如图 6-35 所示方法，利用可调式研磨棒，以摇臂钻床为动力在垂直方向研磨，以防止研磨棒的重力影响研磨精度。尾座体孔修复后应达到如下精度要求：圆度、圆柱度误差不大于 0.01 mm，研磨后的尾座体孔与更换或修复后的尾座顶尖套筒配合为 H7/h6。

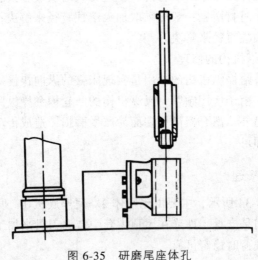

图 6-35　研磨尾座体孔

2. 顶尖套筒的修理

尾座体孔修磨后，必须配制相应的顶尖套筒才能保证两者间的配合精度。顶尖套筒的配制可根据尾座体孔修复情况而定，当尾座体孔磨损严重，采用镗修法修正时，可更换新制套筒，并增大外径尺寸，达到与尾座体孔配合要求；当尾座体孔磨损较轻，采用研磨法修正时，可将原件经修磨外径及锥孔后整体镀铬，然后再精车外圆，达到与尾座体孔的配合要求。尾座顶尖套筒经修配后，应达到如下精度要求：套筒外径圆度、圆柱度小于 0.008 mm；锥孔轴线相对外径的径向圆跳动误差在端部小于 0.01 mm，在 300 mm 处小于 0.02 mm；锥孔修复后端面轴线位移不超过 5 mm。

3. 尾座底板的修理

由于床身导轨刮研修复以及尾座底板的磨损，必然使尾座孔中心线下沉，导致尾座体孔中心线与主轴轴线高度方向的尺寸链产生误差，使卧式车床加工轴类零件时圆柱度超差。尾座底板主要是针对其磨损，采用磨削、刮研及与床身导轨对刮的方法进行处理。

4. 丝杠螺母副及锁紧装置的修理

尾座丝杠螺母副磨损后一般采取更换新的丝杠螺母副的方法，也可修配丝杠螺母副；尾座顶尖套筒修复后，必须相应修刮紧固块，如图 6-36 所示，使紧固块圆弧面与尾座顶尖套筒圆弧面接触良好。

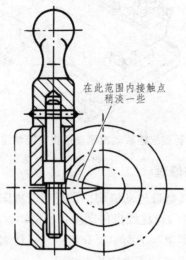

在此范围内接触点
稍淡一些

图 6-36　尾座紧固块的修刮

5. 尾座部件与床身的拼装

尾架部件安装时，应通过检验和进一步刮研，使尾座安装后达到如下要求。

（1）尾座体与尾座底板的接触面之间用 0.03 mm 塞尺检查时不得插入。

（2）主轴锥孔轴线和尾座顶尖套筒锥孔轴线对床身导轨的等高度误差不大于 0.06 mm，且只允许尾座端高，测量方法如图 6-37 所示。

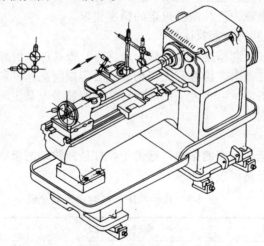

图 6-37　测量主轴锥孔轴线和尾座顶尖套筒锥孔轴线的等高度误差

（3）床鞍移动对尾座顶尖套筒伸出方向的平行度在 100 mm 长度上，上母线不大于 0.03 mm，侧母线不大于 0.01 mm，测量方法如图 6-38 所示。

（4）床鞍移动对尾座顶尖套筒锥孔轴线的平行度误差在 100 mm 长度上，上母线和侧母线不大于 0.03 mm，测量方法如图 6-38 所示。

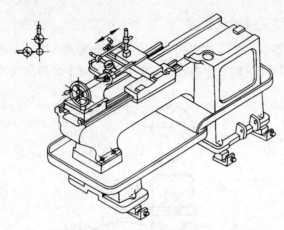

图 6-38　测量床鞍移动对尾座顶尖套筒伸出方向的平行度

（九）机床螺旋机构的修理

机床螺旋机构通常为丝杠螺母传动机构，广泛用于机床低速直线进给运动机构以及运动精度要求较高的机床传动链中。丝杠螺母传动副包括滑动丝杠螺母传动、滚动丝杠螺母传动、流体静压丝杠螺母传动三种类型。下面主要介绍在金属切削机床中用得最多的滑动丝杠螺母传动和滚珠丝杠螺母传动的调整与修理的基本知识。

滚珠丝杠副的调整与修理将在后面数控机床的典型结构中论述。此处仅介绍滑动丝杠螺母副的调整与修理。

1. 磨损或损伤的检查与调整

滑动丝杠螺母传动在机床中主要用于机构调整装置和定位机构。在使用过程中，丝杠和螺母会有不同程度的磨损、变形、松动和位移等现象，直接影响机床的加工精度。因此，必须定期检查、调整和修理，使其恢复规定的精度要求。

1）丝杠、螺母的润滑和密封保护

由于大部分的丝杠长期暴露在外，防尘条件差，极易产生磨粒磨损。因此，在日常维护时，不但要每天把丝杠擦净，检查有无损伤，还要定期清洗丝杠和螺母，检查、疏通油路，观察润滑效果。如有条件，可将人工加油润滑装置改装为电动定时定量润滑装置，并注意选用润滑效果好的润滑剂。

2）丝杠的轴向窜动

这对所传动部件运动精度的影响，远大于丝杠径向跳动的影响，因此在机床精度标准中对丝杠轴向窜动均有严格要求，如表 6-3 所示。

表 6-3　几种机床丝杠轴向窜动允差　　　　　　　　　　　　　单位：mm

机床名称	检验标准编号	丝杠轴向窜动允差
普通车床	GB 4020—97	$D_a \leqslant 800$, 0.015
丝杠车床	JB 2544—79	0.002
螺纹磨床	JB 1583—80	0.002

注：D_a 为车床允许的最大工作回转直径。

如检查中发现丝杠的轴向窜动超过允差，则需进一步检查预加轴向负荷状况（如丝杠端部的紧固螺母松动与否）和推力轴承的磨损状况，以便采取相应措施进行调整或更换。

3）丝杠的弯曲

经长时间使用，有些较长的丝杠会发生弯曲。如卧式车床的床身导轨或溜板导轨磨损，溜板箱连同开合螺母下沉，丝杠工作时往往只与开合螺母的上半部啮合，而与其下半部存在相当大的间隙。这种径向力的作用，会引起丝杠产生弯曲变形，弯曲严重时会使传动整劲和扭转振动，影响切削的稳定性和加工质量。检查时，回转丝杠用百分表可较准确地测出丝杠的弯曲量。如超差应及时加以校直（如压力校直和敲击校直）。校直时要尽量消除内应力，可增加低温时效处理工序来减小车螺纹及使用过程中的再次变形。

4）丝杠与螺母的间隙

滑动丝杠螺母副中的螺母一般由铸铁或锡青铜制成，磨损量比丝杠大。随着丝杠、螺母螺旋面的不断磨损，丝杠与螺母的轴向间隙随之增大。当此间隙超过允差范围时，对于有自动消除间隙机构的双螺母结构（如卧式车床横向进给丝杠螺母副），应及时调整间隙；对于无自动消除间隙机构的螺母，则应及时更换螺母。

5）丝杠的磨损

丝杠的螺纹部分在全长上的磨损很不均匀，经常使用的部分，磨损较大，如卧式车床纵向进给丝杠在靠近主轴箱部分磨损较严重，而靠近床尾部分则极少磨损。这使丝杠螺纹厚度大小不一，螺距不等，导致丝杠螺距累积误差超过允差，造成机床进给机构进刀量不准，直接影响工作台或刀架的运动精度。当丝杠螺距误差太大而不能满足加工精度要求时，可用重新加工螺纹并配作螺母的方法修复，或更换新的丝杠副。

6）丝杠的支承和托架

丝杠在径向承受的载荷小，转速低，多采用铜套作支承；而轴向支承的精度和刚度比径向支承要求高得多，多采用高精度推力轴承。图 6-39 所示为卧式车床纵向丝杠，3、4 为 D 级推力球轴承，调整螺母 1 通过垫圈 2 压紧推力轴承。

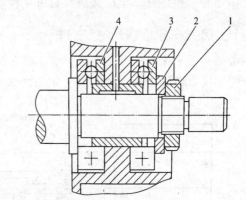

1—调整螺母；2—垫圈；3，4—D 级推力球轴承。

图 6-39 丝杠一端的支承

由于加工和装配精度的限制，往往存在着调整螺母端面与螺纹轴心线垂直度的误差，导致推力集中在轴承的局部而使磨损加剧，成为丝杠发生抖动的主要原因。因此在对丝杠副进行定期检查时，要注意各支承的磨损情况，尤其是推力轴承的预加负荷和磨损情况，保证螺母端面与垫圈均匀接触，从而保证丝杠轴向支承的精度要求。

对于水平安装的长丝杠，常用托架支承丝杠，以免丝杠由于自重产生下挠现象。在使用过程中，托架不可避免要被磨损，因此也要定期检查，以便调整或修理。

2．丝杠副的修理

滑动丝杠螺母副失效的主要原因是丝杠螺纹面的不均匀磨损，螺距误差过大，造成工件精度超差。因此丝杠副的修理主要采取加工丝杠螺纹面恢复螺距精度、重新配制螺母的方法。

在修理丝杠前，应先检查丝杠的弯曲量。普通丝杠的弯曲度超过 0.1 mm/1 000 mm 时（由于自重产生的下垂量应除去）就要进行校直。然后测量丝杠螺纹实际厚度，找出最大磨损处，估算一下丝杠螺纹在修理加工后厚度的减小量，如果超过标准螺纹厚度的 15% ~ 20%，则该丝杠予以报废，不能再用。在特殊情况下，也允许以减小丝杠外径的办法恢复原标准螺纹厚度，但外径的减小量不得大于原标准外径的 10%。对于重负载丝杠，螺纹部分如需修理，还应验算其厚度减小后，刚度和强度是否仍能满足原设计要求。

对于未淬硬丝杠，一般在精度较好的车床上将螺纹两侧面的磨损和损伤痕迹全部车去，使螺纹厚度和螺距在全长上均匀一致，并恢复到原来的设计精度。精车加工时要尽量少切削，并注意充分冷却丝杠。如果原丝杠精度要求较高，也可以在螺纹磨床上修磨，修磨前应先将丝杠两端中心孔修研好。

淬硬的丝杠磨损后，应在螺纹磨床上进行修磨。如果丝杠支承轴颈或其端面磨损，可用刷镀、堆焊等方法修复，恢复原配合性质。

丝杠螺纹部分经加工修理后，螺纹厚度减小，配制的螺母与丝杠应保持合适的轴向间隙，旋合时手感松紧合适。用于手动进给机构的丝杠螺母副，经修理装上带有刻度装置的手轮后，手柄反向空行程量应在规定范围内。采用双螺母消除间隙机构的丝杠副，丝杠螺纹修理加工后，主、副螺母均应重新配制。

当然，对于常见的中、小型机床的进给丝杠，如卧式车床的纵向丝杠、镗床的横向进给丝杠，由于是通用备件，丝杠磨损后也可更换新件。

（十）卧式车床修理尺寸链分析

在分析卧式车床修理尺寸链时，要根据车床各零件表面间存在的装配关系或相互尺寸关系，查明主要修理尺寸链。图 6-40 所示为卧式车床的主要修理尺寸链，各部分的尺寸链分析如下。

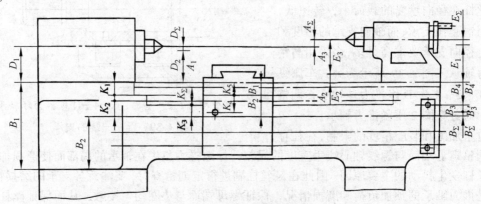

图 6-40　车床修理尺寸链

1. 保证前、后顶尖等高的尺寸链

前、后顶尖的等高性是保证加工零件圆柱度的主要尺寸，也是检验床鞍沿床身导轨纵向移动直线度的基准之一。这项尺寸链由下列各环组成：床身导轨基准到主轴轴线高度 A_1、尾座垫板厚度 A_2、尾座轴线到其安装底面距离 A_3 以及尾座轴线与主轴轴线高度差 A_Σ。其中 A_Σ 为封闭环，A_1 为减环，A_2、A_3 为增环。各组成环间的关系为 $A_\Sigma = A_2 + A_3 - A_1$。

车床经过长时期的使用，由于尾座的来回拖动，尾座垫板与车床导轨接触的底面受到磨损，使尺寸链中组成环 A_2 减小，而扩大了封闭环 A_Σ 的误差。大修时 A_Σ 尺寸的补偿是必须完成的工作之一。

2. 控制主轴轴线对床身导轨平行度的尺寸链

车床主轴轴线与床身导轨的平行度是由垂直面内和水平面内两部分尺寸链控制的。控制主轴轴线在垂直面内与床身导轨间的平行度的尺寸链由主轴理想轴线到主轴箱安装面（与床身导轨面等高）间的距离 D_2、床身导轨面与主轴实际轴线间的距离 D_1 及主轴箱轴线与主轴实际轴线间的距离 D_Σ 组成。D_Σ 为封闭环，D_Σ 的大小为主轴实际轴线与床身导轨在垂直面内的平行度。上述尺寸链中各组成环间的关系为 $D_\Sigma = D_1 - D_2$。

卧式铣床修理

二、卧式铣床的修理

铣床是利用铣刀进行金属切削加工的机床设备，可加工水平和垂直的平面、沟槽、键槽、T 形槽、燕尾槽、螺纹、螺旋槽，以及有局部表面的齿轮、链轮、棘轮、花键轴和各种成形表面等。与车床一样，卧式铣床也是常用的金属切削设备，在生产中，经过一个大修周期的使用后，由于主要零件的磨损、变形，也将使机床的精度及主要性能大大降低，需要对其进行大修。

（一）铣床的拆卸步骤

X62W 型卧式万能铣床是铣床中比较典型的类型。

1. 卧式铣床的结构及主要部件的安装要求

图 6-41 给出了 X62W 型卧式万能铣床的外形，各主要部件的安装有以下要求。

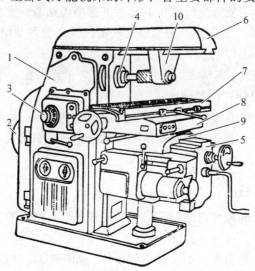

1—床身；2—电动机；3—变速操纵机构；4—主轴；5—升降台；6—横梁；
7—纵向工作台；8—转台；9—横向工作台；10—吊架。

图 6-41　X62W 型卧式万能铣床的外形

1）床　身

床身用来固定和支承铣床上所有的部件和机构。电动机 2、变速箱的变速操纵机构 3、主轴 4 等均安装在它的内部；升降台 5、横梁 6 等分别安装在它的下部和顶部。

对床身的整体要求是结构坚固，配合紧密，受力后所产生的变形极微。供升降台升降的垂直导轨、装横梁的水平导轨和各轴孔都应该经过精细加工，以保证机床的刚性。

2）主　轴

主轴的作用是紧固铣刀刀杆并带动铣刀旋转。主轴是空心结构，其前端为锥孔。刀杆的锥柄恰好与之紧密配合，并用长螺杆穿过主轴通孔从后面将其紧固。主轴的轴颈与锥孔应该非常精确，否则，就不能保证主轴在旋转时的平稳性。

3）变速操纵机构

变速操纵机构用来变换主轴的转速，变速齿轮均安装在床身内部。

4）横　梁

其上可安装吊架 10，用来支承刀杆外伸的一端以加强刀杆的刚性。横梁可在床身顶部的水平导轨中移动，以调整其伸出的长度。

5）升降台

升降台可以使整个工作台沿床身的垂直导轨上下移动，以调整台面到铣刀的距离。升降台内装有进给运动的变速传动装置、快速传动装置及其操纵机构。升降台的水平导轨上装有床鞍，可沿主轴轴线方向移动（也称横向移动）。床鞍上装有回转盘，回转盘上面的燕尾导轨上又装有工作台。

6）工作台

工作台包括三部分，即纵向工作台 7、转台 8 和横向工作台 9。

纵向工作台可以在转台的导轨槽内做纵向移动，以带动台面上的工件做纵向送进。台面上有三条 T 形直槽，槽内可放置螺栓以紧固夹具或工件。一些夹具或附件的底面往往装有定位键，在装上工作台时，一般应使键侧在中间的 T 形槽内贴紧，夹具或附件便能在台面上迅速定向。在三条 T 形直槽中，中间一条的精度较高，其余的两条精度较低。

横向工作台在升降台上面的水平导轨上，可带动纵向工作台一起做横向移动。

在横向工作台上的转台，其唯一的作用是能将纵向工作台在水平面内旋转一个角度（正、反最大均可转过 45°），以便铣削螺旋槽。

工作台的纵、横移动或升降可以通过摇动相应的手柄实现，也可以由装在升降台内的进给电动机带动做自动送进，自动送进的速度可操纵进给变速机构加以变换。需要时，还可做快速运动。

2. 铣床拆卸的基本顺序

总体来说，设备拆卸的顺序与装配正好相反，基于设备修理的工作过程，确定 X62W 型铣床拆卸的基本顺序如下。

（1）通知电工拆除待拆设备上的全部电气设备，如照明灯、电器箱、控制按钮板和指示装置等。

（2）放出所有油箱、油池中的润滑油，放出冷却润滑液。

（3）着手设备的解体工作。先拆除所有防护罩、观察孔盖板等，以了解设备部件间的定位和连接形式。在移去设备所有附件后，便依次进行基本部件拆卸，如刀杆支架、悬梁、工作台、回转拖板、下拖板、升降台、进给变速箱连同电动机、主轴、变速操作箱连同电动机等。基本部件拆卸时，应先拆除定位件，再拆连接零件，最后拆下床身。

（二）铣床主要部件的修理

在铣床主要部件的修理过程中，可以几个部件同时进行，也可以交叉进行。一般可按下列顺序修理：主轴及变速箱、床身、升降台及下滑板、回转滑板、工作台、工作台与回转滑板配刮、悬梁和刀杆支架等。

1. 主轴部件的修理

1）主轴的修复

主轴是机床的关键零件，其工作性能直接影响机床的精度，因此修理中必须对主轴各部分进行全面检查。如果发现有超差现象，应修复至原来的精度。目前，主轴的修复一般是在磨床上精磨各轴颈和精密定位圆锥等表面。

（1）主轴轴颈及轴肩面的检测与修理。

如图 6-42 所示，在平板 3 上用 V 形架 5 支撑主轴的 A、B 轴颈，用千分尺检测 B、D、F、G、K 各表面间的同轴度，其允差为 0.007 mm。如果同轴度超差，可采用镀铬工艺修复并磨削各轴颈至要求。再用千分表检测 H、J、E 表面的径向圆跳动，允差为 0.007 mm。如果超差，可以在修磨表面 A、K 的同时磨削表面 H、J。表面 I 的径向圆跳动量允差为 0.005 mm。如果超差，可以同时修磨至要求。

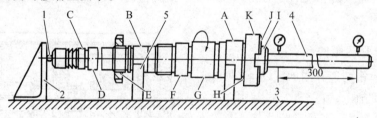

1—钢球；2—挡铁；3—平板；4—检验棒；5—V 形架。

图 6-42　主轴结构和主轴检测

（2）主轴锥孔的检测与修复。

把带有锥柄的检验棒插入主轴锥孔，并用拉杆拉紧，用千分表检测主轴锥孔的径向圆跳动量，要求在近主轴端的允差为 0.005 mm，距主轴端 300 mm 处为 0.01 mm。如果达不到上述精度要求或内锥表面磨损，将主轴尾部用磨床卡盘夹持，用中心架支撑轴颈 C 的径向圆跳动量，使其小于 0.005 mm，同时校正轴颈 G，使其与工作台运动方向平行；然后修磨主轴 I 表面，使其径向圆跳动量在允许范围内，并使接触率大于 70%。

2）主轴部件的装配

图 6-43 所示为主轴部件。主轴 1 有三个支撑，前支撑 2 为圆锥滚子轴承，中间支撑 3 为圆锥滚子轴承，后支撑 4 为深沟球轴承。前、中轴承是决定主轴工作精度的主要支撑，后轴承是辅助支撑。前、中轴承可采用定向装配方法，以提高这对轴承的装配精度。主轴上装有飞轮 5，利用它的惯性储存能量，以便消除铣削时的振动，使主轴旋转更加平稳。

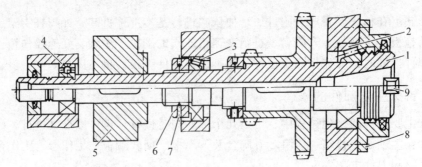

1—主轴；2，3—圆锥滚子轴承；4—深沟球轴承；5—飞轮；

6—调整螺母；7—紧固螺钉；8—盖板；9—端面键。

图 6-43　主轴部件结构

为了使主轴得到理想的旋转精度，在装配过程中，要特别注意前、中两个圆锥滚子轴承径向和轴向间隙的调整。调整时，先松开紧固螺钉 7，然后用专用扳手钩住调整螺母 6 上的孔，借助主轴端面键 9 转动主轴，使轴承 3 内圈右移，以消除两个轴承的径向和轴向间隙。调整完毕，再把紧固螺钉 7 拧紧，防止其松动。轴承的预紧量应根据机床的工作要求决定，当机床进行载荷不大的精加工时，预紧量可稍大一些，但应保证在 1 500 r/min 的转速下，运转 30 ~ 60 min 后，轴承的温度不超过 60 ℃。

对调整螺母 6 的右端面有较严格的要求，其右端面的圆跳动量应在 0.005 mm 内，其两端面的平行度误差应在 0.001 mm 内，否则将对主轴的径向圆跳动产生一定影响。

主轴的装配精度应按 GB/T 3933.2—2002 卧式万能升降台铣床精度标准、允差、检验方法的要求进行检查。

2. 主传动变速箱的修理

主传动变速箱的展开图如图 6-44 所示。轴 Ⅰ ~ Ⅳ 的轴承和安装方式基本一样，左端轴承采用内、外圈分别固定于轴上和箱体孔中的形式，右端轴承则采用只将内圈固定于轴上，外圈在箱体孔中游动的方式。装配 Ⅰ ~ Ⅲ 轴时，轴由左端深入箱体孔中一段长度后，把齿轮安装到花键轴上，然后装右端轴承，将轴全部伸入箱体内，并将两端轴承调整好固定。轴 Ⅳ 应由右端向左装配，先伸入右边一跨，安装大滑移齿轮块；轴继续前伸至左边一跨，安装中间轴承和三联滑移齿轮块，并将三个轴承调整好。

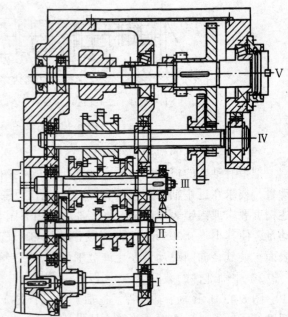

图 6-44　主传动变速箱展开图

1）主变速操纵机构简介

主变速操纵机构如图 6-45 所示，由孔盘 5、齿条轴 2 和 4、齿轮 3 及拨叉 1 等组成。变速时，将手柄 8 顺时针转动，通过齿扇

15、齿杆 14、拨叉 6 使孔盘 5 向右移动，与齿条轴 2、4 脱开；根据转速转动选速盘 11，通过锥齿轮 12、13 使孔盘 5 转到所需的位置；再将手柄 8 逆时针转动到原位，孔盘 5 使三组齿条轴改变位置，从而使三联滑移齿轮块改变啮合位置，实现主轴 18 种转速的变换。

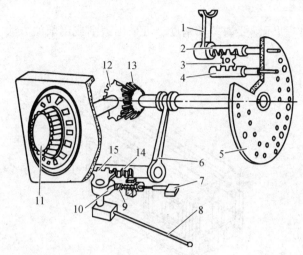

1，6—拨叉；2，4—齿条轴；3—齿轮；5—孔盘；7—开关；8—手柄；9—顶杆；
10—凸块；11—选速盘；12，13—锥齿轮；14—齿杆；15—齿扇。

图 6-45　主变速操纵机构

瞬时压合开关 7，使电动机启动。当凸块 10 随齿扇 15 转过后，开关 7 重新断开，电动机断电随即停止转动。电动机只启动运转了短暂的时间，以便于滑移齿轮与固定齿轮的啮合。

2）主变速操纵机构的调整

为避免组装操纵机构时错位，拆卸选速盘轴上的锥齿轮 12、13（见图 6-45）时要标记啮合位置。拆卸齿条轴中的销子时，每对销子长短不同，不能装错，否则将会影响齿条轴脱开孔盘的时间和拨动齿轮的正常次序。另一种方法是在拆卸之前，把选速盘转到 30 r/min 的位置上，按拆卸位置进行装配；装配好后扳动手柄 8 使孔盘定位，并应保证齿轮 3 的中心至孔盘端面的距离为 231 mm，如图 6-46 所示。若尺寸不符，说明齿条轴啮合位置不正确。此时应使齿条轴顶紧孔盘 4，重新装入齿轮 3，然后检查齿轮 3 的中心至孔盘端面的距离是否达到要求，再检查各转速位置是否正确无误。

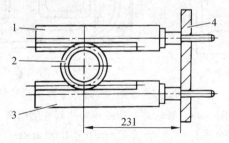

1，3—齿条轴；2—齿轮；4—孔盘。

图 6-46　主传动变速操作机构的调整

当变速操纵手柄 8（见图 6-45）回到原位并合上定位槽后，如发现齿条轴上的拨叉来回窜动或滑移齿轮错位时，可拆出该组齿条轴之间的齿轮3，用力将齿条轴顶紧孔盘端面，再装入齿轮3。

3. 床身导轨的修理要求

床身导轨如图 6-47 所示。要恢复其精度，可采用磨削或刮削的方法。对床身导轨的具体要求有以下几个方面。

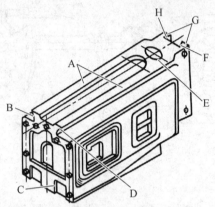

图 6-47　床身导轨结构示意图

（1）磨削或刮削床身导轨面时，应以主轴回转轴线为基准，保证导轨 A 纵向垂直度允差为 0.015 mm/300 mm，且只允许回转轴线向下偏；横向垂直度允差为 0.01 mm/300 mm。其检测方法如图 6-48 所示。

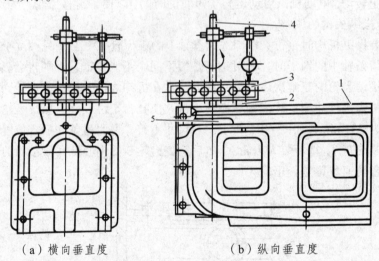

（a）横向垂直度　　　　　　　（b）纵向垂直度

1—床身导轨；2—等高垫块；3—平行平尺；4—锥柄检验棒；5—主轴孔。

图 6-48　导轨对主轴回转轴线垂直度检测

（2）保证导轨 B 与 D 的平行度，全长上允差为 0.02 mm；直线度误差为 0.02 mm/1 000 mm，并允许中凹。

（3）燕尾导轨面 F、G、H 结合悬梁修理进行配刮。

（4）采用磨削工艺，各表面的表面粗糙度值应小于 $Ra0.8$ μm。采用刮削工艺，各表面的接触点在 25 mm × 25 mm 范围内为 6～8 点。

4. 升降台与床鞍、床身的装配

升降台（见图 6-49）的修理一般采用磨削或刮削的方法，与床鞍或床身相配时，再进行刮配。要求修磨后的升降台导轨面 C 的平面度小于 0.01 mm；导轨面 F 与 H 的垂直度允差在全长上为 0.02 mm；直线度允差为 0.02 mm/1 000 mm；导轨面 G、H 与 C 的平行度允差在全长上为 0.02 mm，并只允许中凹。

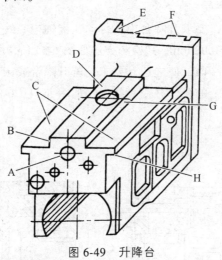

图 6-49　升降台

1）升降台与床鞍下滑板的装配

（1）以升降台修磨后的导轨面为基准，刮研下滑板导轨 K 面，如图 6-50 所示，使接触点达到 25 mm×25 mm 范围内为 6~8 点。

（2）刮研下滑板表面 J 与 K，其平行度在全长上达 0.02 mm。接触点在 25 mm×25 mm 范围内为 6~8 点。

（3）刮研床鞍下滑板导轨面 L，与 J 的平行度纵向误差小于 0.01 mm/300 mm，横向误差小于 0.015 mm/300 mm。接触点在 25 mm×25 mm 范围内为 6~8 点。

（4）刮好的楔体与压板装在床鞍下滑板上，调整修刮松紧程度合适。用塞尺检查楔铁及压板与导轨面的密合程度，用 0.03 mm 塞尺检查，两端插入深度应小于 20 mm。

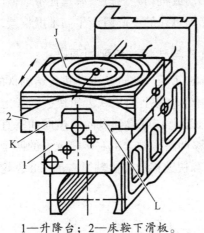

1—升降台；2—床鞍下滑板。

图 6-50　升降台与床鞍下滑板的配刮

2）升降台与床身的装配

将粗刮过的楔铁及压板装在升降台上，调整松紧适当，再刮至接触点在 25 mm × 25 mm 范围内为 6 ~ 8 点。用 0.04 mm 塞尺检查与导轨面的密合程度，塞尺插入深度小于 20 mm。

5. 升降台与床鞍下滑板传动零件的组装

1）圆锥齿轮副托架的装配

装配圆锥齿轮副托架时，要求升降台横向传动花键轴中心线与床鞍下滑板的圆锥齿轮副托架的中心线同轴度允差为 0.02 mm，其检测方法如图 6-51（a）所示。如果床鞍下滑板下沉，可以修磨圆锥齿轮副托架的端面，使之达到要求；若升降台或床鞍下滑板磨损造成水平方向同轴度超差，则可镗削床鞍上的孔，并镶套补偿，如图 6-51（b）所示。

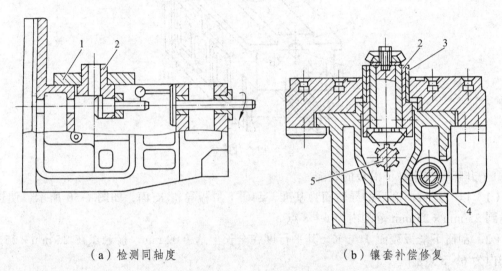

（a）检测同轴度 　　　　　　　　（b）镶套补偿修复

1—T 滑板；2—圆锥齿轮副托架；3—套；4—螺母座；5—花键轴。

图 6-51　升降台与床鞍下滑板传动零件的组装

2）横向进给螺母支架孔的修复

升降台上面的床鞍横向手动或机动是通过横向丝杠带动横向进给螺母座使工作台横向移动实现的，由于床鞍的下沉，螺母孔的中心线产生同轴度偏差，装配中必须对其加以修正。

6. 进给变速箱的修理及其与升降台装配的调整

进给变速箱展开图如图 6-52 所示。从进给电动机传给轴Ⅸ的运动有进给传动路线和快速移动路线。进给传动路线是：经轴Ⅷ上的三联齿轮块、轴Ⅹ上的三联齿轮块和曲回机构传到轴Ⅺ上，可得到纵向、横向和垂直三个方向各 18 级进给量。快速移动路线是：由右侧箱壁外的四个齿轮直接传到轴Ⅺ上。进给运动和快速移动均由轴Ⅺ右端 z28 齿轮向外输出。

铣床进给变速箱
优化设计与实施

258

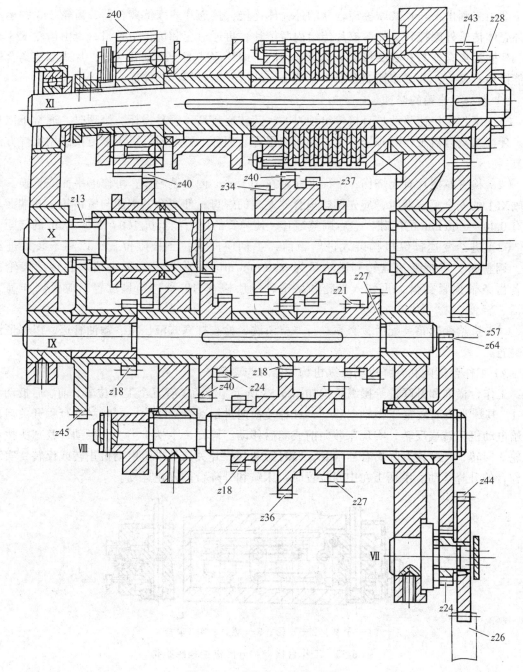

图 6-52 进给变速箱展开图

1）轴XI的结构简介

图 6-52 所示轴XI上，装有安全离合器、牙嵌式离合器和片式摩擦离合器。安全离合器是定转矩装置，用于防止过载时损坏机件，它由左半离合器、钢球、弹簧和圆柱销等组成。牙嵌式离合器是常啮合状态，只有接通片式摩擦离合器时，它才脱开啮合。牙嵌式离合器是用来接通工作台进给运动，宽齿轮 $z40$ 传来的运动经安全离合器和牙嵌式离合器传给轴XI，并由右端齿轮 $z28$ 输出。片式摩擦离合器是用来接通工作台快速移动的，轴XI右端齿轮 $z43$ 用

键（图中未画出）与片式摩擦离合器的外壳体连接，接通片式摩擦离合器，齿轮 $z43$ 的运动经外壳体传给外摩擦片，外摩擦片传给内摩擦片，再通过套和键传给轴 XI，也由齿轮 $z28$ 输出。牙嵌式离合器与片式摩擦离合器是互锁的，即牙嵌式离合器断开啮合，片式摩擦离合器才能接通；反之，片式摩擦离合器中断啮合，牙嵌式离合器才能接通。

2）进给变速箱的修理

（1）工作台快速移动是直接传给轴 XI 的，其转速较高，容易损坏。修理时，通常予以更换。牙嵌式离合器工作时频繁啮合，端面齿很容易损坏。修理时，可予以更换或用堆焊方法修复。

（2）检查摩擦片有无烧伤，平面度允差在 0.1 mm 内。若超差，可修磨平面或更换。装配轴 XI 上的安全离合器时，应先调整离合器左端的螺母，使离合器端面与宽齿轮 $z40$ 端面之间有 0.40～0.60 mm 的间隙，然后调整螺套，使弹簧的压力能抵抗 160～200 N·m 的转矩。

（3）进给变速操纵机构装入进给箱前，手柄应向前拉到极限位置，以利于装入进给箱。调整时，可把变速盘转到进给量为 750 mm/min 的位置上，拆去堵塞和转动齿轮，使各齿条轴顶紧孔盘，再装入齿轮和堵塞，然后检查 18 种进给量位置，应做到准确、灵活、轻便。

（4）进给变速箱装配后，必须进行严格清洗，检查柱塞式液压泵、输油管道，以保证油路畅通。

3）工作台横向和升降进给操纵机构的修理与调整

工作台横向和升降进给操纵机构如图 6-53 所示。手柄 1 有五个工作位置，前、后扳动手柄 1，其球头拨动鼓轮 2 做轴向移动，杠杆使横向进给离合器啮合，同时触动行程开关启动进给电动机正转或反转，实现床鞍向前或向后移动。同样，手柄 1 上、下扳动，其球头拨动鼓轮 2 回转，杠杆使升降离合器啮合，同时触动行程开关启动进给电动机正转或反转，实现工作台的升降移动。手柄 1 在中间位置时，床鞍和升降台均停止运动。

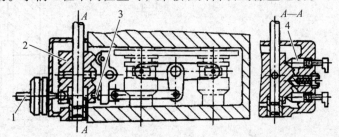

1—手柄；2—鼓轮；3—螺钉；4—顶杆。

图 6-53　工作台横向和升降进给操纵机构

鼓轮 2 表面经淬火处理，硬度较高，一般不易损坏，装配前应清洗干净。如局部严重磨损，可用堆焊法修复并淬火处理。装配时，注意调整杠杆机构的带孔螺钉 3，保证离合器的正确开合距离，避免工作台进给中出现中断现象。扳动手柄 1 时，进给电动机应立即启动，否则应调节触动行程开关的顶杆 4。

4）进给变速箱与升降台的装配与调整

进给变速箱与升降台组装时，要保证电动机轴上齿轮 $z26$ 与轴 VII 上齿轮 $z44$ 的啮合间隙，可以用调整进给变速箱与升降台结合面的垫片厚度来调节间隙的大小。

7. 工作台与回转滑板的修理

1）工作台与回转滑板的配刮

工作台中央 T 形槽一般磨损极少，刮研工作台上表面及下表面以及燕尾导轨时，应以中央 T 形槽为基准进行修刮，使工作台上、下表面的平行度纵向允差为 0.01 mm/500 mm、横向允差为 0.01 mm/300 mm。

中央 T 形槽与燕尾导轨两侧面平行度允差在全长上为 0.02 mm 的要求刮研好各表面后，将工作台翻过去，以工作台上表面为基准与回转滑板配刮，如图 6-54 所示。

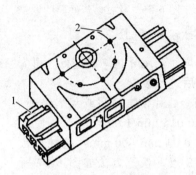

1—工作台；2—回转滑板。

图 6-54　工作台与回转滑板配刮

（1）回转滑板底面与工作台上表面的平行度允差在全长上为 0.02 mm，滑动面间的接触点在 25 mm × 25 mm 范围内为 6 ~ 8 点。

（2）粗刮楔铁，将楔铁装入回转滑板与工作台燕尾导轨间配研，滑动面的接触点在 25 mm × 25 mm 范围内为 8 ~ 10 点，非滑动面的接触点在 25 mm × 25 mm 范围内为 6 ~ 8 点。用 0.04 mm 的塞尺检查楔铁两端与导轨面间的密合程度，插入深度应小于 20 mm。

2）工作台传动机构的调整

工作台与回转滑板组装时，弧齿锥齿轮副的正确啮合间隙，可通过配磨调整环 1 端面加以调整，如图 6-55 所示。工作台纵向丝杠螺母间隙的调整如图 6-56 所示，打开盖 1，松开螺钉 2，用一字旋具转动蜗杆轴 4，通过调整外圆带蜗轮的螺母 5 的轴向位置来消除间隙。调好后，工作台在全长上运动应无阻滞、轻便灵活；然后紧固螺钉 2，压紧垫圈 3，装好盖 1 即可。

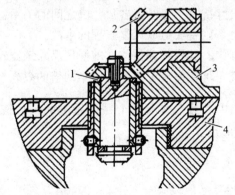

1—调整环；2—弧齿锥齿轮；3—工作台；4—回转滑板。

图 6-55　工作台弧齿锥齿轮副的调整

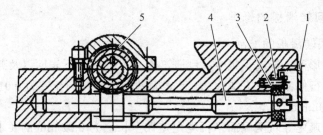

1—盖；2—螺钉；3—垫圈；4—蜗杆轴；5—外圆带蜗轮的螺母。

图 6-56　丝杠螺母间隙的调整

8. 悬梁和床身顶面燕尾导轨的装配

悬梁的修理工作应与床身顶面燕尾导轨一起进行。可先磨或刮削悬梁导轨，达到精度后与床身顶面燕尾导轨配刮，最后进行装配。

将悬梁翻转，使导轨面朝上，对导轨面磨或刮削修理，保证表面 A 的直线度允差为 0.015 mm/1 000 mm，并使表面 B 与 C 的平行度允差为 0.03 mm/400 mm，接触点在 25 mm × 25 mm 范围内为 6 ~ 8 点，检测方法如图 6-57 所示。以悬梁导轨面为基准，刮削床身顶面燕尾导轨，配刮面的接触点在 25 mm × 25 mm 范围内为 6 ~ 8 点，与主轴中心线的平行度允差为 0.025 mm/300 mm。

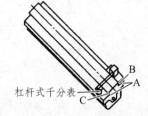

图 6-57　悬梁导轨的精度检测

（三）铣床修理尺寸链分析

机械设备修理尺寸链与设计、制造尺寸链不同，它的解法基本上是按单件生产性质进行。尺寸链的各环已不是图样上的设计基本尺寸和公差，而是实际存在的可以精确测量的实际尺寸，这样，就可以把不需要修复的尺寸量值绝对化，在公差分配时该环的公差值可以为零。对于固定连接在一起的几个零件，可以根据最短尺寸链原则当作一环来处理，最大限度地减少需要修理的环数，最大限度地扩大各环的修理公差值。如果修理工作是按尺寸链的顺序进行的，则可以采用误差抵消法放宽各修理环的修理公差值。

修理尺寸链的分析方法，首先是研究设备的装配图，根据各零部件之间的相互尺寸关系，查明全部尺寸链。其次，根据各项规定允差和其他装配技术要求，确定有关修理尺寸链的封闭环及其公差。在解修理尺寸链时，要注意各尺寸链之间的关系，特别是并联、串联、混联尺寸链，不要孤立地考虑，否则将会造成反复修理的事故。

卧式升降台铣床的修理中，其修理部位构成的修理尺寸链比较多，也比较典型。对这些修理尺寸链进行分析和研究，可使修理工作取得事半功倍的效果。

1. 工作台纵向丝杠的中心线与螺母中心线同轴度的尺寸链

如图 6-58 所示，其 A 组和 B 组的尺寸链方程为

$$A_1 - A_2 - A_3 \pm A_0 = 0$$

$$B_1 - B_2 - B_3 + B_4 \pm B_0 = 0$$

选用修配法，如果修刮 a 结合面，组成环 A_1 增大，A_2 减小，封闭环 A_0 增大。当修刮 b 结合面时，组成环 B_2、B_3 减小，封闭环 B_0 增大。为保证封闭环 A_0、B_0 的预定精度，当修刮量

较小时，可选 A_2、B_4 为补偿环，移动丝杠支撑架位置，配作定位销孔。当修刮量较大时，选 A_3、B_4 作为补偿环，按螺母中心划线，镗大丝杠支撑孔，并更换支撑套。

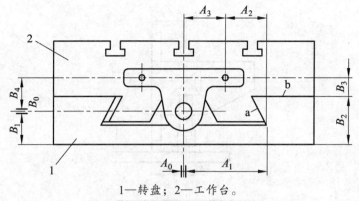

1—转盘；2—工作台。

图 6-58　纵向丝杠与螺母的尺寸链

2. 床鞍横向丝杠中心线与螺母中心线同轴度的尺寸链

如图 6-59 所示，其 A 组和 B 组尺寸链的方程为

$$A_1 - A_2 - A_3 \pm A_0 = 0$$
$$B_1 + B_2 - B_3 + B_0 = 0$$

选用修配法，当修刮结合面 a 后，组成环 A_1 减小，A_2 增大。若在 A 组尺寸链中，取 $+A_0$ 时，封闭环 A_0 增大；取 $-A_0$ 时，封闭环 A_0 减小。当修刮结合面 b 后，组成环 B_1 减小，B_2 增大，封闭环 B_0 增大。为保证封闭环 B_0、A_0 的预定精度，可选 A_3 作为 A 组尺寸链的补偿环，刮研螺母架定位面 c，使丝杠与螺母中心在同一水平面内。B 组尺寸链可选 B_2 为补偿环，移动螺母架，配作定位销孔，使丝杠与螺母中心线在垂直面内同轴。或者选 A_3、B_3 作为补偿环，按丝杠中心划线，镗大螺母固定孔，并更换新螺母。

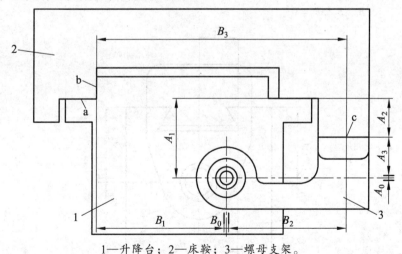

1—升降台；2—床鞍；3—螺母支架。

图 6-59　床鞍丝杠与螺母的尺寸链

3. 升降丝杠与螺母同轴度的尺寸链

如图 6-60 所示，其 A 组和 B 组尺寸链方程为

$$A_1 + A_2 - A_3 - A_0 = 0$$
$$B_1 + B_2 - B_3 \pm B_0 = 0$$

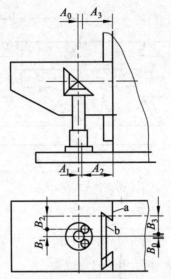

图 6-60　升降丝杠与螺母的尺寸链

选用修配法，当修刮 a 结合面后，A_3 减小，A_2 增大，封闭环 A_0 增大；当修刮 b 结合面后，B_2 增大，B_3 减小，封闭环 B_0 增大。为保证封闭环 A_0、B_0 的预定精度，可选 A_3 和 B_1 作为补偿环，按丝杠中心位置确定并配作螺母定位销孔。

4. 悬梁支架孔中心线与主轴中心线同轴度的尺寸链

如图 6-61 所示，其 A 组和 B 组尺寸链方程为

$$A_1 - A_2 - A_0 = 0$$
$$B_1 - B_2 \pm B_0 = 0$$

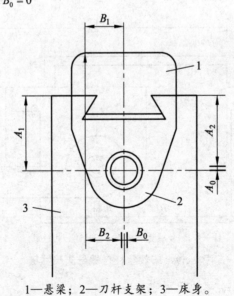

1—悬梁；2—刀杆支架；3—床身。

图 6-61　悬梁支架孔中心线与主轴中心线同轴度的尺寸链

选用修配法解修理尺寸链。当修刮导轨面后，组成环 A_1 增大，A_2 减小，封闭环 A_0 增大；组成环 B_1 增大，B_2 减小，封闭环 B_0 增大。为保证封闭环 A_0、B_0 的预定精度，选 A_2、B_2 为补偿环，更换铜套，此铜套内孔由铣床主轴安装镗孔刀精镗。

5. 传动纵向工作台的两对锥齿轮啮合间隙的尺寸链

如图 6-62 所示，其 A 组、B 组和 C 组尺寸链方程为

$$A_1 - A_2 - A_3 \pm A_0 = 0$$

$$B_1 + B_2 - B_3 - B_4 - B_5 \pm B_0 = 0$$

$$C_1 + C_2 - C_3 \pm C_0 = 0$$

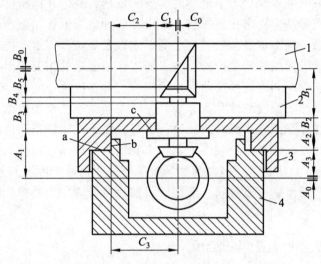

1—工作台；2—转盘；3—床鞍；4—升降台。

图 6-62　锥齿轮啮合间隙的尺寸链

选用修配法解修理尺寸链。当修刮 a 结合面后，组成环 A_2、A_3 均减小，封闭环 A_0 增大。可选 A_1 为补偿环，修刮 c 结合面，使两锥齿轮节锥顶点在同一水平面内；同时，使组成环 B_3 增大，B_2 减小，封闭环 B_0 增大。可选 B_4 作为补偿环，磨薄锥齿轮的垫圈，使上面两锥齿轮节锥顶点在同一水平面内。

当修刮 b 结合面后，组成环 C_2 增大，C_3 减小，封闭环 C_0 增大。这时，可选 C_1 为补偿环，按齿轮中心划线，将床鞍上的孔镗大加套，使两齿轮节锥顶点在同一垂直面内。

三、机床修理质量的检验和机床试验

（一）修理精度标准

为了掌握设备的实际技术状态而进行的检验和测量工作称为设备检验，它包括设备到货或安装检验、预防维修检验、修后验收检验、设备保管期内的检验等。设备的种类繁多，各种设备均有各自的验收标准和检验方法，其中金属切削机床的精度检验应用最广。

为保证机床设备的性能、质量及其检验方法的统一协调，作为共同遵守的技术准则——精度标准，一般包括几何精度和工作精度。几何精度是指最终影响机床工作精度的那些零部件的精度。它包括基础件的单项精度、各部件间的位置精度、部件的运动精度、定位精度、分度精度和传动链精度等，是衡量机床设备精度的主要内容之一。工作精度则是指机床设备在正常、稳定的工作状态下，按规定的材料和切削规范，加工一定形状工件所测量的工件精度。

国际标准化组织（ISO）制定了各种机床的精度检验标准和机床精度检验通则，我国也制定了与国际标准等效或相近的标准。这些标准中规定了机床精度的检验项目、内容、方法和公差，它们是机床精度检验的依据。

值得指出的是，目前国际上正着手制定机床动态特性的验收标准，这是因为随着科学技术的发展，对机床的可靠性提出了更高的要求。诚然，规定几何精度和工作精度要求是保证可靠性的基础。但是，机床在工作状态下受到各种负荷的作用而产生变形、受温度升高影响而产生热变形、机床本身和外界振动的影响以及噪声等因素，使机床静态和动态的精度要有差别，这是机床虽然精度检验合格，而工作不稳定的主要原因，其次才是工具精度、工件装夹状态、冷却润滑液等其他因素的影响。为解决这一问题，目前一些国家在工作精度标准中增加了加工精度统计分析标准。一些发达国家已使用机床动态特性的一些鉴定方法，按动态特性客观而定量地将产品进行质量分级，机床制造厂可据此保证产品的动态特性，用户可据此客观地进行验收。近几年来我国对机床动态特性的试验研究也做了大量有益的工作，取得了巨大成果，但目前我国机床制造业仍处于传统工艺和经验设计阶段，动态精度运用于生产还需要一段时间。因此，目前机床修理中仍要按几何精度和工作精度标准进行验收。

（二）检验方法和检验工具的应用

检验机床精度时，可以用检验其是否超过规定的允许偏差的方法（如用极限量规检验），或者用实测误差值的方法。一般多采用实测误差法。

实测误差法检验时必须考虑检验工具和检验方法所引起的误差。

正确地选择量具、量仪十分重要，所选择的量具和量仪必须与具体的测量工艺相适应，在很多场合下测量精度主要取决于所采用量具和量仪的精确度。选择量具和量仪时主要考虑以下几点：

（1）分度值、示值范围、测量范围、测量力等应符合被测对象的需要。

（2）示值误差、示值稳定性、灵敏度等应符合测量精度要求。量具和量仪因设计、制造、使用中磨损和测量方法所带来的误差总称为测量极限误差。允许的测量极限误差为 Δ_{lim} 与被测量对象公差 δ 的选择关系为 $\Delta_{lim}=(1/10 \sim 1/3)\delta$，测量精度高时，取较小值。

（3）量具和量仪应适应被测对象的结构特点和环境条件，不应片面追求高精度。这是因为：其一，高精度的量具和量仪成本高，使用维护要求严格；其二，对装配和测量场所的环境条件要求高，如恒温、恒湿、防振等，环境条件差时，不能达到预期的测量精度，同时容易损坏。因此，应在既保证测量的可靠性，又满足经济性要求的情况下来合理选择。

另外，要正确地运用测量方法，提高测量的可靠性，测量时要注意以下几点：

（1）要按各种量具和量仪说明书的要求及具体测量对象实行正确操作。

（2）采取措施减小测量误差，主要是减小系统误差和剔除粗大误差。主要措施如下：

① 设法减少和消除测量装置由于加工、装配和使用中安装不当造成的轴线倾斜。

② 测量前校正量具和量仪的零位，或在测量后的数据处理中将零位误差剔除。

③ 注意安装量具和量仪表面由于尺寸、位置的限制和表面不清洁造成的安装误差。

④ 精密测量时，按量具和量仪检定的修正表或修正曲线将数据加以修正。

⑤ 测量前使量具和量仪与被测机床等温，检验时防止光线、辐射热的影响。检验时间较长时，注意环境温度的变化。

⑥ 采用重复测量的方法，相应读数出现异常，应找出原因并消除，重新检验。有些移动的测量，记录数据后，移回初始位置，量仪应回零位（或相差在允许范围内），否则重新测量。有时还用两次读数法，将往返测量中相应两次读数取平均值，可减小测量误差。

（3）在选择测量方法时，根据测量特点选择测量方法，减小其他误差对本项误差的影响，并减少测量基准的转换。选择辅助基准时，应选精度高的配合面、作用稳定的表面。

（4）精度检验标准中已规定了精度检验方法、测量基准、量具和量仪、测量应取的数据及处理方法、误差折算方法、减小测量误差的方法等，则应按标准规定来进行。

（三）机械设备修理几何精度的检验方法

机械设备的主要几何精度包括主轴回转精度、导轨直线度、平行度、工作台面的平面度及两部件间的同轴度、垂直度等。

1. 主轴回转精度的检验方法

主轴回转精度的检验项目：主轴回转中心的径向跳动、主轴定心轴颈的径向跳动、端面跳动及轴向窜动等。

1）主轴锥孔中心线径向跳动的检验

在主轴中心孔中紧密地插入一根锥柄检验棒，将百分表固定在机床上，百分表测头顶在检验棒表面上，压表数为 0.2～0.4 mm，如图 6-63 所示，a 靠近主轴端部，b 与 a 相距 300 mm 或 150 mm，转动主轴检验。

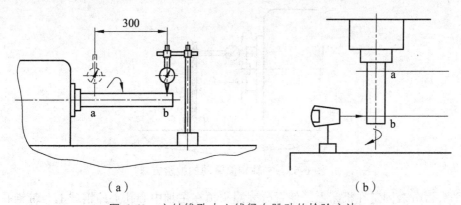

（a）　　　　　　　　　（b）

图 6-63　主轴锥孔中心线径向跳动的检验方法

为了避免检验棒锥柄与主轴锥孔配合不良的误差，可将检验棒每隔 90° 插入一次检验，共检验四次，四次测量结果的平均值就是径向跳动误差。

2）主轴定心轴颈径向跳动的检验

为保证工件或刀具在回转时处于平稳状态，根据使用和设计要求，有各种不同的定位方式，并要求主轴定心轴颈的表面与主轴回转中心同轴。检查其同轴度的方法也就是测量其径向跳动的数值。测量时，将百分表固定在机床上，百分表测头顶在主轴定心轴颈表面上，旋转主轴检查。百分表读数的最大差值，就是定心轴颈的径向跳动误差，如图 6-64 所示。

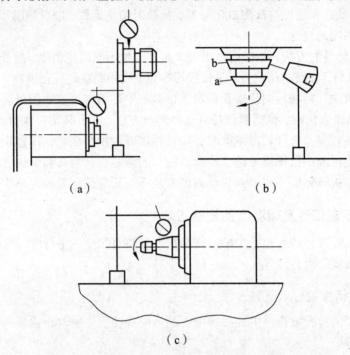

（a）　　　　　　　　　　（b）

（c）

图 6-64　各种主轴定心轴颈径向跳动的检验方法

3）主轴端面跳动和轴向窜动的检验

将百分表测头顶在主轴轴肩支承面靠近边缘的位置，旋转主轴，分别在相隔 180° 的 a 处和 b 处检验。百分表两次读数的最大差值，就是主轴支承面的跳动数值，如图 6-65 所示。

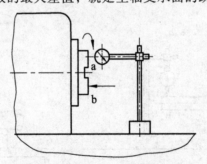

图 6-65　主轴端面跳动的检验方法

将平头百分表固定在机床上，使百分表测头顶在主轴中心孔上的钢球上，带锥孔的主轴应在主轴锥孔中插入一根锥柄短检验棒，中心孔中装有钢球，旋转主轴检验，百分表读数的最大差值就是轴向窜动数值，如图 6-66 所示。

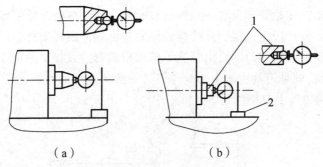

（a）   （b）

1—锥柄短检验棒；2—磁力表架。

图 6-66　轴向窜动的检验方法

2. 同轴度的检验方法

同轴度是指两根或两根以上轴中心线不相重合的变动量。如卧式铣床刀杆支架孔对主轴中心的同轴度、六角车床主轴对工具孔的同轴度、滚齿机刀具主轴中心线对刀具轴活动托架轴承孔中心线等都有同轴度精度的检验要求。

1）转表测量法

这种测量方法比较简单，但需注意表杆挠度的影响，如图 6-67 所示。测量六角车床主轴与回转头工具孔同轴度的误差，在主轴上固定百分表，在回转头工具孔中紧密地插入一根检验棒，百分表测头顶在检验棒表面上。主轴回转，分别在垂直平面和水平面内进行测量。百分表读数在相对 180º 位置上差值的一半，就是主轴中心线与回转头工具孔中心线之间的同轴度误差。

图 6-68 所示为测量立式车床工作台回转中心线对五方刀台工具孔中心线之间同轴度误差的情况，将百分表固定在工作台面上，在五方刀台工具孔中紧密地插一根检验棒，使百分表测头顶在检验棒表面上。回转工作台并水平移动刀台溜板，在平行于刀台溜板移动方向截面内，使百分表在检验棒两侧母线上的读数相等。然后旋转工作台进行测量，百分表读数最大差值的一半，就是工作台回转中心线与五方刀台工具孔中心线之间的同轴度误差。

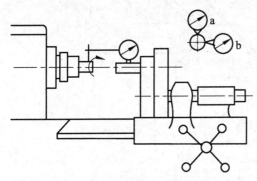

图 6-67　同轴度误差测量之一

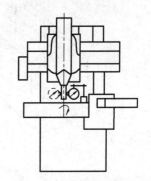

图 6-68　同轴度误差测量之二

2）锥套塞插法

对于某些不能用转表测量法的场合，可以采用锥套塞插法进行测量，图 6-69 所示为测量滚齿机刀具中心线与刀具轴活动托架轴承中心线之间的同轴度误差。在刀具主轴锥孔中，紧密地插入一根检验棒，在检验棒上套一只锥形检验套，套的内径与检验棒滑动配合，套的锥面与活动托架锥孔配合。固定托架，并使检验棒的自由端伸出托架外侧。将百分表固定在床身上，使其测头顶在检验棒伸出的自由端上，推动检验套进入托架的锥孔中靠近锥面，此时百分表指针的摆动量，就是刀具主轴中心线与刀具轴活动托架轴承中心线之间的同轴度误差，在检验棒相隔 90° 的位置上分别测量。

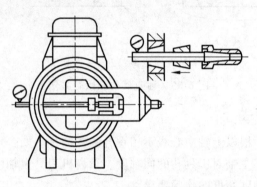

图 6-69　同轴度误差的锥套塞插法测量

3. 导轨直线度的检验方法

导轨直线度是指组成 V 形或矩形导轨的平面与垂直平面或水平面交线的直线度，且常以交线在垂直平面和水平面内的直线度体现出来。在给定平面内，包容实际线的两平行直线的最小区域宽度即为直线度误差。有时也以实际线的两端点连线为基准，实际线上各点到基准直线坐标值中最大的一个正值与最大的一个负值的绝对值之和，作为直线度误差。图 6-70 所示为导轨在垂直平面和水平面内的直线度误差。

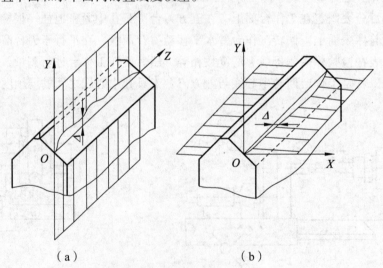

（a）　　　　　　　　　　　　（b）

图 6-70　导轨直线度误差

1）导轨在垂直平面内直线度的检验

（1）水平仪测量法。

用水平仪测量导轨在垂直平面内的直线度误差，属节距测量法。每次测量移过的间距应与桥板的长度相等。只有在这种情况下，测量所获得的读数，才能用误差曲线来评定直线度误差。

① 水平仪的放置方法。若被测量导轨安装在纵向（沿测量方向）对自然水平有较大的倾斜时，可允许在水平仪和桥板之间垫纸条，如图 6-71 所示。测量目的只是求出各挡之间倾斜度的变化，因而垫纸条后对评定结果并无影响。若被测量导轨安装在横向（垂直于测量方向）对自然水平有较大的倾斜，则必须严格保证桥板是沿一条直线移动，否则横向的安装水平误差将会反映到水平仪示值中去。

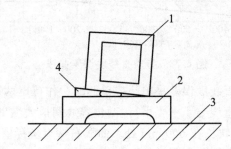

1—水平仪；2—检验桥板；3—被测表面；4—纸条。

图 6-71　使水平仪适应被测表面的方法

② 用水平仪测量导轨在垂直平面内直线度的方法。例如有一车床导轨长 1 600 mm，用精度 0.02/1 000 的框式水平仪，仪表座长度为 200 mm，求此导轨在垂直平面上的直线度误差。

导轨直线度检测方法

a. 将仪表座放置于导轨长度方向的中间，水平仪置于其上，调平导轨，使水平仪的气泡居中。

b. 导轨用粉笔做标记分段，其长度与仪表座长度相同。从靠近主轴箱位置开始依次首尾相接逐渐测量，取得各段高度差读数。可根据气泡移动方向来评定导轨倾斜方向，如假定气泡移动方向与水平仪移动方向一致时为"+"，反之为"-"。

c. 把各段测量读数逐点累积，用绝对读数法。每段读数依次为+1、+1、+2、0、-1、-1、0、-0.5，如图 6-72 所示。

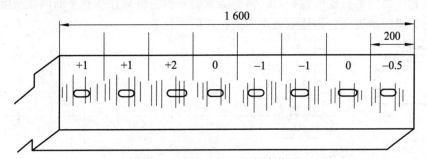

图 6-72　导轨分段测量气泡位置

d. 取坐标纸，画出导轨直线度曲线。作图时，导轨的长度为横坐标，水平仪读数为纵坐标。根据水平仪读数依次画出各折线段，每一段的起点与前一段的终点重合。

e. 用两端点连线法或最小区域法确定最大误差格数及误差曲线的形状，如图 6-73 所示。

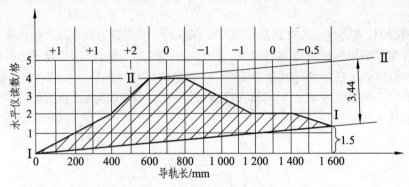

图 6-73　导轨直线度误差曲线

两端点连线法：在导轨直线度误差呈单凸或单凹时，作首尾两端点连线Ⅰ—Ⅰ，并过曲线最高点或最低点作Ⅱ—Ⅱ直线与Ⅰ—Ⅰ平行。两包容线间最大纵坐标值即为最大误差格数。在图 6-73 中，最大误差在导轨长在 600 mm 处。曲线右端点坐标值为 1.5 格，按相似三角形解法，导轨 600 mm 处最大误差格数为 4-0.56=3.44（格）。

对于最小区域法，读者可查阅有关资料。

f. 按误差格数换算。导轨直线度误差数值为

$$\Delta = nil$$

式中　Δ——导轨直线度误差数值，mm；

　　　n——曲线图中最大误差格数；

　　　i——水平仪的读数精度；

　　　l——每段测量长度，mm。

（2）自准直仪测量法。

自准直仪和水平仪都是精密测角仪器，测量原理（节距法原理）和数据处理方法基本上相同，区别只是读数的方法不同。

如图 6-74 所示，测量时，自准直仪 1 固定在被测导轨 4 一端，而反射镜 3 则放在检验桥板 2 上，沿被测导轨逐挡移动进行测量，读数所反映的是检验桥板倾斜度的变化。当测量被测导轨在垂直平面内的直线度误差时，需要测量的是检验桥板在垂直平面内倾斜度的变化，若所用仪器为光线平直仪，则读数鼓筒应放在向前的位置。

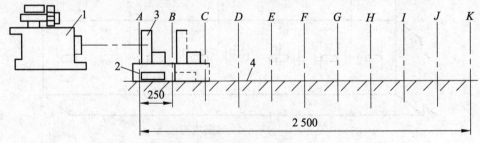

1—自准直仪；2—检验桥板；3—反射镜；4—被测导轨。

图 6-74　自准直仪测量垂直平面内直线度误差

2）导轨在水平面内直线度的检验

导轨在水平面内直线度的检验方法有检验棒或平尺测量法、自准直仪测量法、钢丝测量法等。

（1）检验棒或平尺测量法。

以检验棒或平尺为测量基准，用百分表进行测量。在被测导轨的侧面架起检验棒或平尺，百分表固定在仪表座上，百分表的测头顶在检验棒的侧母线或平尺工作面上。首先将检验棒或平尺调整到与被测导轨平行，即百分表读数在检验棒或平尺两端点一致。然后移动仪表座进行测量，百分表读数的最大代数差就是被测导轨在水平面内相对于两端连线的直线度误差。若需要按最小条件评定，则应在导轨全长上等距测量若干点，然后再作基准转换即数据处理，如图6-75所示。

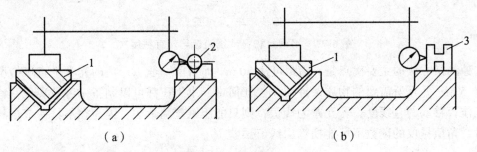

（a）　　　　　　　　　　　　　（b）

1—桥板；2—检验棒；3—平尺。

图6-75　用检验棒或平尺测量水平面内直线度误差

（2）自准直仪测量法。

节距测量法的原理同样可以测量导轨在水平面内的直线度，不过这时需要测量的是，仪表座在水平面内相对于某一理想直线即测量基准偏斜角的变化，所以水平仪已不能胜任，但仍可以用自准直仪测量。若所用仪器为光学平直仪，则只需将读数鼓筒转到仪器的侧面位置即可，仪器上有锁紧螺钉定位，如图6-76所示。

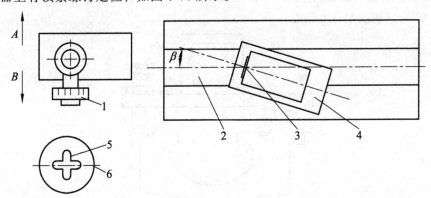

1—读数鼓筒；2—被测导轨；3—反射镜；4—桥板；5—十字线像；6—活动分划板刻线。

图6-76　用自准直仪测量水平面内直线度误差

（3）钢丝测量法。

钢丝经充分拉紧后，其侧面可以认为是理想"直"的，因而可以作为测量基准，即从水平方向测量实际导轨相对于钢丝的误差，如图6-77所示。拉紧一根直径为0.1～0.3 mm的钢丝，并使它平行于被检验导轨，在仪表座上垂直安放一个带有微量移动装置的显微镜，将仪表座全长移动进行检验。导轨在水平面内直线度误差，以显微镜读数最大代数差计。

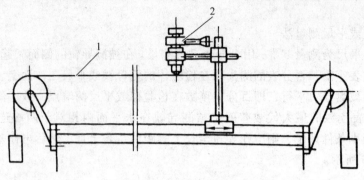

1—钢丝；2—显微镜。

图 6-77　用钢丝和显微镜测量导轨直线度

这种测量方法的主要优点是：测距可达 20 m，而目前一般工厂用的光学平直仪的设计测距只有 5 m；并且所需要的物质条件简单，任何中、小工厂都可以制备，容易实现。特别是机床工作台移动的直线度，若允差为线值，则只能用钢丝测量法。因为在不具备节距测量法条件时，角值量仪的读数不可能换算出线值误差。

4. 平行度的检验方法

形位公差规定在给定方向上平行于基准面或直线、轴线，相距为公差值两平行面之间的区域即为平行度公差带。平行度的允差与测量长度有关，如在 300 mm 长度上为 0.02 mm 等；对于测量较长导轨时，还要规定局部允差。

1）用水平仪检验 V 形导轨与平面导轨在垂直平面内的平行度

如图 6-78 所示，检验时，将水平仪横向放在专用桥板或溜板上，移动桥板逐点进行检验，其误差计算的方法用角度偏差值表示，如 0.02/1 000 等。水平仪在导轨全长上测量读数的最大代数差，即为导轨的平行度误差。

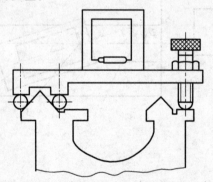

图 6-78　用水平仪检验导轨平行度

2）部件间平行度的检验

图 6-79 所示为车床主轴锥孔中心线对床身导轨平行度的检验方法。在主轴锥孔中插一根检验棒，将百分表固定在溜板上，在指定长度内移动溜板，用百分表分别在检验棒的上母线

a 和侧母线 b 进行检验，a、b 的测量结果分别以百分表读数的最大差值表示。为消除检验棒圆柱部分与锥体部分的同轴度误差，第一次测量后将检验棒拔去，转 180°后再插入重新检验，误差以两次测量结果代数和的一半计算。

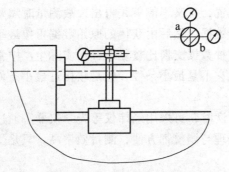

图 6-79　主轴锥孔中心线对导轨平行度的检验

其他如外圆磨床头架主轴锥孔中心线、砂轮架主轴中心线对工作台导轨移动的平行度、卧式铣床悬梁导轨移动对主轴锥孔中心线的平行度等，都与上述检验方法类似。

5. 平面度的检验方法

在我国机床精度标准中，规定测量工作台面在纵、横、对角、辐射等各个方向上的直线度误差后，取其中最大一个直线度误差作为工作台面的平面度误差。对于小型件，可采用标准平板研点法、塞尺检查法等，较大型或精密工件可采用间接测量法、光线基准法。

1）平板研点法

这种方法是在中小台面利用标准平板，涂色后对台面进行研点，检查接触斑点的分布情况，以证明台面的平面度情况。该方法使用工具最简单，但不能得出平面度误差数据。平板最好采用 0 ~ 1 级精度的标准平板。

2）塞尺检查法

用一支相应长度的平尺，精度为 0 ~ 1 级，在台面上放两个等高垫块，把平尺放在垫块上，用块规或塞尺检查工作台面至平尺工作面的间隙，或用平行平尺和百分表测量，如图 6-80 所示。

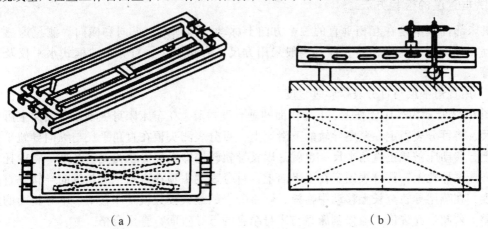

（a）　　　　　　　　　　　　（b）

图 6-80　塞尺检查法

3）间接测量法

所用的量仪有合像水平仪、自准直仪等。根据定义，平面度误差要按最小条件来评定，即平面度误差是包容实际表面且距离为最小的两平面间的距离。由于该平行平面，对不同的实际被测平面具有不同的位置，且又不能事先得出，故测量时需要先用过渡基准平面来进行评定，评定的结果称为原始数据。然后由获得的原始数据再按最小条件进行数据交换，得出实际的平面度误差。但是这种数据交换比较复杂，在实际生产中常采用对角线法的过渡基准平面，作为评定基准。虽然它不是最小条件，但是较接近最小条件。

4）光线基准法

用光线基准法测量平面度时，可采用经纬仪等光学仪器。通过光线扫描方法来建立测量基准平面。其特点是数据处理与调整都方便，测量效率高，只是受仪器精度的限制，测量精度不高。

测量时，将测量仪器放在被测工件表面上，这样被测表面位置变动对测量结果没有影响，只是仪器放置部位的表面不能测量。测量仪器也可放置于被测表面外，这样就能测出全部的被测表面，但被测表面位置的变动会影响测量结果。因此，在测量过程中，要保持被测表面的原始位置。此方法要求三点相距尽可能远一些，如图 6-81 所示 I、II、III 点。按此三点放置靶标，仪器绕转轴旋转并逐一瞄准它们。调整仪器扫描平面位置，使与上述所建立的平面平

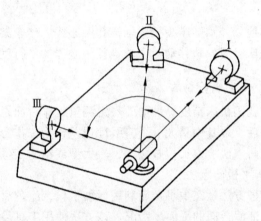

图 6-81　光线扫描法测量平面度

行，即靶标在这三点时，仪器的读数应相等，从而建立基准平面。然后再测出被测表面上各点的相对高度，便可以得到该表面的平面度误差的原始数据。

6. 垂直度的检验方法

机床部件基本是在互相垂直的三个方向上移动，即垂向、纵向和横向。测量这三个方向移动相互间的垂直度误差，检具一般采用方尺、直角平尺、百分表、框式水平仪及光学仪器等。

1）用直角平尺与百分表检验垂直度

图 6-82 所示为车床床鞍上、下导轨面的垂直度检验。在车床床身主轴箱安装面上卧放直角平尺，将百分表固定在燕尾导轨的下滑座上，百分表测头顶在直角平尺与纵向导轨平行的平面上，移动床鞍找正直角平尺。也就是以长导轨轨迹即纵向导轨为测量基准。将中托板装到床鞍燕尾导轨上，百分表固定在上平面上，百分表测头顶在直角平尺与纵向导轨垂直的工作面上，在燕尾导轨全长上移动中拖板，则百分表的最大读数就是床鞍上、下导轨面的垂直度误差。若超过允许值，应修刮床鞍与床身结合的下导轨面，直至合格。

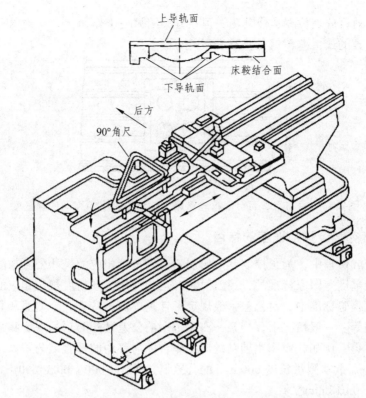

图 6-82　用直角平尺与百分表检验车床床鞍上、下导轨面的垂直度

2）用框式水平仪检验垂直度

图 6-83 所示为摇臂钻工作台侧工作面对工作台面的垂直度误差。工作台放在检验平板上或用千斤顶支承。用框式水平仪将工作台面按 90°两个方向找正，记下读数；然后将水平仪的侧面紧靠工作台侧工作面上，再记下读数，水平仪最大读数的最大代数差值就是侧工作面对工作台面的垂直度误差。两次测量水平仪的方向不能变，若将水平仪回转180°，则改变了工作台面的倾斜方向，当然读数就错了。

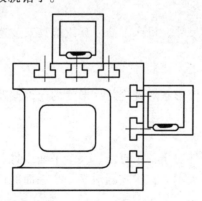

图 6-83　用水平仪检查摇臂钻工作台侧工作面对工作台面的垂直度

3）用方尺、百分表检验垂直度

图 6-84 所示为检验铣床工作台纵、横向移动的垂直度。将方尺卧放在工作台面上，百分表固定在主轴上，其测头顶在方尺工作面上，移动工作台使方尺的工作面 B 和工作台移动方

向平行。然后变动百分表位置，使其测头顶在方尺的另一工作面 A 上，横向移动工作台进行检验，百分表读数的最大差值就是垂直度误差。

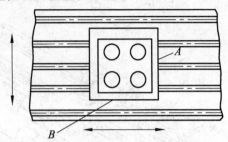

图 6-84　用方尺、百分表检验铣床工作台纵、横向移动的垂直度

（四）机床精度检验中误差的特点

机床在生产或修理中，为了控制其几何误差，除执行相应的尺寸公差与配合、形状和位置公差、表面粗糙度等国家标准外，还要对相互运动件的运动精度规定相应的公差。

在机床精度检验标准中，对公差一般规定了计量单位、基准、公差值及其相对于基准的位置、测量范围等。一般情况下，当某一测量范围的公差已知时，另一个测量范围的公差可以按比例定律求得。例如，镗床主轴轴线对工作台横向移动的垂直度公差为 0.03 mm，测量长度为 1 000 mm，欲求测量长度 600 mm 的公差值，则有 1 000：0.03=600：x，600 mm 测量长度上的公差 x=0.018 mm。

检具的误差和测量误差通常包括在公差之内，例如：跳动公差为 T，检具和测量误差为 Δ，则检验时允许的最大读数差应为 $T-\Delta$。但量块、基准圆盘等高精度检具的误差，计量时的测量误差，作为基准的机床零件形状误差以及检具测头和支座所接触的表面形状误差均忽略不计。

机床精度检验公差一般分为下面几类：

1. 试件和机床上固定件的公差

1）尺寸公差

尺寸公差主要用于试件尺寸、机床上与刀具或检具安装连接部位的配合公差，尺寸公差用长度单位表示。

2）形状公差

形状公差是限制被测几何形状对理论几何形状的允许偏差，形状公差用长度或角度单位表示。

3）部件间的位置公差

位置公差是限制一个部件对于一条直线、一个平面或另一个部件的位置所允许的极限偏差，用长度单位或角度单位表示。在确定相对于一个平面的位置公差时，平面的形状误差应包括在公差之内。

2. 适用于部件位移和运动精度的公差

1）定位公差

定位公差是限制移动部件上的一个点在移动后偏离其应达到位置的允许偏差。例如车床横向溜板在行程终点位置时，偏离其在丝杠作用下应达到的位置偏差 δ。

2）运动轨迹形状公差

运动轨迹形状公差是限制一个点的实际运动轨迹相对于理论运动轨迹的偏差。该公差用长度单位表示。

3）直线运动方向公差

直线运动方向公差是限制运动部件上一个点的轨迹方向与规定轨迹方向之间的允许偏差。该公差用角度单位表示，或在规定的测量范围内用连续的线性比值表示。

3. 综合公差

综合公差是若干单项偏差的综合，可以一次测得而无须区分各个单向误差值。在机床的精度检查中，部件之间的位置精度、主轴或工作台的回转精度、部件的运动精度、定位精度、分度精度、传动链精度等，都具有更大的综合性，如部件移动的直线度不但与单导轨的直线度有关，还与导轨的扭曲度、组合导轨之间的平行度、移动部件与导轨的接触精度等有关。如主轴锥孔中心线的径向跳动，不但与主轴自身的形状和位置精度有关，还与轴承精度、箱体轴承座孔精度，以及它们之间的配合精度、检验棒的精度及其安装状态有关。又如部件（溜板、立柱、工作台、横梁等）移动时的倾斜度，与导轨的直线度、导轨之间的平行度、移动件与导轨的接触精度等有关，有时还与驱动机构的同步性有关（如横梁）。

4. 局部公差

在机床精度中，有时还规定了局部公差要求。一般形位公差，尤其是形状公差多规定在整个测量范围内。为了避免误差集中在一个较小的范围内，造成局部误差过大，机床精度的某些项目，对总公差附加一个局部公差，如车床精度标准中，导轨在垂直平面内的直线度，既规定了全长上的直线度公差，又规定了局部公差（如 500 mm 长度上的直线度公差）。

（五）机床精度检验前的准备工作

机床检验前，首先做好安装和调平工作。按机床使用说明书的要求，将机床安装在符合要求的基础上并调平，调平按使用说明书规定的项目和要求进行。调平的目的不是取得机床零部件处于理想水平或垂直位置，而是得到机床的静态稳定性，以利于检验时的测量，特别是那些与零部件直线度有关的测量。如卧式车床，首先进行初步调平，获得机床的静态稳定性，然后按 GB/T 4020—97 检验项目，达到纵向导轨在垂直平面内的直线度和横向导轨的平行度的要求，即基础件必须先达到精度要求。这样其他项目的检验才是有效的。

机床精度检验前应使其处于正常工作状态。按规定条件进行空运转，使机床的零部件（如主轴）达到适当的温度。然后再进行工作精度和几何精度的检验，以保证检验的可靠性。

几何精度检验一般在机床静态下进行。当制造厂或标准中有加载规定时，应按规定条件进行检验。

（六）机床修理质量的检验和机床试验

机械设备经大修后，应检验其装配质量，检验主要从零件和部件安装位置的正确性、连接的可靠性、滑动配合的平稳性、外观质量以及几何精度等方面进行综合检查。对于重要的零部件，应单独进行检查。为调整及检验设备的装配总质量，还需对设备进行空运转试验、负荷试验及工作精度的检验，以确保修理后的设备能满足设计要求。

1. 装配质量的检验内容及要求

1）组件、部件的装配质量

装配后的组件及部件应满足设备相应的技术要求，对于机床的操纵联锁机构，装配后，应保证其灵活性和可靠性；离合器及其控制机构装配后，应达到可靠的结合与脱开；对于主传动和进给传动系统，装配后，主传动箱啮合齿轮的轴向错位量，当啮合齿轮轮缘宽度小于或等于 20 mm 时，不大于 1 mm；当啮合齿轮轮缘宽度大于 20 mm 时，不得超过轮缘宽度的 5%且不大于 5 mm。此外，还应从以下方面进行检验。

（1）变速机构的灵活性和可靠性。

（2）运转应平稳，不应有不正常的尖叫声和不规则的冲击声。

（3）在主轴轴承达到稳定温度时，其温度和温升应符合机床技术要求的规定。

（4）润滑系统的油路应畅通、无阻塞，各结合部位不应有漏油现象。

（5）主轴的径向跳动和轴向窜动应符合各类型机床精度标准的规定。

2）机床装配质量

机床修理是一个对设备整体或局部故障进行消除的过程。修理后的质量直接影响到机床的工作性能及使用寿命。修理质量的检验要求，主要从机床的装配质量，液压系统、润滑系统、电气系统的装配质量，以及机床外观质量、各类运转试验等方面入手，以确保机床工作精度能达到设计要求。

参与装配的各机床零部件，其装配质量可从以下几个方面进行检查。

（1）机床应按图样和装配工艺规程进行装配，装配到机床上的零件和部件（包括外购件）均应符合质量要求。

（2）机床上的滑动配合面和滚动配合面、结合缝隙、变速箱的润滑系统、滚动轴承和滑动轴承等，在装配过程中应仔细清洗干净。机床的内部不应有切屑和其他污物。

（3）对装配的零件，除特殊规定外，不应有锐棱和尖角。导轨的加工面与不加工面交接处应倒棱，丝杠的第一圈螺纹端部应修钝。

（4）装配可调节的滑动轴承和镶条等零件或机构时，应留有调整和修理的规定余量。

（5）装配时的零件和部件应清理干净，在装配过程中，加工件不应磕碰、划伤和锈蚀，加工件的配合面及外露表面不应有修锉和打磨等痕迹。

（6）螺母紧固后各种止动垫圈应达到止动要求，根据结构需要可采用在螺纹部分加低强度、中强度防松胶带代替止动垫圈。

（7）装配后的螺栓、螺钉头部和螺母的端面，应与被固定的零件平面均匀接触，不应倾斜和留有间隙；装配在同一部位的螺钉，其长度应一致；紧固的螺钉、螺栓和螺母不应有松动现象，影响精度的螺钉，紧固力应一致。

（8）机床的移动、转动部件装配后，运动应平稳、灵活轻便、无阻滞现象。变位机构应保证准确、定位可靠。

（9）机床的主要几何精度包括主轴回转精度、导轨直线度和平行度、工作台面的平面度及两部件间的同轴度、垂直度等，应符合设计要求。此外，对高速旋转的零件和部件还应进行平衡试验。

（10）机床上有刻度装置的手轮、手柄装配后的反向空程量应按各类机床技术条件中的要求进行调整。

3）液压系统的装配质量

液压系统由动力装置、控制装置、执行装置及辅助装置四部分组成。液压系统的装配质量，直接影响到机床的工作性能及精度，应给予足够的重视。

（1）动力装置的装配。

① 液压泵传动轴与电动机驱动轴的同轴度偏差应小于 0.1 mm。液压泵用手转动应平稳、无阻滞感。

② 液压泵的旋转方向和进、出油口不得装反。泵的吸油高度应尽量小些，一般泵的吸油高度应小于 500 mm。

（2）控制装置的装配。

控制装置的装配质量可从以下几个方面进行检查。

① 不要装错外形相似的溢流阀、减压阀与顺序阀，调压弹簧要全部放松，待调试时再逐步旋紧调压。不要随意将溢流阀的卸荷口用油管接通油箱。

② 板式元件安装时，要检查进、出油口的密封圈是否合乎要求，安装前密封圈要凸出安装表面，保证安装后有一定的压缩，以防泄漏。

③ 板式元件安装时，几个固定螺钉要均匀拧紧，最后使安装元件的平面与底板平面全部接触。

（3）执行装置的装配。

液压缸是液压系统的执行机构，安装时应校正作为液压缸工艺用的外圆上母线，侧母线与机座导轨导向的平行度。垂直安装的液压缸为防止自动下滑，应配置好机械配重装置的质量和调整好液压平衡用的背压阀弹簧力。长行程缸的一端固定，另一端游动，允许其热伸长。液压缸的负载中心与推动中心最后重合，免受颠覆力矩，保护密封件不受偏载。为防止液压缓冲机构失灵，应检查单向阀钢球是否漏装或接触不良。密封圈的预压缩量不能太大，以保证活塞杆在全程内移动灵活，无阻滞现象。

（4）辅助装置的装配。

① 吸油管接头要紧固、密封，不得漏气。在吸油管的结合处涂以密封胶，可以提高吸油管的密封性。

② 采用扩口薄壁管接头时，先将钢管端口用专用工具扩张好，以免紧固后泄漏。

③ 回油管应插入油面之下，防止产生气泡。系统中泄漏油路不应有背压现象。

④ 溢流阀的回油管口不应与泵的吸油口接近，否则油液温度将升高。

（5）液压系统的清洗。

液压系统安装后，对管路要进行清洗，要求较高的系统可分两次进行。

① 系统的第一次清洗。油箱洗净后注入油箱容量 60%～70% 的工作用油或试车油，油温升至 50～80 ℃时进行清洗效果最好。清洗时在系统回油口处设置 80 目的滤油网，清洗时间过半时再用 150 目的滤油网。为提高清洗质量，应使液压泵间断转动，并在清洗过程中轻击

管路，以便将管内的附着物洗掉。清洗时间长短随液压系统的复杂程度、过滤精度及系统的污染情况而定，通常为十几小时。

② 系统的第二次清洗。将实际使用的工作油液注入油箱，系统进入正式运转状态，使油液在系统中进行循环，空负荷运转 1~3 h。

4）润滑系统的装配质量

设备润滑系统的装配质量，直接影响机床的精度、寿命等，因此要引起足够重视。

（1）润滑油箱。

油箱内的表面防锈涂层应与润滑剂相适应。在循环系统的油箱中，管子末端应当浸入油的最低工作面以下，吸油管和回油管的末端距离应尽可能远些，使泡沫和乳化的影响减至最小。全损耗性润滑系统的油箱，至少应装有工作 50 h 后才加油的油量。

（2）润滑管。

润滑管应符合以下要求。

① 软管材料与润滑剂不得起化学作用，软管的机械强度应能承受系统的最大工作压力，并且在不改变润滑方式的情况下，软管应能承受偶然的超载。

② 硬管的材料应与润滑剂相适应，机械强度应能承受系统的最大工作压力。在管子可能受到热源影响的地方，应避免使用电镀管。此外，如果管子要与含活性硫的切削液接触，则应避免使用钢管。

③ 在油雾润滑系统中，所有类型的管子均应有平滑的管壁，管接头不应减小管子的横截面面积。

④ 在油雾润滑系统中，所有管路均应倾斜安装，以便油液回到油箱，并应设法防止积油。

⑤ 管子应适当紧固和防护，安装的位置应不妨碍其他元件的安装和操作。管路不允许用来支撑系统中的其他大元件。

（3）润滑点、作用点的检查。

润滑点是指将润滑剂注入摩擦部位的地点。作用点是指润滑系统内一般要进行操作才能使系统正常工作的位置。

各润滑部位都应有相应的注油器或注油孔，并保持完善齐全。润滑标牌应完整清晰，润滑系统的油管中油孔、油道等所有的润滑元件必须清洁。润滑系统装配后，应检查各润滑点、作用点的润滑情况，保证润滑剂到达所需润滑的位置。

5）电气系统的装配质量

（1）外观质量。

① 机床电气设备应有可靠的接地措施，接地线的截面面积不小于 4 mm²。

② 所有电气设备外表要清洁，安装更稳固可靠，而且要方便拆卸、修理和调整。元件按图样要求配备齐全，如有代用，需经有关设计人员研究后在图样上签字。

（2）外部配线。

① 全部配线必须整齐、清洁、绝缘，无破损现象，绝缘电阻用 500 V 绝缘电阻表测量时应不低于 0.5 MΩ。电线管应整齐完好，可靠固定，管与管的连接采用管接头，管子终端应设有管扣保护圈。

② 敷设在易被机械损伤部位的导线，应采用铁管或金属软管保护，在发热体上方或旁边的导线，要加瓷管保护。

③ 连接活动部分，如箱门、活动刀架、溜板箱等处的导线，严禁用单股导线，应采用多股或软线。多根导线应用线绳、螺旋管捆扎，或用塑料管、金属软管保护，防止磨伤、擦伤。对于活动线束，应留有足够的弯曲活动长度，使线束在活动中不承受拉力。

④ 接线端应有线号，线头弯曲方向应与螺母拧紧方向一致，分股线端头应压接或烫焊锡。压接导线螺钉应有平垫圈和弹簧垫圈。

⑤ 主电路、控制电路，特别是接地线颜色应有区别，备用线数量应符合图样要求。

（3）电气柜。

① 盘面平整，油漆完好，箱门合拢严密，门锁灵活可靠。柜内电器应固定牢固，无倾斜不正现象，且应有防振措施。

② 盘上电器布置应符合图样要求，导线配置应美观大方，横平竖直。成束捆线应有线夹可靠地固定在盘上，线夹与线夹之间距离不大于 200 mm，线夹与导线之间应填有绝缘衬垫。

③ 盘上的导线敷设，应不妨碍电器拆卸，接线端头应有线号，字母清晰可辨。

④ 主电路和控制电路的导线颜色应有区别，地线与其他导线的颜色应绝对分开。压线螺钉和垫圈最好采用镀锌材质。

⑤ 各导电部分，对地绝缘电阻应不小于 1 MΩ。

（4）接触器与继电器。

① 外观清洁无油污、无尘、绝缘、无烧伤痕迹。触头平整完好，接触可靠，衔铁动作灵活、无粘卡现象。

② 可逆接触器应有可靠的联锁，交流接触器应保证三相同时通断，在 85%的额定电压下能可靠地动作。

③ 接触器的灭弧装置应无缺损。

（5）熔断器及过电流继电器。

① 熔体应符合图样要求，熔管与熔片的接触应牢固，无偏斜现象。

② 继电器动作电流应与图样规定的整定值一致。

（6）各种位置开关或按钮、调速电阻器。

① 安装牢固、外观良好，调整时应灵活、平滑、无卡住现象；接触可靠，无自动变位现象。

② 绝缘瓷管、手柄的销子、指针、刻度盘等附件均应完整无缺。

（7）电磁铁。

行程不超过说明书规定距离，衔铁动作灵活可靠，无特殊响声。在 85%额定电压下能可靠地动作。

（8）电气仪表。

表盘玻璃完整，盘面刻度字码清楚，表针动作灵活，计量准确。

机床装配后必须经过试验和验收。机床运转试验一般包括空运转试验、负荷试验，另外还应进行工作精度试验。

2. 机床的空运转试验

空运转是在无负荷状态下运转机床，检验各机构的运转状态、温度变化、功率消耗，操纵机构的灵活性、平稳性、可靠性及安全性。

试验前，应使机床处于水平位置，一般不采用地脚螺栓固定。按润滑图表将机床所有润滑之处注入规定的润滑剂。

1）主运动试验

试验时，机床的主运动机构应从最低速依次运转，每级转速的运转时间不得少于 2 min。用交换齿轮、带传动变速和无级变速的机床，可作低、中、高速运转。在最高速时，运转时间不得少于 1 h，使主轴轴承达到稳定温度。

2）进给运动试验

进给机构应依次变换进给量或进给速度进行空运转试验，检查自动机构（包括自动循环机构）的调整和动作是否灵活、可靠。有快速移动的机构，应进行快速移动试验。

3）其他运动试验

检查转位、定位、分度、夹紧及读数装置和其他附属装置是否灵活可靠；与机床连接的随机附件应在机床上试运转，检查其相互关系是否符合设计要求；检查其他操纵机构是否灵活可靠。

4）电气系统试验

检查电气设备的各项工作情况，包括电动机的启动、停止、反向、制动和调速的平稳性，以及磁力启动器、热继电器和限位开关工作的可靠性。

5）整机连续空运转试验

对于机床，应进行连续空运转试验，整个运动过程中不应发生故障。连续运转时间应符合如下规定：机械控制 4 h；电液控制 8 h；加工中心 32 h。

试验时，自动循环应包括机床所有功能和全部工作范围，各次自动循环之间的休止时间不得超过 1 min。

3. 机床的负荷试验

负荷试验是检验机床在负荷状态下运转时的工作性能及可靠性，即加工能力、承载能力及其运转状态，包括速度变化、机床振动、噪声、润滑、密封等。

1）机床主传动系统的扭矩试验

试验时，在小于或等于机床计算转速范围内选一适当转速，逐渐改变进给量或切削深度，使机床达到规定扭矩，检验机床传动系统各元件和变速机构是否可靠，机床是否平稳，运动是否准确。

2）机床切削抗力试验

试验时，选用适当的几何参数的刀具，在小于或等于机床计算转速范围内选一适当转速，逐渐改变进给量或切削深度，使机床达到规定的切削抗力。检验各运动机构、传动机构是否灵活、可靠，过载保护装置是否可靠。

3）机床传动系统达到最大功率的试验

选择适当的加工方式、试件（包括材料和尺寸的选择）、刀具（包括刀具材料和几何参数的选择）、切削速度、进给量，逐步改变切削深度，使机床达到最大功率（一般为电动机的额定功率）。检验机床结构的稳定性、金属切除率以及电气等系统是否可靠。

4）有效功率试验

一些机床除进行最大功率试验外，由于工艺条件限制而不能使用机床全部功率，还要进行有限功率试验和极限切削宽度试验。根据机床的类型，选择适当的加工方法、试件、刀具、切削速度、进给量进行试验，检验机床的稳定性。

4. 机床工作精度的检验

机床的工作精度，是在动态条件下对工件进行加工时所反映出来的。工作精度检验应在标准试件或由用户提供的试件上进行。与实际在机床上加工零件不同，实行工作精度检验不需要多种工序。工作精度检验应采用该机床具有的精加工工序。

1）试件要求

工件或试件的数目或在一个规定试件上的切削次数，需视情况而定，应使其得出加工的平均精度。必要时，应考虑刀具的磨损。除有关标准已有规定外，用于工作精度检验试件的原始状态应予确定，试件材料、试件尺寸和应达到的精度等级以及切削条件应在制造厂与用户达成一致。

2）工作精度检验中试件的检查

工作精度检验中试件的检查，应按测量类别选择所需精度等级的测量工具。在机床试件的加工图纸上，应反映用于机床各独立部件几何精度的相应标准所规定的公差。

在某些情况下，工作精度检验可以用相应标准中所规定的特殊检查来代替或补充，例如在负载下的挠度检验、动态检验等。

不同的机床设备，其工作精度的检验项目及检验方法也不同，一般可按相应的国家标准及制造厂说明进行。例如，卧式车床的工作精度检验一般应进行精车外圆试验、精车端面试验、切槽试验、精车螺纹试验等。

🏷 思考练习题

单元测验 15

6-1 CA6140 型车床床身导轨修理前的要求有哪些？

6-2 CA6140 型车床刀架部件修理的主要内容有哪些？

6-3 车床主轴的磨损常发生在哪些部件？

6-4 车床刀架部件的修理包括哪些？如何修复？

6-5 车床进给箱部件的功用是什么？其主要修复内容有哪些？

6-6 车床尾座部件的修理主要包括哪些内容？并简述之。

6-7 X62W 型铣床的主要部件及其安装要求有哪些？

6-8 铣床床身导轨修理有哪些要求？

6-9 简述铣床进给变速箱的修理方法。

6-10 机械设备修理中机床质量从哪几个方面进行检验？

6-11 简述同轴度的检验方法。

6-12 机床空运转试验有哪些内容？

任务二　数控机床类设备的维修

数控机床是典型的机电一体化产品，它有普通机床所不具备的许多优点，尤其在结构和材料上有很大变化，如导轨、主轴、丝杠螺母等关键零部件。

一、数控机床关键零部件的特点

（一）导　轨

数控机床的导轨，要求在高速进给时不振动，低速进给时不爬行；灵敏度高，能在重负载下长期连续工作；耐磨性高，精度保持性好等。目前，数控机床上常用的导轨有滑动导轨和滚动导轨两大类。

1.滑动导轨

传统的铸铁-铸钢或淬火钢的导轨，除简易数控机床外，现代的数控机床已不采用，而广泛采用优质铸铁-塑料或镶钢-塑料滑动导轨，大大提高了导轨的耐磨性。优质铸铁一般牌号为 HT300，表面淬火硬度为 45～50 HRC，表面粗糙度研磨至 Ra0.20～1.10 μm；镶钢导轨常用 55 号钢或合金钢，淬硬至 58～62 HRC；而导轨塑料一般用于导轨副的运动导轨，常用聚四氟乙烯导轨软带和环氧树脂涂层两类。

1）聚四氟乙烯导轨软带

其结构和特点已在前述机床导轨修理中做过介绍。它广泛应用于中小型数控机床的运动导轨，适用于进给速度 15 m/min 以下。

2）环氧树脂涂层

它是以环氧树脂和二硫化铝为基体，加入增塑剂并混合为膏状，与固化剂配合使用的双组分耐磨涂层材料。它附着力强，可用涂覆工艺或压注成形工艺涂到预先加工成锯齿形状的导轨上，涂层厚度为 1.5～2.5 mm。

2.滚动导轨

由于数控机床要求运动部件对指令信号做出快速反应的同时，还希望有恒定的摩擦阻力和无爬行现象，因而越来越多的数控机床采用滚动导轨。

1）滚动导轨的特点

滚动导轨是在导轨面之间放置滚珠、滚柱（或滚针）等滚动体，使导轨面之间为滚动摩擦而不是滑动摩擦。滚动导轨与滑动导轨相比，优点是：灵敏度高，摩擦阻力小，且其动摩擦与静摩擦因数相差甚微，因而运动均匀，尤其是低速移动时，不易出现爬行现象；定位精度高，重复定位误差可达 0.2 μm；牵引力小，移动方便；磨损小，精度保持好，寿命长。但滚动导轨抗振性差，对防护要求高，结构复杂，制造比较困难，成本较高。滚动导轨适用于机床的工作部件要求移动均匀、运动灵敏及定位精度高的场合。目前，滚动导轨在数控机床上已得到广泛的应用。

2）滚动导轨的类型

根据滚动体的种类，滚动导轨有以下三种类型。

（1）滚珠导轨。

这种导轨的承载能力小，刚度低。为了避免在导轨面上压出凹坑而丧失精度，一般常采用淬火钢制造导轨面。滚珠导轨适用于运动的工作部件质量小于 100～200 kg 和切削力不大的机床上，如图 6-85 所示的工具磨床工作台导轨、磨床的砂轮修整器导轨以及仪器的导轨等。

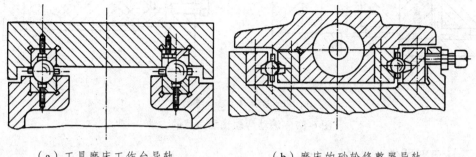

（a）工具磨床工作台导轨　　　　　（b）磨床的砂轮修整器导轨

图 6-85　滚珠导轨

（2）滚柱导轨。

如图 6-86 所示，这种导轨的承载能力及刚度都比滚珠导轨大。但对安装的偏斜反应大，支承的轴线与导轨的平行度偏差不大时，也会引起偏移和侧向滑动，这样会使导轨磨损加快或降低精度。小滚柱（小于 ϕ10 mm）比大滚柱（大于 ϕ25 mm）对导轨面不平行敏感，但小滚柱的抗振性高。目前，数控机床较多采用滚柱导轨，特别是载荷较大的机床。

数控机床结构
特点与维修现状

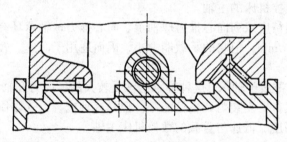

图 6-86　滚柱导轨

（3）滚针导轨。

滚针比滚柱的长径比大。滚针导轨的特点是尺寸小，结构紧凑。为了提高工作台的移动精度，滚针的尺寸应按直径分组。滚针导轨适用于导轨尺寸受限制的机床上。

根据滚动导轨是否预加负载，滚动导轨可分为预加负载和不预加负载两类。

预加负载的优点是能提高导轨刚度。在同样负载下引起的弹性变形，预加负载系统仅为没有预加负载时的一半。若预应力合理，则导轨磨损小。但这种导轨制造比较复杂，成本较高。预加负载的滚动导轨适用于颠覆力矩较大和垂直方向的导轨中，数控机床常采用这种导轨。

滚动导轨的预加负载，可通过相配零件相应尺寸关系形成，如图 6-87（a）所示。装配时量出滚动体的实际尺寸 A，然后刮研压板与溜板的接合面或其间的垫片，由此形成包容尺寸 $A-\delta$。过盈量的大小可通过实际测量决定。如图 6-87（b）所示为通过移动导轨体的方式实现预加负载的方法。调整时拧动侧面的螺钉 3，即可调整导轨体 1 及 2 的距离而预加负载。若改用斜镶条调整，则导轨的过盈量沿全长的分布较均匀。

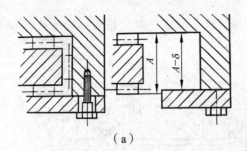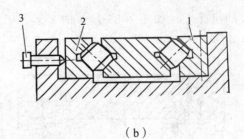

（a）　　　　　　　　　　　　　　（b）

1，2—导轨体；3—螺钉。

图 6-87　滚动导轨预加负载的方法

（二）主轴部件

数控机床的主轴部件，既要满足精加工时精度较高的要求，又要具备各粗加工时高效切削的能力，因此在旋转精度、刚度、抗振性和热变形等方面，都有很高的要求。在布局结构方面，一般数控机床的主轴部件，与其他高效、精密自动化机床没有多大区别，但对于具有自动换刀功能的数控机床，其主轴部件除主轴、主轴轴承和传动件等一般组成部分外，还有刀具自动夹紧、主轴自动准停和主轴装刀孔吹净等装置。

1. 主轴轴承配置方式

（1）前支承采用双列短圆柱滚子轴承和 60°角接触双列向心推力球轴承组合，后支承采用向心推力球轴承。此配置形式使主轴的综合刚度大幅度提高，可以满足强力切削的要求，因此普遍应用于各类数控机床的主轴。

（2）前支承采用高精度双列向心推力球轴承。向心推力球轴承具有良好的高速性能，主轴最高转速可达 4 000 r/min，但它的承载能力小，因而适用于高速、轻载和精密数控机床的主轴。

（3）双列和单列圆锥滚子轴承。这种轴承能承受较大的径向力和轴向力，能承受重载荷，尤其能承受较强的动载荷，安装与调整性能好。但是这种配置方式限制了主轴最高转速和精度，因此适用于中等精度、低速与重载的数控机床主轴。

在主轴的结构上要处理好卡盘或刀具的装夹、主轴的卸荷、主轴轴承的定位和间隙调整、主轴部件的润滑和密封以及工艺上的一系列问题。为了尽可能减小主轴部件温升引起的热变形对机床工作精度的影响，通常用润滑油的循环系统把主轴部件的热量带走，使主轴部件与箱体保持恒定的温度。在某些数控镗铣床上采用专门的制冷装置，能比较理想地实现温度控制。近年来，某些数控机床主轴采用高级油脂，用封闭方式润滑，每加一次油脂可以使用 7～8 年，为了使润滑油和润滑脂不致混合，通常采用迷宫式密封。

对于数控车床主轴，因为它两端安装着结构笨重的动力卡盘和夹紧液压缸，主轴刚度必须进一步提高，并设计合理的连接端以改善动力卡盘与主轴端部的连接刚度。

对于数控镗铣床主轴，考虑到实现刀具的快速或自动装卸，主轴上还必须设计有刀具装卸、主轴准停和主轴孔内的切屑清除装置。

2. 主轴的自动装卸和切屑清除装置

在带有刀具库的自动换刀数控机床中，为实现刀具在主轴上的自动装卸，其主轴必须设计有刀具的自动夹紧机构，如图 6-88 所示。

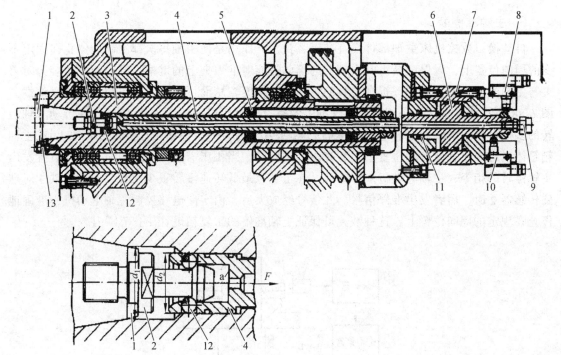

1—刀夹；2—拉钉；3—主轴；4—拉杆；5—碟形弹簧；6—活塞；7—液压缸；

8，10—行程开关；9—压缩空气管接头；11—弹簧；12—钢球；13—端面键。

图 6-88　自动换刀数控立式镗床主轴部件（JCS-018）

　　加工用的刀具通过刀杆、刀柄和接杆等各种标准刀夹安装在主轴上。刀夹 1 以锥度为 7：24 的锥柄在主轴 3 前端的锥孔中定位，并通过拧紧在锥柄尾部的拉钉 2 被拉紧在锥孔中。夹紧刀夹时，液压缸上（右）腔接通回油，弹簧 11 推活塞 6 上（右）移，处于图 6-88 所示的位置，拉杆 4 在碟形弹簧 5 的作用下向上（右）移动；由于此装置在拉杆前端径向孔中的四个钢球 12，进入主轴孔中直径较小的 d_2 处，如图 6-88（b）所示，被迫径向收拢而卡进拉钉 2 的环形凹槽内，因而刀杆被拉钉拉紧，依靠摩擦力紧固在主轴上。切削扭矩则由端面键 13 传递。换刀前需将刀夹松开时，压力油进入液压缸上（右）腔，活塞 6 推动拉杆 4 下（左）移动，碟形弹簧被压缩；当钢球 12 随拉杆一起下（左）移至进入主轴孔中直径较大的 d_1 处时，它就不再能约束拉钉的头部，紧接着拉杆前端内孔的台肩端面 a 碰到拉钉，把刀夹顶松。此时行程开关 10 发出信号，换刀机械手随即将刀夹取下。与此同时，压缩空气由管接头 9 经活塞和拉杆的中心通孔吹入主轴装刀孔内，把切屑或脏物清除干净，以保证刀具的安装精度。机械手把新刀装上主轴后，液压缸 7 接通回油，碟形弹簧又拉紧刀夹。刀夹拉紧后，行程开关 8 发出信号。

　　自动清除主轴孔中的切屑和尘埃是换刀操作中的一个不容忽视的问题，如果在主轴锥形孔中掉进了切屑或其他污物，在拉紧刀杆时，主轴锥孔表面和刀杆的锥柄就会被划伤，使刀杆发生偏斜，破坏刀具的正确定位，影响加工零件的精度，甚至使零件报废。为了保证主轴锥孔的清洁，常用压缩空气吹屑。如图 6-88 所示，活塞 6 的心部钻有压缩空气通道，当活塞向左移动时，压缩空气经拉杆 4 吹出，将锥孔清理干净。喷气小孔要有合理的喷射角度，并均匀分布，以提高吹屑效果。

3. 主轴准停装置

自动换刀数控机床主轴部件设有准停装置，其作用是使主轴每次都准确地停止在固定不变的周向位置上，以保证换刀时主轴上的端面键能对准刀夹上的键槽，同时使每次装刀时刀夹与主轴的相对位置不变，提高刀具的重复安装精度，从而可提高孔加工时孔径的一致性。图 6-88 所示的主轴部件采用的是电气准停装置，其工作原理如图 6-89 所示。在传动主轴旋转的多楔带轮 1 的端面上装有一个厚垫片 4，垫片上装有一个体积很小的永久磁铁 3。在主轴箱箱体对应于主轴准停的位置上，装有磁传感器 2。当机床需要停车换刀时，数控装置发出主轴停转的指令，主轴电动机立即降速。在主轴以最低转速慢转很少几转，永久磁铁 3 对准磁传感器 2 时，后者发出准停信号。此信号经放大后，由定向电路控制主轴电动机，准确地停止在规定的周向位置上。这种装置可保证主轴准停的重复精度在 ±1° 范围内。

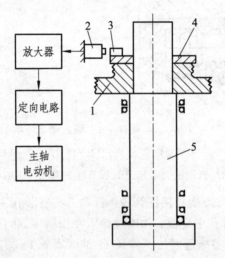

1—多楔带轮；2—磁传感器；3—永久磁铁；4—垫片；5—主轴。

图 6-89　主轴准停装置的工作原理（JCS-018）

二、数控机床的维护与保养

数控设备的正确操作和维护保养是正确使用数控设备的关键因素之一。正确的操作使用能够防止机床非正常磨损，避免突发故障。做好日常维护保养，可使设备保持良好的技术状态，延缓劣化进程，及时发现和消灭故障隐患，从而保证安全运行。

数控机床的
维护与保养

（一）对数控机床操作人员的要求

（1）能正确熟练地操作，掌握编程方法，避免因操作失误造成机床故障。

（2）应熟悉机床的操作规程、维护保养、检查的内容及标准、润滑的具体部位及要求等。

（3）对运行中发现的任何异常征兆都要认真处理和记录，会应急处理，并与修理人员配合做好机床故障的诊断和修理工作。

（二）数控设备使用中应注意的问题

（1）数控设备的使用环境。为提高数控设备的使用寿命，一般要求要避免阳光的直接照射和其他热辐射，要避免太潮湿、粉尘过多或有腐蚀气体的场所。精密数控设备要远离振动大的设备，如冲床、锻压设备等。

（2）良好的电源保证。为了避免电源波动幅度超过 ±10% 和可能的瞬间干扰信号等影响，数控设备一般采用专线供电，如从低压配电室分一路单独供数控机床使用，或增设稳压装置等，都可减小供电质量的影响和电气干扰。

（3）制定严格有效的操作规程。在数控机床的使用与管理方面，应制定一系列切合实际、行之有效的操作规程。例如，润滑、保养、合理使用及规范的交接班制度等，是数控设备使用及管理的主要内容。制定和遵守操作规程是保证数控机床安全运行的重要措施之一。实践证明，众多故障都与未严格遵守操作规程有关。

（4）数控设备不宜长期封存。购买数控机床以后要充分利用，尤其是投入使用的第一年，使其容易出故障的薄弱环节尽早暴露，以便在保修期内进行排除。加工中尽量减少数控机床主轴的开闭，以降低对离合器、齿轮等器件的磨损。没有加工任务时，数控机床也要定期通电，最好是每周通电 1~2 次，每次空运行 1 h 左右，以利用机床本身的发热量来降低机内的湿度，使电子元件不致受潮，同时也能及时发现有无电池电量不足报警，以防止系统设定参数丢失。

（三）维护保养的内容

数控系统维护保养的具体内容，在随机的使用和维修手册中通常都做了规定，现就共同性的问题做如下介绍。

（1）严格遵循操作规程，数控系统编程、操作和维修人员必须经过专门的技术培训，熟悉所用数控机床的机械、数控系统、强电设备，液压、气源等部分及使用环境、加工条件等；能按机床和系统使用说明书的要求正确、合理地使用，尽量避免因操作不当引起的故障。若首次采用数控机床或由不熟练的工人来操作，在使用的第一年内，有 1/3 以上的系统故障是由操作不当引起的。应按操作规程要求进行日常维护工作。有些地方需要天天清理，有些部件需要定时加油和定期更换。

（2）防止数控装置过热，定期清理数控装置的散热通风系统。应经常检查数控装置上各冷却风扇工作是否正常；应视车间环境状况，每半年或一个季度检查清扫一次。由于环境温度过高，造成数控装置内温度达到 55 ℃及以上时，应及时加装空调装置。这在我国南方常会发生这种情况，安装空调装置之后，数控系统的可靠性有比较明显的提高。

（3）经常监视数控系统的电网电压，通常数控系统允许的电网电压范围在额定值的 85%~110%，如果超出此范围，轻则使数控系统不能稳定工作，重则会造成重要电子部件损坏。因此，要经常注意电网电压的波动。对于电网质量比较差的地区，应配置数控系统专用的交流稳压电源装置，这将明显降低故障率。

（4）系统后备电池的更换系统、参数及用户加工程序由带有带电保护的静态寄存器保存。系统关机后内存的内容由电池供电保持，因此经常检查电池的工作状态和及时更换后备电池非常重要。系统开机后若发现电池电压报警灯亮时，应立即更换电池。同时还应注意，更换电池时，为不遗失系统参数及程序，需在系统开机时更换。电池为高能锂电池，不可充电，正常情况下使用寿命为两年（从出厂日期算起）。

（5）纸带阅读机的定期维护。纸带阅读机是 CNC 系统信息输入的重要部件，如果读带部分有污物，会使读入的纸带信息出现错误。为此，必须时常对阅读头表面、纸带压板、纸带通道表面等用纱布蘸酒精擦净污物。

（6）定期检查和更换直流电动机的电刷，目前一些老旧的数控机床上使用的大部分是直流电动机，这种电动机电刷的过度磨损会影响其性能甚至损坏。所以，必须定期检查电刷。检查步骤如下。

① 要在数控系统处于断电状态且电动机已经完全冷却的情况下进行检查。

② 取下橡胶刷帽，用旋具拧下刷盖，取出电刷。

③ 测量电刷长度。如磨损到原长的一半左右时，必须更换同型号的新电刷。

④ 仔细检查电刷的弧形接触面是否有深沟或裂缝，以及电刷弹簧上有无打火痕迹。如有上述现象，必须更换新电刷，并在一个月后再次检查。如果发生上述现象，则应考虑电动机的工作条件是否过分恶劣或电动机本身是否有问题。

⑤ 用不含金属粉末及水分的压缩空气导入电刷孔，吹净粘在孔壁上的电刷粉末。如果难以吹净，可用旋具尖轻轻清理，直至孔壁全部干净为止。但要注意不要碰到换向器表面。

⑥ 重新装上电刷，拧紧刷盖，如果更换了电刷，要使电动机空运行跑合一段时间，以使电刷表面与换向器表面吻合良好。

（7）防止尘埃进入数控装置内，除了进行检修外，应尽量少开电气柜门，因车间内空气中飘浮的灰尘和金属粉末落在印制电路板和电气插件上容易造成元件间绝缘电阻下降，从而出现故障甚至损坏；一些已受外部尘埃、油雾污染的电路板和插件可采用专用电子清洁剂喷洗。

（8）数控系统长期不用时的维护。当数控机床长期闲置不用时，也应定期对数控系统进行维护保养。首先，应经常给数控系统通电，在机床锁住不动的情况下，让其空运行，在空气湿度较大的梅雨季节应天天通电，利用电器元件本身发热驱走数控柜内的潮气，以保证电子部件的性能稳定可靠。如果数控机床闲置半年以上不用，应将直流伺服电动机的电刷取出来，以免由于化学腐蚀作用，使换向器表面腐蚀，换向性能降低，甚至损坏整台电动机。

必须强调的是，以上维护保养工作必须严格按照说明书上的方法和步骤进行，并且要耐心细致、一丝不苟地进行。

（四）点检管理

点检管理一般包括专职点检、日常点检、生产点检。

专职点检：负责对机床的关键部位和重要部位按周期进行重点点检和设备状态检测与故障诊断，制订点检计划，做好诊断记录，分析维修结果，提出改善设备维护管理的建议。

日常点检：负责对机床一般部位进行点检处理和检查机床在运行过程中出现的故障。

生产点检：负责对生产运行中的数控机床进行点检，并负责润滑、紧固等工作。

数控探头的使用
保养及故障排除

数控机床的点检管理一般包括下述几部分内容。

1. 安全保护装置的点检

（1）开机前检查机床的各运动部件是否在停机位置。

（2）检查机床的各保险装置及防护装置是否齐全。

（3）检查各旋钮、手柄是否在规定的位置。

（4）检查工装夹具的安装是否牢固可靠，有无松动位移。

（5）刀具装夹是否可靠以及有无损坏，如砂轮有无裂纹。

（6）工件装夹是否稳定可靠。

2. 机械及气压、液压仪器仪表的点检

开机后使机床低速运转 3～5 min，然后检查以下项目。

（1）主轴运转是否正常，有无异声、异味。

（2）各轴向导轨是否正常，有无异常现象发生。

（3）各轴能否正常回归参考点。

（4）空气干燥装置中滤出的水分是否已经放出。

（5）气压、液压系统是否正常，仪表读数是否在正常值范围之内。

3. 电气防护装置的点检

（1）各种电气开关、行程开关是否正常。

（2）电机运转是否正常，有无异常声响。

4. 加油润滑的点检

（1）设备低速运转时，检查导轨的上油情况是否正常。

（2）按要求的位置及规定的油品加润滑油，注油后，将油盖盖好，然后检查油路是否畅通。

5. 清洁文明生产的检查

（1）设备外观无灰尘、无油垢，呈现本色。

（2）各润滑面无黑油、无锈蚀，应有洁净的油膜。

（3）丝杠应洁净无黑油，亮泽有油膜。

（4）生产现场应保持整洁有序。

常见数控加工
中心的失误

表 6-4 所示为某加工中心日常维护保养一览表，可供制定有关保养制度时参考。

表 6-4　加工中心日常维护保养一览表

序号	检查周期	检查部位	检查要求（内容）
1	每天	导轨润滑油箱	检查油量，及时添加润滑油，润滑油泵是否能定时启动泵油及停止
2	每天	主轴润滑恒温油箱	工作是否正常，油量是否充足，温度范围是否合适
3	每天	机床液压系统	油箱液压泵有无异常噪声，工作油面高度是否合适，压力表指示是否正常，管路及各管接头有无泄漏

序号	检查周期	检查部位	检查要求（内容）
4	每天	压缩空气气源压力	气动控制系统压力是否在正常范围内
5	每天	气源自动分水滤气器，自动空气干燥器	及时清理分水器中滤出的水分，保证自动空气干燥器工作正常
6	每天	气液转换器和增压油面	油量不够时要及时补充
7	每天	x、y、z轴导轨面	清除切屑和脏物，检查导轨面有无划伤损坏，润滑油是否充足
8	每天	CNC 输入/输出单元	如光电阅读机的清洁、机械润滑是否良好
9	每天	各防护装置	导轨、机床防护罩等是否安全有效
10	每天	电气柜各散热通风装置	各电气柜中冷却风扇是否工作正常，风道过滤网有无堵塞；及时清除过滤器
11	每周	各电气柜过滤网	清除黏附的尘土
12	不定期	冷却油箱、水箱	随时检查液面高度，及时添加油（或水），太脏时要更换。清洗油箱（水箱）和过滤器
13	不定期	废油池	及时取走积存在废油池中的废油，以免溢出
14	不定期	排屑器	经常清理切屑，检查有无卡住等现象
15	半年	检查主轴驱动带	按机床说明书要求调整带的松紧程度
16	半年	各轴导轨上镶条、压紧滚轮	按机床说明书要求调整松紧程度
17	一年	检查或更换电动机碳刷	检查换向器表面，去除毛刺，吹净碳粉，磨损过短的碳刷应及时更换
18	一年	液压油路	清洗溢流阀、减压阀、油箱；过滤液压油或更换
19	一年	主轴润滑恒温油箱	清洗过滤器、油箱，更换润滑油
20	一年	润滑油泵	清洗润滑油池，更换过滤器
21	一年	滚珠丝杠	清洗丝杠上旧的润滑脂，涂上新油脂

三、数控机床的故障诊断与维护

数控机床的故障
诊断与维护

（一）对数控机床维修人员的要求

数控机床是综合了计算机、自动控制、电气、液压、机械及测试等应用技术的十分复杂的系统，加之数控系统、机床整体种类繁多，功能各异，因此对数控机床维修人员有较高的要求。

（1）具有较全面的专业技术知识，包括电子技术、计算机技术、电机及拖动技术、自动控制技术、机械设计和制造技术、液压技术、测试技术等专业技术知识。

（2）具有丰富的机电维修实践经验，并善于在数控机床维修实践中积累和总结，不断提高维修水平。

（3）熟悉并充分消化随机技术资料，特别是对整个系统很了解。

（4）熟悉机床各部分组成、工作原理及作用，掌握机床的基本操作。

（二）数控机床故障诊断的一般步骤

当数控机床出现故障时，首先由操作人员进行临时紧急处理。这时不要关掉电源，应保持机床原来的状态，并及时对出现的故障现象和信号做好记录，以便向维修人员提供尽可能详尽和准确的故障情况。记录的主要内容有：故障的表现形式；故障发生时的操作方式和操作内容；报警号及故障指示灯的显示内容；故障发生时机床各部分的状态与位置；故障发生时有无其他偶然因素，例如突然停电、外线电压波动较大、有雷电、某部位进水等。

维修人员在对数控机床故障诊断时，一般按下列步骤进行。

（1）详细了解故障情况。维修人员在询问时，一定要仔细了解。例如当机床发生振动、颤振现象时，一定要弄清是在全部轴发生还是在某一轴发生。如果是在某一轴发生，要弄清是在全行程发生还是在某一位置发生；是一运动就发生还是仅在快速、进给状态某速度、加速或减速的某一状态下发生。

（2）对机床进行初步检查。在了解故障情况的基础上对机床进行初步检查。主要检查 CRT 上的显示内容，控制柜中的故障指示灯、状态指示灯或报警装置。在故障情况允许的前提下，最好开机试验，观察故障情况。

（3）分析故障，确定故障源查找方向和手段。有些故障与其他部分联系较少，容易确定查找的方向；而有些故障，引起的原因很多，难以用简单的方法确定出故障源查找方向，这就需要仔细查阅有关的机床资料，弄清与故障有关的各种因素，确定出若干个需查找的方向，并逐一进行查找。

（4）由表及里进行故障源查找。故障查找一般方法是从易到难、从外围到内部逐步进行。难易是指技术上的复杂程度、判断故障存在的难易程度、拆卸装配的难易程度。例如有些部位可直接接近或经过简单拆卸即可接近进行检查，而有些部位则需要进行大量的拆卸工作之后才能接近进行检查，显然应该先检查前者。

（三）数控机床故障诊断的常用方法

（1）根据报警号进行故障诊断。计算机数控系统大都具有很强的自诊断功能。当机床发生故障时，可对整个机床包括数控系统自身进行全面检查和诊断，并将诊断到的故障或错误以报警号或错误代码的形式显示在 CRT 上。报警号（错误代码）一般包括的故障或错误信息有：程序编制错误或操作错误；存储器工作不正常；伺服系统故障；可编程控制器故障；连接故障；温度、压力、油位等不正常；行程开关或接近开关状态不正确等。维修人员可根据报警号指出的故障信息进行分析，缩小检查的范围，有目的地进行某方面的检查。

（2）根据控制系统 LED 灯或数码管的指示进行故障诊断。这种方法如果与上述方法同时运用，可更加明确地指示出故障源的位置。

（3）根据可编程序控制器（PLC）状态或梯形图进行故障诊断。数控机床上使用的 PLC 控制器的作用主要是进行开关量，例如位置、温度、压力、时间等的管理与控制，其控制对象一般是换刀系统、工作台板转换系统、液压系统、润滑系统、冷却系统等。这些系统具有大量的开关量测量反馈元件，发生故障的概率必然较大。特别在设备稳定磨损期，NC 系统与各电路板的故障较少，上述系统发生的故障可能是主要的诊断目标。因此必须熟悉上述系统中各测量反馈元件的位置、作用、发生故障时的现象及后果，熟悉 PLC 控制器，特别是弄清梯形图或逻辑图，以便从本质上认识故障，分析和诊断故障。由于进行故障诊断时常常要确定一个传感元件是什么状态以及 PLC 的某个输出是什么状态，所以必须掌握 PLC 控制器的输入输出状态。一般数控机床都能够从 CRT 上或 LED 指示灯上非常方便地确定 PLC 控制器的输入输出状态。

（4）根据机床参数进行故障诊断。机床参数是通用的数控系统与具体的机床匹配时所确定的一组数据，它实际上是 NC 程序中未定的数据或可选择的方式。机床参数通常存于 RAM 中，由制造厂家根据所配机床的具体情况进行设定，部分参数需通过调试来确定。由于某种原因，例如误操作原因可能使存在 RAM 中的机床参数发生改变甚至丢失而引起机床故障。在维修过程中，有时也要利用某些机床参数对机床进行调整或进行必要的修正。因此，维修人员要熟悉机床参数，并在理解的基础上很好地利用其查找故障、维修时调整或修正等，才能做好故障诊断和维修工作。

（5）根据诊断程序进行故障诊断。诊断程序是对数控机床各部分包括数控系统在内进行状态或故障检测的软件，当数控机床发生故障时，可利用该程序诊断出故障所在范围或具体位置。诊断程序一般分为启动诊断、在线诊断、离线诊断三套程序。启动诊断指从通电开始到进入正常的运行准备状态止，CNC 内部诊断程序自动执行的诊断。一般情况下，该程序数秒之内可完成。其诊断的目的是确认系统的主要硬件是否正常工作，主要检查的硬件有：CPU、存储器、I/O 单元等印制板或模块；CRT/MDI 单元、阅读机、软盘单元等装置或外设。若被检测内容正常，CRT 则显示表明系统已进入正常运行的基本画面，否则，将显示报警信号。在线诊断是指在系统通过启动诊断进入运行状态后由内部诊断程序对 CNC 及与之相连接的外设、各伺服单元和伺服电动机等进行的自动检测和诊断。只要系统不断电，在线诊断也就不会停止。在线诊断的诊断范围大，显示信息的内容也很多。离线诊断是利用专用的检测诊断程序进行的旨在最终查明故障原因，精确确定故障部位的高层次诊断。离线诊断的程序存储及使用方法多不相同。有些机床是将上述诊断程序与 CNC 控制程序一同存入 CNC 中，维修人员可以随时调用这些程序并使之运行，在 CRT 上观察诊断结果。仍要注意，离线诊断程序往往由受过专门训练的维修专家调用和执行，以免调用和使用不当给机床和系统造成严重故障。所以厂商在供货时往往不向用户提供离线诊断程序或把离线诊断程序作为选择订货内容。

（6）现代诊断技术的应用。现代诊断技术是利用诊断仪器和数据处理对机械装置的故障原因、部位和故障的严重程度进行定性和定量分析。

① 油液光谱分析。通过使用原子吸收光谱仪，对进入润滑油或液压油中磨损的各种金属微粒和外来杂质进行化学成分和浓度分析，进而进行状态监测。

② 振动检测。通过安装在机床某些特征点上的传感器，利用振动计来回检测，测量机床上某些测量处的总振级大小，如位移、速度、加速度和幅频特性等，从而对故障进行预测和监测。

③ 噪声谱分析。通过声波计对齿轮噪声信号频谱中的啮合谐波谱值变化规律进行深入分析，识别和判断齿轮磨损失效故障状态，可做到非接触式测量，但要减小环境噪声的干扰。

④ 故障诊断专家系统的应用。将诊断所必需的知识、经验和规则等信息编成计算机可以利用的知识库，建立具有一定智能的专家系统。这种系统能对机器状态进行常规诊断，解决常见的各种问题，并可自行修正和扩充已有的知识库，不断提高诊断水平。

⑤ 温度监测。利用各种测温探头，测量轴承、轴瓦、电动机和齿轮箱等装置的表面温度，

具有快速、正确、方便的特点。

⑥ 非破坏性检测。利用探伤仪观察内部机体的缺陷。

（7）实用诊断技术的应用。由维修人员的感觉器官对机床进行问、看、听、触、闻等的诊断，称为实用诊断技术。

① 问。问就是询问机床故障发生的经过，弄清故障是突发的，还是渐发的。一般操作者熟知机床性能，故障发生时又在现场，所提供的情况对故障的分析是很有帮助的。通常应询问下列情况。

a. 机床开动时有哪些异常现象。

b. 对比故障前后工件的精度和表面粗糙度，以便分析故障产生的原因。

c. 传动系统是否正常，传输是否均匀，背吃刀量和走刀量是否减小等。

d. 润滑油品牌号是否符合规定，用量是否适当。

e. 机床何时进行过保养检修等。

② 看。

a. 看转速：观察主传动速度的变化，如带传动的线速度变慢，可能是传动带过松或负荷太大；对于主传动系统中的齿轮，主要看它是否跳动、摆动；对于传动轴，主要看它是否弯曲或晃动。

b. 看颜色：如果机床转动部位，特别是主轴和轴承运转不正常，就会发热，长时间升温会使机床外表颜色发生变化，大多呈黄色；油箱里的油也会因温升过高而变稀，颜色变样；有时也会因久不换油、杂质过多或油变质而变成深墨色。

c. 看伤痕：机床零部件碰伤损坏部位很容易发现，若发现裂纹时，应做记号，隔一段时间后再比较它的变化情况，以便进行综合分析。

d. 看工件：从工件来判别机床的好坏，若切削后的工件表面粗糙度 Ra 数值大，主要是主轴与轴承之间的间隙过大，溜板、刀架等压板、楔铁有松动以及滚珠丝杠预紧松动等原因所致；若是磨削后的表面粗糙度 Ra 数值大，这主要是主轴或砂轮动平衡差，机床出现共振以及工作台爬行等原因所引起的；若工件表面出现波纹，则看波纹数是否与机床主轴传动齿轮的齿数相等，如果相等，则表明主轴齿轮啮合不良是故障的主要原因。

e. 看变形：主要观察机床的传动轴、滚珠丝杠是否变形，直径大的带轮和齿轮的端面是否跳动。

f. 看油箱与冷却箱：主要观察油或冷却液是否变质，确定其能否继续使用。

③ 听。用以判别机床运转是否正常。一般运行正常的机床，其声响具有一定的音律和节奏，并保持持续的稳定。机械运动发出的正常声响大致可归纳为以下几种。

a. 一般做旋转运动的机件，在运转区间较小或处于封闭系统时，多发出平静的"嘤嘤"声；若处于非封闭系统或运行区较大，多发出较大的蜂鸣声；各种大型机床则产生低沉而振动声浪很大的轰隆声。

b. 正常运行的齿轮刷，一般在低速下无明显的声响；链轮和齿条传动副一般发出平稳的"唧唧"声；直线往复运动的机件，一般发出周期性的"咯噔"声；常见的凸轮顶杆机构、曲柄连杆机构和摆动摇杆机构等，通常都发出周期性的"嘀嗒"声；多数轴承副一般无明显的声响，借助金属杆或螺钉旋具等作为传感器可听到较为清晰的"嘤嘤"声。

c. 各种介质的传输设备产生的输送声，一般均随传输介质的特性而异，如气体介质多为

"呼呼"声，流体介质为"哗哗"声，固体介质发出"沙沙"声或"呵罗呵罗"声响。掌握正常声响及其变化，并与故障时的声音相对比，是"听觉诊断"的关键。

下面介绍几种一般容易出现的异声。

a. 摩擦声：声音尖锐而短促，常常是两个接触面相对运动的研磨，如带打滑或主轴轴承及传动丝杠副之间缺少润滑油，均会产生这种异声。

b. 泄漏声：声小而长，连续不断，如漏风、漏气和漏液等。

c. 冲击声：音低而沉闷，如气缸内的间断冲击声，一般是由于螺栓松动或内部有其他异物碰击。

d. 对比声：用手锤轻轻敲击来鉴别零件是否缺损，有裂纹的零件敲击后发出的声音不太清脆。

④ 触。用手感来判别机床的故障，通常有以下几方面。

a. 温升：人的手指触觉是很灵敏的，能相当可靠地判断各种异常的温升，其误差可准确到 3～5 ℃；根据经验，当机床温度在 0℃左右时，手指感觉冰凉，长时间触摸会产生刺骨的痛感；10 ℃左右时，手感较凉，但可忍受；20 ℃左右时，手感到稍凉，随着接触时间延长，手感渐温；30 ℃左右时，手感微温有舒适感；40 ℃左右时，手感如触摸高烧患者；50 ℃以上时，手感较烫，用掌心按的时间较长可有汗感；60 ℃左右时，手感很烫，但可忍受 10 s 左右；70 ℃左右时，手有灼痛感，且手的接触部位很快出现红色；80 ℃以上时，瞬时接触手感"火烧"，时间过长，可出现烫伤。为了防止手指烫伤，应注意手的触摸方法，一般先用右手并拢的食指、中指和无名指指背中节部位轻轻触及机件表面，断定对皮肤无损害后，才可用手指肚或手掌触摸。

b. 振动：轻微振动可用手感鉴别，至于振动的大小，可找一个固定基点，用一只手去同时触摸便可以比较出振动的大小。

c. 伤痕和波纹：肉眼看不清的伤痕和波纹，若用手指去摸则可容易地感觉出来；摸的方法是对圆形零件要沿切向和轴向分别去摸，对平面则要左右、前后均匀去摸；摸时不能用力太大，把手指轻轻放在被检查面上接触便可。

d. 爬行：用手摸可直观地感觉出来，造成爬行的原因很多，常见的是润滑油不足或选择不当；活塞密封过紧或磨损造成机械摩擦阻力加大；液压系统进入空气或压力不足等。

e. 松或紧：用手转动主轴或推动手轮，即可感到接触部位的松紧是否均匀适当，从而可判断出这些部位是否完好可用。

⑤ 闻。由于剧烈摩擦或电器元件绝缘破损短路，使附着的油脂或其他可燃物质发生氧化挥发或燃烧产生油烟气、焦煳气等异味，应用嗅觉诊断的方法会收到较好的效果。

上述实用诊断技术的主要诊断方法实用简便，也相当有效。

（四）数控机床的故障分类

数控机床由于自身原因不能工作，即出现故障，机床故障可分为以下几种类别。

1. 系统性故障和随机性故障

按故障出现的必然性和偶然性，数控机床故障分为系统性故障和随机性故障。系统性故障是指机床和系统在某一特定条件必然出现的故障，随机性故障是指偶然出现的故障。因此，随机性故障的分析与排除比系统性故障困难得多。通常随机性故障往往由于机械结构局部松动、错位，控制系统中元器件出现工作特性漂移，电器元件工作可靠性下降等原因造成，需经反复试验和综合判断才能排除。

2. 诊断显示故障和无诊断显示故障

以故障出现时有无自诊断显示，数控机床故障可分为有诊断显示故障和无诊断显示故障两种。现今的数控系统都有较丰富的自诊断功能，出现故障时会停机、报警并自动显示相应报警参数号，使维护人员较容易找到故障原因。而无诊断显示故障，往往机床停在某一位置不能动，甚至手动操作也失灵，维护人员只能根据出现故障前后现象来分析判断，排除故障难度较大。另外，诊断显示也有可能是其他原因引起的。如因刀库运动误差造成换刀位置不到位、机械手卡在取刀中途位置，而诊断显示为机械手换位置开关未压合报警，这时应调整的是刀库定位误差而不是机械手位置开关。

3. 破坏性故障和非破坏性故障

以故障有无破坏性，数控机床故障分为破坏性故障和非破坏性故障。对于破坏性故障，如伺服系统失控造成撞车、短路烧坏保险等，维护难度大，有一定危险，修后不允许重演这些现象。而非破坏性故障可经多次反复试验至排除，不会对机床造成损害。

4. 机床运动特性质量故障

这类故障发生后，机床照常运行，也没有任何报警显示，但加工出的零件不合格。要排除这些故障，必须在检测仪器配合下，对机械、控制系统、伺服系统等采取综合措施。

5. 硬件故障和软件故障

按发生故障的部位，数控机床故障分为硬件故障和软件故障。硬件故障只要通过更换某些元器件，如电器开关等，即可排除。而软件故障是由编程错误造成的，通过修改程序内容或修订机床参数即可排除。

（五）数控机床故障原因分析

加工中心出现故障，除少量自诊断功能可以显示故障原因外，如存储器报警、动力电源电压过高报警等，大部分故障是由综合因素引起的，往往不能确定其具体原因，必须做充分的调查。

1. 充分调查故障现场

机床发生故障后，维护人员应仔细观察寄存器和缓冲工作寄存器尚存内容，了解已执行程序内容，向操作者了解现场情况和现象。

2. 将可能造成故障的原因全部列出

加工中心上造成故障的原因多种多样，有机械的、电气的、控制系统的等。

3. 逐步选择确定故障产生的原因

根据故障现象，参考机床有关维护使用手册罗列出诸多因素，经优化选择综合判断，找出确切因素，才能排除故障。

4. 故障的排除

找到造成故障的确切原因后，就可以"对症下药"，修理、调整和更换有关元器件。

（六）数控机床故障检查

数控机床发生故障时，除非出现影响设备或人身安全的紧急情况，否则不要立即关断电源。要充分调查故障现场，从系统的外观、CRT 显示的内容、状态报警指示及有无烧灼痕迹等方面进行检查。在确认系统通电无危险的情况下，可按系统复位（RESET）键，观察系统是否有异常，报警是否消失，如能消失，则故障多为随机性，或是操作错误造成的。CNC 系统发生故障，往往是同一现象、同一报警号，可以有多种起因，有的故障根源在机床上，但现象却反映在系统上，所以，无论是 CNC 系统、机床电器，还是机械、液压及气动装置等，只要有可能引起该故障的原因，都要尽可能全面地列出来，进行综合判断，确定最有可能的原因，再通过必要的试验，达到确诊和排除故障的目的。为此，当故障发生后，要对故障的现象做详细记录，这些记录为分析故障原因、查找故障源提供重要依据。当机床出现故障时，往往从以下方面进行调查。

1. 检查机床的运行状态

机床故障时的运行方式；MDI/CRT 显示的内容；各报警状态指示的信息；故障时轴的定位误差；刀具轨迹是否正常；辅助机能运行状态；CRT 显示有无报警及相应的报警号。

2. 检查加工程序及操作情况

是否为新编制的程序；故障是否发生在子程序部分；检查程序单和 CNC 内存中的程序；程序中是否有增量运动指令；程序段跳步功能是否正确使用；刀具补偿量及补偿指令是否正确；故障是否与换刀有关；故障是否与进给速度有关；故障是否和螺纹切削有关；操作者的训练情况。

3. 检查故障的出现率和重复性

故障发生的时间和次数；加工同类工件故障出现的概率；多次重复执行引起故障的程序段，观察故障的重复性。

4. 检查系统的输入电压

输入电压是否有波动，电压值是否在正常范围内；系统附近是否有使用大电流的装置。

5. 检查环境状况

CNC 系统周围温度；电气控制柜的空气过滤器的状况；系统周围是否有振动源引起系统的振动。

6. 检查外部因素

故障前是否修理或调整过机床；故障前是否修理或调整过 CNC 系统；机床附近有无干扰源；使用者是否调整过 CNC 系统的参数；CNC 系统以前是否发生过同样的故障。

7. 检查运行情况

在运行过程中是否改变工作方式；系统是否处于急停状态；熔丝是否熔断；机床是否做好运行准备；系统是否处于报警状态；方式选择开关设定是否正确；速度倍率开关是否设定为零；机床是否处于锁住状态；进给保持按钮是否按下。

8. 检查机床状况

机床是否调整好；运行过程中是否有振动产生；刀具状况是否正常；间隙补偿是否合适；工件测量是否正确；电缆是否有破裂和损伤；信号线和电源线是否分开走线。

9. 检查接口情况

电源线和 CNC 系统内部电缆是否分开安装；屏蔽线接线是否正确；继电器、接触器的线圈和电动机等处是否加装有噪声抑制器。

（七）数控机床伺服系统故障诊断与维护

1. 主轴伺服系统故障诊断与维修

机床主轴主传动是旋转运动，传递切削力，伺服驱动系统分为直流主轴驱动系统和交流主轴驱动系统两大类，有的数控机床主轴利用通用变频器，驱动三相交流电动机进行速度控制。数控机床要求主轴伺服驱动系统能够在很宽范围内实现转速连续可调，并且稳定可靠。当机床有螺纹加工功能、C 轴功能、准停功能和恒线速度加工时，主轴电动机需要装配检测元件，对主轴速度和位置进行控制。

主轴驱动变速目前主要有 3 种形式：一是带有变速齿轮传动方式，可实现分段无级调速，扩大输出转矩，可满足强力切削要求的转矩；二是通过带传动方式，可避免齿轮传动时引起的振动与噪声，适用于低转矩特性要求的小型机床；三是由调速电动机直接驱动的传动方式，主轴传动部件结构简单紧凑，这种方式主轴输入的转矩小。

1）主轴伺服系统的常见故障形式

当主轴伺服系统发生故障时，通常有 3 种表现形式：一是在操作面板上用指示灯或 CRT 显示报警信息；二是在主轴驱动装置上用指示灯或数码管显示故障状态；三是主轴工作不正常，但无任何报警信息。常见数控机床主轴伺服系统的故障有以下几种。

（1）外界干扰。

故障现象：主轴在运转过程中出现无规律性的振动或转动。

原因分析：主轴伺服系统受电磁、供电线路或信号传输干扰的影响，主轴速度指令信号或反馈信号受到干扰，主轴伺服系统误动作。

检查方法：令主轴转速指令信号为零，调整零速平衡电位计或漂移补偿量参数值，观察是否是因系统参数变化引起的故障。若调整后仍不能消除该故障，则多为外界干扰信号引起主轴伺服系统误动作。

采取措施：电源进线端加装电源净化装置，动力线和信号线分开，布线要合理，信号线和反馈线按要求屏蔽，接地线要可靠。

（2）主轴过载。

故障现象：主轴电动机过热，CNC 装置和主轴驱动装置显示过电流报警等。

原因分析：主轴电动机通风系统不良，动力连线接触不良，机床切削用量过大，主轴频繁正反转等引起电流增大，电能以热能的形式散发出来，主轴驱动系统和 CNC 装置通过检测，显示过载报警。

检查方法：根据 CNC 和主轴驱动装置提示报警信息，检查可能引起故障的各种因素。

采取措施：保持主轴电动机通风系统良好，保持过滤网清洁；检查动力接线端子接触情况；正确使用和操作机床，避免过载。

（3）主轴定位抖动。

故障现象：主轴在正常加工时没有问题，仅在定位时产生抖动。

原因分析：主轴定位一般分机械、电气和编码器 3 种准停定位，当定位机械执行机构不到位，检测装置信息有误时会产生抖动。另外，主轴定位要有一个减速过程，如果减速、增益等参数设置不当，磁性传感器的电器准停装置中的发磁体和磁传感器之间的间隙发生变化或磁传感器失灵也会引起故障。图 6-90 为磁传感器主轴准停装置。

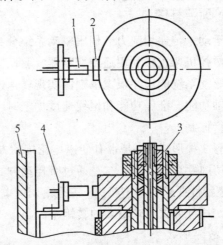

1—磁传感器；2—发磁体；3—主轴；4—支架；5—主轴箱。

图 6-90　磁传感器主轴准停装置

检查方法：根据主轴定位的方式，主要检查各定位、减速检测元件的工作状况和安装固定情况，如限位开关、接近开关等。

采取措施：保证定位执行元件运转灵活，检测元件稳定可靠。

（4）主轴转速与进给不匹配。

故障现象：当进行螺纹切削、刚性攻螺纹或要求主轴与进给同步配合的加工时，出现进给停止，主轴仍继续运转，或加工螺纹零件出现乱牙现象。

原因分析：当主轴与进给同步配合加工时，要依靠主轴上的脉冲编码器检测反馈信息，若脉冲编码器或连接电缆有问题，会引起上述故障。

检查方法：通过调用 I/O 状态数据，观察编码器信号线的通断状态；取消主轴与进给同步配合，用每分钟进给指令代替每转进给指令来执行程序，可判断故障是否与编码器有关。

采取措施：更换、维修编码器，检查电缆接线情况，特别注意信号线的抗干扰措施。

（5）转速偏离指令值。

故障现象：实际主轴转速值超过技术要求规定指令值的范围。

原因分析：电动机负载过大，引起转速降低，或低速极限值设定太小，造成主轴电动机过载；测速反馈信号变化，引起速度控制单元输入变化；主轴驱动装置故障，导致速度控制单元错误输出；CNC 系统输出的主轴转速模拟量（±10 V）没有达到与转速指令相对应的值。

检查方法：空载运转主轴，检测比较实际主轴转速值与指令值，判断故障是否由负载过大引起；检查测速反馈装置及电缆，调节速度反馈量的大小，使实际主轴转速达到指令值；用备件替换法判断驱动装置的故障部位；检查信号电缆的连接情况，调整有关参数，使 CNC 系统输出的模拟量与转速指令值相对应。

采取措施：更换、维修损坏的部件，调整相关的参数。

（6）主轴异常噪声及振动。

首先要区别异常噪声及振动发生在机械部分还是在电气驱动部分：若在减速过程中发生，一般是驱动装置再生回路发生故障；主轴电动机在自由停车过程中若存在噪声和振动，则多为主轴机械部分故障；若振动周期与转速有关，应检查主轴机械部分及测速装置。若无关，一般是主轴驱动装置参数未调整好。

（7）主轴电动机不转。

CNC 系统至主轴驱动装置一般有速度控制模拟量信号和使能控制信号，一般为 DC+24 V 继电器线圈电压。主轴电动机不转，应重点围绕这两个信号进行检查：检查 CNC 系统是否有速度控制信号输出；检查使能信号是否接通，通过调用 I/O 状态数据，确定主轴的启动条件如润滑、冷却等是否满足；主轴驱动装置故障；主轴电动机故障。

2）直流主轴伺服系统的日常维护

（1）安装注意事项。

① 伺服单元应置于密封的强电柜内。为了不使强电柜内温度过高，应将强电柜内部的温升设计在 15℃以下；强电柜的外部空气引入口务必设置过滤器；要注意从排气口侵入的尘埃或烟雾；要注意电缆出入口、门等的密封；冷却风扇的风不要直接吹向伺服单元，以免灰尘等附着在伺服单元上。

② 安装伺服单元时要考虑到容易维修检查和拆卸。

③ 电动机的安装要遵守下列原则：安装面要平，且有足够的刚性，要考虑到不会受电动机振动等影响；因为电刷需要定期维修及更换，因此安装位置应尽可能使检修作业容易进行；出入电动机冷却风口的空气要充分，安装位置要尽可能使冷却部分的检修清洁工作容易进行；电动机应安装在灰尘少、湿度不高的场所，环境温度应在 40℃以下；电动机应安装在切削液和油之类的东西不能直接溅到的位置上。

（2）使用检查。

① 伺服系统启动前的检查按下述步骤进行：检查伺服单元和电动机的信号线、动力线等的连接是否正确、是否松动以及绝缘是否良好；强电柜和电动机是否可靠接地；电动机电刷的安装是否牢靠，电动机安装螺栓是否完全拧紧。

② 使用时的检查注意事项：运行时强电柜门应关闭；检查速度指令值与电动机转速是否一致；负载转矩指示或电动机电流指示是否太大；电动机是否发出异常声音和异常振动；轴承温度是否有急剧上升的不正常现象；电刷上是否有显著的火花产生的痕迹。

③ 日常维护：强电柜的空气过滤器每月要清扫一次；强电柜及伺服单元的冷却风扇应每两年检查一次；主轴电动机每天应检查旋转速度、异常振动、异常声音、通风状态、轴承温升、机壳温度和异常味道；主轴电动机每月（至少每三个月）应进行电动机电刷的清理和检查、换向器的检查；主轴电动机每半年（至少也要每年一次）需检查测速发电机、轴承；做热管冷却部分的清理和绝缘电阻的测量工作。

3）交流主轴伺服系统

交流主轴伺服驱动系统与直流主轴驱动系统相比，具有如下特点。

① 由于驱动系统必须采用微处理器和现代控制理论进行控制，因此其运行平稳、振动和噪声小。

② 驱动系统一般都具有再生制动功能，在制动时，既可将电动机能量反馈回电网，起到节能的效果，又可以加快制动速度。

③ 特别是对于全数字式主轴驱动系统，驱动器可直接使用 CNC 的数字量输出信号进行控制，不需要经过 D/A 转换，转速控制精度得到了提高。

④ 与数字式交流伺服驱动一样，在数字式主轴驱动系统中，还可采用参数设定方法对系统进行静态调整与动态优化，系统设定灵活、调整准确。

⑤ 由于交流主轴电动机无换向器，主轴电动机通常不需要进行维修。

⑥ 主轴电动机转速的提高不受换向器限制，最高转速通常比直流主轴电动机更高，可达到数万转。

交流主轴驱动中采用的主轴定向准停控制方式与直流驱动系统相同。

2. 进给伺服系统故障诊断与维修

1）常见进给驱动系统

（1）直流进给驱动系统。

直流进给驱动-晶闸管调速系统是利用速度调节器对晶闸管的导通角进行控制，通过改变导通角的大小来改变电枢两端的电压，从而达到调速的目的。

（2）交流进给驱动系统。

直流进给伺服系统虽有优良的调速功能，但由于所用电动机有电刷和换向器，易磨损，且换向器换向时会产生火花，从而使电动机的最高转速受到限制。另外，直流电动机结构复杂，制造困难，所用铜铁材料消耗大，制造成本高，而交流电动机却没有这些缺点。近20 年来，随着新型大功率电力器件的出现，新型变频技术、现代控制理论以及微型计算机数字控制技术等在实际应用中取得了突破性的进展，促进了交流进给伺服技术的飞速发展，交流进给伺服系统已全面取代了直流进给伺服系统。由于交流伺服电动机采用交流永磁式同步电动机，因此，交流进给驱动装置从本质上说是一个电子换向的直流电动机驱动装置。

（3）步进驱动系统。

步进电动机驱动的开环控制系统中，典型的有 KT400 数控系统及 KT300 步进驱动装置，SINUMERIK802S 数控系统配 STEPDRIVE 步进驱动装置及 IMP5 五相步进电动机等。

2）伺服系统结构形式

伺服系统不同的结构形式，主要体现在检测信号的反馈形式上，以带编码器的伺服电动机为例，主要形式如下。

方式 1：转速反馈与位置反馈信号处理分离，如图 6-91 所示。

方式 2：编码器同时作为转速和位置检测，处理均在数控系统中完成，如图 6-92 所示。

方式 3：编码器同时作为转速和位置检测，处理方式不同，如图 6-93 所示。

方式 4：数字式伺服系统，如图 6-94 所示。

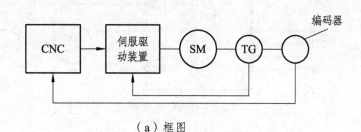

（a）框图

位置控制模块（测量电路模块）

SINUMERIK

X111 —— 第1轴
X121 —— 第2轴
X131 —— 第3轴
X141

第1轴
第2轴   第3轴

65 | 9 | 56 | 14

SIMODRIVE 611A
驱动模块

PE U V W   X311

SM 3～   TG 3～   RLG   ROD

IFT5伺服电动机   光电脉冲编码器

（b）SIEMENS 伺服进给系统

图 6-91　伺服系统（方式 1）

305

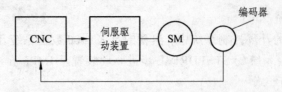

（a）框图

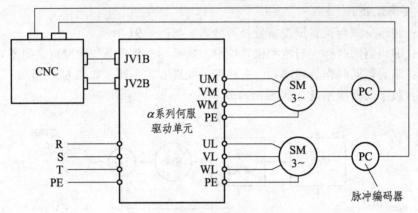

（b）FANUC 伺服进给系统

图 6-92　伺服系统（方式 2）

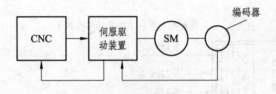

（a）框图

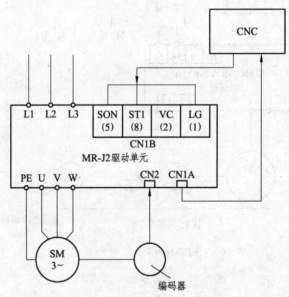

（b）MR-J2 伺服进给系统

图 6-93　伺服系统（方式 3）

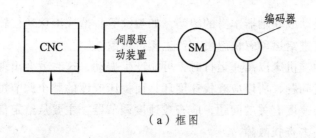

（a）框图

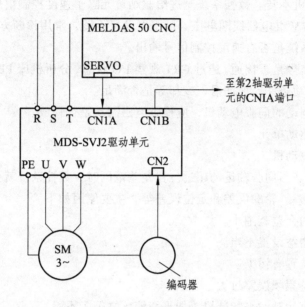

（b）MDS-SVJ2伺服进给系统

图6-94 伺服系统（方式4）

3）进给伺服系统故障及诊断方法

进给伺服系统的常见故障有以下几种。

（1）超程。当进给运动超过由软件设定的软限位或由限位开关设定的硬限位时，就会发生超程报警，一般会在CRT上显示报警内容，根据数控系统说明书，即可排除故障，解除报警。

（2）过载。当进给运动的负载过大，频繁正、反向运动以及传动链润滑状态不良时，均会引起过载报警。一般会在CRT上显示伺服电动机过载、过热或过流等报警信息。同时，在强电柜中的进给驱动单元上，指示灯或数码管会提示驱动单元过载、过电流等信息。

（3）窜动。在进给时出现窜动现象：测速信号不稳定，如测速装置故障、测速反馈信号干扰等；速度控制信号不稳定或受到干扰；接线端子接触不良，如螺钉松动等。当窜动发生在正方向运动与反向运动的换向瞬间时，一般是由进给传动链的反向间隙或伺服系统增益过大所致。

（4）爬行。发生在启动加速段或低速进给时，一般是由进给传动链的润滑状态不良、伺服系统增益低及外加负载过大等因素所致。尤其要注意的是：伺服电动机和滚珠丝杠连接用的联轴器，由于连接松动或联轴器本身的缺陷，如裂纹等，造成滚珠丝杠转动与伺服电动机的转动不同步，从而使进给运动忽快忽慢，产生爬行现象。

（5）机床出现振动。机床以高速运行时，可能产生振动，这时就会出现过流报警。机床振动问题一般属于速度问题，所以应查找速度环；而机床速度的整个调节过程是由速度调节器来完成的，即凡是与速度有关的问题，应查找速度调节器，主要从给定信号、反馈信号及速度调节器本身三方面去查找故障。

（6）伺服电动机不转。数控系统至进给驱动单元除了速度控制信号外，还有使能控制信号，一般为 DC+24 V 继电器线圈电压。伺服电动机不转，常用诊断方法如下。

① 检查数控系统是否有速度控制信号输出。

② 检查使能信号是否接通。通过 CRT 观察 I/O 状态，分析机床 PLC 梯形图（或流程图），以确定进给轴的启动条件，如润滑、冷却等是否满足。

③ 对带电磁制动的伺服电动机，应检查电磁制动是否释放。

④ 检查进给驱动单元。

⑤ 检查伺服电动机。

（7）位置误差。当伺服轴运动超过位置允差范围时，数控系统就会产生位置误差过大的报警，包括跟随误差、轮廓误差和定位误差等。主要原因如下。

① 系统设定的允差范围小。

② 伺服系统增益设置不当。

③ 位置检测装置有污染。

④ 进给传动链累积误差过大。

⑤ 主轴箱垂直运动时平衡装置（如平衡液压缸等）不稳。

（8）漂移。当指令值为零时，坐标轴仍移动，从而造成位置误差。通过误差补偿和驱动单元的零速调整来消除。

（9）机械传动部件的间隙与松动。在数控机床的进给传动链中，常常由于传动元件的键槽与键之间的间隙使传动受到破坏，因此，除了在设计时慎重选择键连接机构之外，对加工和装配必须进行严查。在装配滚珠丝杠时应检查轴承的预紧情况，以防止滚珠丝杠的轴向窜动，因为游隙也是产生明显传动间隙的另一个原因。

（八）数控机床机械部件的故障诊断与维护

1. 主轴部件的故障诊断与维护

1）主轴部件的结构特点

数控机床主轴部件是影响机床加工精度的主要部件，它的回转精度影响工件的加工精度；它的功率大小与回转速度影响加工效率；它的自动变速、准停和换刀等影响机床的自动化程度。因此，要求主轴部件具有与本机床工作性能相适应的高回转精度、刚度、抗振性、耐磨性和低的温升。在结构上，必须很好地解决刀具和工件的装夹、轴承的配置、轴承间隙调整和润滑密封等问题。如图 6-95 所示为某数控车床主轴部件的结构图。

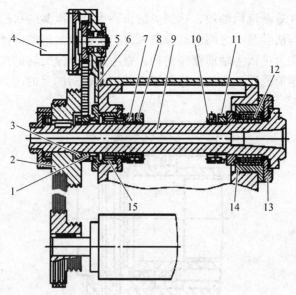

1—同步带轮；2—带轮；3，7，8，10，11—螺母；4—主轴脉冲发生器；5—螺钉；6—支架；

9—主轴；12—角接触球轴承；13—前端盖；14—前支承套；15—圆柱滚子轴承。

图 6-95　数控车床主轴部件的结构

2）主轴润滑

为了保证主轴有良好的润滑，减少摩擦发热，同时又能把主轴组件的热量带走，通常采用循环式润滑系统。用液压泵供油强力润滑，在油箱中使用油温控制器控制油液温度。为了适应主轴转速向更高速化发展的需要，新的润滑冷却方式相继开发出来。这些新型润滑冷却方式不但要减少轴承温升，还要减小轴承内外圈的温差，以保证主轴热变形小。

（1）油气润滑方式。

这种润滑方式近似油雾润滑方式，有所不同的是，油气润滑是定时定量地把油雾送进轴承空隙中，这样既实现了油雾润滑，又不至于油雾太多而污染周围空气；后者则是连续供给油雾。

（2）喷注润滑方式。

它用较大流量的恒温油（每个轴承 3~4 L/min）喷注到主轴轴承，以达到润滑、冷却的目的。这里要特别指出的是，较大流量喷注的油，不是自然回流，而是用排油泵强制排油，同时，采用专用高精度大容量恒温油箱，油温变动控制在 ±0.5℃。

3）防泄漏

在密封件中，被密封的介质往往是以穿滑、熔透或扩散的形式越界泄漏到密封连接处的彼侧。造成泄漏的主要原因是流体从密封面上的间隙中溢出，或是由于密封部件内外两侧密封介质的压力差或浓度差，致使流体向压力或浓度低的一侧流动。

如图 6-96 所示为卧式加工中心主轴前支承的密封结构，在前支承处采用了双层小间隙密封装置。主轴前端车出两组锯齿形护油槽，在法兰盘 4、5 上开沟槽及泄漏孔，当喷入轴承 2 内的油液流出后被法兰盘 4 内壁挡住，并经其下部的泄油孔 9 和套筒 3 上的回油斜孔 8 流回油箱，少量油液沿主轴 6 流出时，主轴护油槽内的油液在离心力的作用下被甩至法兰盘 4 的沟槽内，经回油斜孔 8 重新流回油箱，达到了防止润滑介质泄漏的目的。当外部切削液、切屑及灰尘等沿主轴 6 与法兰盘 5 之间的间隙进入时，经法兰盘 5 的沟槽由泄漏孔 7 排出，少量的切削液、切屑及灰尘进入主轴前锯齿沟槽，在主轴 6 高速旋转的离心力作用下仍被甩至法兰盘 5 的沟槽内，由泄漏孔 7 排出，达到了主轴端部密封的目的。

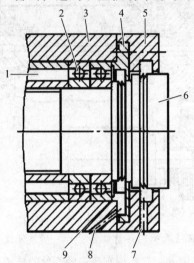

1—进油口；2—轴承；3—套筒；4，5—法兰盘；6—主轴；

7—泄漏孔；8—回油斜孔；9—泄油孔。

图 6-96　卧式加工中心主轴前支承的密封结构

要使间隙密封结构能在一定的压力和温度范围内具有良好的密封防漏性能，必须保证法兰盘 4、5 与主轴及轴承端面的配合间隙符合如下条件。

（1）法兰盘 4 与主轴 6 的配合间隙应控制在单边 0.1 ~ 0.2 mm 范围内。如果间隙偏大，则泄漏量将按间隙的 3 次方扩大；若间隙过小，由于加工及安装误差，容易与主轴局部接触使主轴局部升温并产生噪声。

（2）法兰盘 4 内端面与轴承端面的间隙应控制在 0.15 ~ 0.3 mm。小间隙可使压力油直接被挡住并沿法兰盘 4 内端面下部的泄油孔 9 经回油斜孔 8 流回油箱。

（3）法兰盘 5 与主轴的配合间隙应控制在 0.15 ~ 0.25 mm（单边）范围内。间隙太大，进入主轴 6 内的切削液及杂物会显著增多，间隙太小，则易与主轴接触。法兰盘 5 沟槽深度应大于 10 mm（单边），泄油孔 7 应大于 6 mm，并位于主轴下端靠近沟槽内壁处。

（4）法兰盘 4 的沟槽深度大于 12 mm（单边），主轴上的锯齿尖而深，一般在 5 ~ 8 mm 范围内，以确保具有足够的甩油空间。法兰盘 4 处的主轴锯齿向后倾斜，法兰盘 5 处的主轴锯齿向前倾斜。

（5）法兰盘 4 上的沟槽与主轴 6 上的护油槽对齐，以保证被主轴甩至法兰盘沟槽内腔的油液能可靠地流回油箱。

（6）套筒前端的回油斜孔 8 及法兰盘 4 的泄油孔 9 流量为进油口 1 的 2 ~ 3 倍，以保证压力油能顺利地流回油箱。

4）主轴部件的维护

维护工作主要包括以下内容。

（1）熟悉数控机床主轴部件的结构、性能参数，严禁超性能使用。

（2）主轴部件出现不正常现象时，应立即停机排除故障。

（3）操作者应注意观察主轴箱温度，检查主轴润滑恒温油箱，调节温度范围，使油量充足。

（4）使用带传动的主轴系统，需定期观察调整主轴驱动皮带的松紧程度，防止因皮带打滑造成的丢转现象。

（5）由液压系统平衡主轴箱重量的平衡系统，需定期观察液压系统的压力表，当油压低于要求值时，要进行补油。

（6）使用液压拨叉变速的主传动系统，必须在主轴停车后变速。

（7）使用啮合式电磁离合器变速的主传动系统，离合器必须在低于 1～2 r/min 的转速下变速。

（8）注意保持主轴与刀柄连接部位及刀柄的清洁，防止对主轴的机械碰击。

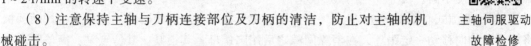

主轴伺服驱动
故障检修

（9）每年对主轴润滑恒温油箱中的润滑油更换一次，并清洗过滤器。

（10）每年清理润滑油池底一次，并更换液压泵滤油器。

（11）每天检查主轴润滑恒温油箱，油量充足，工作正常。

（12）防止各种杂质进入润滑油箱，保持油液清洁。

（13）经常检查轴端及各处密封，防止润滑油液的泄漏。

（14）刀具夹紧装置长时间使用后，会使活塞杆和拉杆间的间隙加大，造成拉杆位移量减小，使碟形弹簧张闭伸缩量不够，影响刀具的夹紧，故需及时调整液压缸活塞的位移量。

（15）经常检查压缩空气气压，并调整到标准要求值。有足够的气压，才能使主轴锥孔中的切屑和灰尘彻底清除。

5）主轴故障诊断（见表6-5）

表6-5　主轴故障诊断

故障现象	故障原因
主轴发热	轴承损伤或不清洁、轴承油脂耗尽或油脂过多、轴承间隙过小
主轴强力切削停转	电动机与主轴传动的驱动带过松、驱动带表面有油、离合器过松或磨损
润滑油泄漏	润滑油过量、密封件损伤或失效、管件损坏
主轴噪声（振动）	润滑的缺失、带轮动平衡不佳、带过紧、齿轮磨损或啮合间隙过大、轴承损坏、传动轴弯曲
主轴没有润滑或润滑不足	油泵转向不正确、油管未插到油面下2/3深处、油管或滤油器堵塞、供油压力不足
刀具不能夹紧	碟形弹簧位移量太小、刀具松夹弹簧上螺母松动
刀具夹紧后不能松开	刀具松夹弹簧压合过紧、液压缸压力和行程不够

2. 滚珠丝杠螺母副的故障诊断与维护

1）滚珠丝杠螺母副的特点

摩擦损失小，传动效率高，可达96%；传动灵敏，运动平稳，低速时无爬行；使用寿命长；轴向刚度大；具有传动的可逆性；不能实现自锁，且速度过高会卡住；制造工艺复杂，成本高。

2）滚珠丝杠螺母副的维护

（1）轴向间隙的调整。

为了保证反向传动精度和轴向刚度，必须消除轴向间隙。双螺母滚珠丝杠副消除间隙的方法是：利用两个螺母的相对轴向位移，使两个滚珠螺母中的滚珠分别贴紧在螺纹滚道的两个相反的侧面上。用这种方法预紧消除轴向间隙，应注意预紧力不宜过大，预紧力过大会使空载力矩增大，从而降低传动效率，缩短使用寿命。此外，还要消除丝杠安装部分和驱动部分的间隙。常用的双螺母丝杠消除间隙的方法如下。

① 垫片调隙式。如图 6-97 所示，通过调整垫片的厚度使左、右螺母产生轴向位移，就可达到消除间隙和产生预紧力的作用。其特点是：简单、刚性好、装卸方便、可靠，但调整困难，调整精度不高。

② 螺纹调隙式。如图 6-98 所示，用键限制螺母在螺母座内的转动。调整时，拧动圆螺母将螺母沿轴向移动一定距离，在消除间隙之后用圆螺母将其锁紧。其特点是：简单紧凑，调整方便，但调整精度较差，且易松动。

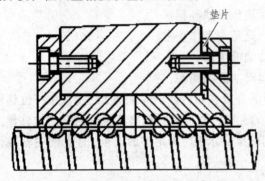

图 6-97　双螺母垫片调隙式

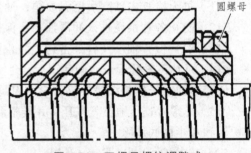

图 6-98　双螺母螺纹调隙式

③ 齿差调隙式。如图 6-99 所示，螺母 1、2 的凸缘上各自有一个圆柱外齿轮，两个齿轮的齿数相差一个齿，两个内齿圈 3、4 与外齿轮齿数分别相同，并用预紧螺钉和销钉固定在螺母座的两端。调整时先将内齿圈取下，根据间隙的大小调整两个螺母 1、2 分别向相同的方向转过一个或多个齿，使两个螺母轴向移近了相应的距离，从而达到调整间隙和预紧的目的。其特点是：精确调整预紧量，调整方便、可靠，但结构尺寸较大，多用于高精度传动。

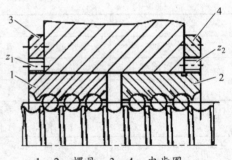

1，2—螺母；3，4—内齿圈。

图 6-99　双螺母齿差调隙式

（2）支承轴承的定期检查。

应定期检查丝杠支承与床身的连接是否有松动以及支承轴承是否损坏等。如有以上问题，要及时紧固松动部位并更换支承轴承。

（3）滚珠丝杠螺母副的润滑。

润滑剂可提高耐磨性及传动效率。润滑剂可分为润滑油和润滑脂两大类。润滑油一般为全损耗系统用油，用润滑油润滑的滚珠丝杠螺母副，可在每次机床工作前加油一次，润滑油经过壳体上的油孔注入螺母的空间内。润滑脂可采用锂基润滑脂，润滑脂一般加在螺纹滚道和安装螺母的壳体空间内，每半年对滚珠丝杠上的润滑脂更换一次，清洗丝杠上的旧润滑脂，涂上新的润滑脂。

（4）滚珠丝杠的防护。

滚珠丝杠螺母副和其他滚动摩擦的传动元件一样，应避免硬质灰尘或切屑污物进入，因此，必须有防护装置。如滚珠丝杠螺母副在机床上外露，应采用封闭的防护罩，如采用螺旋弹簧钢带套管、伸缩套管以及折叠式套管等。安装时将防护罩的一端连接在滚珠螺母的端面，另一端固定在滚珠丝杠的支承座上。如果处于隐蔽的位置，则可采用密封圈防护，密封圈装在螺母的两端。接触式的弹性密封圈是用耐油橡胶或尼龙制成的，其内孔做成与丝杠螺纹滚道相配的形状，接触式密封圈的防尘效果好。但应有接触压力，使摩擦力矩略有增大。非接触式密封圈又称迷宫式密封圈，它用硬质塑料制成，其内孔与丝杠螺纹滚道的形状相反，并稍有间隙，这样可避免摩擦力矩，但防尘效果差。工作中应避免碰击防护装置，防护装置有损坏要及时更换。

3. 导轨副的故障诊断与维护

导轨是进给系统的主要环节，是机床的基本结构要素之一，导轨的作用是用来支承和引导运动部件沿着直线或圆周方向准确运动。与支承部件连成一体固定不动的导轨称为支承导轨，与运动部件连成一体的导轨称为运动导轨。机床上的运动部件都是沿着床身、立柱、横梁等部件上的导轨而运动，其加工精度、使用寿命、承载能力很大程度上取决于机床导轨的精度和性能。而数控机床对导轨有着更高的要求：高速进给时不振动；低速进给时不爬行；有高的灵敏度；能在重载下长期连续工作；耐磨性好，精度保持性好。因此，导轨的性能对进给系统的影响是不容忽视的。

1）导轨的类型和要求

（1）导轨的类型。

导轨按运动部件的运动轨迹分为直线运动导轨和圆周运动导轨；按导轨接合面的摩擦性分为滑动导轨、滚动导轨和静压导轨。滑动导轨又分为普通滑动导轨——金属与金属相摩擦，摩擦系数大，一般用在普通机床上；塑料滑动导轨——塑料与金属相摩擦，导轨的滑动性好，在数控机床上广泛采用。静压导轨根据介质的不同又可分为液压导轨和气压导轨。

（2）导轨的一般要求。

① 高的导向精度。导向精度是指机床的运动部件沿着直线导轨移动的直线性或沿着圆运动导轨运动的圆周性以及它与有关基面之间相互位置的准确性。各种机床对导轨本身的精度都有具体的规定或标准，以保证该导轨的导向精度。精度保持性是指导轨能否长期保持其原始精度。此外，还与导轨的机构形式以及支承件材料的稳定性有关。

② 良好的耐磨性。精度丧失的主要因素是导轨的磨损。

③ 足够的刚度。机床各运动部件所受的外力，最后都由导轨面来承受。若导轨受力以后变形过大，不仅破坏了导向精度，而且恶化了其工作条件。导轨的刚度主要取决于导轨类型、机构形式和尺寸的大小、导轨与床身的连接方式、导轨材料和表面加工质量等。数控机床常用加大导轨截面尺寸，或在主导轨外添加辅助导轨等措施来提高刚度。

④ 良好的摩擦特性。导轨的摩擦系数要小，而且动、静摩擦系数应比较接近，以减小摩擦阻力和导轨的热变形，使运动平稳。对于数控机床，特别要求运动部件在导轨上低速移动

时，无"爬行"的现象。

2）导轨副的故障诊断与维护

（1）导轨副的维护。

① 间隙调整。导轨副维护是很重要的一项工作，能保证导轨面之间具有合理的间隙。间隙过小，则摩擦阻力大，导轨磨损加剧；间隙过大，则运动失去准确性和平稳性，失去导向精度。下面介绍几种间隙调整的方法。

a. 压板调整间隙。图 6-100 所示为矩形导轨上常用的几种压板装置。压板用螺钉固定在动导轨上，常用钳工配合刮研及选用调整垫片、平镶条等机构，使导轨面与支承面之间的间隙均匀，达到规定的接触点点数。对于图 6-100（a）所示的压板结构，如间隙过大，应修磨或刮研 B 面；间隙过小或压板与导轨压得太紧，则可刮研或修磨 A 面。

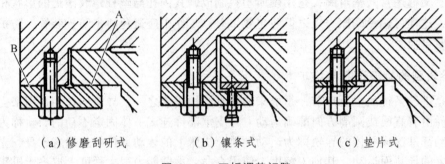

（a）修磨刮研式　　　　（b）镶条式　　　　（c）垫片式

图 6-100　压板调整间隙

b. 镶条调整间隙。图 6-101（a）所示为一种全长厚度相等、横截面为平行四边形（用于燕尾形导轨）或矩形的平镶条，通过侧面的螺钉调节和螺母锁紧，以其横向位移来调整间隙。由于收紧力不均匀，故在螺钉的着力点有挠曲。图 6-101（b）所示为一种全长厚度变化的斜镶条及三种用于斜镶条的调节螺钉，以其斜镶条的纵向位移来调整间隙。斜镶条在全长上支承，其斜度为 1∶40 或 1∶100，由于楔形的增压作用会产生过大的横向压力，因此调整时应细心。

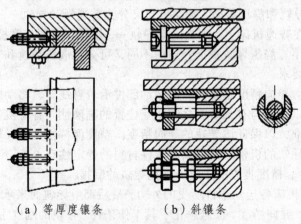

（a）等厚度镶条　　　　（b）斜镶条

图 6-101　镶条调整间隙

c. 压板镶条调整间隙。如图 6-102 所示，T 形压板用螺钉固定在运动部件上，运动部件内侧和 T 形压板之间放置斜镶条，镶条不是在纵向有斜度，而是在高度方面做成倾斜。调整时，借助压板上几个推拉螺钉，使镶条上下移动，从而调整间隙。三角形导轨的上滑动面能自动补偿，下滑动面的间隙调整和矩形导轨的下压板调整底面间隙的方法相同；圆形导轨的间隙不能调整。

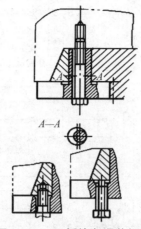

图 6-102　压板镶条调整间隙

② 滚动导轨的预紧。为了提高滚动导轨的刚度，对滚动导轨预紧。预紧可提高接触刚度并消除间隙；在立式滚动导轨上，预紧可防止滚动体脱落和歪斜。常见的预紧方法有以下两种。

a. 采用过盈配合。预加载荷大于外载荷，预紧力产生的过盈量为 2～3 μm；如过大，会使牵引力增大。若运动部件较重，其重力可起预加载荷作用，若刚度满足要求，可不施预加载荷。

b. 调整法。利用螺钉、斜块或偏心轮调整来进行顶紧。图 6-103 所示为滚动导轨预紧的方法。

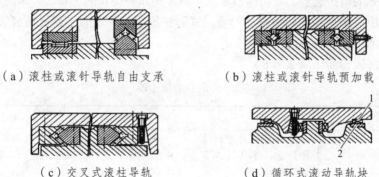

（a）滚柱或滚针导轨自由支承　　　（b）滚柱或滚针导轨预加载

（c）交叉式滚柱导轨　　　（d）循环式滚动导轨块

图 6-103　滚动导轨预紧的方法

③ 导轨的润滑。导轨面上进行润滑后，可降低摩擦系数，减小磨损，并且可防止导轨面锈蚀。导轨常用的润滑剂有润滑油和润滑脂，前者用于滑动导轨，而滚动导轨两种都用。

a. 润滑方法。导轨最简单的润滑方式是人工定期加油或用油杯供油。这种方法简单，成本低，但不可靠，一般用于调节辅助导轨及运动速度低、工作不频繁的滚动导轨。对于运动速度较高的导轨，大都采用润滑泵，以压力强制润滑。这样不但可连续或间歇供油给导轨进行润滑，而且可利用油的流动冲洗和冷却导轨表面；为实现强制润滑，必须备有专门的供油系统。图 6-104 所示为某加工中心导轨的润滑系统。

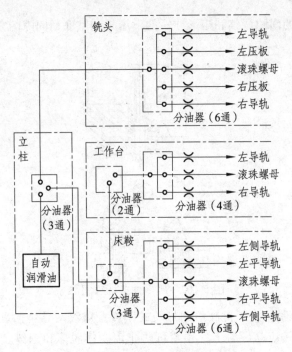

图 6-104　某加工中心导轨的润滑系统

b. 对润滑油的要求。在工作温度变化时，润滑油黏度变化要小，要有良好的润滑性能和足够的油膜刚度，油中杂质尽量少且不侵蚀机件。常用的全损耗系统用油有 L-AN10、L-AN15、L-AN32、L-AN42、L-AN68，精密机床导轨油 L-HG68，汽轮机油 L-TSA32、L-TSA46 等。

④ 导轨的防护。为了防止切屑、磨粒或冷却液散落在导轨面上而引起磨损、擦伤和锈蚀，导轨面上应有可靠的防护装置。常用的刮板式、卷帘式和叠层式防护罩，大多用在长导轨上。在机床使用过程中应防止损坏防护罩，对叠层式防护罩应经常用刷子蘸机油清理移动接缝，以避免碰壳现象的产生。

（2）导轨的故障诊断（见表 6-6）。

表 6-6　导轨的故障诊断

故障现象	故障原因
导轨研伤	地基与床身水平有变化，使局部载荷过大；长期加工短工件局部磨损严重；导轨润滑不良；导轨材质不佳；刮研质量差；导轨维护不良，落入脏物
移动部件不能移动或运动不良	导轨面研伤；导轨压板损伤；镶条与导轨间隙太小
加工面在接刀处不平	导轨直线度超差；工作台塞铁松动或塞铁弯度过大；机床水平度差使导轨发生弯曲

4. 刀库及换刀装置的故障诊断与维护

加工中心刀库及自动换刀装置的故障表现：刀库运动故障、定位误差过大、机械手夹持刀柄不稳定和机械手运动误差过大等。这些故障最后都造成换刀动作卡位，整机停止工作，机械维修人员对此要足够重视。

1）刀库与换刀机械手的维护要点

严禁把超重、超长的刀具装入刀库，防止在机械手换刀时掉刀或刀具与工件、夹具等发生碰撞；顺序选刀方式必须注意刀具放置在刀库上的顺序要正确，其他选刀方式也要注意所换刀具号是否与所需刀具一致，防止换错刀具导致事故发生；用手动方式往刀库上装刀时，要确保装到位、装牢靠，检查刀座上的锁紧是否可靠；经常检查刀库的回零位置是否正确，检查机床主轴回换刀点位置是否到位，并及时调整，否则不能完成换刀动作；要注意保持刀具、刀柄和刀套的清洁；开机时，应先使刀库和机械手空运行，检查各部分工作是否正常，特别是各行程开关和电磁阀能否正常动作。检查机械手液压系统的压力是否正常，刀具在机械手上锁紧是否可靠，发现不正常及时处理。

2）刀库与换刀机械手的故障诊断（见表 6-7）

表 6-7　刀库与换刀机械手的故障诊断

故障现象	故障原因
刀库中的刀套不能卡紧刀具	刀套上的卡紧螺母松动
刀库不能旋转	连接电动机轴与蜗杆轴的联轴器松动
刀具从机械手中滑落	刀具过重，机械手卡紧销损坏
换刀时掉刀	换刀时主轴箱没有回到换刀点或换刀点发生了漂移，机械手抓刀时没有到位就开始拔刀
机械手换刀时速度过快或过慢	气动机械手气压太高或太低、换刀气路节流口太大或太小

（九）数控机床液压与气动传动系统的故障诊断与维护

1. 液压传动系统的故障诊断与维护

1）液压传动系统在数控机床上的应用

液压传动系统在数控机床中占有很重要的位置，加工中心的刀具自动交换系统（ATC）、托盘自动交换系统、主轴箱的平衡、主轴箱齿轮的变挡以及回转工作台的夹紧等一般都采用液压系统来实现。机床液压设备是由机械、液压、电气及仪表等组成的统一体，分析系统的故障之前必须弄清楚整个液压系统的传动原理、结构特点，然后根据故障现象进行分析、判断，确定区域、部位，以及某个元件。液压系统的工作总是由压力、流量、液流方向来实现的，可按照这些特征找出故障的原因并及时给予排除。造成故障的主要原因一般有三种情况：一是设计不完善或不合理；二是操作安装有误，使零件、部件运转不正常；三是使用、维护、保养不当。前一种故障必须充分分析研究后进行改装、完善；后两种故障可以用修理及调整的方法解决。

2）液压系统的维护要点

（1）控制油液污染，保持油液清洁。控制油液污染，保持油液清洁是确保液压系统正常工作的重要措施。据统计，液压系统的故障有 80% 是由油液污染引发的，油液污染还会加速液压元件的磨损。

（2）控制油液的温升。控制液压系统中油液的温升是减少能源消耗、提高系统效率的一个重要环节。一台机床的液压系统，若油温变化范围大，其后果是：影响液压泵的吸油能力及容积效率；系统工作不正常，压力、速度不稳定，动作不可靠；液压元件内外泄漏增加；加速油液的氧化变质。

（3）控制液压系统泄漏。因为泄漏和吸空是液压系统的常见故障，因此控制液压系统泄漏极为重要。要控制泄漏，首先是提高液压元件零部件的加工精度和元件的装配质量以及管道系统的安装质量；其次是提高密封件的质量，注意密封件的安装使用与定期更换；最后是加强日常维护。

（4）防止液压系统的振动与噪声。振动会影响液压件的性能，使螺钉松动、管接头松脱，从而引起漏油，因此要防止和排除振动现象。

（5）严格执行日常点检制度。液压系统的故障存在隐蔽性、可变性和难以判断性，因此应对液压系统的工作状态进行点检，把可能产生的故障现象记录在日检维修卡上，并将故障排除在萌芽状态，从而减少故障的发生。

定期检查元件和管接头是否有泄漏；定期检查液压泵和液压马达运转时有无噪声；定期检查液压缸移动时是否正常平稳；定期检查液压系统的各点压力是否正常和稳定；定期检查油液的温度是否在允许范围内；定期检查电气控制及换向阀工作是否灵敏可靠；定期检查油箱内油量是否在标线范围内；定期对油箱内的油液进行检验、过滤、更换；定期检查和紧固重要部位的螺钉和接头；定期检查、更换密封件；定期检查、清洗或更换滤芯和液压元件；定期检查清洗油箱和管道。

（6）严格执行定期紧固、清洗、过滤和更换制度。液压设备在工作过程中，由于冲击振动、磨损和污染等因素，会使管件松动，金属件和密封件磨损，因此必须对液压件及油箱等实行定期清洗和维修制度，对油液、密封件执行定期更换制度。

3）液压系统的故障及维修

（1）液压系统常见故障。

设备调试阶段的故障率较高，存在问题较为复杂，其特征是设计、制造、安装以及管理等问题交织在一起。除机械、电气问题外，一般液压系统常见故障如下：接头连接处泄漏；运动速度不稳定；阀芯卡死或运动不灵活，造成执行机构动作失灵；阻尼小孔被堵，造成系统压力不稳定或压力调不上去；阀类元件漏装弹簧或密封件，或管道接错而使动作混乱；设计、选择不当，使系统发热，或动作不协调，位置精度达不到要求；液压件加工质量差，或安装质量差，造成阀类动作不灵活；长期工作，密封件老化，以及易损元件磨损等，造成系统中内外泄漏量增加，系统效率明显下降。

（2）液压泵故障。

液压泵主要有齿轮泵、叶片泵等，下面以齿轮泵为例介绍故障及其诊断。在机器运行过程中，齿轮泵常见的故障有：噪声严重及压力波动；输油量不足；液压泵不正常或有咬死现象。

① 噪声严重及压力波动的可能原因及排除方法。

泵的过滤器被污物阻塞不能起滤油作用：用干净的清洗油将过滤器中的污物除去。油位不足，吸油位置太高，吸油管露出油面：加油到油标位，降低吸油位置。泵体与泵盖的两侧没有加纸垫；泵体与泵盖不垂直密封，旋转时吸入空气；泵体与泵盖间加入纸垫；泵体用金刚砂在平板上研磨，使泵体与泵盖垂直度误差不超过 0.005 mm；紧固泵体与泵盖的连接，不得有泄漏现象。泵的主动轴与电动机联轴器不同心，有扭曲摩擦：调整泵与电动机联轴器的同心度，使其误差不超过 0.2 mm。泵齿轮的啮合精度不够：对研齿轮达到齿轮啮合精度。泵轴的油封骨架脱落，泵体不密封：更换合格的泵轴油封。

② 输油不足的可能原因及排除方法。

轴向间隙与径向间隙过大：由于齿轮泵的齿轮两侧端面在旋转过程中与轴承座圈产生相对运动会造成磨损，轴向间隙和径向间隙过大时必须更换零件。泵体裂纹与气孔泄漏现象：泵体出现裂纹时需要更换泵体，泵体与泵盖间加入纸垫，紧固各连接处螺钉。油液黏度太高或油温过高：用 20 号机械油选用适合的温度，一般 20 号全损耗系统用油适用于 10～50℃ 的温度工作，如果三班工作，应装冷却装置。电动机反转：纠正电动机的旋转方向。过滤器有污物，管道不畅通：清除污物，更换油液，保持油液清洁。压力阀失灵：修理或更换压力阀。

③ 液压泵运转不正常或有咬死现象的可能原因及排除方法。

泵轴向间隙及径向间隙过小：轴向、径向间隙过小则应更换零件，调整轴向或径向间隙。滚针转动不灵活：更换滚针轴承。盖板和轴的同心度不好：更换盖板，使其与轴同心。压力阀失灵：检查压力阀弹簧是否失灵，阀体小孔是否被污物堵塞，滑阀和阀体是否失灵；更换弹簧，清除阀体小孔污物或换滑阀。泵和电动机间联轴器同心度不够：调整泵轴与电动机联轴器同心度，使其误差不超过 0.20 mm。泵中有杂质：可能在装配时有铁屑遗留，或油液中吸入杂质，用细铜丝网过滤全损耗系统用油，去除污物。

（3）整体多路阀常见故障的可能原因及排除方法。

① 工作压力不足。溢流阀调定压力偏低：调整溢流阀压力。溢流阀的滑阀卡死：拆开清洗，重新组装。调压弹簧损坏：更换新产品。系统管路压力损失太多：更换管路，或在许用压力范围内调整溢流阀压力。

② 工作油量不足。系统供油不足：检查油源。阀内泄漏量大：如油温过高，黏度下降，则应采取降低油温措施；如油液选择不当，则应更换油液；如滑阀与阀体配合间隙过大，则应更换新产品。

③ 复位失灵。复位弹簧损坏与变形，更换新产品。

④ 外泄漏。Y 形圈损坏：更换产品。油口安装法兰面密封不良：检查相应部位的紧固和密封。各结合面紧固螺钉、调压螺钉背帽松动或堵塞：紧固相应部件。

（4）电磁换向阀常见故障的可能原因和排除方法。

① 滑阀动作不灵活。滑阀被拉坏：拆开清洗，或修整滑阀与阀孔的毛刺及拉坏表面。阀体变形：调整安装螺钉的压紧力，安装转矩不得大于规定值。复位弹簧折断：更换弹簧。

② 电磁线圈烧损。线圈绝缘不良：更换电磁铁。电压太低：使用电压应在额定电压的90%以上。工作压力和流量超过规定值：调整工作压力，或采用性能更高的阀。回油压力过高：检查背压，应在规定值 16 MPa 以下。

（5）液压缸故障及排除方法。

① 外部漏油。活塞杆碰伤拉毛：用极细的砂纸或油石修磨，不能修的，更换新件。防尘密封圈被挤出和反唇：拆开检查，重新更新。活塞和活塞杆上的密封件磨损与损伤：更换新密封件。液压缸安装定心不良，使活塞杆伸出困难：拆下来检查安装位置是否符合要求。

② 活塞杆爬行和蠕动。液压缸内进入空气或油中有气泡：松开接头，将空气排出。液压缸的安装位置偏移：在安装时必须检查，使之与主机运动方向平行。活塞杆全长和局部弯曲：活塞杆全长校正直线度误差应小于等于 0.03 mm/100 mm 或更换活塞。缸内锈蚀或拉伤：去除锈蚀和毛刺，严重时更换缸筒。

4）供油回路的故障及维修

故障现象：供油回路不输出压力油。分析及处理过程：以一种常见的供油装置回路为例，如图 6-105 所示。液压泵为限压式变量叶片泵，换向阀为三位四通 M 型电磁换向阀。启动液压系统，调节溢流阀，压力表指针不动作，说明无压力；启动电磁阀，使其置于右位或左位，液压缸均不动作。电磁换向阀置于中位时，系统没有液压油回油箱。检测溢流阀和液压缸，其工作性能参数均正常。而液压系统没有压力油输出，显然液压泵没有吸进液压油，其原因可能是：液压泵的转向不对；吸油滤油器严重堵塞或容量过小；油液的黏度过高或温度过低；吸油管路严重漏气；滤油器没有全部浸入油液面以下或油箱液面过低；叶片在转子槽中卡死；液压泵至油箱液面高度大于 500 mm 等。经检查，泵的转向正确，滤油器工作正常，油液的黏度、温度合适，泵运转时无异常噪声，说明没有过量空气进入系统，泵的安装位置也符合要求。将液压泵解体，检查泵内各运动副，叶片在转子槽中滑动灵活，但发现可移动的定子环卡死于零位附近。变量叶片泵的输出流量与定子相对转子的偏心距成正比。定子卡死于零位，即偏心距为零，因此泵的输出流量为零。具体说，叶片泵与其他液压泵一样都是容积泵，吸油过程是依靠吸油腔的容积逐渐增大，形成部分真空，液压油箱中液压油在大气压力的作用下，沿着管路进入泵的吸入腔，若吸入腔不能形成足够的真空（管路漏气，泵内密封破坏），或大气压力和吸入腔压力差值低于吸油管路压力损失（过滤器堵塞，管路内径小，油液黏度高），或泵内部吸油腔与排油腔互通（叶片卡死于转子槽内，转子体与配油盘脱开）等因素存在，液压泵都不能完成正常的吸油过程。液压泵压油过程是依靠密封工作腔的容积逐渐减小，油液被挤压在密封的容积中，压力升高，由排油口输送到液压系统中。由此可见，变量叶片泵密封的工作腔逐渐增大（吸油过程），密封的工作腔逐渐减小（压油过程），完全是由于定子和转子存在偏心距而形成的。当其偏心距为零时，密封的工作腔容积不变化，所以不能完成吸油、压油过程，因此上述回路中无液压油输入，系统也就不能工作。

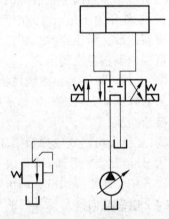

图 6-105　变量泵供油系统

排除步骤：将叶片泵解体，清洗并正确装配，重新调整泵的上支承盖和下支承盖螺钉，使定子、转子和泵体的水平中心线互相重合，使定子在泵体内调整灵活，并无较大的上下窜动，从而避免定子卡死而不能调整的故障。

2. 气动系统的故障诊断及维护

气动装置由于气源容易获得，且结构简单，工作介质不污染环境，工作速度快，动作频率高，因此在数控机床上得到广泛应用，通常用来完成频繁启动的辅助工作，如机床防护门的自动开关、主轴锥孔的吹气、自动吹屑、清理定位基准面等。部分小型加工中心依靠气液转换装置实现机械手的动作和主轴松刀。

1）气动系统维护的要点

（1）保证供给洁净的压缩空气。

压缩空气中通常都含有水分、油分和粉尘等杂质。水分会使管道、阀和气缸腐蚀；油分会使橡胶、塑料和密封材料变质；粉尘造成阀体动作失灵。选用合适的过滤器，可以清除压缩空气中的杂质，使用过滤器时应及时排除积存的液体，否则当积存液体接近挡水板时，气流仍可将积存物卷起。

（2）保证空气中含有适量的润滑油。

大多数气动执行元件和控制元件都要求适度润滑。如果润滑不良，将会发生以下故障：由于摩擦阻力增大而造成气缸推力不足，阀芯动作失灵；由于密封材料的磨损而造成空气泄漏；由于生锈造成元件的损伤及动作失灵。

润滑的方法一般采用油雾器进行喷雾润滑，油雾器一般安装在过滤器和减压阀之后。油雾器的供油量一般不宜过多，通常每 10 m³ 的自由空气供 1 mL 的油量（即 40～50 滴油）。检查润滑是否良好的一个方法是：找一张清洁的白纸放在换向阀的排气口附近，如果阀在工作 3～4 个循环后，白纸上只有很轻的斑点时，则表明润滑是良好的。

（3）保持气动系统的密封性。

漏气不仅增加了能量的消耗，也会导致供气压力的下降，甚至造成气动元件工作失常。严重的漏气在气动系统停止运行时，由漏气引起的响声很容易发现；轻微的漏气则利用仪表，或用涂抹肥皂水的办法进行检查。

（4）保证气动元件中运动零件的灵敏性。

从空气压缩机排出的压缩空气，含有粒度为 0.01～0.08 μm 的压缩机油微粒，在排气温度为 120～220 ℃ 的高温下，这些油粒会迅速氧化，氧化后油粒颜色变深，黏性增大，并逐步由液态固化成油泥。这种微米级以下的颗粒，一般过滤器无法滤除。当它们进入换向阀后便附着在阀芯上，使阀的灵敏度逐步降低，甚至出现动作失灵。为了清除油泥，保证灵敏度，可在气动系统的过滤器之后，安装油雾分离器，将油泥分离出来。此外，定期清洗阀也可以保证阀的灵敏度。

（5）保证气动装置具有合适的工作压力和运动速度。

调节工作压力时，压力表应当工作可靠，读数准确。减压阀与节流阀调节好后，必须紧固调压阀盖或锁紧螺母，防止松动。

2）气动系统的点检与定检

（1）管路系统点检。

主要是对冷凝水和润滑油的管理。冷凝水的排放，一般应当在气动装置运行之前进行。但是当夜间温度低于 0 ℃时，为防止冷凝水冻结，气动装置运行结束后，应开启放水阀门排放冷凝水。补充润滑油时，要检查油雾器中油的质量和滴油量是否符合要求。此外，点检还应包括检查供气压力是否正常、有无漏气现象等。

（2）气动元件的定检。

主要是彻底处理系统的漏气现象。例如更换密封元件，处理管接头或连接螺钉松动等，定期检验测量仪表、安全阀和压力继电器等。表 6-8 为气动元件的点检内容。

表 6-8　气动元件的点检内容

元件名称	点检内容
气缸	①活塞杆与端面之间是否漏气；②活塞杆是否划伤、变形；③管接头、配管是否划伤、损坏；④气缸动作时有无异常声音；⑤缓冲效果是否合乎要求

元件名称	点检内容
电磁阀	①电磁阀外壳温度是否过高；②电磁阀动作时，工作是否正常；③气缸行程到末端时，通过检查阀的排气口是否有漏气来确诊电磁阀是否漏气；④紧固螺栓及管接头是否松动；⑤电压是否正常，电线是否损伤；⑥通过检查排气口是否被油润湿，或排气是否会在白纸上留下油雾斑点来判断润滑是否正常
油雾器	①油杯内油量是否足够，润滑油是否变色、浑浊，油杯底部是否沉积有灰尘和水；②滴油量是否合适
调压阀	①压力表读数是否在规定范围内；②调压阀盖或锁紧螺母是否锁紧；③有无漏气
过滤器	①储水杯中是否积存冷凝水；②滤芯是否应该清洗或更换；③冷凝水排放阀动作是否可靠
安全阀及压力继电器	①在调定压力下动作是否可靠；②校验合格后，是否有铅封或锁紧；③电线是否损伤，绝缘是否可靠

3. 气动系统故障维修实例

实例1：刀柄和主轴的故障维修。

故障现象：TH5840 立式加工中心换刀时，主轴锥孔吹气，把含有铁锈的水分吹出，并附着在主轴锥孔和刀柄上，刀柄和主轴接触不良。

故障分析及处理过程：故障产生的原因是压缩空气中含有水分，如采用空气干燥机，使用干燥后的压缩空气问题即可解决。若受条件限制，没有空气干燥机，也可在主轴锥孔吹气的管路上进行两次水分过滤，设置自动放水装置，并对气路中相关零件进行防锈处理，故障即可排除。

实例2：松刀动作缓慢的故障维修。

故障现象：TH5840 立式加工中心换刀时，主轴松刀动作缓慢。

故障分析及处理过程：根据气动控制原理进行分析，主轴松刀动作缓慢的原因如下：

①气动系统压力太低或流量不足；②机床主轴拉刀系统有故障，如碟形弹簧破损等；③主轴松刀汽缸有故障。

根据分析，首先检查气动系统的压力，压力表显示气压为 0.6 MPa，压力正常。将机床操作转为手动，手动控制主轴松刀，发现系统压力下降明显，气缸的活塞杆缓慢伸出，故判定气缸内部漏气。拆下气缸，打开端盖，压出活塞和活塞环，发现密封环破损，气缸内壁拉毛。更换新的气缸后，故障排除。

四、数控机床修理质量的检验

数控机床修理
质量的检验

（一）机床精度的检测

1. 几何精度检验

数控机床的几何精度检验，又称为静态精度检验。几何精度综合反映机床的各关键零件及其组装后的几何形状误差。数控机床的几何精度检验和普通机床的几何精度检验在检测内容、检测工具及检测方法上基本类似，只是检测要求更高。

目前，国内检测机床几何精度的常用检测工具有精密水平仪、精密方箱、直角尺、平尺、平行光管、千分表、测微仪、高精度检验棒及一些刚性较好的千分表杆等。每项几何精度的具体检测办法见各机床的检测条件及标准，但检测工具的精度等级必须比所测的几何精度高一个等级，否则测量的结果将是不可信的。以下是一台普通立式加工中心几何精度检验的主要项目。

① 工作台的平面度。
② 沿各坐标方向移动的相互垂直度。
③ 沿 X 坐标轴方向移动时工作台面 T 形槽侧面的平行度。
④ 沿 Y 坐标轴方向移动时工作台面 T 形槽侧面的平行度。
⑤ 沿 Z 坐标轴方向移动时工作台面 T 形槽侧面的平行度。
⑥ 主轴的轴向窜动。
⑦ 主轴孔的径向跳动。
⑧ 主轴回转轴心线对工作台面的垂直度。
⑨ 主轴箱沿 Z 坐标轴方向移动的直线度。
⑩ 主轴箱沿 Z 坐标轴方向移动时主轴轴心线的平行度。

卧式机床要比立式机床多几项与平面转台有关的几何精度。

由上述内容可以看出，第一类精度要求是机床各运动大部件如床身、立柱、溜板、主轴等运动的直线度、平行度、垂直度的要求；第二类精度要求是对执行切削运动主要部件如主轴的自身回转精度及直线运动精度（切削运动中进刀）的要求。因此，这些几何精度综合反映了该机床机械坐标系的几何精度，以及执行切削运动的部件主轴的几何精度。

工作台面及台面上 T 形槽相对机械坐标系的几何精度要求，反映了数控机床加工中的工件坐标系对机械坐标系的几何关系，因为工作台面及定位基准 T 形槽都是工件定位或工件夹具的定位基准，加工工件用的工件坐标系往往都以此为基准。

几何精度检测对机床地基有严格要求，必须在地基及地脚螺栓的固定混凝土完全固化后才能进行。精调时先要把机床的主床身调到较精密的水平面，然后再调其他几何精度。考虑到水泥基础不够稳定，一般要求在使用数个月到半年后再精调一次机床水平。有些几何精度项目是互相联系的，如立式加工中心 Y 轴和 Z 轴方向的相互垂直度误差，因此，对数控机床的各项几何精度检测工作应在精调后一气呵成，不允许检测一项调整一项，分别进行，否则会造成由于调整后一项几何精度而把已检测合格的前一项精度调成不合格。

在检测工作中，要注意尽可能消除检测工具和检测方法的误差，如检测主轴回转精度时检验芯棒自身的振摆和弯曲等误差，在表架上安装千分表和测微仪时由表架刚性带来的误差，在卧式机床上使用回转测微仪时重力的影响，在测头的抬头位置和低头位置的测量数据误差等。

机床的几何精度在机床处于冷态和热态时是不同的，应按国家标准的规定即在机床稍有预热的状态下进行检测，所以通电以后机床各移动坐标往复运动几次。检测时，使主轴按中等的转速转几分钟之后才能进行检测。

2. 定位精度检验

数控机床定位精度，是指机床各坐标轴在数控系统控制下运动所能达到的位置精度。数控机床的定位精度又可以理解为机床的运动精度。普通机床由手动进给，定位精度主要取决于读数误差，而数控机床的移动是靠数字程序指令实现的，故定位精度取决于数控系统和机械传动误差。机床各运动部件的运动是在数控装置的控制下完成的，各运动部件在程序指令控制下所能达到的精度直接反映加工零件所能达到的精度，所以，定位精度是一项很重要的检测内容。定位精度检测的主要内容如下：直线运动定位精度；直线运动重复定位精度；直线运动各轴机械原点的复归精度；直线运动矢动量的检测；回转运动的定位精度；回转运动的重复运动定位精度；回转运动矢动量的检测；回转轴原点的复归精度。

测量直线运动的检测工具有测微仪、成组块规、标准刻度尺、光学读数显微镜和双频激光干涉仪等。标准长度测量以双频激光干涉仪为准。回转运动检测工具有 360 齿精确分度的标准转台或角度多面体、高精度圆光栅及平行光管等。

1）直线运动定位精度的检测

机床直线运动定位精度检测一般都在机床空载条件下进行。常用检测方法如图 6-106 所示。

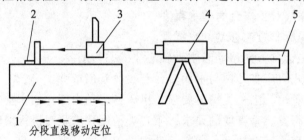

1—工作台；2—反光镜；3—分光镜；4—激光干涉仪；5—数显及记录器。

图 6-106　直线运动定位精度检测

按照 ISO（国际标准化组织）标准规定，对数控机床的检测，应以激光测量为准，但目前拥有这种仪器的用户较少，因此，大部分数控机床生产厂的出厂检测及用户验收检测还是采用标准尺进行比较测量。这种方法的检测精度与检测技巧有关，较好的情况下可控制到（0.004 ~ 0.005 mm）/1 000 mm，而激光测量，测量精度可比标准尺检测方法提高一倍。

机床定位精度反映该机床在多次使用过程中都能达到的精度。实际上机床定位时每次都有一定散差，称为允许误差。为了反映出多次定位中的全部误差，ISO 标准规定每一个定位测量点按 5 次测量数据算出平均值和散差 ±3σ。所以，这时的定位精度曲线已不是一条曲线，而是由各定位点平均值连贯起来的一条曲线再加上 3σ 散带构成的定位点散带，如图 6-107 所示。

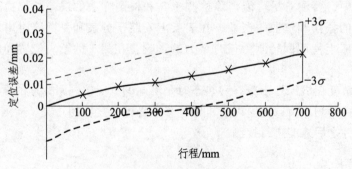

图 6-107　定位精度曲线

此外，机床运行时正、反向定位精度曲线由于综合原因，不可能完全重合，甚至出现如图 6-108 所示的几种情况。

（1）平行形曲线。即正向曲线和反向曲线在垂直坐标上很均匀地拉开一段距离，这段距离即反映了该坐标的反向间隙。这时可以用数控系统间隙补偿功能修改间隙补偿值来使正、反向曲线接近。

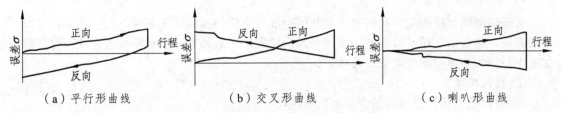

图 6-108　几种不正常的定位精度曲线

（2）交叉形与喇叭形曲线。这两类曲线都是由于被测坐标轴上各段反向间隙不均匀造成的。例如，滚珠丝杠在行程内各段的间隙过盈不一致和导轨副在行程内各段负载不一致等，造成反向间隙在各段内也不均匀。反向间隙不均匀现象较多表现在全行程内运动时，一头松一头紧，结果得到喇叭形的正、反向定位曲线。如果此时又不适当地使用数控系统反向间隙补偿功能，造成反向间隙在全行程内忽紧忽松，就会造成交叉形曲线。

测定的定位精度曲线还与环境温度和轴的工作状态有关。目前大部分数控机床都是半闭环的伺服系统，它不能补偿滚珠丝杠热伸长，热伸长能使在 1 m 行程上相差 0.01 ~ 0.02 mm。为此，有些机床采用预拉伸丝杠的方法，来减小热伸长的影响。

2）直线运动重复定位精度的检测

检测用的仪器与检测定位精度所用的仪器相同。一般检测方法是在靠近各坐标行程的中点及两端的任意 3 个位置进行测量，每个位置用快速移动定位，在相同的条件下重复进行 7 次定位，测出停止位置的数值并求出读数的最大差值。以 3 个位置中最大差值的 1/2 附上正负符号，作为该坐标的重复定位精度，它是反映轴运动精度稳定性的最基本指标。

3）直线运动各轴机械原点的复归精度的检测

各轴机械原点的复归精度，实质上是该坐标轴上一个特殊点的重复定位精度，因此，它的测量方法与重复定位精度相同。

4）直线运动矢动量的测定

矢动量的测定方法是在所测量坐标轴的行程内，预先向正向或反向移动一个距离并以此停止位置为基准，再在同一方向上给予一个移动指令值，使之移动一段距离，然后再向相反方向移动相同的距离，测量停止位置与基准位置之差（见图 6-109）。在靠近行程中点及两端的 3 个位置上分别进行多次（一般为 7 次）测定，求出各位置上的平均值，以所得到平均值中的最大值为矢动量测定值。

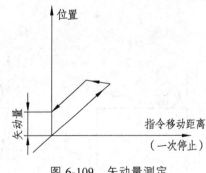

图 6-109　矢动量测定

坐标轴的矢动量是该坐标轴进给传动链上驱动部件（如伺服电动机、伺服液压电动机和步进电动机等）的反向死区，是各机械运动传动副的反向间隙和弹性变形等误差的综合反映。此误差越大，则定位精度和重复定位精度也越差。

5）回转运动精度的测定

回转运动各项精度的测定方法与上述各项直线运动精度的测定方法相同，但用于回转精度的测定仪器是标准转台、平行光管（准直仪）等。考虑到实际使用要求，一般对 0°、90°、180°、270°几个直角等分点进行重点测量，要求这些点的精度较其他角度位置精度提高一个等级。

3. 切削精度检验

机床切削精度检测实质是对机床的几何精度与定位精度在切削条件下的一项综合考核。一般来说，进行切削精度检查的加工，可以是单项加工或加工一个标准的综合性试件。对于加工中心，主要单项精度有如下几项。

① 镗孔精度。
② 端面铣刀铣削平面的精度（X/Y 平面）。
③ 镗孔的孔距精度和孔径分散度。
④ 直线铣削精度。
⑤ 斜线铣削精度。
⑥ 圆弧铣削精度。

对于卧式机床，还有箱体掉头镗孔同轴度、水平转台回转 90°铣四方加工精度。

镗孔精度试验如图 6-110（a）所示。这项精度与切削时使用的切削用量、刀具材料、切削刀具的几何角度等都有一定的关系。主要是考核机床主轴的运动精度及低速走刀时的平稳性。在现代数控机床中，主轴都装配有高精度带有预负荷的成组滚动轴承，进给伺服系统带有摩擦因数小和灵敏度高的导轨副及高灵敏度的驱动部件，所以这项精度一般都能得到保证。

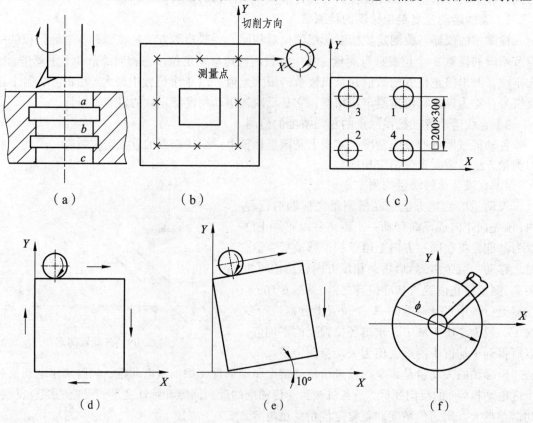

图 6-110　各种单项切削精度试验

图 6-110（b）表示用精调过的多齿端面铣刀精铣平面的方向，端面铣刀铣削平面精度主

要反映 X 轴和 Y 轴两轴运动的平面度及主轴中心对 X-Y 运动平面的垂直度（直接在台阶上表现）。一般精度的数控机床的平面度和台阶差在 0.01 mm 左右。

镗孔的孔距精度和孔径分散度检查按图 6-110（c）进行，以快速移动进给定位精镗 4 个孔，测量各孔位置 X 坐标和 Y 坐标的坐标值，以实测值和指令值之差的最大值作为孔距精度测量值。对角线方向的孔距可由各坐标方向的坐标值经计算求得，或各孔插入配合紧密的检验芯轴后，用千分尺测量对角线距离。而孔径分散度则由在同一深度上测量各孔 X 坐标方向和 Y 坐标方向的直径最大差值求得。一般数控机床 X、Y 坐标方向的孔距精度为 0.02 mm，对角线方向孔距精度为 0.03 mm，孔径分散度为 0.015 mm。

直线性铣削精度的检查可按图 6-110（d）进行。由 X 坐标及 Y 坐标分别进给，用立铣刀侧刃精铣工件周边。测量各边的垂直度、对边平行度、邻边垂直度和对边距离尺寸差。这项精度主要考核机床各向导轨运动的几何精度。

斜线铣削精度检查是用立铣刀侧刃来精铣工作周边，如图 6-110（e）所示。它是用同时控制 X 和 Y 两个坐标来实现的。所以该精度可以反映两轴直线插补运动品质特性。进行这项精度检查，有时会发现在加工面上（两直角边上）出现一边密一边稀的很有规律的条纹，这是由于两轴联动时，其中一轴进给速度不均匀造成的。这可以通过修调该轴速度控制和位置控制回路来解决。少数情况下，也可能是负载变化不均匀造成的。导轨低速爬行、机床导轨防护板不均匀摩擦及位置检测反馈元件传动不均匀等也会造成上述条纹。

圆弧铣削精度检测是用立铣刀侧刃精铣外圆表面，如图 6-110（f）所示，然后在圆度仪上测出圆度曲线。一般加工中心类机床铣削 $\phi200 \sim \phi300$ mm 工件时，圆度可达到 0.03 mm 左右，表面粗糙度可达到 $Ra3.2$ μm 左右。

在测试件测量中常会遇到如图 6-111 所示的图形。

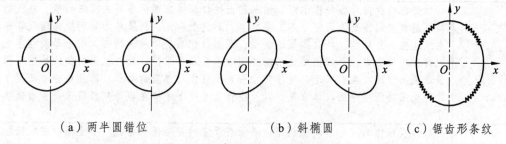

（a）两半圆错位　　　　　　（b）斜椭圆　　　　　　（c）锯齿形条纹

图 6-111　有质量问题的铣圆图形

两半错位的图形一般都是由一个坐标或两个坐标的反向矢动量造成的，这可以通过适当地改变数控系统矢动量的补偿值或修调该坐标的传动链来解决。斜椭圆是由两坐标实际系统误差不一致造成的。此时，可通过适当地调整速度反馈增益、位置环增益得到改善。

（二）数控设备性能的检查

随着数控技术日趋完善，数控机床的功能也越来越多样化，而且在单机基本配置前提下，可以有多项选择功能，少则几项，多则几十项。表 6-9 以一台相对复杂的立式加工中心为例，说明数控设备装配后一些应主要检查的项目。

表 6-9　数控设备装配后应检查的项目

检查项目	检查内容
主轴系统性能检查	①用手动方式选择高、中、低三种主轴转速，连续进行 5 次正转和反转的启动和停止动作，试验主轴动作的灵活性和可靠性；②用数据输入方式，逐步从主轴的最低转速到最高转速，进行变速和启动，实测各种转速值，一般允差为定值的 10%或 15%，同时检查主轴在各种转速时有没有异常噪声，观察主轴在高速时主轴箱振动情况，主轴在长时间高速运转后（一般为 2 h）的温度变化情况；③主轴准停装置连续操作 5 次，检验其动作可靠性和灵活性；④一些主轴附加功能的检验，如主轴刚性攻螺纹功能、主轴刀柄内冷却功能、主轴扭矩自测定功能（用于适应控制要求）等
进给系统性能检查	①分别对各运动坐标进行手动操作，检验正、反方向的低、中、高速进给和快速驱动的启动、停止、点动等动作的平稳性和可靠性；②用数据输入方式测定 G00 和 G01 方式下各种进给速度，并验证操作面板上倍率开关是否起作用
自动刀具交换系统检查	①检查自动刀具交换动作的可靠性和灵活性，包括手动操作及自动运行时刀库满负载条件下（装满各种刀柄）的运动平稳性、机械抓取最大允许重量刀柄时的可靠性及刀库内刀号选择的准确性等。检验时，应检查自动刀具交换系统（ATC）操作面板各手动按钮功能，逐一呼叫刀库上各刀号，如有可能逐一分解操纵自动换刀各单段动作，检查各单段动作质量（动作快速、平稳、无明显撞击、到位准确等）；②检验自动交换刀具的时间，包括刀具纯交换时间、离开工件到接触工件的时间，应符合机床说明书规定
机床噪声检查	机床噪声标准已有明确规定，测定方法也可查阅有关标准规定。一般数控机床由于大量采用电调速装置，机床运行的主要噪声源已由普通机床上较多见的齿轮啮合噪声转移到主轴电动机的风扇噪声和液压油泵噪声。总体来说，数控机床要比同类的普通机床的噪声小，要求噪声不能超过标准规定（80 dB）
机床电气装置检查	在试运转前后分别进行一次绝缘检查，检查机床电气柜接地线质量、绝缘的可靠性、电气柜清洁和通风散热条件
数控装置及功能检查	检查数控柜内外各种指示灯、输入输出接口、操作面板各开关按钮功能、电气柜冷却风扇和密封性是否正常可靠，主控单元到伺服单元、伺服单元到伺服电动机各连接电缆连接的可靠性。外观质量检查后，根据数控系统使用说明书，用手动或程序自动运行方法检查数控系统主要使用功能的准确性及可靠性；数控机床功能的检查不同于普通机床，必须在机床运行程序时检查有没有执行相应的动作，因此检查者必须了解数控机床功能指令的具体含义，以及在什么条件下才能在现场判断机床是否准确执行了指令
安全保护措施和装置检查	数控机床作为一种自动化机床，必须有严密的安全保护措施。安全保护在机床上分两大类：一类是极限保护，如安全防护罩、机床各运动坐标行程极限保护自动停止功能、各种电压电流过载保护、主轴电动机过热超负荷紧急停止功能等；另一类是为了防止机床上各运动部件互相干涉而设定的限制条件，如加工中心的机械手伸向主轴装卸刀具时，带动主轴箱的 Z 轴干涉绝对不允许有移动指令，卧式机床上为了防止主轴箱降得太低时撞击到工作台面，设定了 Y 轴和 Z 轴干涉保护，即该区域都在行程范围内，单轴移动可以进入此区域，但不允许同时进入，保护的措施可以有机械限位（如限位挡块、锁紧螺钉）、电气限位（以限位开关为主）和软件限位（在软件参数上设定限位参数）
润滑装置检查	各机械部件的润滑分为脂润滑和定时定点的注油润滑。脂润滑部位如滚珠丝杠螺母副的丝杠与螺母、主轴前轴承等。这类润滑一般在机床出厂一年以后才考虑清洗更换。机床验收时主要检查自动润滑油路的工作可靠性，包括定时润滑是否能按时工作，关键润滑点是否能定量出油，油量分配是否均匀，润滑油路各接头处有无渗漏等

检查项目	检查内容
气液装置检查	检查压缩空气源和气路有无泄漏以及工作的可靠性。如气压太低时有无报警显示，气压表和油水分离等装置是否完好，液压系统工作噪声是否超标，液压油路密封是否可靠，调压功能是否正常等
附属装置检查	检查机床各附属装置的工作可靠性。一台数控机床常配置许多附属装置，在新机床验收时对这些附属装置除了一一清点数量之外，还必须试验其功能是否正常。如冷却装置能否正常工作，排屑器的工作质量，冷却防护罩在大流量冲淋时有无泄漏，APC工作台是否正常，在工作台上加上额定负载后检查工作台自动交换功能，配置接触式测头和刀具长度检测的测量装置能否正常工作，相关的测量宏程序是否齐全等
机床工作可靠性检查	判断一台新数控机床综合工作可靠性的最好办法，就是让机床长时间无负载运转，一般可运转 24 h。数控机床在出厂前，生产厂家都进行了 24~72 h 的自动连续运行考机，用户在进行机床验收时，没有必要花费如此长的时间进行考机，但考虑到机床托运及重新安装的影响，进行 8~16 h 的考机还是很有必要的。实践证明，机床经过这种检验投入使用后，很长一段时间内都不会发生大的故障。 在自动运行考机程序之前，必须编制一个功能比较齐全的考机程序，该程序应包含以下各项内容： ①主轴运转应包括最低、中间、最高转速在内的 5 种以上的速度，而且应该包含正转、反转及停止等动作；②各坐标轴方向运动应包含最低、中间和最高进给速度及快速移动，进给移动范围应接近全行程，快速移动距离应在各坐标轴全行程的 1/2 以上；③一般编程常用的指令尽量都要用到，如子程序调用、固定循环、程序跳转等；④如有自动换刀功能，至少应交换刀库之中 2/3 的刀具，而且都要装上中等以上重量的刀柄进行实际交换；⑤已配置的一些特殊功能应反复调用，如 APC 和用户宏程序等

思考练习题

6-13 对数控机床操作人员有哪些要求？

6-14 简述点检管理一般包括的内容。

6-15 数控机床故障诊断的一般步骤有哪些？

6-16 简述数控机床故障诊断的常用方法。

6-17 进给伺服系统常见的故障有哪几种？

6-18 如何对滚珠丝杠螺母副进行维护？

6-19 简述数控机床液压泵输油不足的可能原因及排除方法。

6-20 简述数控机床气动系统维护的要点。

单元测验 16

任务三　液压系统的维修

项目六任务三液压系统的维修

任务四　工业泵的维修

项目六任务四工业泵的维修

机械设备故障诊断技术

项目描述

机械设备的状态监测与故障诊断是指利用现代科学技术和仪器,根据机械设备外部信息参数的变化来判断机器内部的工作状态或机械结构的损伤状况,确定故障的性质、程度、类别和部位,预报其发展趋势,并研究故障产生的机理。本项目主要介绍设备故障的信息获取与监测方法、振动监测与诊断技术、噪声监测与诊断技术、温度监测技术等。

知识目标

(1)理解机械设备有关状态的特征信号;

(2)掌握设备状态的识别与分类;

(3)了解设备的状态分析;

(4)掌握设备状态分析的决策。

能力目标

(1)能够提取机械设备有关状态的特征信号;

(2)能够对设备的状态进行识别与分类;

(3)能够对设备的状态进行分析;

(4)能够对状态分析正确地做出决策。

思政目标

(1)培养学生的质量意识和诚信意识;

(2)树立走"科技强国"之路的坚定信念。

知识准备

状态监测与故障诊断技术是近年来国内外发展较快的一门新兴学科,它所包含的内容比较广泛,诸如机械状态量(力、位移、振动、噪声、温度、压力和流量等)的监测,状态特征参数变化的辨识,机械产生振动和损伤时的原因分析、振源判断、故障预防,机械零部件使用期间的可靠性分析和剩余寿命估计等，都属于机械故障诊断的范畴。

机械设备状态监测与故障诊断技术是保障设备安全运行的基本措施之一，其实质是了解和掌握设备在运行过程中的状态，预测设备的可靠性，确定其整体或局部是正常还是异常。它能对设备故障的发展做出早期预报，对出现故障的原因、部位、危险程度等进行识别和评价，预报故障的发展趋势，迅速地查询故障源，提出对策建议，并针对具体情况迅速排除故障，避免或减少事故的发生。

从设备诊断技术的起源与发展来看，设备诊断技术的目的应用是"保证可靠地、高效地发挥设备应有的功能"。其中包含三点：一是保证设备无故障，工作可靠；二是保证物尽其用，设备要发挥其最大的效益；三是保证设备在将有故障或已有故障时，能及时诊断出来，正确地加以维修，以减少维修时间，提高维修质量，节约维修费用，应使重要的设备能按其状态进行维修，即视情维修或预知维修，改革目前按时维修的体制。应该指出，设备诊断技术应为设备维修服务，可视为设备维修技术的内容，但它绝不仅限于为设备维修服务，正如前两点所示，它还应保证设备处于最佳的运行状态，这意味着它还应为设备的设计、制造与运行服务。例如，它应能保证动力设备具有良好的抗振、消振、减振能力，具有良好的输出能力等。还应指出，故障是指设备丧失其规定的功能。显然，故障不等于失效，更不等于损坏；失效与损坏是严重的故障。设备诊断技术最根本的任务是通过测取设备的信息来识别设备的状态，因为只有识别了设备的有关状态，才有可能达到设备诊断的目的。概括起来，对于设备的诊断，一是防患于未然，早期诊断；二是诊断故障，采取措施。具体来讲，设备诊断技术应包括以下五方面内容。

（1）正确选择与测取设备有关状态的特征信号。显然，所测取的信号应该包含设备有关状态的正确信息。

（2）正确地从特征信号中提取设备有关状态的有用信息。一般来讲，从特征信号来直接判明设备状态的有关情况，查明故障的有无是比较难的，还需要根据相关理论、信号，分析理论、控制理论等提供的理论与方法，加上实验研究，对特征信号加以处理，提取有用的信息，才有可能判明设备的有关状态。

（3）根据征兆正确地进行设备的状态诊断。一般来讲，还不能直接采用征兆来进行设备的故障诊断、识别设备的状态。这时，可以采用多种模式识别理论与方法，对征兆加以处理，构成判别准则，进行状态的识别与分类。显然，状态诊断这一步是设备诊断的重点所在。当然，这绝不表明设备诊断的成败只取决于状态诊断这一步，特征信号与征兆的获取正确与否，是进行正确状态诊断的前提。

（4）根据征兆与状态正确地进行设备的状态分析。当状态为有故障时，则应采用有关方法进一步分析故障位置、类型、性质、原因与趋势等。例如，故障树分析是分析故障原因的一种有效方法，当然，故障的原因往往是次一级的故障，如轴承烧坏是故障，其原因是输油管不输油，不输油是因油管堵塞，后者是因滤油器失效等，这些原因就可称为第二、三、四级故障。正因为故障的原因可能是次级故障，从而有关的状态诊断方法也可用于状态分析。

（5）根据状态分析正确做出决策，干预设备及其工作进程，以保证设备可靠、高效地发挥其应有功能，达到设备诊断的目的。干预包括人为干预和自动干预，即包括调整、修理、控制、自诊断等。

应当指出，实际上往往不能直接识别设备的状态，因此事先要建立同状态——对应的基准模式，由征兆所做出的判别准则，此时是同基准模式相联系来对状态进行识别与分类的。显然，将上述设备诊断内容加以概括，可得到如图 7-1 所示的设备诊断过程框图。

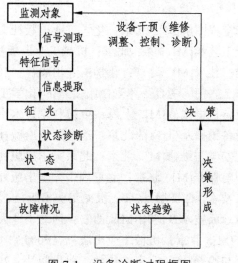

图 7-1　设备诊断过程框图

任务一　机械设备故障信息获取和检测方法

项目七任务一机械设备故障信息获取和检测方法

任务二　机械设备状态监测和故障诊断技术

项目七任务二机械设备状态监测和故障诊断技术

单元测验答案

参考文献

[1] 钟翔山. 机械设备维修全程图解[M]. 北京：化学工业出版社，2014.

[2] 晏初宏. 机械设备修理工艺学[M]. 3版. 北京：机械工业出版社，2019.

[3] 吴拓. 实用机械设备维修技术[M]. 北京：化学工业出版社，2013.

[4] 邹积洪. 图解机械维修工入门·考证一本通[M]. 北京：化学工业出版社，2015.

[5] 严龙伟，张军. 通用设备机电维修[M]. 上海：上海科学技术出版社，2007.

[6] 闫嘉琪，李力. 机械设备维修基础[M]. 北京：冶金工业出版社，2009.

[7] 马光全. 机电设备装配安装与维修[M]. 北京：北京大学出版社，2008.

[8] 王伟平. 机械设备维护与保养[M]. 北京：北京理工大学出版社，2010.

[9] 吴先文. 机电设备维修技术[M]. 2版. 北京：机械工业出版社，2015.

[10] 王江萍. 机械设备故障诊断技术及应用[M]. 西安：西北工业大学出版社，2001.

[11] 陈冠国. 机械设备维修[M]. 北京：机械工业出版社，2005.

[12] 张应龙. 机械设备装配与检修[M]. 北京：化学工业出版社，2010.

[13] 乐为. 机电设备装调与维护技术基础[M]. 北京：机械工业出版社，2010.